高等职业教育公共基础课系列教材

高等数学

主　编　相乃姣　罗建婷
副主编　郭　悦　胡　声　方　可
主　审　张方娟

哈尔滨工程大学出版社
Harbin Engineering University Press

内 容 简 介

本书共分为10章，内容包括函数、极限与连续、导数与微分、导数的应用、不定积分、定积分及其应用、多元微积分、常微分方程、无穷级数、线性代数.

本书可作为高等职业院校高等数学课程的教材，也可供相关人员参考.

图书在版编目(CIP)数据

高等数学 / 相乃姣，罗建婷主编. -- 哈尔滨 ：哈尔滨工程大学出版社，2024.8. -- ISBN 978-7-5661-4549-9

Ⅰ. O13

中国国家版本馆 CIP 数据核字第 2024PR8647 号

高等数学

GAODENG SHUXUE

选题策划 苏 莉 金颖杰

责任编辑 麻丽娟

封面设计 刘文东

出版发行 哈尔滨工程大学出版社

社　　址 哈尔滨市南岗区南通大街145号

邮政编码 150001

发行电话 0451-82519328

传　　真 0451-82519699

经　　销 新华书店

印　　刷 三河市众誉天成印务有限公司

开　　本 850 mm×1 168 mm 1/16

印　　张 15.5

字　　数 381千字

版　　次 2024年8月第1版

印　　次 2024年8月第1次印刷

书　　号 ISBN 978-7-5661-4549-9

定　　价 52.00元

http://www.hrbeupress.com

E-mail:heupress@hrbeu.edu.cn

前言

PREFACE

高等数学是我国高等职业教育各专业的公共基础课程，也是我国高等职业教育不可或缺的重要组成部分，其思想和方法被广泛应用于各个学科和领域. 如何使学生快速掌握高等数学的基本内涵及其所蕴含的思想和方法，是相关教育部门和各教学单位需要认真思考、仔细研究并积极应对的问题.

本书根据现阶段我国教育教学改革的需要，在充分总结一线教师教学经验的基础上编写而成，旨在充分满足学校教师的教学需要和学生的学习需要.

与同类教材相比，本书具有如下特点.

(1)内容选取以“必需、够用”为原则，理论知识简单易懂，语言表达清晰明了，易于被学生接受.

(2)注重知识拓展. 数学本就是一门“枯燥”的课程，书中适当增加了一些拓展性的知识板块，目的是拓展学生的知识面，活跃课堂气氛，益于提高学生的学习兴趣.

(3)与实际结合紧密. 每一章都设置了与实际紧密结合的应用示例，以便将数学知识与实际生活相结合，充分展示数学的魅力和实用价值.

(4)设置数学实验，强化学生的动手实践能力. 数学既是一门“枯燥”的理论性课程，也是一门需要“动手”的操作性课程. 利用 MATLAB 这一工具，一些数学问题变得程序化、直观化，更加益于学生理解，有效提升其学习能力.

本书由西安汽车职业大学相乃姣、罗建婷任主编，由西安汽车职业大学郭悦、胡声、方可任副主编，由西安汽车职业大学张方娟主审.

由于编者水平有限，书中难免存在疏漏和不足之处，敬请广大读者批评指正.

编　者

目录
CONTENTS

第1章

函　　数

阅读与欣赏

函数发展简史

17 世纪，伽利略(G. Galileo，意大利，1564—1642) 在《关于两门新科学的对话》一书中提出了函数或称为变量的关系这一概念，并用文字和比例的语言表达了函数的关系. 17 世纪初，笛卡尔(Descartes，法国，1596—1650) 在他的解析几何理论中注意到一个变量对另一个变量的依赖关系，但由于当时尚未意识到需要提炼一般的函数概念，因此直到 17 世纪后期牛顿和莱布尼茨建立微积分时，数学家们还没有明确函数的一般意义，而是将绝大部分函数当作曲线来研究.

最初，德国数学家莱布尼茨用“函数”一词表示幂. 后来，他又用“函数”表示在直角坐标系中曲线上一点的横坐标和纵坐标. 1718 年，莱布尼茨的学生约翰・伯努利(Johann Bernoulli，瑞士，1667—1748) 在莱布尼茨函数概念的基础上，对函数概念进行了明确定义：“由某个变量及任意一个常数结合而成的数量.”意思是，凡变量 x 和常量构成的式子都叫作 x 的函数，他强调函数要用公式来表示.

1755 年，欧拉(L. Euler，瑞士，1707—1783) 把函数定义为：“如果某些变量以某种方式依赖于另一些变量，即当后面的变量变化时，前面的变量也随着变化，我们把前面的变量称为后面变量的函数.”并给出了沿用至今的函数符号.

1821 年，柯西(Cauchy，法国，1789—1857) 给出了类似现在中学课本中的函数定义：“在某些变数间存在一定的关系，当给定其中某一变数的值，其他变数的值也可以随之确定时，则将最初的变数叫作自变量，其他各变数叫作函数.”在柯西的定义中，首次出现了“自变量”一词.

1822 年，傅里叶(Fourier，法国，1768—1830) 发现某些函数可用曲线表示，也可用一个式子表示，或用多个式子表示，从而结束了函数概念是否必须以唯一一个式子表示的争论，把对函数的认识推进到了一个新层次.

1837 年，狄利克雷(Dirichlet，德国，1805—1859) 认为怎样建立 x 与 y 之间关系的方式无关紧要，他拓宽了函数的概念，指出：“对于在某区间上的每一个确定的 x 值，y 都有一个或多个确定的值，那么 y 叫作 x 的函数.”狄利克雷的函数定义出色地避免了以往函数定义中关于依赖关系的描述，简明精确，并以完全清晰的方式被所有数学家无条件地接受. 至此，函数概念及其本质定义已经形成，这就是人们常说的经典函数定义.

等到康托尔(Cantor,德国,1845—1918)创立的集合论被广泛接受后,人们开始用集合的对应关系来定义函数概念.

中文数学书中使用的"函数"一词是一个转译词.我国清代数学家李善兰在翻译《代数学》(1895年)一书时,把"function"译成"函数".在中国古代,"函"字与"含"字通用,均有"包含"的意思.李善兰给出的定义是:"凡式中含天,为天之函数."中国古代用天、地、人、物四个字来表示四个不同的未知数或变量.这个定义的含义是:"凡是公式中包含变量 x,则该式子叫作 x 的函数."因此,"函数"是指公式里包含变量的意思.

§1.1 函数及其性质

函数是高等数学研究的基本对象,是反映变量之间相互依赖关系的数学模型,是客观世界中变量之间依存关系的反映.本节主要从函数概念入手,归纳总结函数的基本性质,引出初等函数的概念,并介绍关于它们的一些实际应用.

1.1.1 函数的概念

函数是描述变量间相互依赖关系的一种数学模型.

在某些自然现象或社会现象中,往往存在多个不断变化的量,这些量被称为变量.这些变量并不是孤立变化的,而是相互联系并遵循一定的规律.函数就是用来描述这些变量之间关系的一种数学工具.下面先讨论两个变量的情形.

例如,在自由落体运动中,设物体下落的时间为 t,下落的距离为 s,假定开始下落的时刻 $t=0$,则变量 s 与 t 之间的相依关系由数学模型

$$s=\frac{1}{2}gt^2$$

给定.其中 g 是重力加速度.

定义 1.1 设 x 和 y 是两个变量,D 是一个给定的非空数集.若对于每个 $x\in D$,变量 y 按照一定法则 f 总有确定的数值与它对应,则称 y 是 x 的**函数**,记为

$$y=f(x),x\in D$$

其中 x 称为**自变量**,y 称为**因变量**,数集 D 称为这个函数的**定义域**,即 x 的取值范围.

对每个 $x\in D$,按照对应法则 f,总有确定的值 y 与之对应,这个值称为函数在点 x 处的**函数值**,记为 $f(x)$.因变量与自变量的这种依赖关系通常称为**函数关系**.

当自变量 x 取遍 D 的所有数值时,对应的函数值 $f(x)$ 的全体构成的集合称为函数 f 的**值域**,记为 M,即

$$M=\{y|y=f(x),x\in D\}$$

由函数的定义可以看出,函数的定义域与对应法则是确定函数的两个必不可少的要素.也就是说,如果两个函数的对应法则和定义域都相同,那么这两个函数就是相同的函数.例如,$f(x)=\sin^2x+\cos^2x$ 与 $g(x)=1$ 是相同的函数;而 $f(x)=\ln x^2$ 与 $g(x)=2\ln x$ 不是相同的函数.

关于函数的定义域,若一个函数仅用一个数学表达式表示,求函数的定义域通常是求使函数有意义的 x 的取值范围(函数的定义域).在实际问题中应根据问题的实际意义确定.

例 1-1 求下列函数的定义域.

(1) $y=\dfrac{x+4}{x^2-3x+2}$; (2) $y=\log_3(4x-3)$.

解 (1) 因为分式的分母不能为0，所以 $x^2-3x+2\neq 0$，解得 $x\neq 1$ 且 $x\neq 2$，即函数的定义域为 $(-\infty,1)\cup(1,2)\cup(2,+\infty)$.

(2) 因为0与负数没有对数，即真数必须大于0，所以 $4x-3>0$，解得 $x>\frac{3}{4}$，即函数的定义域为 $\left(\frac{3}{4},+\infty\right)$.

例 1-2 用长 $x=24$ m 的铁丝围成一个面积为 S 的长方形，则面积 S 与长 x 之间的函数关系为 $S=(12-x)x$，此函数的定义域为 $x\in(0,12)$.

函数的常用表示法有以下三种.

(1) **列表法**. 将自变量的值与对应的函数值列成表格的方法.

(2) **图像法**. 在坐标系中用图像来表示函数关系的方法.

(3) **公式法(解析法)**. 将自变量和因变量之间的关系用数学表达式(又称为解析表达式)来表示的方法.

1.1.2 分段函数

有时我们会遇到一个函数在自变量的不同取值范围内用不同的式子来表示的情况.

例 1-3 某城市出租车的计价器按以下方法计价：里程不超过 3 km 时收费 7 元，超过 3 km 的部分每千米收费 1.5 元，则出租车收费 y 和行驶里程 x 之间的函数关系为

$$y=\begin{cases}7, & 0<x\leqslant 3\\ 7+1.5(x-3), & x>3\end{cases}$$

例 1-4 绝对值函数 $y=|x|=\begin{cases}x, & x\geqslant 0\\ -x, & x<0\end{cases}$，其定义域 $D=(-\infty,+\infty)$，值域 $M=[0,+\infty)$，图像如图 1-1 所示.

例 1-5 符号函数 $y=\operatorname{sgn} x=\begin{cases}-1, & x<0\\ 0, & x=0\\ 1, & x>0\end{cases}$，其定义域 $D=(-\infty,+\infty)$，值域 $M=\{-1,0,1\}$. 图像如图 1-2 所示.

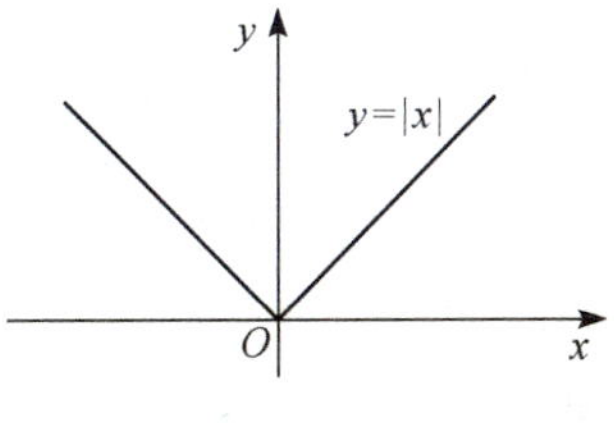

图 1-1

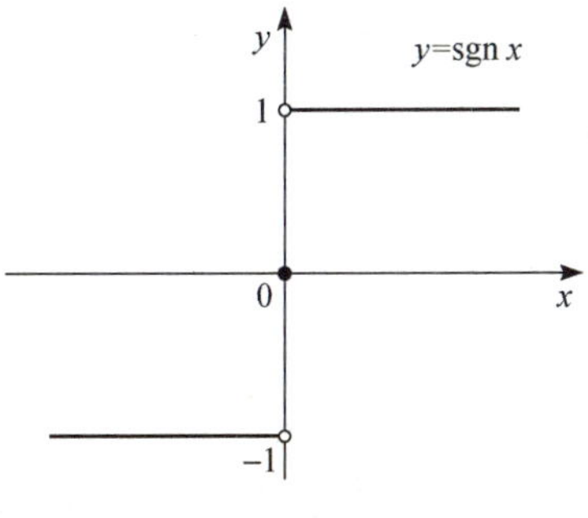

图 1-2

有些函数，对于自变量的不同取值范围，有不同的对应法则，这种函数称为**分段函数**，如例 1-3、例 1-4 和例 1-5 中的 3 个函数.

例 1-6 取整函数 $y=[x]$，表示不超过数 x 的最大整数. 例如，

$$[2.3]=2,[5]=5,[\pi]=3,[-6.7]=-7$$

取整函数的定义域 $D=(-\infty,+\infty)$，值域 $M=\{0,\pm 1,\pm 2,\pm 3,\cdots\}$，图像如图 1-3 所示.

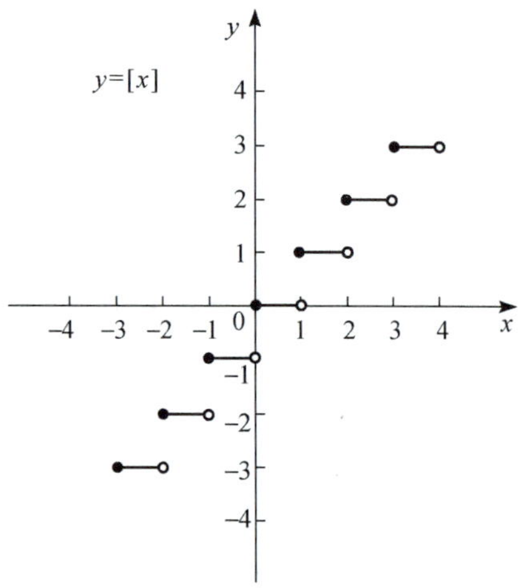

图 1-3

注意 (1) 分段函数是用几个式子合起来表示一个函数,而不是表示几个函数,其定义域是各部分自变量取值集合的并集.在科技、工程等实际应用中,经常用到分段函数.

(2) 在求分段函数的函数值时,应先确定自变量的取值范围,再按相应的式子计算.

1.1.3 反函数

在函数中,自变量与因变量的地位是相对的,任意一个变量都可以根据需要作为自变量.例如,在函数 $y=x+5$ 中,x 是自变量,y 是因变量.根据这个式子,可以解出 $x=y-5$,这里 y 是自变量,x 是因变量.上面两个式子反映了同一个过程中两个变量之间地位的相对性,称它们互为**反函数**.

下面给出反函数的具体定义.

定义 1.2 设函数 $y=f(x)$,其定义域为 D,值域为 M.如果对于任意 $y\in M$,由函数关系式 $y=f(x)$ 恰好**唯一**确定出一个 $x\in D$ 与之对应,那么认为 x 是 y 的函数,记作 $x=g(y)$.我们称上述的 $y=f(x)$ 与 $x=g(y)$ 互为**反函数**,习惯上将 $x=g(y)$ 记作

$$x=f^{-1}(y)$$

习惯上常用 x 表示自变量,y 表示因变量,故常把 $y=f(x)$ 的反函数写作

$$y=f^{-1}(x)$$

由反函数的定义知,在定义区间上**单调**的函数必有反函数.

例 1-7 函数 $y=\sin x,x\in\left[-\frac{\pi}{2},\frac{\pi}{2}\right]$,则 $x=f^{-1}(y)=\arcsin y,y\in[-1,1]$.故 $y=\sin x,x\in\left[-\frac{\pi}{2},\frac{\pi}{2}\right]$的反函数是 $y=\arcsin x,x\in[-1,1]$.

若把函数 $y=f(x)$ 与其反函数 $y=f^{-1}(x)$ 的图像画在同一平面直角坐标系内,则这两个图像关于 $y=x$ 对称.

例 1-8 函数 $y=x^3$ 和函数 $y=x^{\frac{1}{3}}$ 的图像如图 1-4 所示.

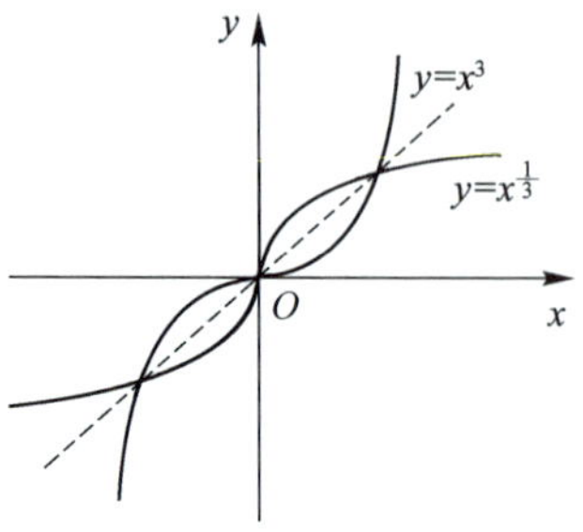

图 1-4

一般地,要求 $y=f(x)$ 的反函数,只需先从 $y=f(x)$ 中解出 x 的表达式,当该表达式也是一个函数时,再将其中的字母 x,y 进行交换即可.

* **例 1-9** 求函数 $y=\ln(x+\sqrt{x^2-1}),x\in[1,+\infty)$ 的反函数.

解 由 $y=\ln(x+\sqrt{x^2-1})$,解得

$$e^y=x+\sqrt{x^2-1}$$

及

$$e^{-y}=x-\sqrt{x^2-1}$$

故 $$e^y + e^{-y} = 2x$$

于是 $$x = \frac{e^y + e^{-y}}{2}$$

故所求反函数为 $y = \frac{e^x + e^{-x}}{2}, x \geqslant 0$.

判断函数的反函数是否存在,可以用以下定理.

定理 设函数 $f(x)$ 的定义域为 D,值域为 M. 若 $f(x)$ 在 D 上是单调增加或单调减少的,则在 M 上 $f(x)$ 的**反函数** $f^{-1}(x)$ **存在**,且 $f^{-1}(x)$ 在 M 上也是**单调增加**或**单调减少**的.

值得注意的是,由于对于 y 的某些值,满足 $y = f(x)$ 的 x 有时不止一个,所以并非任何函数在其定义域内都存在反函数. 但是,当我们对 x 的取值范围加以限制时,也有可能存在反函数. 例如,函数 $y = x^2$ 在 $(-\infty, +\infty)$ 内不存在反函数,但在 $(-\infty, 0)$ 及 $[0, +\infty)$ 内却分别存在反函数 $y = -\sqrt{x}, 0 < x < +\infty$ 及 $y = \sqrt{x}, 0 \leqslant x < +\infty$.

对于分段函数求其反函数,只需分别求出与各子定义域相对应的函数表达式的反函数及其自变量的取值范围.

例 1-10 设函数 $f(x) = \begin{cases} \frac{x}{3}, & -2 < x < 1 \\ x^2, & 1 \leqslant x \leqslant 2 \end{cases}$,求其反函数 $f^{-1}(x)$.

解 设 $y = f(x)$,则由反函数的定义,得

$$x = \begin{cases} 3y, & -2 < 3y < 1 \\ \sqrt{y}, & 1 \leqslant \sqrt{y} \leqslant 2 \end{cases} = \begin{cases} 3y, & -\frac{2}{3} < y < \frac{1}{3} \\ \sqrt{y}, & 1 \leqslant y \leqslant 4 \end{cases}$$

将 x, y 互换,得所求反函数为

$$f^{-1}(x) = y = \begin{cases} 3x, & -\frac{2}{3} < x < \frac{1}{3} \\ \sqrt{x}, & 1 \leqslant x \leqslant 4 \end{cases}$$

1.1.4 函数的性质

设函数 $y = f(x)$ 在区间 I 上有定义,区间 I 为函数 $f(x)$ 的整个定义域或定义域的一部分,则函数一般具有以下几种特性.

1. 有界性

如果存在正数 M,使对任意的 $x \in I$,恒有 $|f(x)| \leqslant M$,则称函数 $y = f(x)$ 在区间 I 上**有界**,否则称 $f(x)$ 在区间 I 上**无界**.

如图 1-5 所示,有界函数的图像介于两条直线 $y = -M$ 与 $y = M$ 之间. 例如,函数 $y = \sin x$ 在 $(-\infty, +\infty)$ 上有界,因为对任意的 $x \in (-\infty, +\infty)$,恒有 $|\sin x| \leqslant 1$;而函数 $f(x) = \frac{1}{x}$ 在区间 $(0, 1)$ 内无界,但在区间 $(1, 2)$ 内有界.

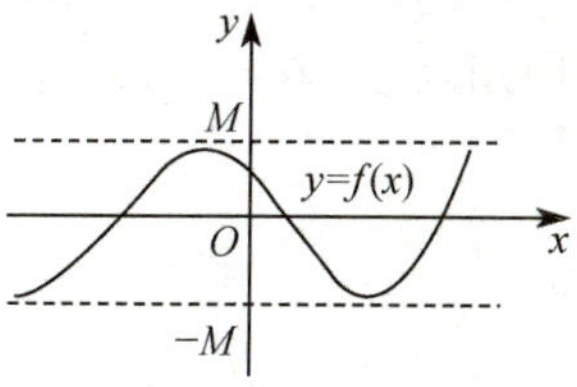

图 1-5

2. 单调性

若对任意的 $x_1, x_2 \in I$，当 $x_1 < x_2$ 时，恒有 $f(x_1) < f(x_2)$ 或 $f(x_1) > f(x_2)$，则称函数 $y = f(x)$ 在区间 I 上**单调增加**或**单调减少**. 区间 I 称为**单调增区间**或**单调减区间**；单调增加函数和单调减少函数统称为**单调函数**；单调增区间和单调减区间统称为**单调区间**.

一般地，单调增加函数的图像为沿 x 轴正向单调上升的曲线，如图 1-6 所示；单调减少函数的图像为沿 x 轴正向单调下降的曲线，如图 1-7 所示.

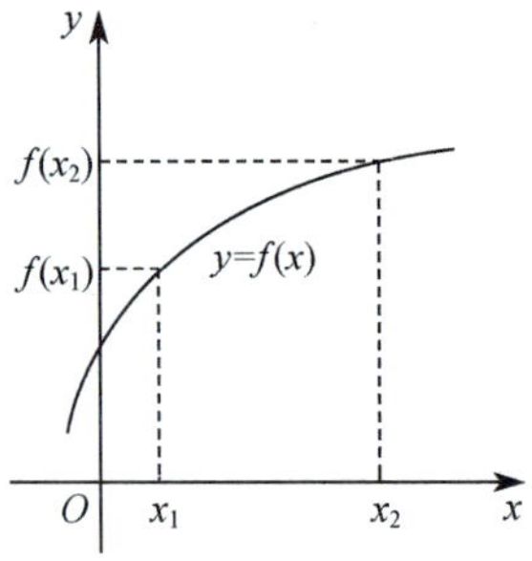

图 1-6

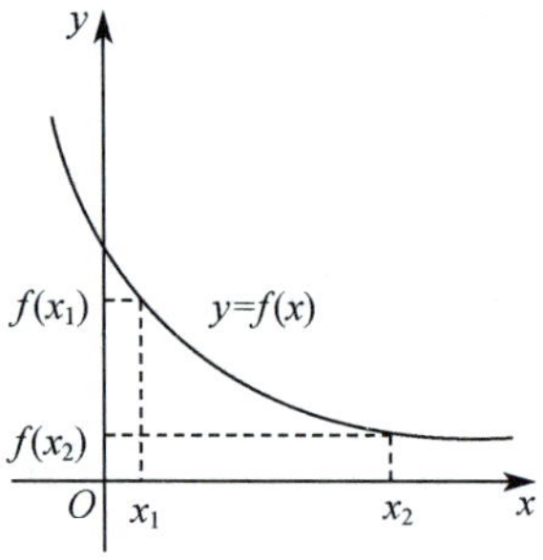

图 1-7

例如，$y = x^3$ 在 $(-\infty, +\infty)$ 内是单调增加函数；$y = x^2$ 在 $(-\infty, 0]$ 内单调减少，在 $[0, +\infty)$ 内单调增加，故在 $(-\infty, +\infty)$ 内不是单调函数.

3. 奇偶性

设函数 $f(x)$ 的定义区间 I 关于原点对称，若对任意的 $x \in I$，都有 $f(-x) = f(x)$，则称函数 $f(x)$ 是区间 I 上的**偶函数**；若对任意的 $x \in I$，都有 $f(-x) = -f(x)$，则称函数 $f(x)$ 是区间 I 上的**奇函数**；若函数既不是奇函数也不是偶函数，则称为**非奇非偶函数**.

例如，$y = x^3 + \sin x$ 为奇函数，$y = \cos x$ 为偶函数，而 $y = x^2 + x$ 为非奇非偶函数.

偶函数 $f(x)$ 的图像关于 y 轴对称(图 1-8)，奇函数的图像关于原点对称(图 1-9).

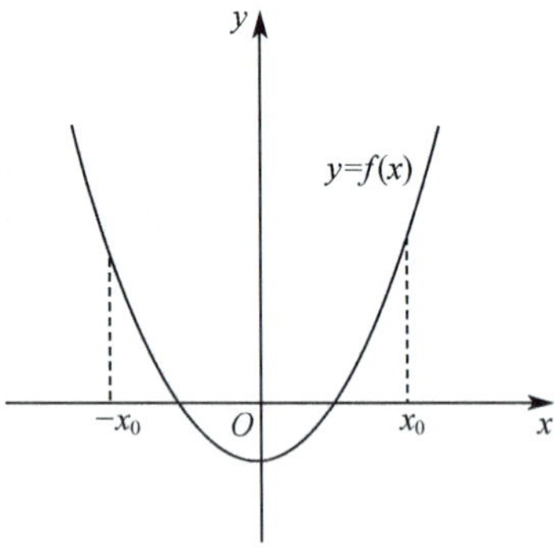

图 1-8

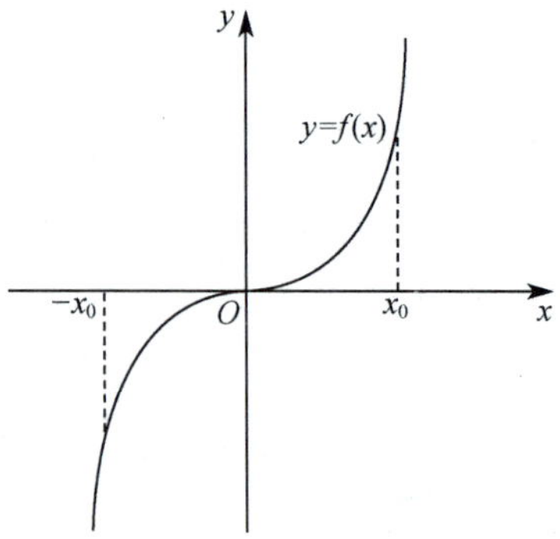

图 1-9

4. 周期性

如果存在不为零的正实数 T，使得对于任意的 $x \in I$，$x + T \in I$，都有 $f(x + T) = f(x)$，则称函数 $y = f(x)$ 为**周期函数**，T 是 $y = f(x)$ 的一个**周期**. 通常所说的周期函数的周期，是指它的最小正周期.

例如，$y = \cos x$ 是以 2π 为周期的周期函数，$y = \tan x$ 是以 π 为周期的周期函数.

习题 1.1

1. 判断下列结论是否正确(请在括号中打“√”或“×”).

(1) 若两个函数的定义域与值域相同，则这两个函数是相同的函数. (　　)

(2) 分段函数是由两个或两个以上的函数组成的.　　(　　)

(3) 偶函数的图像不一定过原点,奇函数的图像一定过原点.　　(　　)

(4) 当 $x\in(0,+\infty)$ 时,函数 $y=|f(x)|$ 与 $y=f(|x|)$ 的图像相同.　　(　　)

2. 填空题.

(1) 已知定义在 **R** 上的奇函数 $f(x)$ 满足 $f(x+3)=f(x)$,则 $f(6)=$ ________.

(2) 函数 $f(x)=x^2-5x+4$ 在________单调减少,在________单调增加.

(3) $f(x)=\begin{cases}x^2+1, & x\geqslant 1\\ 1-x, & x<1\end{cases}$,则 $f[f(-2)]=$ ________.

3. 求下列函数的定义域.

(1) $y=\sqrt{2x-3}+\dfrac{1}{x-3}$;　　(2) $f(x)=\sqrt{1-2^x}+\dfrac{1}{\sqrt{x+3}}$.

4. 作出下列函数的图像.

(1) $y=|x-2|\cdot(x+1)$;　　(2) $y=\begin{cases}x+1, & x\geqslant 3\\ x^2-5, & x<3\end{cases}$.

5. 求下列函数在指定区间内的单调性.

(1) $y=\dfrac{x}{1-x}$, $(-\infty,1)$;　　(2) $y=x+\ln x$, $(0,+\infty)$.

§1.2　初等函数

1.2.1　基本初等函数

幂函数、指数函数、对数函数、三角函数、反三角函数是五类基本初等函数. 为了便于应用,下面就其图像和性质做简要的复习,参见表1-1.

表1-1

函　数	图　像	性　质
幂函数 $y=x^a$, $a\in\mathbf{R}$	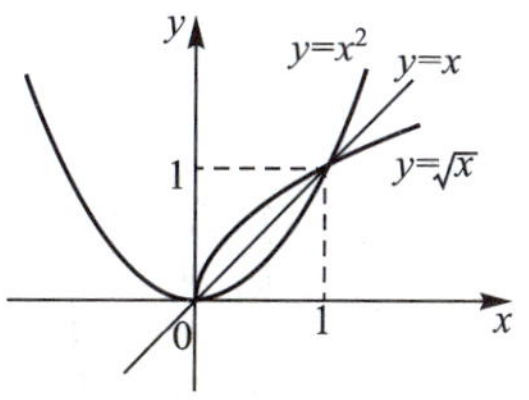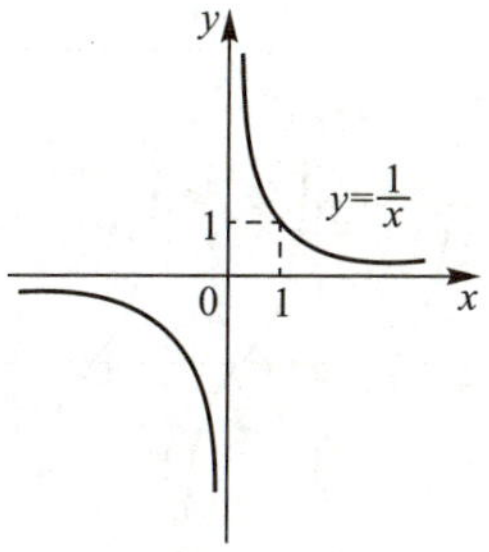	在第一象限,$a>0$ 时,函数单调增加;$a<0$ 时,函数单调减少;都过点(1,1)

续表

函　　数		图　　像	性　　质
指数函数 $y=a^x$ $(a>0$ 且 $a\neq 1)$		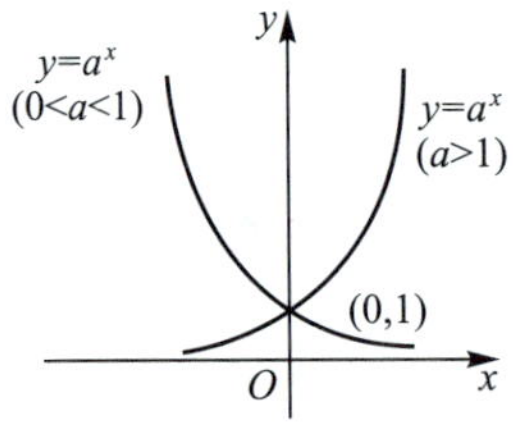	$a>1$ 时，函数单调增加；$0<a<1$ 时，函数单调减少；都过点 $(0,1)$，以 x 轴为渐近线
对数函数 $y=\log_a x$ $(a>0$ 且 $a\neq 1)$		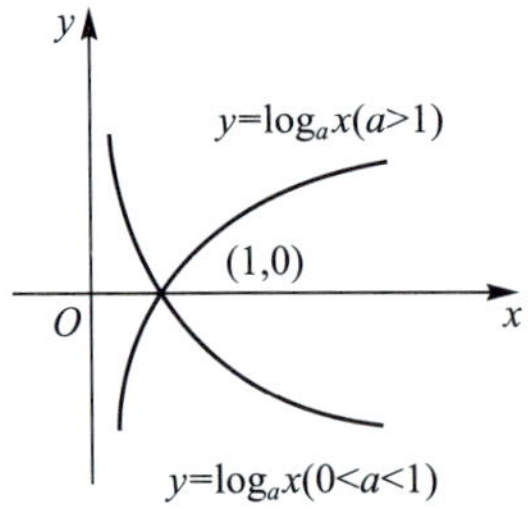	$a>1$ 时，函数单调增加；$0<a<1$ 时，函数单调减少；都过点 $(1,0)$，以 y 轴为渐近线
三角函数	正弦函数 $y=\sin x$	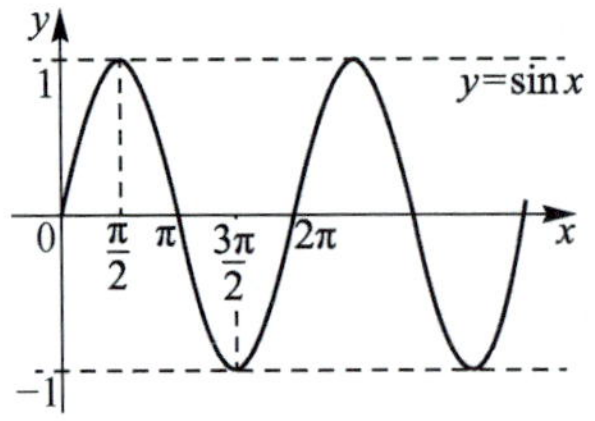	奇函数，周期 $T=2\pi$，有界；$\lvert\sin x\rvert\leqslant 1$
	余弦函数 $y=\cos x$	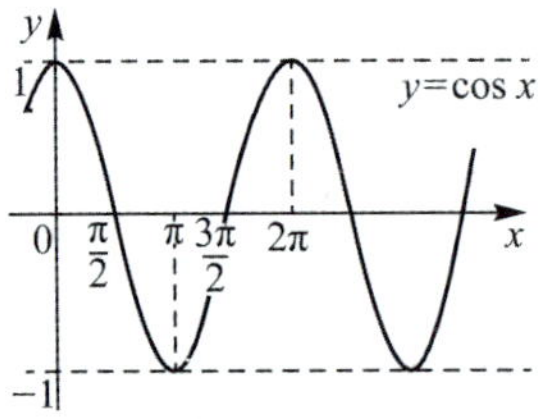	偶函数，周期 $T=2\pi$，有界；$\lvert\cos x\rvert\leqslant 1$
	正切函数 $y=\tan x$	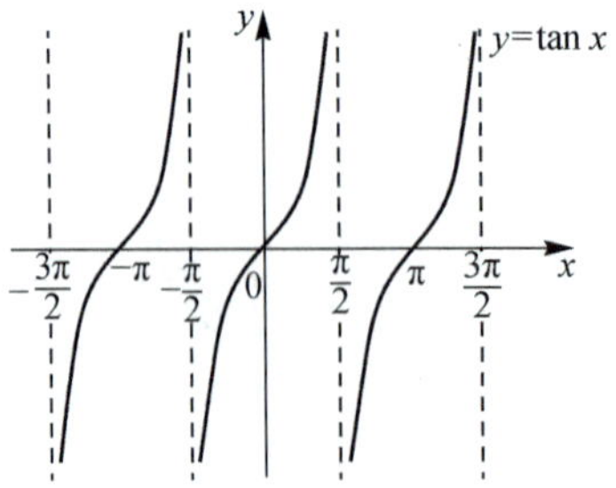	奇函数，周期 $T=\pi$，无界
	余切函数 $y=\cot x$	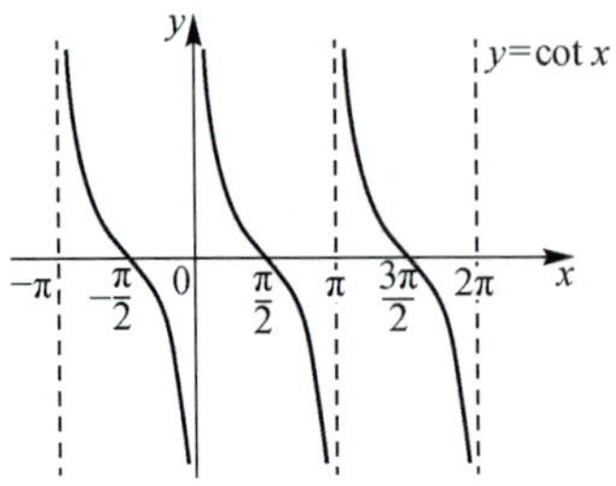	奇函数，周期 $T=\pi$，无界

续表

函数		图像	性质
反三角函数	反正弦函数 $y=\arcsin x$	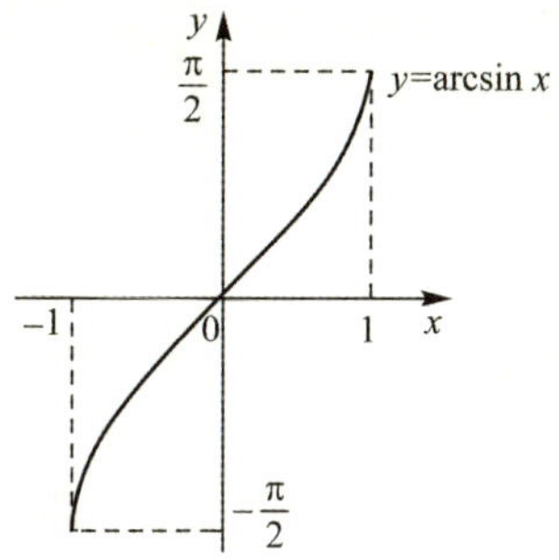	$x\in[-1,1]$，$y\in\left[-\frac{\pi}{2},\frac{\pi}{2}\right]$，奇函数，单调增加，有界
	反余弦函数 $y=\arccos x$	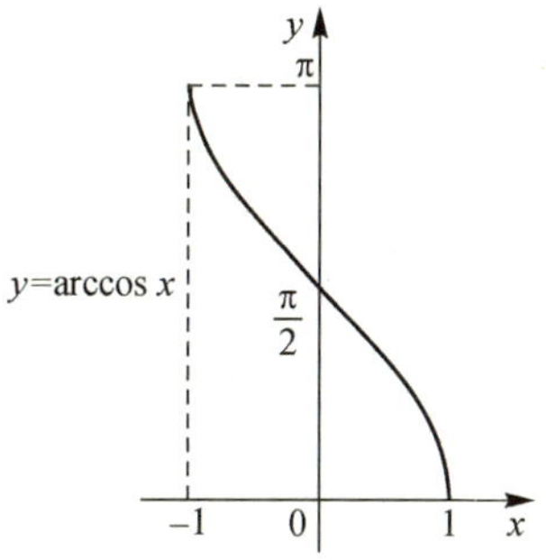	$x\in[-1,1]$，$y\in[0,\pi]$，单调减少，有界
	反正切函数 $y=\arctan x$	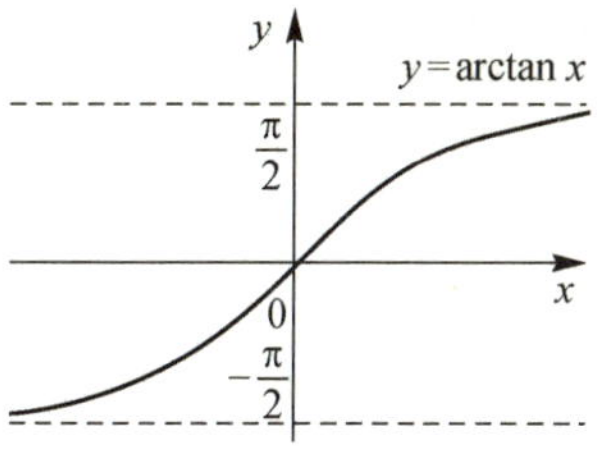	$x\in(-\infty,+\infty)$，$y\in\left(-\frac{\pi}{2},\frac{\pi}{2}\right)$奇函数，单调增加，有界，$y=\pm\frac{\pi}{2}$为两条水平渐近线
	反余切函数 $y=\operatorname{arccot} x$	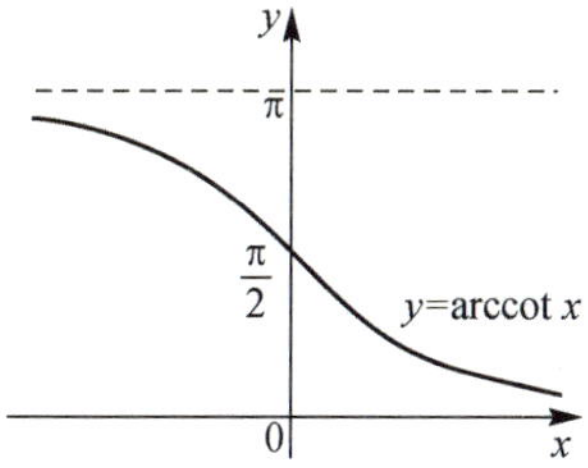	$x\in(-\infty,+\infty)$，$y\in(0,\pi)$，单调减少，有界，$y=0$和$y=\pi$为两条水平渐近线

1.2.2 复合函数和初等函数

1. 复合函数

定义 1.3 设 $y=f(u)$，其中 $u=\varphi(x)$，且函数 $u=\varphi(x)$ 的值域的全部或部分包含在函数 $y=f(u)$ 的定义域内，则称 $y=f[\varphi(x)]$ 为由 $y=f(u)$ 与 $u=\varphi(x)$ 复合而成的**复合函数**，其中 u 叫作中间变量.

关于复合函数有如下几点说明.

(1) 复合函数的定义可以推广到多个中间变量的情形.

(2) 将一个较复杂的函数分解为若干个简单函数时，一定要分清层次，由外到内逐层分解.

(3) 并不是任意两个函数都能构成复合函数. 例如，$y=\arcsin u$ 和 $u=x^2+5$ 就不能构成复合函数. 因为当 $x\in(-\infty,+\infty)$ 时，$u=x^2+5\geqslant 5$，此时 $y=\arcsin u$ 无定义.

例 1-11 指出下列函数由哪些简单函数复合而成.

(1) $y=\sqrt[3]{(1+2x)^2}$； (2) $y=3^{\tan^2 x}$； (3) $y=\ln(\sin x)$；

(4) $y=\cos\sqrt{x+1}$； (5) $y=e^{\sin 2x}$.

解 (1) $y=\sqrt[3]{(1+2x)^2}$ 可以看作由 $y=u^{\frac{2}{3}}$，$u=1+2x$ 复合而成.

(2) $y=3^{\tan^2 x}$ 可以看作由 $y=3^u$，$u=v^2$，$v=\tan x$ 复合而成.

(3) $y=\ln(\sin x)$ 可以看作由 $y=\ln u$，$u=\sin x$ 复合而成.

(4) $y=\cos\sqrt{x+1}$ 可以看作由 $y=\cos u$，$u=\sqrt{v}$，$v=x+1$ 复合而成.

(5) $y=e^{\sin 2x}$ 可以看作由 $y=e^u$，$u=\sin v$，$v=2x$ 复合而成.

注意 能否正确分析复合函数的构成，直接决定了能否熟练掌握微积分的方法和技巧.

2. 初等函数

由基本初等函数经过有限次四则运算和有限次复合运算所得到，并且可以用一个解析式表示的函数，称为**初等函数**. 例如，$f(x)=x\sin x$，$f(x)=\ln(x+\sqrt{x^2+1})$，$f(x)=e^{5x+1}\sin x$ 都是初等函数；但分段函数一般不是初等函数，如函数 $f(x)=\begin{cases}x+1, & x\geqslant 0\\ -x, & x<0\end{cases}$ 不能用一个解析式来表示，故不是初等函数.

习题 1.2

1. 指出下列函数由哪些简单函数复合而成.

(1) $y=\sin(x^2+1)$； (2) $y=\ln[\sin(x+5)]$；

(3) $y=e^{\cos 2x}$； (4) $y=\arctan(\ln x)$.

2. 设 $f(x)=3^x$，$g(x)=\sqrt{x}$，求：

(1) $f[g(x)]$； (2) $g[f(x)]$.

3. 判断下列函数的单调性.

(1) $y=2x+1$； (2) $y=3^{-x}$.

4. 判断下列函数的奇偶性.

(1) $f(x)=x^3|x|$； (2) $f(x)=x^2\sin x$.

5. 求 $\arcsin\frac{\sqrt{3}}{2}$ 的值.

6. 求 $y=\arccos 2x$ 的反函数.

§1.3 应用示例——椅子能否在不平的地面放稳

1.3.1 问题提出

当把一张椅子放在不平的地面上时，通常只有三只椅脚着地，然而只需稍微转动一定的角度，就可以使四只椅脚同时着地，即放稳了. 怎样用数学模型来描述和证明这个实际问题呢？

1.3.2 模型假设

为了能用数学语言进行描述，需要对椅子和地面做一些必要的假设.

假设 1 对椅子的假设.

椅子的四条腿一样长，将椅脚与地面的接触处视为一个点，则四只脚的连线呈正方形.

假设 2　对地面的假设.

地面的高度是连续变化的，可视为数学上的连续曲面.

假设 3　对椅子和地面关系的假设.

地面是较为平坦的，使得椅子在任何时候都有三只脚同时着地.

1.3.3　模型建立

1. 引入函数

如图 1-10 所示，以正方形 $ABCD$ 的中心 O 为原点建立坐标系，用 θ 表示椅子转动的角度，从而确定椅子的位置. 椅脚着地，即椅脚与地面的距离为零，这就是椅子与地面的数量关系. 因此，可以用 θ 的函数表示椅脚与地面的距离，由于图形具有对称性，不必用 4 个函数，只用 2 个函数[设 $f(\theta)$ 表示椅脚 A 和 C 到地面的距离之和，设 $g(\theta)$ 表示椅脚 B 和 D 到地面的距离之和] 即可表示.

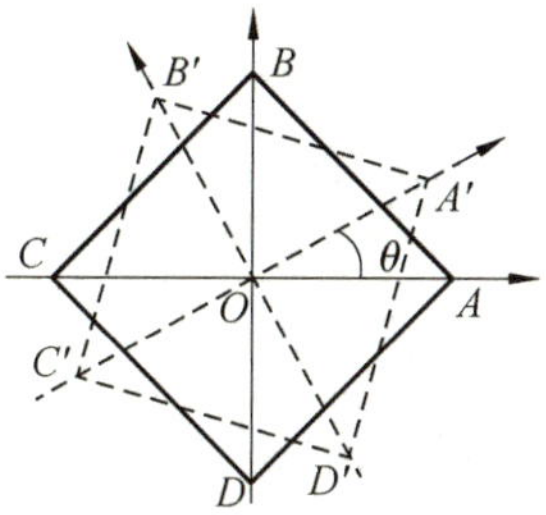

图 1-10　建立模型

2. 函数的性质

(1) 由假设 2 可知，函数 $f(\theta)$ 与 $g(\theta)$ 是 θ 的非负连续函数，$0 \leqslant \theta \leqslant 2\pi$.

(2) 由假设 3 可知，对任意 $\theta \in [0,2\pi]$，$f(\theta)g(\theta) = 0$，不妨设 $f(\theta) > 0, g(\theta) = 0$.

(3) 当把椅子转动 $\frac{\pi}{2}$ 时，AC 与 BD 互换了位置，由假设 1 可知

$$f\left(\frac{\pi}{2}\right) = g(0)$$

$$g\left(\frac{\pi}{2}\right) = f(0)$$

3. 把问题转化为数学命题

椅子的四只椅脚同时着地等价于存在一点 θ_0，使 $f(\theta_0) = g(\theta_0) = 0$. 因此，原问题等价于以下命题.

命题　已知函数 $f(\theta)$ 与 $g(\theta)$ 是 θ 的非负连续函数，$0 \leqslant \theta \leqslant 2\pi$，且满足：

(1) $f(\theta) > 0, g(\theta) = 0$；

(2) 对任意 $\theta \in [0,2\pi]$，$f(\theta)g(\theta) = 0$；

(3) $f(\pi/2) = g(0), g(\pi/2) = f(0)$.

则必存在一点 $\theta_0 \in [0,2\pi]$，使 $f(\theta_0) = g(\theta_0) = 0$.

1.3.4　模型求证

(1) 求证：因为 $f(\theta) > 0, g(\theta) = 0$，所以 $f(\pi/2) = g(0) = 0, g(\pi/2) = f(0) > 0$.

令 $h(\theta) = f(\theta) - g(\theta)$，则 $h(\theta)$ 在 $[0,\pi/2]$ 上连续且 $h(\theta) = f(\theta) - g(\theta) > 0, h(\pi/2) = f(\pi/2) - g(\pi/2) < 0$. 由连续函数中值定理可知，必存在一点 θ_0 满足 $0 < \theta_0 < \pi/2$，使得 $h(\theta_0) = 0$，即 $f(\theta_0) = g(\theta_0)$.

因为 $f(\theta_0)$ 与 $g(\theta_0)$ 至少有一个为零，所以 $f(\theta_0)=g(\theta_0)=0$.

(2) 模型的解的意义：在满足三点假设的前提下，证明了通过转动椅子，可以使其在地面上放稳，而且转动的角度不会超过 90°.

§1.4 数学实验一：利用 MATLAB 做基本运算与绘制函数图像

1.4.1 实验任务

(1) 熟悉数学软件 MATLAB 的界面、基本功能和基本操作.

(2) 利用数学软件 MATLAB 做基本运算.

(3) 利用数学软件 MATLAB 绘制函数图像.

1.4.2 实验过程

1. 数学软件 MATLAB 简介

数学软件 MATLAB 是由美国 MathWorks 公司开发的一款商业数学软件，具有强大的功能，主要用于算法开发、数据可视化、数据分析及数值计算，将人们从原先烦琐的手动计算中彻底解放出来. 下面主要介绍 MATLAB 的基本操作(以 MATLAB R2013b 版本为例进行介绍).

(1) 软件的启动与运行. 安装完 MATLAB 软件并激活后，该软件会在“开始”菜单中创建快捷方式. 单击“开始”→“所有程序”→MATLAB→R2013b→MATLAB R2013b 命令，运行 MATLAB 软件，并进入其主界面，如图 1-11 所示.

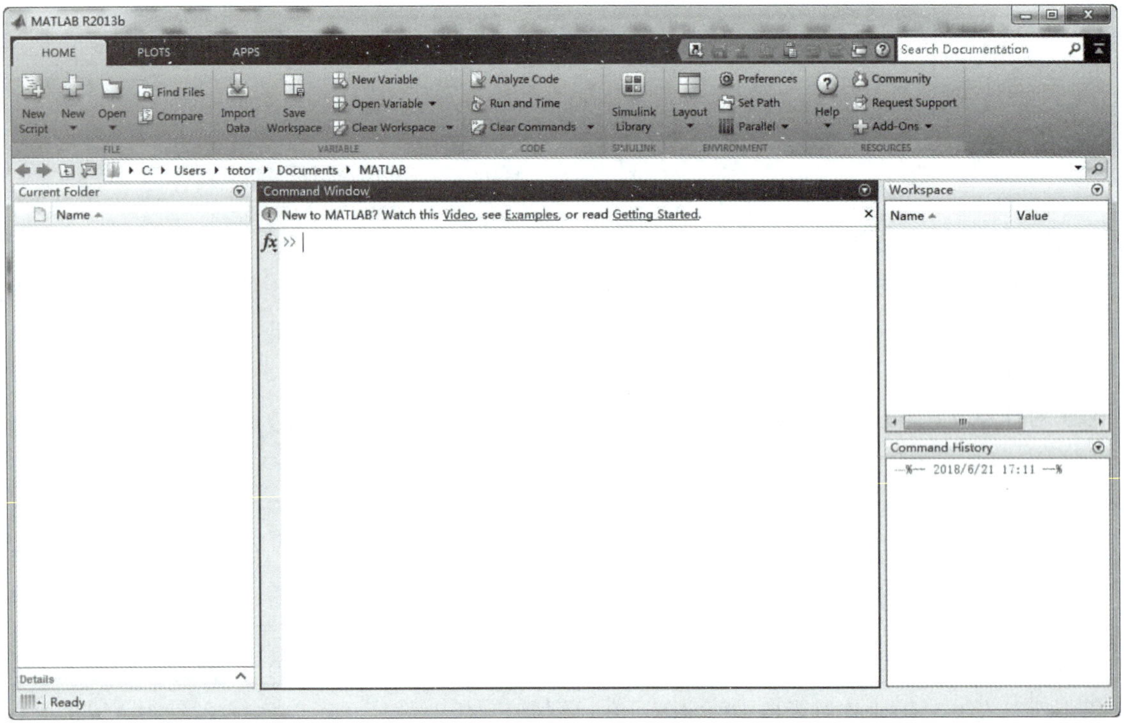

图 1-11

如图 1-11 所示，该界面主要由标题栏、选项卡、功能区、工具栏、导航窗格(Current Folder)、命令窗口(Command Window)、工作空间(Workspace)、命令历史(Command History)、状态栏等组成.

① 标题栏. 标题栏位于窗口的最上方，主要显示软件的名称以及“最小化”按钮、“最大化/还原”按钮、“关闭”按钮等.

② 选项卡. 主界面包括 3 个选项卡，分别是主页(HOME)、绘制(PLOTS) 和应用(APPS).

③ 功能区. 功能区分散在各个选项卡下，是众多命令的集合，用于实现不同的功能操作.

④ 工具栏. 与选项卡同行显示的是快速工具栏，其中包括一些比较常用的按钮，如“保存”按钮、“剪切”按钮、“复制”按钮、“撤销”按钮等；位于功能区下方的是常规工具栏，主要包括“后退”按钮、“前进”按钮、“向上一级”按钮、“浏览文件夹”按钮、地址栏等.

⑤ 导航窗格(Current Folder). 该窗格中显示的是目录层级.

⑥ 命令窗口(Command Window). 该窗口是工作主窗口，用于程序的输入和执行结果的显示.

⑦ 工作空间(Workspace). 该窗格用于存放图片的数组信息.

⑧ 命令历史(Command History). 该窗格中显示了所有命令的输入和执行历史记录.

(2) 输入与输出. 启动 MATLAB 软件后，可以通过键盘在命令窗口(Command Window) 中输入对应的程序和命令，然后按 Enter 键，系统自动运算并输出结果. 例如，计算“2＋3”，可以直接在命令窗口中输入“2＋3”，然后按 Enter 键，即可得到计算结果，如图 1-12 所示.

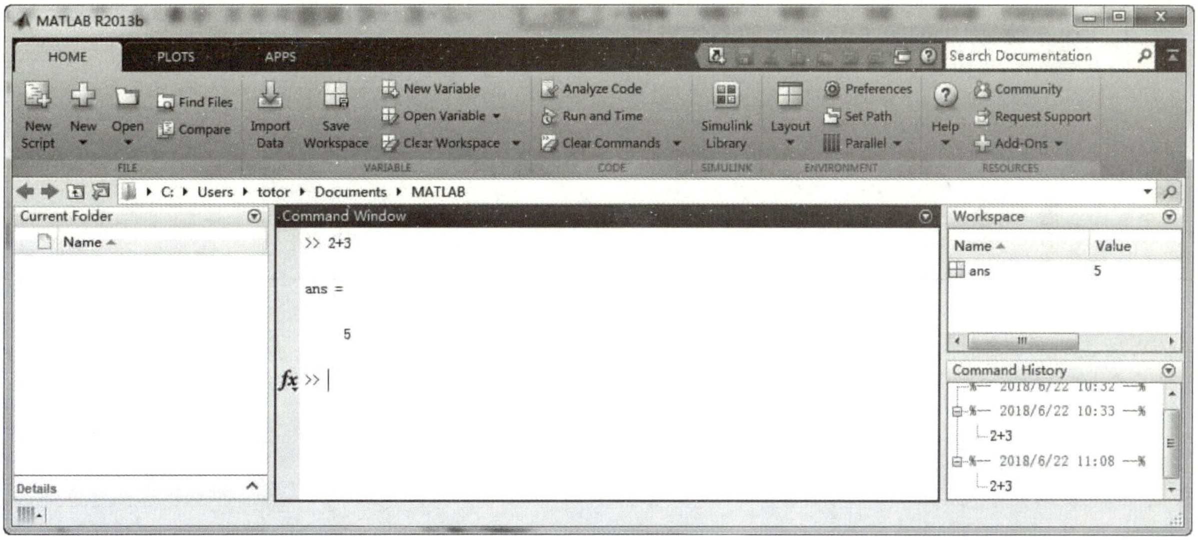

图 1-12

2. 基本运算

在 MATLAB 中，和、差、积、商、乘方运算分别用“+”“−”“*”“/”“^”来表示，其运算顺序与一般数学运算的规则一致，即先乘方，后乘除，最后是加减. 要改变运算次序，可以使用小括号“()”.

操作实例 1-1 计算$[4+2\times(5-1)]\div 2^2$.

运行 MATLAB，在命令窗口中输入：

```
>> (4 + 2 * (5 - 1))/2^2
```

按 Enter 键，得到如下计算结果：

```
ans =

    3
```

3. 绘制函数图像

(1) 相关命令. 在 MATLAB 中绘制二维曲线函数图形的命令，最基本的是 plot 和 fplot，其命令说明如表 1-2 所示.

表 1-2

命　　令	说　　明
plot(x,y)	绘制函数 $y=f(x)$ 的图像
fplot('fun',[a,b])	在区间$[a,b]$上绘制函数 fun(函数表达式) 的图像

注意　fplot 命令必须根据已知的函数解析式才能作图；而 plot 命令既可以根据已知的函数解析式作图，也可以对任何数据(x,y) 作图.

(2) 操作实例.

操作实例 1-2　在同一个坐标系下画出两条曲线 $y=\sin(x+1)$ 和 $y=\cos x+1$ 在区间$[0,2\pi]$上的图像.

解法 1　运行 MATLAB，在命令窗口中输入：

```
>> fplot('[sin(x+1),(cos(x)+1)]',[0,2*pi])    % 在同一坐标系下，在[0,2π]上绘制曲线
                                               y = sin(x+1) 和 y = cos x+1 的图像
```

按 Enter 键，弹出如图 1-13 所示的图像窗口.

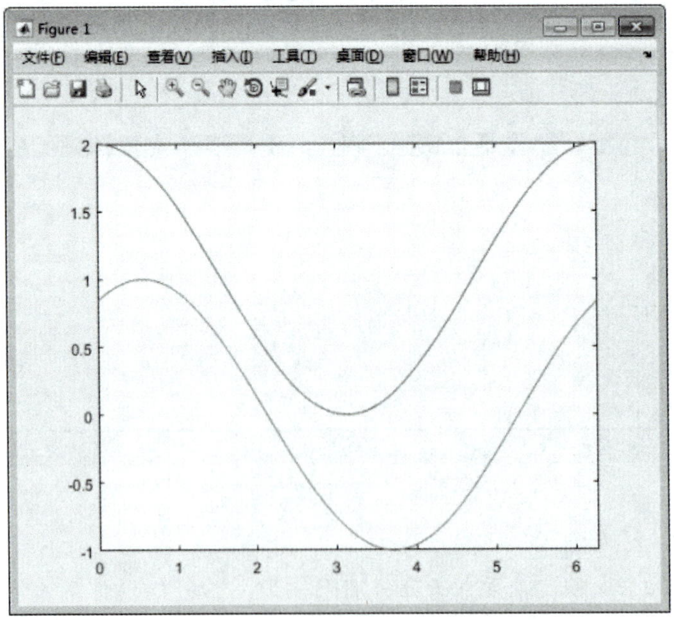

图 1-13

解法 2　在命令窗口中输入：

```
x = 0:0.01:2*pi;                        % 在 x 轴的区间[0,2π]上每隔 0.01 间隔取 x 点
>> plot(x,sin(x+1),'g',x,(cos(x)+1),'b')
                                        % 用绿色绘制 y = sin(x+1) 的图像，用蓝色绘制
                                          y = cos x+1 的图像(默认颜色为红色和蓝色)
```

按 Enter 键后，弹出如图 1-14 所示的图像窗口.

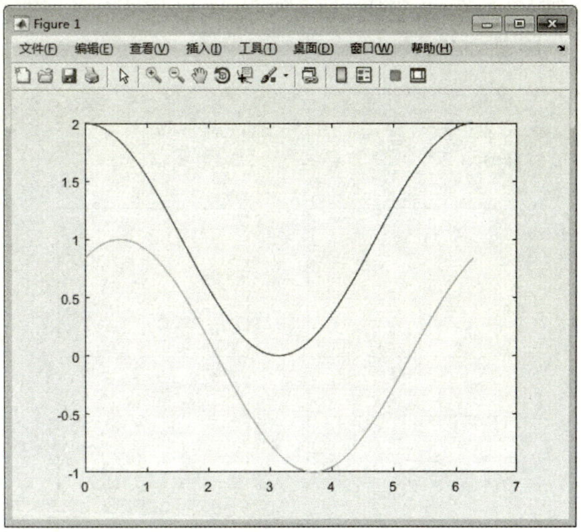

图 1-14

从图 1-13 和图 1-14 中可以看出，图像上并没有显示出图例. 要想显示图例，既可以在弹出的图像窗口中通过相应菜单进行设置，也可以通过 legend 命令实现. 在命令窗口中继续输入：

```
>> legend('y = sin(x + 1)','y = cos(x) + 1')
```

按 Enter 键，就会发现图像窗口中增加了相应的图例，如图 1-15 所示.

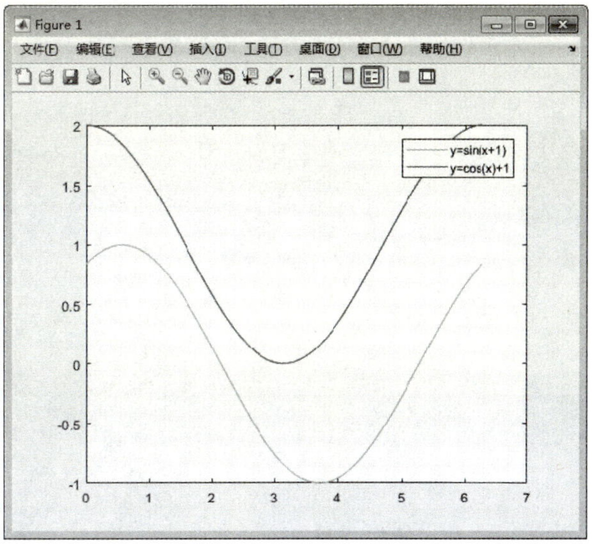

图 1-15

操作实例 1-3　将屏幕窗口分成 4 个，用 subplot(m,n,k) 命令画 4 个子图，分别如下：

①$y=5x^4-3x^2+2x-7, x\in[-5,5]$.

②$y=|x^2-4x+2|, x\in[-1,5]$.

③$y=\ln(1+\sqrt{1+x^2}), x\in[-3,3]$.

④$y=x^2e^{-2x^2}, x\in[-3,3]$.

解　运行 MATLAB，在命令窗口中输入：

```
>> subplot(2,2,1),fplot('5 * x^4 - 3 * x^2 + 2 * x - 7',[- 5,5])
>> subplot(2,2,2),fplot('abs(x^2 - 4 * x + 2)',[- 1,5])
>> subplot(2,2,3),fplot('log(1 + sqrt(1 + x^2))',[- 3,3])
```

>> subplot(2,2,4),fplot('x^2 * exp(-2 * x^2)',[-3,3])

按 Enter 键,弹出如图 1-16 所示的窗口.

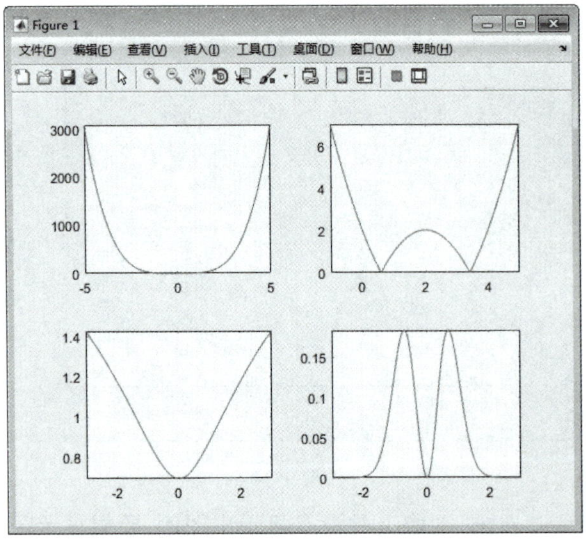

图 1-16

注意　默认情况下,窗口中的 4 个图像并不显示图像的标题.如果需要显示,可以在图像窗口中通过相应菜单添加.另外,需要注意的是,subplot(m,n,k)命令表示将屏幕窗口分成 $m\times n$ 个子窗口,并在第 k 个子窗口中作图.子窗口的顺序是由左至右、由上到下.

1.4.3　实验作业

1. 完成下列表达式的运算.

(1) $\left(2+3\sin\frac{\pi}{6}\right)\div 3.25^2$;　　(2) $\log_5 2$.

2. 作出下列函数的图像.

(1) $f(x)=2x^3-3x+1, x\in[-1,2]$;　　(2) $g(x)=\dfrac{\sin x}{x}$.

复习题 1

1. 选择题.

(1) 函数 $f(x)=\sqrt{2^x-1}+\dfrac{1}{x-2}$ 的定义域为(　　).

A. $[0,2)$　　B. $(2,+\infty)$

C. $(0,2)\cup(2,+\infty)$　　D. $[0,2)\cup(2,+\infty)$

(2) 函数 $y=(2m-1)x+b$ 在 $\mathbf{R}$ 上是单调减少函数,则(　　).

A. $m>\dfrac{1}{2}$　　B. $m<\dfrac{1}{2}$　　C. $m>-\dfrac{1}{2}$　　D. $m<-\dfrac{1}{2}$

(3) 已知函数 $f(x)$ 是定义在 $\mathbf{R}$ 上的奇函数,且当 $x>0$ 时,$f(x)=\dfrac{1}{x}+x^2$,则 $f(-1)$ 等于(　　).

A. -2　　B. 0　　C. 1　　D. 2

2. 填空题.

(1) 函数 $y=\sqrt{3-2x-x^2}$ 的定义域是______________.

(2) 已知 $f(\sqrt{x}+1)=x+2\sqrt{x}$,则 $f(x)=$ ________________.

(3) 函数 $f(x)=4-2\cos\frac{1}{3}x$ 的最小值是________;当 $f(x)$ 取得最小值时,x 的值为________.

(4) 若 $f(x)=\begin{cases}1-x, & x\geqslant 0\\ 2^x, & x<0\end{cases}$,则 $f(3)=$ ________.

3. 设 $f(x)=\begin{cases}2^x, & -1<x<0\\ 2, & 0\leqslant x<1\\ x-1, & 1\leqslant x\leqslant 3\end{cases}$,求 $f(2)$,$f\left(\frac{1}{2}\right)$,$f\left(-\frac{1}{2}\right)$.

4. 下列函数 $f(x)$ 与 $g(x)$ 是否相同?

(1) $f(x)=\frac{x-1}{x^2-1}$,$g(x)=\frac{1}{x+1}$;

(2) $f(x)=\sqrt{(1-x)^2}$,$g(x)=1-x$;

(3) $f(x)=x$,$g(x)=\ln e^x$.

5. 求下列函数的定义域.

(1) $y=\frac{1}{1-x^2}+\sqrt{x+2}$; (2) $y=\ln(x^2-1)+\arcsin\frac{1}{x+1}$.

6. 对于下列函数 $f(x)$ 与 $g(x)$,求复合函数 $f[g(x)]$ 和 $g[f(x)]$,并确定它们的定义域.

(1) $f(x)=\sqrt{x+1}$,$g(x)=x^4$;

(2) $f(x)=\sqrt{1-x}$,$g(x)=\sqrt{x-1}$.

7. 求下列函数的反函数.

(1) $y=1+\log_4 x$; (2) $y=\frac{2^x}{2^x+1}$.

8. 已知 $f(x-1)=x^2+x+1$,求 $f\left(\frac{1}{x-1}\right)$.

9. 设 $f(x)$ 的定义域为 $(-\infty,+\infty)$ 且对于任意 x,y 都有

$$f(x+y)+f(x-y)=f(x)f(y)$$

且 $x\neq 0$ 时 $f(x)\neq 0$. 证明 $f(x)$ 为偶函数.

10. 某单位有一辆汽车,一年中的税款、保险费及司机工资等支出共为 a,另外,行驶单位路程需油费 b,试写出一年中平均每千米费用 y 与行驶路程 x 的函数关系式.

11. 一物件由静止开始做直线运动,前 10 s 内做匀加速运动,加速度为 2 $\mathrm{cm/s^2}$,10 s 后做匀速运动,运动开始时路程为零. 试建立路程 s 与时间 t 之间的函数关系.

第2章

极限与连续

阅读与欣赏

中国早期的极限思想

在中国古代数学史上，朴素的极限思想占有非常重要的地位. 许多哲学思想中都渗透着"极限思想"的光辉.

早在春秋战国时期(公元前770—公元前221)，我国道家学派的代表人物庄子在他的《庄子·天下篇》中记载了这样一个思想：一尺长的木棍，第一天取掉它的一半，还剩下它的二分之一尺；第二天在这剩余的二分之一尺中再取掉一半，还剩下它的四分之一尺……按照这样的方法一直取下去，木棍的长度会越来越小，但无论剩余的木棍多小，永远也分不完，以至于到最后木棍长度几乎接近于零，但又永远不会等于零. 这就出现了我国早期的极限思想.

当然，在道家学派思想出现以前，也曾出现过一些与道家学派不同的关于极限思想的观点. 例如，墨家的观点就与庄子的观点不同. 墨家提出了一个"非半"的命题. 这个命题是这样得出的：将一线段按一半一半地无限分割下去，必将出现一个不能再分割的"非半". 这个"非半"就是点. 墨家由此提出了无限分割最终会达到一个"不可分"的思想. 这也是早期中国极限思想的火花.

公元3世纪，我国魏晋著名数学家刘徽创立了有名的"割圆术"，他在注释《九章算术》时创造性地将极限思想应用到了数学领域. 以下是割圆术的具体方法介绍：将一个圆周不断地进行分割，圆周分割得越细，圆内接多边形的边数越多，其内接正多边形的周长就越接近该圆周. 按照这种思路不断地分割下去，直到圆周无法再分割为止. 当分割到圆内接正多边形的边数无限多时，该圆的周长就与圆周几乎重合了. 通过这种分割方法，刘徽得到了圆内接正3 027边形的面积，求出了我国最早的圆周率，该圆周率为3.141 6，这个数值是当时世界上最早也是最准确的圆周率数据. 刘徽的"割圆术"在人类历史上首次将极限和无穷小分割引入数学证明，成为人类文明史中不朽的篇章. 后来，我国数学家祖冲之再次用这种方法将圆周率的值计算到小数点后七位. 这种对于某个值无限接近的思想为建立极限概念打下了基础.

在中国数学的发展史上，庄子、墨子、惠施、刘徽等的数学研究和成就远远比不上西方数学家(如阿基米德、欧几里得等)的数学研究和成就. 原因在于我国古代经济的困顿使得很少有人能够学习文化知识，自然学数学的人也就更少了，数学理论研究并没有受到应有的重视. 农业社会的经济特点限制了古代人们对自然的探索与对理论的求索，从而也阻止了数学向理性发展的可能.

中国几千年的文化成就了许多思想家、军事家和文人，其中也不乏能工巧匠，但唯独缺乏用符号与算式演绎事物内在规律和关系的数学家. 由于中国古代的数学家们注重实用，因此古代数学主要用于计算、测量等方面，并没有上升到理论的高度，也没有形成系统的理论体系.

§2.1 数列的极限

极限是微积分学中最基本的概念，是微积分学的理论基础. 在微积分学中，有许多概念都是由极限引入的. 学好微积分，首先要准确地理解极限的概念，并且要掌握好极限的重要性质和运算法则.

连续是与极限紧密相关的概念，它也是微积分的一个基本概念. 本章后半部分主要介绍函数连续性的概念及性质.

我们已经学习了数列的概念，现在进一步考察当自变量 n 无限增大时，数列 $x_n = f(n)$ 的变化趋势.

2.1.1 数列极限的定义

在中学，我们已经学过数列的概念. 按一定顺序排列的无穷多个数

$$x_1, x_2, \cdots, x_n, \cdots$$

称为无穷数列，简称数列，简记为 $\{x_n\}$. 其中的每个数称为数列的项，x_n 称为数列的通项(或称一般项)，n 称为数列的项数.

现在我们来考察当项数 n 无限增大时(即 $n \to \infty$ 时)，对应的一般项 x_n 的变化趋势. 首先来看几个数列：

(1) $\frac{1}{2}, \frac{1}{4}, \frac{1}{8}, \frac{1}{16}, \cdots, \frac{1}{2^n}, \cdots$;

(2) $0, \frac{3}{2}, \frac{2}{3}, \frac{5}{4}, \cdots, \frac{n+(-1)^n}{n}, \cdots$;

(3) $1, -1, 1, -1, \cdots, (-1)^{n+1}, \cdots$;

(4) $2, 4, 8, 16, \cdots, 2^n, \cdots$.

为便于观察，我们在平面直角坐标系中作出以上4个数列的图形，分别如图2-1至图2-4所示(为了便于展示效果，图形中横、纵坐标轴取值比例采用了不同标准).

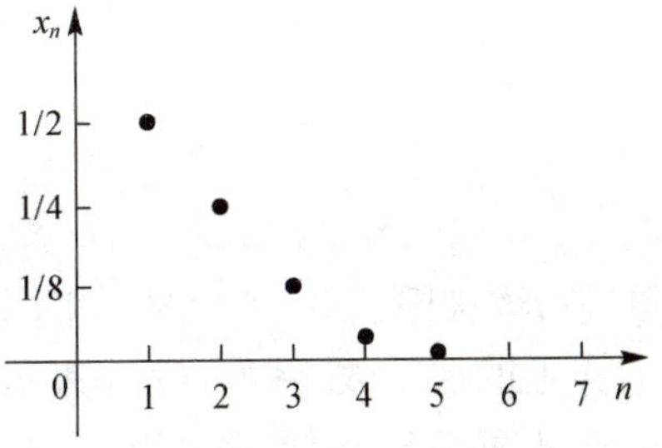

图 2-1

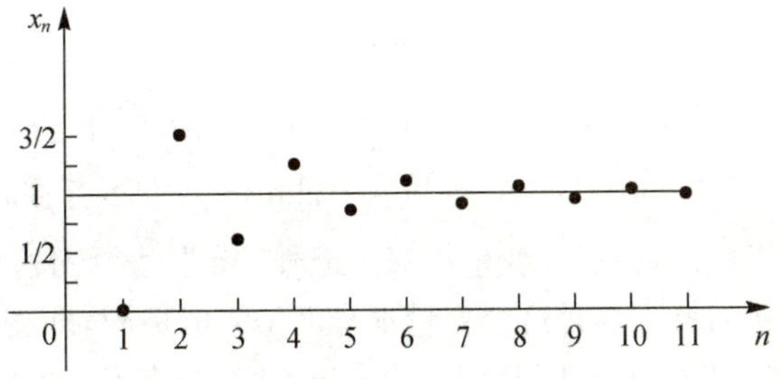

图 2-2

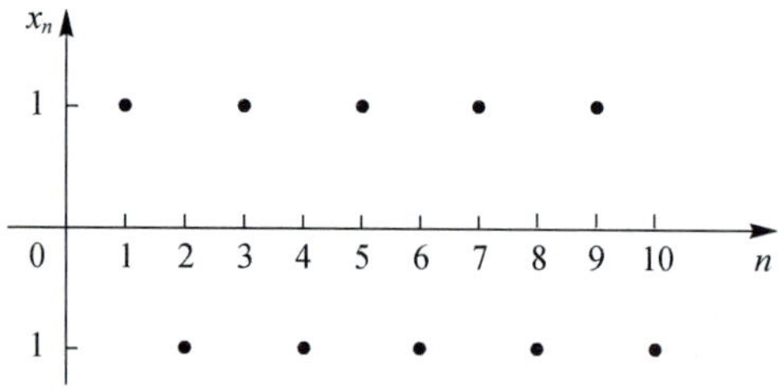

图 2-3

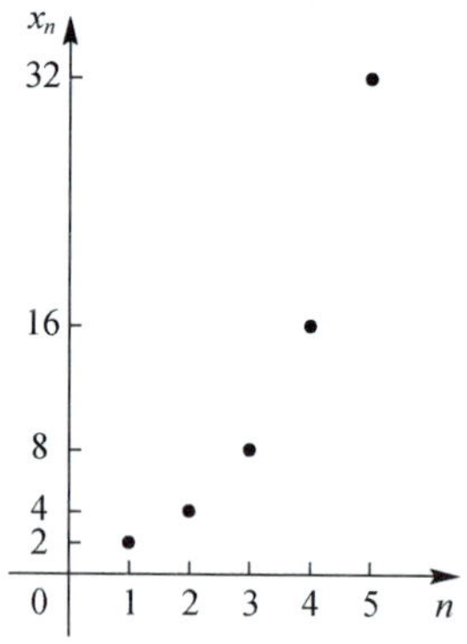

图 2-4

从图 2-1 中可以看出，当 n 无限增大时，数列通项 $x_n = \dfrac{1}{2^n}$ 的值无限趋于 0.

从图 2-2 中可以看出，当 n 无限增大时，数列通项 $x_n = \dfrac{n+(-1)^n}{n}$ 的值无限趋于 1.

从图 2-3 中可以看出，当 n 无限增大时，数列通项 $x_n = (-1)^{n+1}$ 的值在 1 与 -1 之间振荡.

从图 2-4 中可以看出，当 n 无限增大时，数列通项 $x_n = 2^n$ 的值趋于 $+\infty$.

将数列的上述变化趋势用数学语言表示，就得到了数列极限的定义.

定义 2.1 对于数列 $\{x_n\}$，如果当 n 无限增大时，通项 x_n 无限接近于某个确定的常数 A，则称 A 为数列 $\{x_n\}$ 的极限，或称数列 $\{x_n\}$ 收敛于 A，记为

$$\lim_{n\to\infty} x_n = A \text{ 或 } x_n \to A(n\to\infty)$$

若数列 $\{x_n\}$ 没有极限，则称该数列发散.

由上面的定义可知，数列 $\left\{\dfrac{1}{2^n}\right\}$ 的极限为 0，即 $\lim\limits_{n\to\infty}\dfrac{1}{2^n} = 0$；数列 $\left\{\dfrac{n+(-1)^n}{n}\right\}$ 的极限为 1，即 $\lim\limits_{n\to\infty}\dfrac{n+(-1)^n}{n} = 1$；数列 $\{(-1)^{n+1}\}$ 与 $\{2^n\}$ 都不趋于某个确定的常数，因此都是发散的，且数列 $\{(-1)^{n+1}\}$ 的**变化趋势**无法用极限形式给出，而数列 $\{2^n\}$ 的变化趋势可表示为 $\lim\limits_{n\to\infty} 2^n = +\infty$.

例 2-1 观察下列数列当 $n\to\infty$ 时的极限.

(1) $x_n = \dfrac{n}{n+1}$； (2) $x_n = \dfrac{1}{3^n}$； (3) $x_n = 2n+1$； (4) $x_n = (-1)^n$.

解 对于每一个数列，我们先将其列出来，再根据极限的定义，观察各数列在 $n\to\infty$ 时的变化趋势，可得

(1) $\dfrac{1}{2},\dfrac{2}{3},\dfrac{3}{4},\cdots,\dfrac{n}{n+1},\cdots$；$\lim\limits_{n\to\infty}\dfrac{n}{n+1} = 1$.

(2) $\dfrac{1}{3},\dfrac{1}{3^2},\dfrac{1}{3^3},\cdots,\dfrac{1}{3^n},\cdots$；$\lim\limits_{n\to\infty}\dfrac{1}{3^n} = 0$.

(3) $3,5,7,\cdots,2n+1,\cdots$；$\lim\limits_{n\to\infty}(2n+1)$ 不存在.

(4) $-1,1,-1,\cdots,(-1)^n,\cdots$；$\lim\limits_{n\to\infty}(-1)^n$ 不存在.

应当注意，在一个变量前加上记号“lim”，表示对这个变量进行取极限运算. 若变量的极限存在，则其所反映的就不再是这个变量本身而是它的极限，即变量无限接近的那个数. 例如，设 A 表示圆面积，S_n 表示圆内接正 n 边形面积，当 n 较大时，总有 $S_n \approx A$，则 $\lim\limits_{n\to\infty} S_n$ 不再是 S_n，而是它的极限——圆面积 A，所以它的表达式 $\lim\limits_{n\to\infty} S_n$ 不含任何近似成分.

2.1.2 收敛数列的性质

定理 2.1(极限的唯一性) 收敛数列$\{x_n\}$的极限是唯一的.

定理 2.2(收敛数列的有界性) 如果数列$\{x_n\}$收敛,那么数列$\{x_n\}$一定有界.

推论 2.1 有界数列未必收敛,无界数列必定发散.

例如,数列$\{(-1)^n\}$是有界数列,但它是发散的;数列$\{2^n\}$是无界数列,且它必定是发散的.

习题 2.1

1. 当数列项数无限增加时,观察下列各数列的变化趋势.

(1)$1,\frac{1}{\sqrt{2}},\frac{1}{\sqrt{3}},\frac{1}{\sqrt{4}},\frac{1}{\sqrt{5}},\cdots$;

(2)$-\frac{1}{2},\frac{1}{4},-\frac{1}{8},\frac{1}{16},-\frac{1}{32},\cdots$;

(3)$\cos\frac{\pi}{2},\cos\pi,\cos\frac{3}{2}\pi,\cos 2\pi,\cos\frac{5}{2}\pi,\cdots$;

(4)$7+\frac{5}{10},7+\frac{5}{10^2},7+\frac{5}{10^3},7+\frac{5}{10^4},7+\frac{5}{10^5},\cdots$;

(5)$\sqrt[3]{2},\sqrt[3]{3},\sqrt[3]{4},\sqrt[3]{5},\sqrt[3]{6},\cdots$.

2. 作出下面各数列在数轴上的点,并说出哪些数列有极限,哪些没有.

(1)$x_n=\frac{1}{3^n}$; (2)$x_n=\frac{n}{n+2}$; (3)$x_n=(-1)^n n$;

(4)$x_n=-\frac{1}{n}$; (5)$x_n=n-(-1)^n$; (6)$x_n=\frac{1}{n}\sin\frac{\pi}{n}$.

3. 根据数列极限的定义,判断下列无穷数列的极限.

(1)-1是不是数列$x_n=-1$的极限?

(2)2是不是数列$x_n=\frac{8n+11}{4n+5}$的极限?

(3)-3是不是数列$x_n=\frac{2-3n}{n+1}$的极限?

(4)5是不是数列$x_n=\frac{5\sqrt{n}+1}{\sqrt{n}}$的极限?

4. 求极限$\lim\limits_{n\to\infty}(\sqrt{n+1}-\sqrt{n})$.

§2.2 函数的极限

在上一节中,我们研究了数列的极限.在本节中,我们将研究一般函数的极限问题.函数$y=f(x)$中的自变量x总是在某个实数集合中变化,当自变量x处于某一个变化过程中时,函数值$y=f(x)$也随之发生变化.函数极限就是研究自变量在各种变化过程中对应函数值的变化趋势.

2.2.1 函数极限的定义

数列是定义在正整数集上的函数,数列极限研究的是当自变量$n\to\infty$时,一般项$x_n=f(n)$的极限值.

而对于定义在区间上的函数 $f(x)$ 的极限，我们主要研究当自变量 $x\to\infty$ 和 $x\to x_0$ 时，函数 $f(x)$ 的极限.

1. 当 $x\to\infty$ 时，函数 $f(x)$ 的极限

考察函数 $f(x)=\dfrac{1}{x}$ 当 $x\to\infty$ 时的变化趋势. 由图 2-5 可以看出，当 x 的绝对值无限增大时，函数 $f(x)$ 的值无限趋近于零.

定义 2.2 一般地，如果当自变量 x 的绝对值无限增大(即 $x\to\infty$)时，函数 $f(x)$ 无限趋近于一个确定的常数 A，那么 A 就叫作函数 $f(x)$ 当 $x\to\infty$ 时的极限，记作

$$\lim_{x\to\infty}f(x)=A \text{ 或 } f(x)\to A(x\to\infty)$$

注意 $x\to\infty$ 表示"$|x|$ 无限增大"，指 x 既可以取正值而无限增大(记为 $x\to+\infty$)，也可以取负值而绝对值无限增大(记为 $x\to-\infty$).

定义 2.3 类似地，如果当 $x\to+\infty$(或 $x\to-\infty$)时，函数 $f(x)$ 无限趋近于一个确定的常数 A，那么 A 就叫作函数 $f(x)$ 当 $x\to+\infty$(或 $x\to-\infty$) 时的极限，记作

$$\lim_{x\to+\infty}f(x)=A \text{ 或 } f(x)\to A(x\to+\infty)$$

$$\left[\lim_{x\to-\infty}f(x)=A \text{ 或 } f(x)\to A(x\to-\infty)\right]$$

同理观察图 2-5，可以看出

$$\lim_{x\to+\infty}\frac{1}{x}=0,\ \lim_{x\to-\infty}\frac{1}{x}=0$$

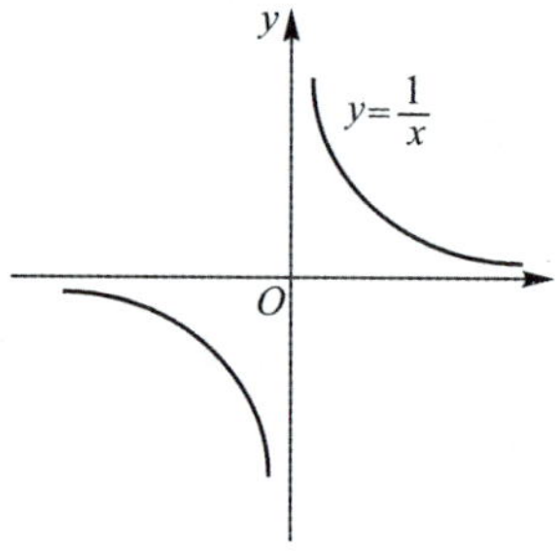

图 2-5

不难证明，$\lim\limits_{x\to\infty}f(x)$ 存在的充要条件是 $\lim\limits_{x\to+\infty}f(x)$ 和 $\lim\limits_{x\to-\infty}f(x)$ 存在且相等，即

$$\lim_{x\to\infty}f(x)=A \Leftrightarrow \lim_{x\to+\infty}f(x)=\lim_{x\to-\infty}f(x)=A$$

例 2-2 讨论当 $x\to\infty$ 时，函数 $y=2^x$ 的极限.

解 作出函数 $y=2^x$ 的图像(图 2-6)，可以看出

$$\lim_{x\to+\infty}2^x=+\infty,\ \lim_{x\to-\infty}2^x=0$$

故 $\lim\limits_{x\to\infty}2^x$ 不存在.

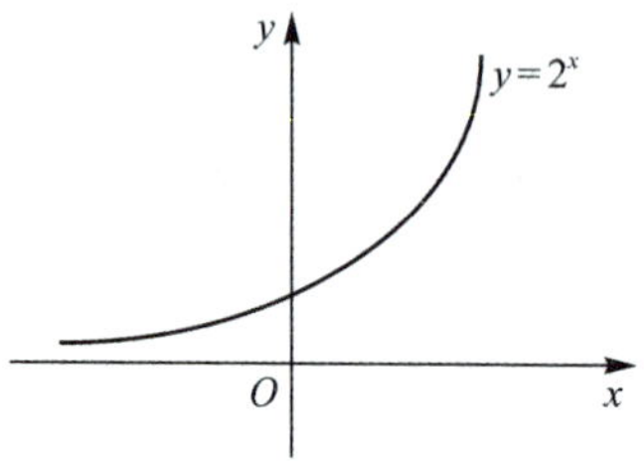

图 2-6

2. 当 $x \to x_0$ 时，函数 $f(x)$ 的极限

先从图像上考察两个函数 $f(x)=x+2$ 与 $f(x)=\dfrac{x^2-4}{x-2}$，如图 2-7 所示.

微课：当 $x \to x_0$ 时，函数 $f(x)$ 的极限

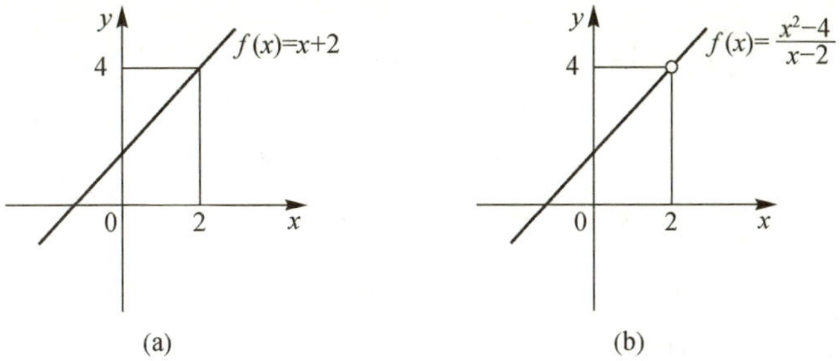

图 2-7

从图 2-7 中不难看出，当 x 无限接近于 2 时，$f(x)=x+2$ 无限趋近于 4，$f(x)=\dfrac{x^2-4}{x-2}$ 也无限趋近于 4. 但函数 $f(x)=x+2$ 和 $f(x)=\dfrac{x^2-4}{x-2}$ 是两个不同的函数，$f(x)=x+2$ 在点 $x=2$ 处有定义，而 $f(x)=\dfrac{x^2-4}{x-2}$ 在点 $x=2$ 处无定义. 这就是说，极限是否存在与其在点 $x=2$ 处是否有定义无关.

一般地，我们有以下定义.

定义 2.4 设函数 $f(x)$ 在点 x_0 的某个去心邻域 $\mathring{U}(x_0,\delta)$ 内有定义，如果当 $x \to x_0$ 时，函数 $f(x)$ 无限趋近于一个确定的常数 A，那么 A 就叫作函数 $f(x)$ 当 $x \to x_0$ 时的极限，记作

$$\lim_{x\to x_0} f(x)=A \text{ 或 } f(x)\to A(x\to x_0)$$

在上述 $x \to x_0$ 时函数 $f(x)$ 的极限中，x 既从 x_0 的左侧趋于 x_0，又从 x_0 的右侧趋于 x_0. 但有时只需考虑 x 从 x_0 的左侧趋于 x_0（记作 $x \to x_0^-$）的情形，或 x 从 x_0 的右侧趋于 x_0（记作 $x \to x_0^+$）的情形. 于是，我们引进了左、右极限的概念.

当自变量 x 小于 x_0 而无限趋近于 x_0 时，如果函数 $f(x)$ 无限趋近于一个确定的常数 A，那么 A 就叫作函数 $f(x)$ 当 $x \to x_0$ 时的左极限，记作

$$\lim_{x\to x_0^-} f(x)=A \text{ 或 } f(x_0-0)=A$$

类似地，当自变量 x 大于 x_0 而无限趋近于 x_0 时，如果函数 $f(x)$ 无限趋近于一个确定的常数 A，那么 A 就叫作函数 $f(x)$ 当 $x \to x_0$ 时的右极限，记作

$$\lim_{x\to x_0^+} f(x)=A \text{ 或 } f(x_0+0)=A$$

根据 $x \to x_0$ 时函数 $f(x)$ 在点 x_0 的左、右极限的定义，可以得到结论：$\lim\limits_{x\to x_0} f(x)$ 存在的充要条件是 $\lim\limits_{x\to x_0^+} f(x)$ 和 $\lim\limits_{x\to x_0^-} f(x)$ 存在且相等，即

$$\lim_{x\to x_0} f(x)=A \Leftrightarrow \lim_{x\to x_0^+} f(x)=\lim_{x\to x_0^-} f(x)=A$$

注意 当 $\lim\limits_{x\to x_0^+} f(x)$ 与 $\lim\limits_{x\to x_0^-} f(x)$ 都存在，但不相等，或 $\lim\limits_{x\to x_0^+} f(x)$ 与 $\lim\limits_{x\to x_0^-} f(x)$ 中至少一个不存在时，$f(x)$ 在点 x_0 处的极限不存在.

例 2-3 设函数 $f(x)=\begin{cases}2+x^2, & x\geqslant 1\\ 1+2x, & x<1\end{cases}$，求 $\lim\limits_{x\to 1^+} f(x)$，$\lim\limits_{x\to 1^-} f(x)$，并由此判断 $\lim\limits_{x\to 1} f(x)$ 是否存在.

解

$$\lim_{x\to 1^+} f(x)=\lim_{x\to 1^+}(2+x^2)=2+1^2=3$$

$$\lim_{x \to x_1^-} f(x) = \lim_{x \to 1^-}(1+2x) = 1+2\times 1 = 3$$

因为 $\lim\limits_{x \to 1^+} f(x) = \lim\limits_{x \to 1^-} f(x) = 3$，所以由函数 $f(x)$ 在点 $x = 1$ 处极限存在的充要条件可知，$\lim\limits_{x \to 1} f(x) = 3$.

例 2-4 设函数 $f(x) = \begin{cases} x^2+1, & x > 0 \\ 0, & x = 0 \\ x-1, & x < 0 \end{cases}$. 证明：当 $x \to 0$ 时，$f(x)$ 的极限不存在.

证明

$$\lim_{x \to 0^+} f(x) = \lim_{x \to 0^+}(x^2+1) = 0+1 = 1$$

$$\lim_{x \to 0^-} f(x) = \lim_{x \to 0^-}(x-1) = 0-1 = -1$$

因为 $\lim\limits_{x \to 0^+} f(x) \neq \lim\limits_{x \to 0^-} f(x)$，所以 $\lim\limits_{x \to 0} f(x)$ 不存在.

从以上几个例题可以看出，分段函数在分段点的两侧往往有不同的函数表达式. 因此，在讨论当 $x \to x_0$（x_0 为分界点）时分段函数 $f(x)$ 的极限时，常常需要先讨论函数的左、右极限，然后判定函数的极限是否存在.

2.2.2 极限的四则运算法则

定理 2.3（极限四则运算法则） 设在自变量 x 的同一变化过程中，$\lim f(x)$ 及 $\lim g(x)$ 都存在，若 $\lim f(x) = A$，$\lim g(x) = B$，则有

(1) $\lim[f(x) \pm g(x)] = \lim f(x) \pm \lim g(x) = A \pm B$；

(2) $\lim[f(x) \cdot g(x)] = \lim f(x) \cdot \lim g(x) = A \cdot B$；

(3) $\lim \dfrac{f(x)}{g(x)} = \dfrac{\lim f(x)}{\lim g(x)}(\lim g(x) \neq 0) = \dfrac{A}{B}(B \neq 0)$.

法则(1)和法则(2)均可推广到有限个函数的情形，并有如下推论.

推论 2.2 $\lim[Cf(x)] = C\lim f(x) = CA$（$C$ 为常数）.

推论 2.3 $\lim[f(x)]^n = [\lim f(x)]^n = A^n$（$n$ 为正整数）.

注意 “lim”是自变量变化过程的简记形式，它可以表示数列 $\{x_n\}$ 中的 $n \to \infty$，也可以表示函数 $f(x)$ 中的 $x \to x_0$（包括 $x \to x_0^+$ 或 $x \to x_0^-$），$x \to \infty$（包括 $x \to +\infty$ 或 $x \to -\infty$）等.

例 2-5 求 $\lim\limits_{x \to 2}(x^2+3x-2)$.

解

$$\lim_{x \to 2}(x^2+3x-2) = \lim_{x \to 2} x^2 + \lim_{x \to 2} 3x - \lim_{x \to 2} 2 = \left(\lim_{x \to 2} x\right)^2 + 3\lim_{x \to 2} x - 2$$
$$= 2^2 + 3\times 2 - 2 = 8.$$

一般地，若 $f(x)$ 为多项式函数，则对任意 $x_0 \in (-\infty, +\infty)$，都有 $\lim\limits_{x \to x_0} f(x) = f(x_0)$.

例 2-6 求下列极限.

(1) $\lim\limits_{x \to 2} \dfrac{x^3+2}{x^2-9}$； (2) $\lim\limits_{x \to 3} \dfrac{x-3}{x^2-5x+6}$.

解 (1) 因为 $\lim\limits_{x \to 2}(x^2-9) = -5 \neq 0$，所以

$$\lim_{x \to 2} \frac{x^3+2}{x^2-9} = \frac{\lim\limits_{x \to 2}(x^3+2)}{\lim\limits_{x \to 2}(x^2-9)} = \frac{2^3+2}{2^2-9} = -2$$

(2) 当 $x \to 3$ 时，分子和分母的极限均为零，但可约去公因式 $x-3 \neq 0$，即

$$\lim_{x \to 3} \frac{x-3}{x^2-5x+6} = \lim_{x \to 3} \frac{x-3}{(x-3)(x-2)} = \lim_{x \to 3} \frac{1}{x-2} = 1$$

一般地，设 $P(x)$，$Q(x)$ 都是多项式函数，则称 $\dfrac{P(x)}{Q(x)}$ 为有理分式函数，并且有如下结论.

$$\lim_{x\to x_0}\frac{P(x)}{Q(x)}=\begin{cases}\dfrac{P(x_0)}{Q(x_0)}, & \text{当 } Q(x_0)\neq 0 \text{ 时}\\ \infty, & \text{当 } P(x_0)\neq 0, Q(x_0)=0 \text{ 时}\\ \text{约去公因式}(x-x_0), & \text{当 } P(x_0)=0, Q(x_0)=0 \text{ 时}\end{cases}$$

例 2-7 求下列函数的极限.

(1) $\lim\limits_{x\to\infty}\dfrac{2x^5-3x^2+1}{4x^5+2x}$； (2) $\lim\limits_{x\to\infty}\dfrac{2x^2+x-1}{7x^3+3}$； (3) $\lim\limits_{x\to\infty}\dfrac{x^4+x+1}{5x^2-1}$.

解 (1) 当 $x\to\infty$ 时，分子、分母的极限均不存在，为无穷大，不能直接应用运算法则. 将分子、分母同除以 x 的最高次幂 x^5，得

$$\lim_{x\to\infty}\frac{2x^5-3x^2+1}{4x^5+2x}=\lim_{x\to\infty}\frac{2-\dfrac{3}{x^3}+\dfrac{1}{x^5}}{4+\dfrac{2}{x^4}}=\frac{\lim\limits_{x\to\infty}\left(2-\dfrac{3}{x^3}+\dfrac{1}{x^5}\right)}{\lim\limits_{x\to\infty}\left(4+\dfrac{2}{x^4}\right)}=\frac{2}{4}=\frac{1}{2}$$

(2) 分子、分母同除以 x 的最高次幂 x^3，得

$$\lim_{x\to\infty}\frac{2x^2+x-1}{7x^3+3}=\lim_{x\to\infty}\frac{\dfrac{2}{x}+\dfrac{1}{x^2}-\dfrac{1}{x^3}}{7+\dfrac{3}{x^3}}=\frac{\lim\limits_{x\to\infty}\left(\dfrac{2}{x}+\dfrac{1}{x^2}-\dfrac{1}{x^3}\right)}{\lim\limits_{x\to\infty}\left(7+\dfrac{3}{x^3}\right)}=\frac{0}{7}=0$$

(3) 分子、分母同除以 x 的最高次幂 x^4，得

$$\lim_{x\to\infty}\frac{x^4+x+1}{5x^2-1}=\lim_{x\to\infty}\frac{1+\dfrac{1}{x^3}+\dfrac{1}{x^4}}{\dfrac{5}{x^2}-\dfrac{1}{x^4}}$$

由于分子极限为 1，分母极限为 0，所以

$$\lim_{x\to\infty}\frac{x^4+x+1}{5x^2-1}=\infty$$

一般地，当 $a_0\neq 0, b_0\neq 0, m, n$ 为非负整数时，有

$$\lim_{x\to\infty}\frac{a_0x^m+a_1x^{m-1}+\cdots+a_m}{b_0x^n+b_1x^{n-1}+\cdots+b_n}=\begin{cases}\dfrac{a_0}{b_0}, & \text{当 } n=m \text{ 时}\\ 0, & \text{当 } n>m \text{ 时}\\ \infty, & \text{当 } n<m \text{ 时}\end{cases}$$

上述结论对求数列极限同样适用.

注意 (1) 运用极限的四则运算法则的前提条件是各项极限必须存在(对商还要求分母的极限不为零).

(2) 若所求极限呈现"$\dfrac{0}{0}$""$\dfrac{\infty}{\infty}$""$\infty-\infty$"等形式不能直接运用极限的四则运算法则，则必须先对原式进行恒等变形(约分、通分、有理化、变量代换、分子与分母同除以分子与分母的最高次幂).

2.2.3 无穷小量与无穷大量

1. 无穷小量

(1) 无穷小量的定义. 考察函数 $f(x)=2x-4$ 当 $x\to 2$ 时趋近于零，函数 $f(x)=\dfrac{1}{x-1}$ 当 $x\to\infty$ 时趋近于零.

定义 2.5 若在 x 的某一变化趋势下，函数 $f(x)$ 的极限为零，则称函数 $f(x)$ 为 x 的这种变化趋势下的**无穷小量**，简称**无穷小**.

注意 ① 无穷小是一个以零为极限的变量.它表达的是量的变化状态,而不是量的大小.一个量无论多么小都不是无穷小,零是唯一可看作无穷小的常数.

② 无穷小与自变量的变化趋势有关.称一个函数是无穷小,必须明确指出其自变量的变化趋势.因为对于同一个函数,自变量的变化趋势不同,极限值不同.

例如,当 $x\to 0$ 时,函数 $\sin x$ 是无穷小;但当 $x\to 1$ 时,函数 $\sin x$ 不是无穷小.

(2) 无穷小的性质.

性质 2.1 有限个无穷小的代数和仍为无穷小.

性质 2.2 有界函数与无穷小的乘积是无穷小.

推论 2.4 常数与无穷小的乘积也是无穷小.

推论 2.5 有限个无穷小的乘积仍是无穷小.

例 2-8 求 $\lim\limits_{x\to 0}x^3\cdot\sin\dfrac{1}{x}$.

解 因为 $\left|\sin\dfrac{1}{x}\right|\leqslant 1$,又 $\lim\limits_{x\to 0}x^3=0$,所以 $\lim\limits_{x\to 0}x^3\cdot\sin\dfrac{1}{x}=0$.

例 2-9 计算 $\lim\limits_{n\to\infty}\left(\dfrac{1}{n^2}+\dfrac{2}{n^2}+\cdots+\dfrac{n}{n^2}\right)$.

解 $\lim\limits_{n\to\infty}\left(\dfrac{1}{n^2}+\dfrac{2}{n^2}+\cdots+\dfrac{n}{n^2}\right)=\lim\limits_{n\to\infty}\dfrac{1+2+\cdots+n}{n^2}=\lim\limits_{n\to\infty}\dfrac{\frac{1}{2}n(n+1)}{n^2}=\lim\limits_{n\to\infty}\dfrac{n+1}{2n}=\dfrac{1}{2}$.

此例说明无穷多个无穷小之和不一定是无穷小.

(3) 无穷小量阶的比较.无穷小虽然是趋近于零的变量,但不同的无穷小趋近于零的速度不一定相同,有时可能相差很大.观察下面无穷小比值的极限.

$$\lim_{x\to 0}\frac{x^2}{x}=0,\lim_{x\to 0}\frac{x}{x^2}=\infty,\lim_{x\to 0}\frac{\sin x}{x}=1$$

在 $x\to 0$ 的过程中,$x^2\to 0$ 比 $x\to 0$"快些",而 $\sin x\to 0$ 与 $x\to 0$"快慢相仿".由此,给出如下定义.

微课:无穷小量阶的比较

设 α,β 是同一变化过程中的两个无穷小,且 $\alpha\neq 0$.

如果 $\lim\dfrac{\beta}{\alpha}=0$,就说 β 是比 α 高阶的无穷小,记作 $\beta=o(\alpha)$;

如果 $\lim\dfrac{\beta}{\alpha}=\infty$,就说 β 是比 α 低阶的无穷小;

如果 $\lim\dfrac{\beta}{\alpha}=C\neq 0$,就说 β 与 α 是同阶的无穷小;

如果 $\lim\dfrac{\beta}{\alpha}=1$,就说 β 与 α 是等价无穷小,记作 $\alpha\sim\beta$.

当 $x\to 0$ 时,有下列常见的等价无穷小.

$\sin x\sim x,\arcsin x\sim x,\tan x\sim x,\arctan x\sim x,e^x-1\sim x,\ln(1+x)\sim x$

$$1-\cos x\sim\frac{1}{2}x^2,(1+\alpha x)^\beta-1\sim\alpha\beta x(\alpha,\beta\text{为非零整数})$$

例 2-10 当 $x\to 0$ 时,对无穷小 x^2 与 x 进行比较.

解 因为 $\lim\limits_{x\to 0}\dfrac{x^2}{x}=0$,所以当 $x\to 0$ 时,x^2 是比 x 高阶的无穷小,即 $x^2=o(x)(x\to 0)$.

定理 2.4 设 α,β,α' 及 β' 当 $x\to x_0$(或 $x\to\infty$)时均是无穷小,且 $\alpha\sim\alpha',\beta\sim\beta'$,$\lim\dfrac{\beta'}{\alpha'}$ 存在,则 $\lim\dfrac{\beta}{\alpha}=\lim\dfrac{\beta'}{\alpha'}$.

根据此定理，当求两个无穷小之比的极限时，可用分子、分母各自的等价无穷小来代替，如果选择适当，可简化运算. 定理 2.4 表明，在乘除运算的极限过程中，用非零等价无穷小替换不改变其极限值.

例 2-11 求$\lim\limits_{x\to0}\dfrac{\sin x}{x^3+3x}$.

解 当 $x\to0$ 时，$\sin x\sim x$，所以

$$\lim_{x\to0}\frac{\sin x}{x^3+3x}=\lim_{x\to0}\frac{x}{x^3+3x}=\lim_{x\to0}\frac{1}{x^2+3}=\frac{1}{3}$$

例 2-12 求极限$\lim\limits_{x\to0}\dfrac{\tan 3x}{\sin 5x}$.

解 当 $x\to0$ 时，$\tan 3x\sim 3x$，$\sin 5x\sim 5x$，所以$\lim\limits_{x\to0}\dfrac{\tan 3x}{\sin 5x}=\lim\limits_{x\to0}\dfrac{3x}{5x}=\dfrac{3}{5}$.

注意 在求极限的过程中，一个无穷小可以用与其等价的无穷小代替，但只能代替乘积中的项，不能代替和差中的项. 若采用如下做法，则会导致错误：$\lim\limits_{x\to0}\dfrac{\tan x-\sin x}{x}=\lim\limits_{x\to0}\dfrac{x-x}{x}=0$.

2. 无穷大量

(1) 无穷大量的定义.

定义 2.6 在 x 的某一变化趋势下，若函数 $f(x)$ 的绝对值 $|f(x)|$ 无限增大，则称函数 $f(x)$ 为在 x 的这种变化趋势下的**无穷大量**，简称**无穷大**. $f(x)$ 为当 $x\to x_0$ 时的无穷大，记作$\lim\limits_{x\to x_0}f(x)=\infty$.

例如，当$x\to1$时，$\dfrac{1}{x-1}$的绝对值无限增大，故$\dfrac{1}{x-1}$为当$x\to1$时的无穷大，即$\lim\limits_{x\to1}\dfrac{1}{x-1}=\infty$；当 $x\to0^+$ 时，$\ln x$ 取负值但其绝对值无限增大，故 $\ln x$ 为当 $x\to0^+$ 时的负无穷大，即$\lim\limits_{x\to0^+}\ln x=-\infty$.

注意 无穷大是一个绝对值无限增大的变量，而不是绝对值很大的常量.

(2) 无穷大与无穷小的关系.

定理 2.5 在自变量的同一变化过程中有以下两种情况.

① 如果函数 $f(x)$是无穷小，且 $f(x)\neq0$，则$\dfrac{1}{f(x)}$ 是无穷大.

② 如果函数 $f(x)$是无穷大，则$\dfrac{1}{f(x)}$ 是无穷小.

例 2-13 讨论$\lim\limits_{x\to\infty}\dfrac{1}{1+x^2}$.

解 因为$\lim\limits_{x\to\infty}(1+x^2)=+\infty$ 是无穷大，所以由定理 2.5 知

$$\lim_{x\to\infty}\frac{1}{1+x^2}=0$$

习题 2.2

1. 作出下列函数的图像，并判断其极限.

(1) $\lim\limits_{x\to+\infty}\left(\dfrac{1}{3}\right)^x$；　(2) $\lim\limits_{x\to-\infty}3^x$；　(3) $\lim\limits_{x\to\frac{\pi}{2}}\sin x$；　(4) $\lim\limits_{x\to\pi}\cos x$.

2. 下列函数在自变量怎样变化时是无穷小或无穷大？

(1) $y=\dfrac{1}{x^2}$；　(2) $y=\dfrac{1}{x}$；　(3) $y=\tan x$；　(4) $y=\ln x$.

3. 计算下列极限.

(1) $\lim\limits_{x\to-1}(2x^2+2x+1)$；　(2) $\lim\limits_{x\to1}(x^3-x^2+x-1)$；

(3) $\lim\limits_{x\to 2}\dfrac{x^2-16}{x-4}$； (4) $\lim\limits_{x\to 3}\dfrac{x^2-9}{x-3}$；

(5) $\lim\limits_{x\to 1}\left(\dfrac{1}{1-x}-\dfrac{3}{1-x^3}\right)$； (6) $\lim\limits_{x\to 0}\dfrac{(x+h)^3-x^3}{h}$；

(7) $\lim\limits_{x\to 1}\dfrac{\sqrt{x+3}-2}{x-1}$； (8) $\lim\limits_{x\to +\infty}\sqrt{x}(\sqrt{x+2}-\sqrt{x+1})$；

(9) $\lim\limits_{x\to \infty}\dfrac{9x^4+3x^2-10}{3x^4+x^3-x^2+1}$； (10) $\lim\limits_{x\to \infty}\dfrac{x^3-2x^2+5}{100x^2+15}$.

4. 设函数 $f(x)=\begin{cases} e^x-1, & x\leqslant 0 \\ 2x+b, & x>0 \end{cases}$. 要使极限 $\lim\limits_{x\to 0}f(x)$ 存在，则 b 应取何值？

5. 已知 $\lim\limits_{x\to 2}\dfrac{x^2-ax+b}{2-x}=1$，试求 a 与 b 的值.

6. 求极限 $\lim\limits_{n\to \infty}(\sqrt{x+\sqrt{x}}-\sqrt{x})$.

7. 求极限 $\lim\limits_{n\to 0}\dfrac{\sqrt{1+x}-1}{\arctan x}$.

§2.3 两个重要函数极限

微课：两个重要函数极限

2.3.1 第一个重要函数极限：$\lim\limits_{x\to 0}\dfrac{\sin x}{x}=1$

当 x 取一系列趋于零的数值时，得到 $\dfrac{\sin x}{x}$ 的一系列对应数值，如表 2-1 及图 2-8 所示.

表 2-1

x/rad	-1.0	-0.7	-0.3	-0.01	$\cdots\to 0\leftarrow\cdots$	0.01	0.3	0.7	1.0
$f(x)=\dfrac{\sin x}{x}$	0.841 47	0.920 31	0.985 07	0.999 98	$\cdots\to 1\leftarrow\cdots$	0.999 98	0.985 07	0.920 31	0.841 47

从表 2-1 及图 2-8 中可以看出，当 x 无限趋于零时，$\dfrac{\sin x}{x}$ 的值无限趋于 1. 这说明当 $x\to 0$ 时，$\dfrac{\sin x}{x}$ 的极限存在且等于 1，即 $\lim\limits_{x\to 0}\dfrac{\sin x}{x}=1$.

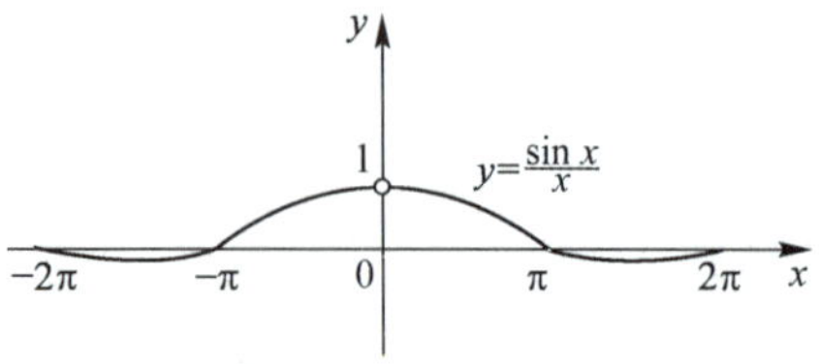

图 2-8

该重要函数极限在极限计算中有重要作用，在形式上有以下特点.

(1) 它是 $\dfrac{0}{0}$ 型未定式.

(2) 它可以写成 $\lim\limits_{\square\to 0}\dfrac{\sin\square}{\square}=1$（其中，$\square$ 代表同样的变量或同样的表达式）.

根据$\lim\limits_{x\to 0}\dfrac{\sin x}{x}=1$的基本特征，可写出其推广形式如下.

若$\varphi(x)\neq 0$，而$\lim\limits_{x\to x_0}\varphi(x)=0$，则

$$\lim_{x\to x_0}\frac{\sin[\varphi(x)]}{\varphi(x)}=\lim_{\varphi(x)\to 0}\frac{\sin[\varphi(x)]}{\varphi(x)}=1$$

其中，x_0可以为0、常数或无穷大.

例 2-14　求$\lim\limits_{x\to 0}\dfrac{\tan x}{x}$.

解　$\lim\limits_{x\to 0}\dfrac{\tan x}{x}=\lim\limits_{x\to 0}\left(\dfrac{\sin x}{x}\cdot\dfrac{1}{\cos x}\right)=\lim\limits_{x\to 0}\dfrac{\sin x}{x}\cdot\lim\limits_{x\to 0}\dfrac{1}{\cos x}=1.$

例 2-15　求$\lim\limits_{x\to 0}\dfrac{\sin 2x}{\sin 3x}$.

解　$\lim\limits_{x\to 0}\dfrac{\sin 2x}{\sin 3x}=\dfrac{2}{3}\lim\limits_{x\to 0}\dfrac{\frac{\sin 2x}{2x}}{\frac{\sin 3x}{3x}}=\dfrac{2}{3}.$

例 2-16　求$\lim\limits_{x\to 0}\dfrac{1-\cos x}{x^2}$.

解　$\lim\limits_{x\to 0}\dfrac{1-\cos x}{x^2}=\lim\limits_{x\to 0}\dfrac{2\sin^2\frac{x}{2}}{4\left(\frac{x}{2}\right)^2}=\dfrac{1}{2}\lim\limits_{x\to 0}\left(\dfrac{\sin\frac{x}{2}}{\frac{x}{2}}\right)^2=\dfrac{1}{2}.$

思考　能用第一个重要函数极限计算$\lim\limits_{x\to\infty}\dfrac{\sin x}{x}$吗？为什么？

2.3.2　第二个重要函数极限：$\lim\limits_{x\to\infty}\left(1+\dfrac{1}{x}\right)^x=e$

先观察当$x\to+\infty$和$x\to-\infty$时，函数$\left(1+\dfrac{1}{x}\right)^x$的变化趋势，如表2-2所示.

表 2-2

x	$-\infty\leftarrow\cdots$	$-1\ 000\ 000$	$-10\ 000$	-10	1	10	10 000	1 000 000	$\cdots\to+\infty$
$f(x)=\left(1+\frac{1}{x}\right)^x$	…	2.718 28	2.718 40	2.867 97	2	2.593 74	2.718 15	2.718 28	…

从表2-2可以看出，当$x\to+\infty$和$x\to-\infty$时，函数$\left(1+\dfrac{1}{x}\right)^x$的值无限趋于2.718 28…（$e=2.718\ 281\ 828\cdots$）. 这说明当$x\to\infty$时，函数$\left(1+\dfrac{1}{x}\right)^x$的极限存在且等于e，即

$$\lim_{x\to\infty}\left(1+\frac{1}{x}\right)^x=e$$

在上式中，设$u=\dfrac{1}{x}$，则当$x\to\infty$时，$u\to 0$，有$\lim\limits_{u\to 0}(1+u)^{\frac{1}{u}}=e$.

该重要函数极限在形式上有以下特点.

(1) 这种未定式形式的极限表示底数的极限为1、指数为无穷大的变量的极限，通常记为1^∞型未定式.

(2) 它可写成$\lim\limits_{\square\to 0}(1+\square)^{\frac{1}{\square}}=e$或$\lim\limits_{\square\to\infty}\left(1+\dfrac{1}{\square}\right)^{\square}=e$.

根据它的基本特征可写出其推广形式如下.

若 $\varphi(x)\neq 0$,而 $\lim\limits_{x\to x_0}\varphi(x)=0$,则

$$\lim_{x\to x_0}[1+\varphi(x)]^{\frac{1}{\varphi(x)}}=\lim_{\varphi(x)\to 0}[1+\varphi(x)]^{\frac{1}{\varphi(x)}}=\mathrm{e}$$

其中,x_0 可以为 0、常数或无穷大.

下面给出利用第二个重要函数极限来求极限的几个例子.

例 2-17 求 $\lim\limits_{x\to 0}(1+x)^{\frac{3}{x}}$.

解 $\lim\limits_{x\to 0}(1+x)^{\frac{3}{x}}=\left[\lim\limits_{x\to 0}(1+x)^{\frac{1}{x}}\right]^3=\mathrm{e}^3$.

例 2-18 求 $\lim\limits_{x\to\infty}\left(1-\dfrac{1}{x}\right)^{2x}$.

解 $\lim\limits_{x\to\infty}\left(1-\dfrac{1}{x}\right)^{2x}=\lim\limits_{x\to\infty}\left[\left(1+\dfrac{1}{-x}\right)^{-x}\right]^{-2}=\mathrm{e}^{-2}$.

例 2-19 求 $\lim\limits_{x\to\frac{\pi}{2}}(1+\cos x)^{3\sec x}$.

解 $\lim\limits_{x\to\frac{\pi}{2}}(1+\cos x)^{3\sec x}=\lim\limits_{x\to\frac{\pi}{2}}[(1+\cos x)^{\frac{1}{\cos x}}]^3=\mathrm{e}^3$.

习题 2.3

1. 求下列极限.

(1) $\lim\limits_{x\to 0}\dfrac{\tan 2x}{x}$;

(2) $\lim\limits_{x\to 0}\dfrac{\sin 3x}{\sin 2x}$;

(3) $\lim\limits_{x\to 0}\dfrac{\tan 2x}{\sin 5x}$;

(4) $\lim\limits_{x\to\infty}\left(1+\dfrac{4}{x}\right)^x$;

(5) $\lim\limits_{x\to\infty}\left(1-\dfrac{1}{x}\right)^x$;

(6) $\lim\limits_{x\to+\infty}\left(1+\dfrac{1}{x}\right)^{x+5}$;

(7) $\lim\limits_{n\to\infty}\left(\dfrac{n+2}{n+1}\right)^{n+1}$;

(8) $\lim\limits_{t\to 0}\left(\dfrac{1}{1+t}\right)^{\frac{1}{3t}}$.

2. 求 $\lim\limits_{x\to 3}\dfrac{\sin(x^2-9)}{x-3}$.

3. 求 $\lim\limits_{x\to 0}(\cos x)^{\frac{1}{x^2}}$.

§ 2.4 函数的连续性

自然界中许多现象的变化过程都是连续不断的,如气温的变化、生物的生长等,它们都是随着时间的变化而连续变化的.这种现象在数学上反映为函数的连续性.前面我们已经讨论了当 $x\to x_0$ 时函数 $f(x)$ 的极限问题,它考察的是当自变量 x 接近 x_0 时函数值 $f(x)$ 的变化趋势,因此与函数在点 x_0 处取什么值乃至是否有定义没有关系.本节我们将研究函数的连续性,这需要结合函数值和极限值一起考察.

2.4.1 函数连续性的概念

函数的连续性是与函数的极限密切相关的重要概念.我们可以利用极限给出函数连续性的定义.

下面先引入增量的概念，然后再引出函数连续性的定义.

1. 增量的概念

设函数 $y=f(x)$ 在点 x_0 的附近有定义. 当自变量 x 从 x_0 变到 $x_0+\Delta x$ 时，函数值 y 相应地从 $f(x_0)$ 变到 $f(x_0+\Delta x)$，如图 2-9 所示. 因此，函数 y 的对应增量为

$$\Delta y=f(x_0+\Delta x)-f(x_0)$$

其中 Δx 称为自变量的增量，Δy 称为函数值的增量.

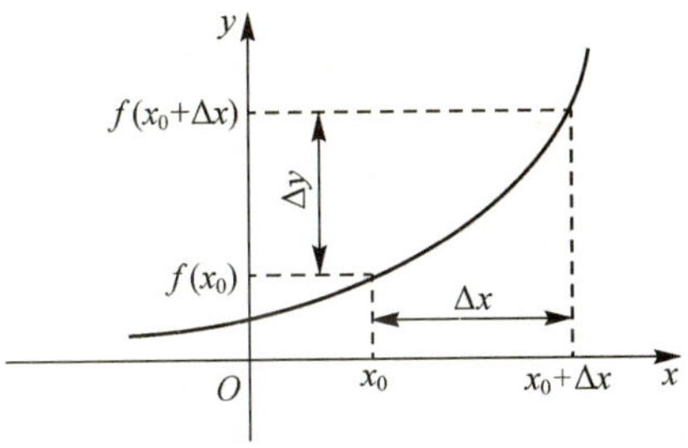

图 2-9

注意 增量 Δx 和 Δy 可以是正值，也可以是负值.

2. 连续的定义

从自变量的增量 $\Delta x=x-x_0$ 与函数值的增量 $\Delta y=f(x_0+\Delta x)-f(x_0)$ 的关系出发，我们可以给出函数 $y=f(x)$ 在点 x_0 处连续的定义.

定义 2.7 设函数 $y=f(x)$ 在点 x_0 的附近有定义，如果 $\lim\limits_{\Delta x\to 0}\Delta y=0$，那么就称函数 $y=f(x)$ 在点 x_0 处连续.

如果设 $x=x_0+\Delta x$，那么当 $\Delta x\to 0$ 时，$x\to x_0$. 又由于

$$\Delta y=f(x_0+\Delta x)-f(x_0)=f(x)-f(x_0)$$

所以 $\Delta y\to 0$ 就相当于 $f(x)\to f(x_0)$. 于是，我们可以得出下面的等价定义.

定义 2.8 设函数 $y=f(x)$ 在点 x_0 的附近有定义，如果函数 $f(x)$ 当 $x\to x_0$ 时的极限存在，且等于它在点 x_0 处的函数值 $f(x_0)$，即 $\lim\limits_{x\to x_0}f(x)=f(x_0)$，那么就称函数 $y=f(x)$ 在点 x_0 处连续.

由定义 2.8 可知，函数 $f(x)$ 在点 x_0 处连续必须满足以下三个条件.

(1) 函数 $f(x)$ 在点 x_0 处有定义，即 $f(x_0)$ 存在.

(2) 极限 $\lim\limits_{x\to x_0}f(x)$ 存在.

(3) $\lim\limits_{x\to x_0}f(x)=f(x_0)$.

由定义 2.8 可以看出，求连续函数在某点处的极限，只需求出函数在该点处的函数值.

例如，函数 $f(x)=\begin{cases}x\sin\dfrac{1}{x}, & x\neq 0\\ 0, & x=0\end{cases}$ 在点 $x=0$ 处连续，是因为 $\lim\limits_{x\to 0}x\sin\dfrac{1}{x}=0=f(0)$.

3. 左连续、右连续的概念

如果 $\lim\limits_{x\to x_0^-}f(x)=f(x_0-0)$ 存在且等于 $f(x_0)$，即 $f(x_0-0)=f(x_0)$，就说函数 $f(x)$ 在点 x_0 处左连续.

如果 $\lim\limits_{x\to x_0^+}f(x)=f(x_0+0)$ 存在且等于 $f(x_0)$，即 $f(x_0+0)=f(x_0)$，就说函数 $f(x)$ 在点 x_0 处右连续.

显然，函数 $y=f(x)$ 在点 x_0 处连续的充要条件是函数 $y=f(x)$ 在点 x_0 处左连续且右连续.

如果函数 $y=f(x)$ 在开区间 (a,b) 内的每一点处都连续，则称函数 $y=f(x)$ 在开区间 (a,b) 内连续，或者说函数 $f(x)$ 是开区间 (a,b) 内的连续函数. 如果函数 $f(x)$ 在开区间 (a,b) 内的每一点处都连续，并且在左端点 $x=a$ 处右连续，在右端点 $x=b$ 处左连续，则称函数 $f(x)$ 在闭区间 $[a,b]$ 上连续，闭区间 $[a,b]$ 称为函数 $f(x)$ 的连续区间.

连续函数的图像是一条连续而不间断的曲线.

例 2-20 判定函数 $f(x)=\begin{cases}x^2+1, & x<0\\ 2x+1, & x\geqslant 0\end{cases}$ 在点 $x=0$ 处的连续性.

解 因为 $\lim\limits_{x\to0^-}f(x)=\lim\limits_{x\to0^-}(x^2+1)=1$，$\lim\limits_{x\to0^+}f(x)=\lim\limits_{x\to0^+}(2x+1)=1$，于是

$$\lim_{x\to0^-}f(x)=\lim_{x\to0^+}f(x)=f(0)$$

所以 $f(x)$ 在点 $x=0$ 处左连续且右连续，从而 $f(x)$ 在点 $x=0$ 处连续.

例 2-21 证明函数 $y=\sin x$ 在区间 $(-\infty,+\infty)$ 内是连续的.

证明 设 x 为区间 $(-\infty,+\infty)$ 内任意一点，则有

$$\Delta y=\sin(x+\Delta x)-\sin x=2\sin\frac{\Delta x}{2}\cos\left(x+\frac{\Delta x}{2}\right)$$

因为当 $\Delta x\to0$ 时，Δy 是无穷小与有界函数的乘积，所以 $\lim\limits_{\Delta x\to0}\Delta y=0$.

这就证明了函数 $y=\sin x$ 在区间 $(-\infty,+\infty)$ 内任意一点 x 处都是连续的.

同理可证，函数 $y=\cos x$ 在区间 $(-\infty,+\infty)$ 内是连续的.

由函数在点 x_0 处连续的定义及 $\lim\limits_{x\to x_0}x=x_0$，有

$$\lim_{x\to x_0}f(x)=f(x_0)=f\left(\lim_{x\to x_0}x\right)$$

也就是说，对于连续函数，极限符号与函数符号可以互换.

例如，$\lim\limits_{x\to0}\dfrac{\ln(1+x)}{x}=\lim\limits_{x\to0}\ln(1+x)^{\frac{1}{x}}=\ln\left[\lim\limits_{x\to0}(1+x)^{\frac{1}{x}}\right]=\ln \mathrm{e}=1$.

2.4.2 函数的间断点

如果函数 $f(x)$ 在点 x_0 处不连续，则称 $f(x)$ 在点 x_0 处间断，称点 x_0 为 $f(x)$ 的间断点.

设函数 $f(x)$ 在点 x_0 的附近有定义. 如果函数 $f(x)$ 有下列三种情形之一：

(1) 在点 $x=x_0$ 处没有定义；

(2) 虽在点 $x=x_0$ 处有定义，但 $\lim\limits_{x\to x_0}f(x)$ 不存在；

(3) 虽在点 $x=x_0$ 处有定义，且 $\lim\limits_{x\to x_0}f(x)$ 存在，但 $\lim\limits_{x\to x_0}f(x)\neq f(x_0)$.

则函数 $f(x)$ 在点 x_0 处不连续，而称点 x_0 为函数 $f(x)$ 的不连续点或间断点.

下面通过例子说明函数间断点的类型.

例 2-22 函数 $y=\dfrac{x^2-1}{x-1}$ 在点 $x=1$ 处没有定义，故点 $x=1$ 是函数的间断点.

$\lim\limits_{x\to1}\dfrac{x^2-1}{x-1}=\lim\limits_{x\to1}(x+1)=2$，如果补充定义 $f(1)=2$，则所给函数在点 $x=1$ 处连续. 我们称 $x=1$ 为该函数的可去间断点. 函数的图像如图 2-10 所示.

例 2-23 设函数 $y=f(x)=\begin{cases}x, & x\neq1\\ \dfrac{1}{2}, & x=1\end{cases}$. $\lim\limits_{x\to1}f(x)=\lim\limits_{x\to1}x=1$，$f(1)=\dfrac{1}{2}$. 因为 $\lim\limits_{x\to1}f(x)\neq f(1)$，所以 $x=1$ 是函数 $f(x)$ 的可去间断点. 函数的图像如图 2-11 所示.

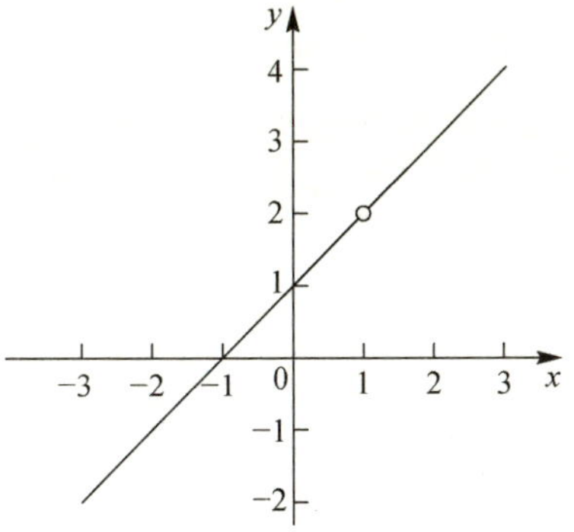

图 2-10

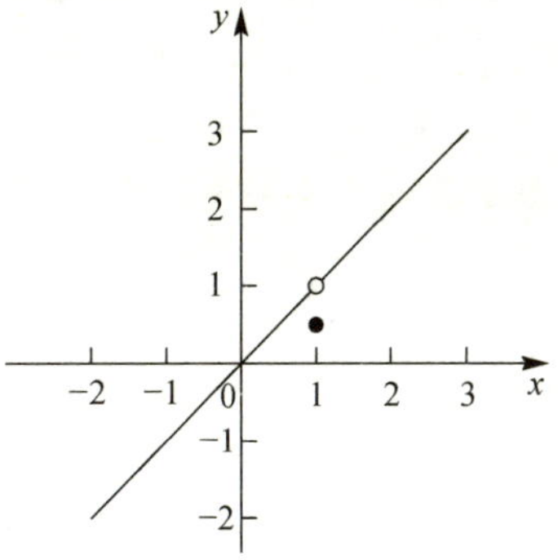

图 2-11

如果改变函数 $f(x)$ 在点 $x=1$ 处的定义，令 $f(1)=1$，则函数 $f(x)$ 在点 $x=1$ 处连续，我们也称 $x=1$ 为该函数的可去间断点.

例 2-24 讨论函数 $f(x)=\begin{cases}x+2, & x\geqslant 0\\ x-2, & x<0\end{cases}$ 在点 $x=0$ 处的连续性.

解 因为 $\lim\limits_{x\to 0^-}f(x)=\lim\limits_{x\to 0^-}(x-2)=-2\neq f(0)$，$\lim\limits_{x\to 0^+}f(x)=\lim\limits_{x\to 0^+}(x+2)=2=f(0)$，所以 $f(x)$ 在点 $x=0$ 处右连续但不左连续，故 $f(x)$ 在点 $x=0$ 处不连续. 因为 $y=f(x)$ 的图像在点 $x=0$ 处产生跳跃现象，所以我们称 $x=0$ 是 $f(x)$ 的跳跃间断点.

例 2-25 正切函数 $y=\tan x$ 在点 $x=\frac{\pi}{2}$ 处没有定义，故点 $x=\frac{\pi}{2}$ 是函数 $\tan x$ 的间断点. 因为 $\lim\limits_{x\to\frac{\pi}{2}}\tan x=\infty$，所以称 $x=\frac{\pi}{2}$ 为函数 $\tan x$ 的无穷间断点.

例 2-26 函数 $y=\sin\frac{1}{x}$ 在点 $x=0$ 处没有定义，故点 $x=0$ 是函数 $\sin\frac{1}{x}$ 的间断点.

因为当 $x\to 0$ 时，函数值在 -1 与 1 之间变动无限多次，所以我们称点 $x=0$ 为函数 $\sin\frac{1}{x}$ 的**振荡间断点**.

就一般情况而言，通常把间断点分成两类：第一类间断点和第二类间断点. 如果 x_0 是函数 $f(x)$ 的间断点，但左极限 $f(x_0-0)$ 与右极限 $f(x_0+0)$ 都存在，那么称 x_0 为函数 $f(x)$ 的**第一类间断点**. 若 $\lim\limits_{x\to x_0^-}f(x)=\lim\limits_{x\to x_0^+}f(x)$，即 $\lim\limits_{x\to x_0}f(x)$ 存在，则称间断点 x_0 为 $f(x)$ 的可去间断点. 若 $\lim\limits_{x\to x_0^-}f(x)\neq\lim\limits_{x\to x_0^+}f(x)$，则称间断点 x_0 为 $f(x)$ 的跳跃间断点. 不是第一类间断点的任何间断点，称为**第二类间断点**.

第二类间断点常见的情形有两种，即无穷间断点与振荡间断点. $\lim\limits_{x\to x_0^-}f(x)$ 与 $\lim\limits_{x\to x_0^+}f(x)$ 至少有一个不存在间断点，若 $\lim\limits_{x\to x_0}f(x)=\infty\left[\text{或}\lim\limits_{x\to x_0^-}f(x)=+\infty,\lim\limits_{x\to x_0^+}f(x)=-\infty\right]$，则称间断点 x_0 为 $f(x)$ 的无穷间断点.

若当 $x\to x_0$ 时，函数值 $f(x)$ 无限次地在两个不同的数之间变动，则称点 x_0 为函数 $f(x)$ 的振荡间断点.

2.4.3 闭区间上连续函数的性质

闭区间上的连续函数具有很多特殊性质，这些性质在理论和应用上都有重要意义.

对于在区间 I 上有定义的函数 $f(x)$，如果有 $x_0\in I$，使得对于任一 $x\in I$，都有

$$f(x)\leqslant f(x_0)\,[f(x)\geqslant f(x_0)]$$

则称 $f(x_0)$ 是函数 $f(x)$ 在区间 I 上的**最大值(最小值)**.

例如,函数 $f(x)=1+\cos x$ 在区间 $[0,2\pi]$ 上有最大值 2 和最小值 0.

定理 2.6(最大值和最小值定理) 在闭区间上连续的函数在该区间上必有最大值和最小值.

注意 如果函数在开区间内连续,或者在闭区间上有间断点,那么函数在该区间上不一定有最大值或最小值.

例如,函数 $y=x$ 在开区间 $(1,2)$ 内没有最大值和最小值.

又如,分段函数

$$y=f(x)=\begin{cases}-x+1, & 0\leqslant x<1\\ 1, & x=1\\ -x+3, & 1<x\leqslant 2\end{cases}$$

在闭区间 $[0,2]$ 上无最大值和最小值.

定理 2.7(有界性定理) 在闭区间上连续的函数在该区间上一定有界.

定理 2.8(零点定理) 如果函数 $f(x)$ 在闭区间 $[a,b]$ 上连续,且 $f(a)$ 与 $f(b)$ 异号,即 $f(a)\cdot f(b)<0$,那么在开区间 (a,b) 内至少有一点 $\xi(a<\xi<b)$,使得 $f(\xi)=0$.

定理 2.9(介值定理) 设函数 $f(x)$ 在闭区间 $[a,b]$ 上连续,且在该区间的端点处取不同的函数值 $f(a)=A$ 及 $f(b)=B$,其中 $A\neq B$.那么,对于 A 与 B 之间的任意一个数 C,在开区间 (a,b) 内至少有一点 ξ,使得 $f(\xi)=C(a<\xi<b)$.

定理 2.9 的几何意义:连续曲线弧 $y=f(x)$,$x\in[a,b]$ 与水平直线 $y=C$ [C 在 $f(a)$ 与 $f(b)$ 之间] 至少交于一点.

推论 2.6 在闭区间上连续的函数必取得介于最大值 M 与最小值 m 之间的任何值.

例 2-27 证明方程 $e^x\cos x=0$ 在 $[0,\pi]$ 上至少有一个实数根.

证明 令 $f(x)=e^x\cos x$,显然 $f(x)$ 在 $[0,\pi]$ 上连续.

因为 $f(0)=e^0\cos 0=1>0$,$f(\pi)=e^\pi\cos\pi=-e^\pi<0$,所以由零点定理知,在开区间 $(0,\pi)$ 上至少有一点 ξ,使得

$$f(\xi)=e^\xi\cos\xi=0$$

故方程 $e^x\cos x=0$ 在 $[0,\pi]$ 上至少有一个实数根.

习题 2.4

1. 求函数 $y=x^2-\frac{1}{2}x$ 当 $x=1$,$\Delta x=0.5$ 时的改变量.

2. 根据定义,证明下列函数在点 $x=1$ 处连续.

(1) $f(x)=x+1$;　　(2) $f(x)=|x|$;　　(3) $f(x)=\begin{cases}2x^2-1, & x\geqslant 1\\ x, & x<1\end{cases}$.

3. 求下列函数的极限.

(1) $\lim\limits_{x\to 2}\dfrac{x-3}{\sqrt{1+x}}$;　　(2) $\lim\limits_{x\to 1}(x^2-1)\sin x$;

(3) $\lim\limits_{x\to 2}\dfrac{x^2-4}{x-2}$;　　(4) $\lim\limits_{x\to 1}\left[\sqrt{1+\ln x}+(x-1)^{\frac{3}{2}}\right]$.

4. 求下列函数的间断点,并说明它是第一类间断点,还是第二类间断点.

(1) $y=\dfrac{1}{x+1}$;　　(2) $y=\dfrac{x^2-1}{x^2-3x+2}$.

5. 求证 $x^5-3x=1$ 至少有一个实根介于 1 与 2 之间.

6. 讨论函数 $f(x)=\begin{cases}\cos\frac{\pi}{2}x, & |x|\leqslant 1\\ |x-1|, & |x|>1\end{cases}$ 的间断点.

§2.5 应用示例——城市垃圾的处理问题

2.5.1 问题提出

某城市某一年末的统计资料显示，到该年末，该城市已堆积垃圾达到 100 万吨. 根据预测，从该年起该城市还将以每年 5 万吨的速度产生新的垃圾. 如果从第二年起该城市每年处理上一年堆积垃圾的 20%，那么长此以往，该城市的垃圾能否被全部处理完成?

2.5.2 解答过程

设该年以后每年的垃圾数量分别为 $a_1,a_2,a_3,\cdots$，根据题意，有

$$a_1=100(1-20\%)+5=100\times\left(\frac{4}{5}\right)^1+5$$

$$a_2=a_1\times 80\%+5=100\times\left(\frac{4}{5}\right)^2+5\times\frac{4}{5}+5$$

$$a_3=a_2\times 80\%+5=100\times\left(\frac{4}{5}\right)^3+5\times\left(\frac{4}{5}\right)^2+5\times\frac{4}{5}+5$$

以此类推，$n(n\to\infty)$ 年后的垃圾数量为

$$a_n=100\times\left(\frac{4}{5}\right)^n+5\times\left(\frac{4}{5}\right)^{n-1}+5\times\left(\frac{4}{5}\right)^{n-2}+\cdots+5\times\frac{4}{5}+5$$

数列求和得

$$a_n=100\times\left(\frac{4}{5}\right)^n+5\times\frac{1-\left(\frac{4}{5}\right)^n}{1-\frac{4}{5}}=100\times\left(\frac{4}{5}\right)^n+25\times\left[1-\left(\frac{4}{5}\right)^n\right]$$

求极限得 $\lim\limits_{n\to\infty}a_n=25$(万吨).

所以，随着时间的推移，垃圾堆积量将趋向于 25 万吨. 这表明按照这种方法并不能将所有的垃圾处理完，剩余的垃圾将会维持在某一个固定的水平，即 25 万吨.

§2.6 数学实验二：利用 MATLAB 求极限

2.6.1 实验任务

利用数学软件 MATLAB 求极限.

2.6.2 实验过程

1. 相关命令

MATLAB 中有关求函数极限的命令如表 2-3 所示.

表 2-3

命　令	说　明
limit(fun,x,-inf)	求函数 fun 在 $x\to-\infty$ 时的极限
limit(fun,x,inf)	求函数 fun 在 $x\to+\infty$ 时的极限
limit(fun,x,a)	求函数 fun 在 $x\to a$ 时的极限
limit(fun,x,a,'right')	求函数 fun 在点 a 处的右极限
limit(fun,x,a,'left')	求函数 fun 在点 a 处的左极限

2. 操作实例

操作实例 2-1 利用 MATLAB 求下列极限.

(1) $\lim\limits_{x\to0}\dfrac{\arctan x}{x}$； (2) $\lim\limits_{x\to\infty}\left(\dfrac{x+1}{x-1}\right)^x$； (3) $\lim\limits_{x\to0}\dfrac{e^x-1}{x}$.

解 (1) 运行 MATLAB,在命令窗口中输入：

```
>> syms x                          % 定义符号变量
>> limit(atan(x)/x,x,0)            % 求函数当 x→0 时的极限
```

按 Enter 键,即可计算出如下结果：

```
ans =
1
```

即 $\lim\limits_{x\to0}\dfrac{\arctan x}{x}=1$.

(2) 在命令窗口中输入：

```
>> syms x                          % 定义符号变量
>> limit(((x + 1)/(x - 1))^x,x,inf)  % 求函数当 x→∞ 时的极限
```

按 Enter 键,即可计算出如下结果：

```
ans =
exp(2)
```

即 $\lim\limits_{x\to\infty}\left(\dfrac{x+1}{x-1}\right)^x=e^2$.

(3) 在命令窗口中输入：

```
>> syms x                          % 定义符号变量
>> limit((exp(x) - 1)/x,x,0)       % 求函数当 x→0 时的极限
```

按 Enter 键,即可计算出如下结果：

```
ans =
1
```

即 $\lim\limits_{x\to0}\dfrac{e^x-1}{x}=1$.

操作实例 2-2 利用 MATLAB 判断下列函数的极限是否存在.

(1) $\lim\limits_{x\to1}\dfrac{x^3-1}{x-1}$； (2) $\lim\limits_{x\to0^-}e^{\frac{1}{x}}$, $\lim\limits_{x\to0^+}e^{\frac{1}{x}}$, $\lim\limits_{x\to0}e^{\frac{1}{x}}$.

解 (1) 运行 MATLAB,在命令窗口中输入:

```
>> syms x                              % 定义符号变量
>> limit((x^3 - 1)/(x - 1),x,1)        % 求函数当 x→1 时的极限
```

按 Enter 键,即可计算出如下结果:

```
ans =
3
```

即$\lim\limits_{x\to 1}\dfrac{x^3-1}{x-1}=3$.

(2) 在命令窗口中输入:

```
>> syms x                              % 定义符号变量
>> f1 = limit(exp(1/x),x,0,'left')     % 求函数在点 x = 0 处的左极限
```

按 Enter 键,即可计算出如下结果:

```
f1 =
0
```

即$\lim\limits_{x\to 0^-}\mathrm{e}^{\frac{1}{x}}=0$.

继续在命令窗口中输入:

```
>> f2 = limit(exp(1/x),x,0,'right')    % 求函数在点 x = 0 处的右极限
```

按 Enter 键,即可计算出如下结果:

```
f2 =
Inf
```

即$\lim\limits_{x\to 0^+}\mathrm{e}^{\frac{1}{x}}$不存在.

由于$\lim\limits_{x\to 0^+}\mathrm{e}^{\frac{1}{x}}$不存在,所以$\lim\limits_{x\to 0}\mathrm{e}^{\frac{1}{x}}$也不存在.

2.6.3 实验作业

求下列极限.

(1) $\lim\limits_{n\to\infty}\left(1-\dfrac{2}{n}\right)^n$;

(2) $\lim\limits_{x\to 0}\dfrac{\sin x}{x}$;

(3) $\lim\limits_{x\to\infty}\dfrac{\sin x}{x}$;

(4) $\lim\limits_{x\to 2}\dfrac{x^2-4}{x-2}$.

复习题 2

1. 选择题.

(1) 若$\lim\limits_{x\to x_0}f(x)=A$,$\lim\limits_{x\to x_0}g(x)=A$($A$ 为有限值),则下列非恒成立的等式是(　　).

A. $\lim\limits_{x\to x_0}[f(x)+g(x)]=2A$

B. $\lim\limits_{x\to x_0}[f(x)-g(x)]=0$

C. $\lim\limits_{x\to x_0}f(x)\cdot g(x)=A^2$

D. $\lim\limits_{x\to x_0}\dfrac{f(x)}{g(x)}=1$

(2) 当 $x\to x_0$ 时,若函数 $f(x)$(　　).

A. 不是无穷大,则必为有界

B. 极限不存在,则必为无界

C. 是无界的,则必为无穷大

D. 存在极限,则必有界

(3) 当 $x\to 0$ 时,无穷小量 $\sin(2x^2+x)$ 是 x 的(　　)无穷小.

A. 高阶　　B. 低阶

C. 同阶但非等价　　D. 等价

2. 填空题.

(1) 设函数 $f(x)=\begin{cases}\dfrac{1}{e}(1+x)^{\frac{1}{x}}, & x\neq 0\\ a, & x=0\end{cases}$ 在点 $x=0$ 处连续,则 a 等于________.

(2) 若 $\lim\limits_{x\to 0}(1-x)^{\frac{k}{x}}=e^2$,则 k 等于________.

(3) $\lim\limits_{x\to 0}\left(x\sin\dfrac{1}{x}+\dfrac{1}{x}\sin x\right)=$________.

(4) $\lim\limits_{x\to\infty}\dfrac{3x^2-5x+1}{2x^2+3}=$________.

3. 求下列极限.

(1) $\lim\limits_{n\to\infty}\left(\dfrac{1}{n^2}+\dfrac{2}{n^2}+\cdots+\dfrac{n-1}{n^2}\right)$;

(2) $\lim\limits_{n\to\infty}\left[\dfrac{1}{1\times 2}+\dfrac{1}{2\times 3}+\cdots+\dfrac{1}{n(n+1)}\right]$;

(3) $\lim\limits_{x\to -1}\dfrac{x^2+2x+5}{x^2+1}$;

(4) $\lim\limits_{x\to\sqrt{3}}\dfrac{x^2-3}{x^2+1}$;

(5) $\lim\limits_{x\to 1}\left(\dfrac{2}{x^2-1}-\dfrac{1}{x-1}\right)$.

4. 已知 $\lim\limits_{x\to 1}\dfrac{x^2+ax+b}{1-x}=5$,求 a 和 b 的值.

5. 讨论函数 $f(x)=\begin{cases}\dfrac{\sin x}{|x|}, & x\neq 0\\ 1, & x=0\end{cases}$ 在点 $x=0$ 处的连续性.

6. 确定常数 k 的值,使函数 $f(x)=\begin{cases}\dfrac{x^2-4}{x-2}, & x\neq 2\\ k, & x=2\end{cases}$ 在点 $x=2$ 处连续.

7. 讨论函数 $f(x)=\begin{cases}x\sin\dfrac{1}{x}, & x\neq 0\\ 1, & x=0\end{cases}$ 是否连续. 若不连续,则指出其间断点,并说明间断点的类型.

8. 证明:方程 $x^3+2x=6$ 在 1 和 3 之间至少有一根.

第 3 章

导数与微分

阅读与欣赏

数学大师 —— 卡尔・魏尔斯特拉斯

魏尔斯特拉斯(Weierstrass)是德国数学家,在青年时代就显示出对语言和数学的才华.然而,1834 年,他的父亲却把他送到波恩大学学习法律与财政学.由于与他的兴趣不符,他精神萎靡,把时间消磨在击剑和饮酒中,4 年后未获得学位返家.

1839 年,为取得中学教师资格,他进入明斯特大学,并在数学家古德曼的指导下自修数学.1841 年,他通过考试获得中学教师的职务,先后在蒙斯特、达赤克郎、布伦斯堡等中小城镇的中学任教达 15 年之久.魏尔斯特拉斯酷爱数学,但白天有繁重的教学任务,只能利用晚上刻苦钻研.尽管他废寝忘食地研究数学,写出不少数学论文,但由于只是一位中学教师,未受到科学界的重视.

直到 1854 年,他发表了《关于阿贝尔函数理论》的论文,成功地解决了椭圆积分的逆转问题,才轰动了数学界.柯尼斯堡大学也因此授予他名誉博士学位.1856 年 10 月,他被聘为柏林大学助理教授,1864 年成为该校教授,并在这一职位上一直工作到 1897 年去世.此外,他还被选为法国科学院和柏林科学院院士.

魏尔斯特拉斯是一位优秀的教师.他对花费在初等数学上的时间从不感到遗憾,他的杰出教学才能不仅表现在中学教学上,而且也表现在高等数学教学上.他尽管已经成名,但仍保持着早年的生活情趣 —— 喜欢喝啤酒,经常与学生们聚会.无论是有才气的学生还是一般的学生,他都乐于帮助和指导.他德高望重,备受人们的推崇.

魏尔斯特拉斯的主要贡献在函数论和分析学方面.1854 年,他在《关于阿贝尔函数理论》的论文中解决了椭圆积分的逆转问题,引起数学界的重视.1856 年,他发表的《阿贝尔函数理论》进一步解决了椭圆积分的雅可比逆转问题.他还建立了椭圆函数新结构的定理、一致收敛的解析函数项级数的和函数的解析性的定理、圆环上解析函数的级数展开定理(又称洛朗定理)等.他把严格的论证引进分析学,建立了实数理论,引进了现今分析学上通用的极限的 ε-δ 定义,为分析学的算术化做出了重要贡献.

在变分法中,他给出了带有参数的函数的变分结构,研究了变分问题的间断解.在微分几何中,他研究了测地线和最小曲面;在线性代数中,他建立了初等因子理论,并用来简化矩阵.魏尔斯特拉斯一生中培养了很多有成就的学生,其中著名的有 C.B. 柯瓦列夫斯卡娅、H.A. 施瓦兹、I.L. 富克斯、G. 米塔 - 列夫勒等.

§3.1　导数的概念

在生产实际和科学实验中，常常需要从数量上研究函数相对于自变量变化的快慢程度，如变速直线运动物体的速度问题、曲线的切线斜率问题等. 而有关速度和切线斜率等这一类问题，都可归结为函数的变化率问题，在数学上称为导数.

3.1.1　变化率问题

1. 变速直线运动的瞬时速度

设做变速直线运动的质点在时刻 t 所经过的路程为 s，即路程 s 是时间 t 的函数

$$s=f(t)$$

当时间从 t_0 改变到 t 时，动点在 $\Delta t=t-t_0$ 这段时间内经过的路程为 $\Delta s=f(t)-f(t_0)$. 动点在 $\Delta t=t-t_0$ 这段时间内的平均速度为

$$\frac{\Delta s}{\Delta t}=\frac{f(t)-f(t_0)}{t-t_0}=\frac{f(t_0+\Delta t)-f(t_0)}{\Delta t}$$

如果当时间间隔 Δt 很小时，$\frac{\Delta s}{\Delta t}$ 可以近似地等于动点在时刻 t_0 的速度，且 Δt 越小，$\frac{\Delta s}{\Delta t}$ 就越接近于动点在时刻 t_0 的速度. 但对于动点在时刻 t_0 的速度的精确概念来说，需要用到极限的思想.

于是，当 $t\to t_0$ 时，若极限 $\lim\limits_{t\to t_0}\frac{f(t)-f(t_0)}{t-t_0}$ 存在，则此极限就是动点在时刻 t_0 的瞬时速度，记作 $v(t_0)$，即

$$v(t_0)=\lim_{t\to t_0}\frac{f(t)-f(t_0)}{t-t_0}=\lim_{\Delta t\to 0}\frac{f(t_0+\Delta t)-f(t_0)}{\Delta t}$$

2. 平面曲线的切线斜率

设有平面曲线 C(图 3-1)，点 $M(x_0,y_0)$ 为曲线 $y=f(x)$ 上一定点，点 $N(x,y)$ 为曲线 $y=f(x)$ 上一动点. 设割线 MN 的倾斜角(与 x 轴的夹角) 为 φ，则割线 MN 的斜率为

$$\tan\varphi=\frac{f(x)-f(x_0)}{x-x_0}$$

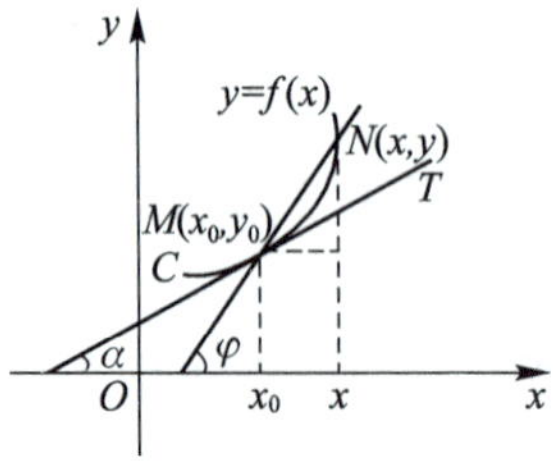

图 3-1

当 $x\to x_0$ 时，动点 N 沿曲线 $y=f(x)$ 趋于定点 M，割线 MN 也随之绕定点 M 旋转而趋于极限位置 MT，这时称割线 MN 的极限位置 MT 为曲线在定点 M 处的切线.

于是，当 $x\to x_0$ 时，若极限

$$\lim_{x\to x_0}\tan\varphi=\lim_{x\to x_0}\frac{f(x)-f(x_0)}{x-x_0}$$

存在，则此极限就是切线的斜率，记作 k，即

$$k=\tan\alpha=\lim_{x\to x_0}\tan\varphi=\lim_{x\to x_0}\frac{f(x)-f(x_0)}{x-x_0}$$

其中 α 是切线 MT 的倾斜角.

3.1.2　导数的概念

上述两个问题,一个是物理问题,一个是几何问题,虽然它们的实际意义完全不同,但从数量关系来分析却是相同的,都是研究函数增量与自变量增量比值的极限问题. 在自然科学和工程技术领域中,许多有关变化率的问题,如非恒稳的电流强度、化学反应速度等,都可以归结为这种极限问题. 因此,我们将这种分析抽象为导数的概念.

1. 导数的定义

定义 3.1　设函数 $y=f(x)$ 在点 x_0 的某一邻域内有定义,当自变量 x 在点 x_0 处有增量 Δx 时,相应地,函数有增量 $\Delta y=f(x_0+\Delta x)-f(x_0)$. 如果极限 $\lim\limits_{\Delta x\to 0}\frac{\Delta y}{\Delta x}$ 存在,则称函数 $y=f(x)$ 在点 x_0 处**可导**,并称此极限值为函数 $y=f(x)$ 在点 x_0 处的**导数**,记为

微课:导数的定义

$$f'(x_0),y'\Big|_{x=x_0},\frac{\mathrm{d}y}{\mathrm{d}x}\Big|_{x=x_0}\text{或}\frac{\mathrm{d}f(x)}{\mathrm{d}x}\Big|_{x=x_0}$$

即

$$f'(x_0)=\lim_{\Delta x\to 0}\frac{\Delta y}{\Delta x}=\lim_{\Delta x\to 0}\frac{f(x_0+\Delta x)-f(x_0)}{\Delta x}\tag{3-1}$$

如果上述极限不存在,则称函数 $y=f(x)$ 在点 x_0 处不可导.

根据导数的定义,变速直线运动的质点在 t_0 时刻的瞬时速度 $v(t_0)$ 为路程函数 $s=s(t)$ 在点 t_0 处的导数,即 $v(t_0)=s'(t_0)$;平面曲线 C 在点 $M(x_0,y_0)$ 处的切线斜率为曲线方程 $y=f(x)$ 在点 x_0 处的导数,即 $k=\tan\alpha=f'(x_0)$.

为了方便起见,导数的定义式还可以写成以下两种形式:令 $\Delta x=h$,则式(3-1)变成

$$f'(x_0)=\lim_{h\to 0}\frac{f(x_0+h)-f(x_0)}{h}$$

若令 $x_0+\Delta x=x$,当 $\Delta x\to 0$ 时,有 $x\to x_0$,则式(3-1)变成

$$f'(x_0)=\lim_{x\to x_0}\frac{f(x)-f(x_0)}{x-x_0}$$

定义 3.2　若函数 $y=f(x)$ 在区间 (a,b) 内每一点处都可导,则称函数 $y=f(x)$ 在区间 (a,b) 内可导. 若函数 $y=f(x)$ 在区间 (a,b) 内可导,并且在区间的左、右端点处 $f'_+(a)$ 与 $f'_-(b)$ 都存在,则称函数 $y=f(x)$ 在闭区间 $[a,b]$ 上可导. 若函数 $y=f(x)$ 在某区间内可导,则对于该区间内的每一个 x,都有唯一确定的导数值 $f'(x)$ 与之对应,这样就确定了一个新的函数,称之为函数 $y=f(x)$ 的**导函数**,简称**导数**,记作 $f'(x),y',\frac{\mathrm{d}y}{\mathrm{d}x}$ 或 $\frac{\mathrm{d}f(x)}{\mathrm{d}x}$.

由导数的定义,若 $y=f(x)$ 在某区间 I 上可导,则 $y=f(x)$ 在 I 上的导函数为

$$f'(x)=\lim_{\Delta x\to 0}\frac{f(x+\Delta x)-f(x)}{\Delta x}\text{ 或 }f'(x)=\lim_{h\to 0}\frac{f(x+h)-f(x)}{h}$$

显然,函数 $y=f(x)$ 在点 x_0 处的导数 $f'(x_0)$ 就是导函数 $f'(x)$ 在点 x_0 处的函数值,即

$$f'(x_0)=f'(x)\big|_{x=x_0}$$

例 3-1　求常量函数 $y=C$(C 为常数)的导数.

解　由题意知,任取 $x\in(-\infty,+\infty)$,因为

$$\Delta y=f(x+\Delta x)-f(x)=C-C=0,\frac{\Delta y}{\Delta x}=0,\lim_{\Delta x\to 0}\frac{\Delta y}{\Delta x}=0$$

所以 $C' = 0$.

例 3-2 设 $y = x^n$(n 为正整数),求 y'.

解 设 $f(x) = x^n$,则

$$\begin{aligned}
f(x) &= \lim_{\Delta x \to 0} \frac{f(x+\Delta x)-f(x)}{\Delta x} \\
&= \lim_{\Delta x \to 0} \frac{(x+\Delta x)^n - x^n}{\Delta x} \\
&= \lim_{\Delta x \to 0} \frac{\left[x^n + nx^{n-1}\Delta x + \frac{n(n-1)}{2}x^{n-2}(\Delta x)^2 + \cdots + (\Delta x)^n\right] - x^n}{\Delta x} \\
&= \lim_{\Delta x \to 0} \frac{nx^{n-1}\Delta x + \frac{n(n-1)}{2}x^{n-2}(\Delta x)^2 + \cdots + (\Delta x)^n}{\Delta x} \\
&= \lim_{\Delta x \to 0}\left[nx^{n-1} + \frac{n(n-1)}{2}x^{n-2}(\Delta x)^2 + \cdots + (\Delta x)^{n-1}\right] \\
&= nx^{n-1}
\end{aligned}$$

2. 单侧导数

利用单侧极限给出函数在一点处的单侧导数的定义.

定义 3.3 如果极限

$$\lim_{\Delta x \to 0^-} \frac{\Delta y}{\Delta x} = \lim_{\Delta x \to 0^-} \frac{f(x_0+\Delta x)-f(x_0)}{\Delta x}$$

与

$$\lim_{\Delta x \to 0^+} \frac{\Delta y}{\Delta x} = \lim_{\Delta x \to 0^+} \frac{f(x_0+\Delta x)-f(x_0)}{\Delta x}$$

都存在,则称它们分别为函数 $y = f(x)$ 在点 x_0 处的**左导数**和**右导数**,分别记作 $f'_-(x_0)$ 和 $f'_+(x_0)$.

显然,函数 $y = f(x)$ 在点 x_0 处可导的充要条件是 $y = f(x)$ 在点 x_0 处的左导数和右导数都存在且相等,即 $f'_-(x_0) = f'_+(x_0)$.

3.1.3 导数的几何意义

由前面的讨论可知,函数 $y = f(x)$ 在点 x_0 处的导数 $f'(x_0)$ 在几何上表示曲线 $y = f(x)$ 在点 $M[x_0, f(x_0)]$ 处的切线的斜率,即

$$f'(x_0) = \tan\alpha$$

其中 α 是切线的倾斜角.

根据导数的几何意义,可知曲线 $y = f(x)$ 在 $M(x_0, f(x_0))$ 处的切线方程为

$$y - y_0 = f'(x_0)(x - x_0)$$

法线方程为

$$y - y_0 = -\frac{1}{f'(x_0)}(x - x_0), f'(x_0) \neq 0$$

例 3-3 求曲线 $y = \cos x$ 在点 $\left(\frac{\pi}{3}, \frac{1}{2}\right)$ 处的切线方程和法线方程.

解 因为 $(\cos x)' = -\sin x$,所以

$$(\cos x)' \big|_{x=\frac{\pi}{3}} = -\sin\frac{\pi}{3} = -\frac{\sqrt{3}}{2}$$

故所求切线方程为

$$y-\frac{1}{2}=-\frac{\sqrt{3}}{2}\left(x-\frac{\pi}{3}\right)$$

法线方程为

$$y-\frac{1}{2}=\frac{2\sqrt{3}}{3}\left(x-\frac{\pi}{3}\right)$$

思考 导数的几何意义是什么?如果函数 $f(x)$ 在点 x_0 处可导,那么曲线 $y=f(x)$ 在点 x_0 处一定有切线吗?反之呢?

3.1.4 函数可导性与连续性的关系

定理 3.1 若函数 $y=f(x)$ 在点 x 处可导,则函数在该点处必连续.

由定理 3.1 知函数可导必连续,但是连续却不一定可导.

例 3-4 讨论 $f(x)=|x|=\begin{cases}x, & x\geqslant 0\\ -x, & x<0\end{cases}$ 在点 $x=0$ 处的连续性与可导性.

解 因为 $\lim\limits_{x\to 0^-}f(x)=0$,$\lim\limits_{x\to 0^+}f(x)=0$,所以 $f(x)$ 在点 $x=0$ 处连续. 又

$$f'_-(0)=\lim_{x\to 0^-}\frac{f(x)-f(0)}{x}=\lim_{x\to 0^-}\frac{-x}{x}=-1$$

$$f'_+(0)=\lim_{x\to 0^+}\frac{f(x)-f(0)}{x}=\lim_{x\to 0^+}\frac{x}{x}=1$$

即 $f'_-(0)\neq f'_+(0)$,所以 $f(x)$ 在点 $x=0$ 处不可导.

习题 3.1

1. 用导数定义求下列函数的导数.

(1) $f(x)=x^2-5x$;　　(2) $f(x)=\ln x$;

(3) $f(x)=\dfrac{1}{x}$;　　(4) $f(x)=\sqrt{x}$.

2. 假设 $f'(x_0)$ 存在,求下列各式的极限值.

(1) $\lim\limits_{\Delta x\to 0}\dfrac{f(x_0-\Delta x)-f(x_0)}{\Delta x}$;　　(2) $\lim\limits_{h\to 0}\dfrac{f(x_0+h)-f(x_0-h)}{h}$.

3. 求曲线 $f(x)=x^3+2x$ 在点(1,3)处的切线方程和法线方程.

4. 讨论下列函数在点 $x=0$ 处的连续性与可导性.

(1) $f(x)=\begin{cases}x\sin\dfrac{1}{x}, & x\neq 0\\ 0, & x=0\end{cases}$;　　(2) $f(x)=\begin{cases}x^2, & x\geqslant 0\\ xe^x, & x<0\end{cases}$.

5. $f(x)=x(x+1)(x+2)\cdots(x+n)$,求 $f'(0)$.

6. 设 $f(x)$ 是偶函数,且在点 $x=0$ 处可导,证明:$f'(0)=0$.

§3.2 求导法则

导数的定义不仅阐明了导数的实质,而且也给出了计算导数的方法,但是对于比较复杂的函数,直接根据定义来求导是十分困难的,甚至是不可能的. 为了简化求导过程,这里引入一些基本的求导公式和求导法则.

3.2.1 导数的四则运算法则

定理 3.2 设函数 $u(x)$，$v(x)$ 在点 x 处可导，则它们的和、差、积、商(除分母为零的点外)都在点 x 处具有导数，且有以下法则：

(1) $[u(x) \pm v(x)]' = u'(x) \pm v'(x)$；

(2) $[u(x)v(x)]' = u'(x)v(x) + u(x)v'(x)$；

(3) $\left[\dfrac{u(x)}{v(x)}\right]' = \dfrac{u'(x)v(x) - u(x)v'(x)}{v^2(x)}[v(x) \neq 0]$.

上述三个法则的证明思路类似，下面只证法则(2).

证明

$$[u(x)v(x)]' = \lim_{\Delta x \to 0} \frac{u(x+\Delta x)v(x+\Delta x) - u(x)v(x)}{\Delta x}$$
$$= \lim_{\Delta x \to 0}\left[\frac{u(x+\Delta x) - u(x)}{\Delta x} \cdot v(x+\Delta x) + u(x) \cdot \frac{v(x+\Delta x) - v(x)}{\Delta x}\right]$$
$$= \lim_{\Delta x \to 0} \frac{u(x+\Delta x) - u(x)}{\Delta x} \cdot \lim_{\Delta x \to 0} v(x+\Delta x) + u(x) \cdot \lim_{\Delta x \to 0} \frac{v(x+\Delta x) - v(x)}{\Delta x}$$
$$= u'(x)v(x) + u(x)v'(x).$$

其中，$\lim\limits_{\Delta x \to 0} v(x+\Delta x) = v(x)$.

由于 $v'(x)$ 存在，故由可导必连续知 $v(x)$ 在点 x 处连续，由连续函数的极限值等于函数值知，

$$\lim_{\Delta x \to 0} v(x+\Delta x) = v(x+0) = v(x)$$

对于上述公式，我们有如下推论.

推论 3.1 $[Cu(x)]' = Cu'(x)$(C 为常数).

推论 3.2 如果有限个函数 $u_1 = u_1(x)$，$u_2 = u_2(x)$，…，$u_m = u_m(x)$ 均在点 x 处可导，则和 $u_1 + u_2 + \cdots + u_m$ 在点 x 处可导，且 $(u_1 + u_2 + \cdots + u_m)' = u_1' + u_2' + \cdots + u_m'$.

推论 3.3 如果有限个函数 $u_1 = u_1(x)$，$u_2 = u_2(x)$，…，$u_m = u_m(x)$ 均在点 x 处可导，则积 $u_1u_2\cdots u_m$ 在点 x 处可导，且 $(u_1u_2\cdots u_m)' = u_1'u_2\cdots u_m + u_1u_2'\cdots u_m + \cdots + u_1u_2\cdots u_m'$.

例 3-5 求 $y = 2x - \sqrt[3]{x} + 3\sin x - \cos\dfrac{\pi}{3}$ 的导数.

解

$$y' = \left(2x - \sqrt[3]{x} + 3\sin x - \cos\frac{\pi}{3}\right)'$$
$$= (2x)' - (\sqrt[3]{x})' + (3\sin x)' - \left(\cos\frac{\pi}{3}\right)'$$
$$= 2 - \frac{1}{3}x^{-\frac{2}{3}} + 3\cos x.$$

例 3-6 求 $y = \sec x$ 的导数.

解 $y' = (\sec x)' = \left(\dfrac{1}{\cos x}\right)' = -\dfrac{(\cos x)'}{\cos^2 x} = \dfrac{\sin x}{\cos^2 x} = \sec x\tan x$.

用类似的方法可得 $(\csc x)' = -\csc x\cot x$.

例 3-7 求 $y = \tan x$ 的导数.

解

$$y = (\tan x)' = \left(\frac{\sin x}{\cos x}\right)' = \frac{(\sin x)'\cos x - \sin x(\cos x)'}{\cos^2 x}$$
$$= \frac{\cos^2 x + \sin^2 x}{\cos^2 x} = \frac{1}{\cos^2 x} = \sec^2 x.$$

用类似的方法可得 $(\cot x)' = -\csc^2 x$.

3.2.2 反函数的求导法则

定理 3.3 设 $y=f(x)$ 单调、可导且 $f'(x)\neq 0$，则它的反函数 $x=\varphi(y)$ 也可导，且有 $\varphi'(y)=\dfrac{1}{f'(x)}$，即 $\dfrac{\mathrm{d}x}{\mathrm{d}y}=\dfrac{1}{\dfrac{\mathrm{d}y}{\mathrm{d}x}}$.

例 3-8 求 $y=\arcsin x$ 的导数.

解 因为 $y=\arcsin x$ 是 $x=\sin y$ 的反函数，$x=\sin y$ 在区间 $\left(-\dfrac{\pi}{2},\dfrac{\pi}{2}\right)$ 内单调、可导，且 $\dfrac{\mathrm{d}x}{\mathrm{d}y}=\cos y\neq 0$，所以由定理 3.3 可知，在对应区间 $(-1,1)$ 内，有

$$y'=\frac{1}{\dfrac{\mathrm{d}x}{\mathrm{d}y}}=\frac{1}{\cos y}=\frac{1}{\sqrt{1-\sin^2 y}}=\frac{1}{\sqrt{1-x^2}}$$

即 $(\arcsin x)'=\dfrac{1}{\sqrt{1-x^2}}$.

同理可得 $(\arccos x)'=-\dfrac{1}{\sqrt{1-x^2}}$.

例 3-9 求 $y=\arctan x$ 的导数.

解 因为 $y=\arctan x$ 是 $x=\tan y$ 的反函数，$x=\tan y$ 在区间 $\left(-\dfrac{\pi}{2},\dfrac{\pi}{2}\right)$ 内单调、可导，且 $\dfrac{\mathrm{d}x}{\mathrm{d}y}=\sec^2 y\neq 0$，所以由定理 3.3 可知，在对应区间 $(-\infty,+\infty)$ 内，有

$$y'=\frac{1}{\dfrac{\mathrm{d}x}{\mathrm{d}y}}=\frac{1}{\sec^2 y}=\frac{1}{1+\tan^2 y}=\frac{1}{1+x^2}$$

即 $(\arctan x)'=\dfrac{1}{1+x^2}$.

同理可得 $(\operatorname{arccot} x)'=-\dfrac{1}{1+x^2}$.

为了便于查阅，我们将常数和基本初等函数的导数公式归纳如下.

(1) $(C)'=0$（C 为常数）； (2) $(x^\mu)'=\mu x^{\mu-1}$ $(\mu\in\mathbf{R})$；

(3) $(\log_a x)'=\dfrac{1}{x\ln a}$； (4) $(\ln x)'=\dfrac{1}{x}$；

(5) $(a^x)'=a^x\ln a$ $(a>0,a\neq 1)$； (6) $(\mathrm{e}^x)'=\mathrm{e}^x$；

(7) $(\sin x)'=\cos x$； (8) $(\cos x)'=-\sin x$；

(9) $(\tan x)'=\dfrac{1}{\cos^2 x}=\sec^2 x$； (10) $(\cot x)'=-\dfrac{1}{\sin^2 x}=-\csc^2 x$；

(11) $(\sec x)'=\sec x\tan x$； (12) $(\csc x)'=-\csc x\cot x$；

(13) $(\arcsin x)'=\dfrac{1}{\sqrt{1-x^2}}$； (14) $(\arccos x)'=-\dfrac{1}{\sqrt{1-x^2}}$；

(15) $(\arctan x)'=\dfrac{1}{1+x^2}$； (16) $(\operatorname{arccot} x)'=-\dfrac{1}{1+x^2}$.

3.2.3 复合函数的求导法则

在实际问题中遇到的函数多是由几个基本初等函数复合而成的复合函数. 因此，复合函数的求导法则是求导运算中经常用到的一个重要法则. 关于复合函数的求导有下面的法则.

定理 3.4(链式法则) 若函数 $u=\varphi(x)$ 在点 x 处可导,函数 $y=f(u)$ 在点$u=\varphi(x)$ 处可导,则复合函数 $y=f[\varphi(x)]$ 在点 x 处可导,且有

$$\frac{\mathrm{d}y}{\mathrm{d}x}=\frac{\mathrm{d}y}{\mathrm{d}u}\cdot\frac{\mathrm{d}u}{\mathrm{d}x}\text{或}\{f[\varphi(x)]\}'=f'(u)\cdot\varphi'(x)$$

显然,复合函数的求导法则可以推广到含有多个中间变量的情形.例如,设 $y=f(u)$,$u=\varphi(v)$,$v=\psi(x)$ 都可导,则有

$$\frac{\mathrm{d}y}{\mathrm{d}x}=\frac{\mathrm{d}y}{\mathrm{d}u}\cdot\frac{\mathrm{d}u}{\mathrm{d}v}\cdot\frac{\mathrm{d}v}{\mathrm{d}x}\text{或}y'=f'(u)\cdot\varphi'(v)\cdot\psi'(x)$$

例 3-10 求 $y=\sin\sqrt{x}$ 的导数.

解 复合函数 $y=\sin\sqrt{x}$ 由函数 $y=\sin u$ 与 $u=\sqrt{x}$ 复合而成.根据复合函数的求导法则,得

$$y'=(\sin u)'(\sqrt{x})'=\cos u\cdot\frac{1}{2\sqrt{x}}=\frac{\cos\sqrt{x}}{2\sqrt{x}}$$

例 3-11 设 $y=\mathrm{e}^{x^3}$,求$\frac{\mathrm{d}y}{\mathrm{d}x}$.

解 由于可将 $y=\mathrm{e}^{x^3}$ 视为由基本初等函数 $y=\mathrm{e}^u$,$u=x^3$ 复合而成,因此

$$\frac{\mathrm{d}y}{\mathrm{d}x}=\frac{\mathrm{d}y}{\mathrm{d}u}\cdot\frac{\mathrm{d}u}{\mathrm{d}x}=\mathrm{e}^u\cdot 3x^2=3x^2\mathrm{e}^{x^3}$$

例 3-12 求函数 $y=\ln\sqrt{\frac{1+x}{1-x}}$ 的导数.

解 因为 $y=\ln\sqrt{\frac{1+x}{1-x}}=\frac{1}{2}[\ln(1+x)-\ln(1-x)]$,所以

$$\begin{aligned}y'&=\frac{1}{2}\left[\frac{1}{1+x}(1+x)'-\frac{1}{1-x}(1-x)'\right]\\&=\frac{1}{2}\left(\frac{1}{1+x}+\frac{1}{1-x}\right)\\&=\frac{1}{1-x^2}\end{aligned}$$

在理解和熟练掌握复合函数的分解与复合函数的求导法则后,可以在不写中间变量的情况下求导.只要认清函数的复合层次并记在心中,然后由外向内逐层求导.关键是必须清楚每一步对哪个变量求导.

复合函数的求导法则在解决实际问题时非常有用.现举例如下.

* **例 3-13** 当空气以 100 cm^3/s的速度注入球状的气球时,假定气体的压力不变,求当气球半径为 10 cm 时,气球半径增加的速度.

解 设在 t 时刻气球的体积与半径分别为 V 和 r,显然

$$V=\frac{4}{3}\pi r^3,r=r(t)$$

所以 V 通过中间变量 r 与时间 t 发生联系,是一个复合函数

$$V=\frac{4}{3}\pi[r(t)]^3$$

由题意知,$\frac{\mathrm{d}V}{\mathrm{d}t}=100\ \mathrm{cm}^3/\mathrm{s}$,要求$\left.\frac{\mathrm{d}r}{\mathrm{d}t}\right|_{r=10\ \mathrm{cm}}$ 的值.根据复合函数求导法则,得

$$\frac{\mathrm{d}V}{\mathrm{d}t}=\frac{4}{3}\pi\times 3[r(t)]^2\cdot\frac{\mathrm{d}r}{\mathrm{d}t}=4\pi[r(t)]^2\cdot\frac{\mathrm{d}r}{\mathrm{d}t}$$

将已知数据代入上式,得

$$100=4\pi\times 10^2\times\frac{\mathrm{d}r}{\mathrm{d}t}$$

所以$\frac{dr}{dt}=\frac{1}{4\pi}$ cm/s，即当$r=10$ cm时，气球的半径以$\frac{1}{4\pi}$ cm/s的速度增加.

习题 3.2

用导数的四则运算法则求下列函数的导数.

(1)$y=2x^3-x+2+x^{-3}$；　(2)$y=\frac{1+x}{1-x}$；　(3)$y=x\ln x$；

(4)$y=3e^x\cdot\ln x$；　(5)$y=\ln x^2+x^3\ln x$；　(6)$y=x^2\arctan x$；

(7)$y=\sqrt{1+\ln x}$；　(8)$y=e^{\cos x}$；　(9)$y=e^x\sin e^x+\cos e^x$；

(10)$y=\ln(x+\sqrt{x^2+a^2})$.

§3.3 隐函数、参数方程所确定的函数的导数

1. 隐函数的导数

前面研究的函数都可以表示为$y=f(x)$的形式，如$y=x+x^2$，$y=\arctan(\ln x)$等. 用这种方式表达的函数叫作**显函数**.

在实际问题中，常常碰到一些函数是由方程$F(x,y)=0$确定的. 例如，方程$3x+y^2+5=0$表示一个函数. 这样的函数称为**隐函数**.

把一个隐函数化成显函数，叫作**隐函数的显化**. 例如，从方程$3x+y^2+5=0$解出$y=\pm\sqrt{-5-3x}$，就把隐函数化成显函数. 隐函数的显化有时是困难的，甚至是不可能的. 例如，$e^y=y+x$在x的一定变化范围内虽然也能确定一个隐函数$y=f(x)$，但无法将它显化. 因此，有必要介绍隐函数的求导方法.

设函数$y=f(x)$是由$F(x,y)=0$确定的隐函数，则$F[x,f(x)]=0$. 由于此式左端是将$y=f(x)$代入$F(x,y)$后得到的复合函数，因此根据**链式法则**将等式两边对x求导，便可得到所求的导数.

下面通过几个例子来说明这种方法.

例 3-14　求方程$xy-e^x+e^y=0$所确定的隐函数$y=f(x)$的导数.

解　等式两边对x求导，并注意到y是x的函数，得

$$y+xy'-e^x+e^yy'=0$$

解得$y'=\frac{e^x-y}{e^y+x}$.

例 3-15　求双曲线$\frac{x^2}{16}-\frac{y^2}{9}=1$在点$(4\sqrt{2},3)$处的切线方程和法线方程.

解　等式两边对x求导，得

$$\frac{1}{8}x-\frac{2}{9}yy'=0$$

解得$y'=\frac{9x}{16y}$，则

$$y'\big|_{x=4\sqrt{2}}=\frac{9\times4\sqrt{2}}{16\times3}=\frac{3\sqrt{2}}{4}$$

故所求切线方程为

$$y-3=\frac{3\sqrt{2}}{4}(x-4\sqrt{2})$$

法线方程为

$$y-3=-\frac{2\sqrt{2}}{3}(x-4\sqrt{2})$$

下面介绍一种重要的求导方法——**对数求导法**. 这是一种利用对数的性质与隐函数的求导法则来简化导数计算的方法. 它适合于由几个因子通过乘法、除法、乘方、开方等构成的较复杂的函数的求导. 基本步骤是先对 $y=f(x)$ 的两边取对数，得到隐函数 $\ln y=\ln f(x)$，然后按照隐函数求导数的思路解出 y 对 x 的导数.

例 3-16 求函数 $y=x^x(x>0)$ 的导数.

解 这是幂指函数，求导数时，既不能用幂函数的导数公式，也不能用指数函数的导数公式.

对等式两边取对数，得

$$\ln y=x\ln x$$

两边分别对 x 求导，得

$$\frac{1}{y}\cdot y'=\ln x+x\cdot\frac{1}{x}=\ln x+1$$

解得

$$y'=y(\ln x+1)=x^x(\ln x+1)$$

例 3-17 求 $y=\sqrt{\dfrac{(x-1)(x-2)}{x-3}}(x>3)$ 的导数.

解 对等式两边取对数，得

$$\ln y=\frac{1}{2}[\ln(x-1)+\ln(x-2)-\ln(x-3)]$$

两边分别对 x 求导，得

$$\frac{y'}{y}=\frac{1}{2}\left(\frac{1}{x-1}+\frac{1}{x-2}-\frac{1}{x-3}\right)$$

解得

$$\begin{aligned}y'&=\frac{y}{2}\left(\frac{1}{x-1}+\frac{1}{x-2}-\frac{1}{x-3}\right)\\&=\frac{1}{2}\sqrt{\frac{(x-1)(x-2)}{x-3}}\cdot\left(\frac{1}{x-1}+\frac{1}{x-2}-\frac{1}{x-3}\right)\end{aligned}$$

*2. 参数方程所确定的函数的导数

函数关系除了用显式和隐式表示，还可以用**参数方程**来表示.

一般地，如果由参数方程 $\begin{cases}x=\varphi(t)\\y=\psi(t)\end{cases}(\alpha<t<\beta)$ 确定 y 与 x 之间的函数关系，则称此函数关系所表示的函数为由参数方程确定的函数.

对于由参数方程确定的函数的求导，通常可以直接使用参数方程进行求导，不需要消去参数 t 而将 y 化为 x 的直接函数关系.

如果函数 $\varphi(t)$ 和 $\psi(t)$ 都可导，$\varphi'(t)\neq 0$ 且 $x=\varphi(t)$ 存在反函数 $t=\varphi^{-1}(x)$，则 y 为 x 的复合函数. 根据复合函数求导法则，得

$$\frac{\mathrm{d}y}{\mathrm{d}x}=\frac{\mathrm{d}y}{\mathrm{d}t}\cdot\frac{\mathrm{d}t}{\mathrm{d}x}=\psi'(t)[\varphi^{-1}(x)]'=\frac{\psi'(t)}{\varphi'(t)}$$

即

$$\frac{\mathrm{d}y}{\mathrm{d}x}=\frac{\psi'(t)}{\varphi'(t)}\text{ 或 }\frac{\mathrm{d}y}{\mathrm{d}x}=\frac{\frac{\mathrm{d}y}{\mathrm{d}t}}{\frac{\mathrm{d}x}{\mathrm{d}t}}$$

以后把上式作为参数方程所确定的函数的导数公式.

例 3-18 求椭圆$\begin{cases}x = a\cos t\\ y = b\sin t\end{cases}(0 \leqslant t < 2\pi)$ 在点$\left(\frac{a}{\sqrt{2}},\frac{b}{\sqrt{2}}\right)$处的切线的斜率.

解 因为$\frac{\mathrm{d}x}{\mathrm{d}t} = -a\sin t$，$\frac{\mathrm{d}y}{\mathrm{d}t} = b\cos t$，根据参数方程所确定的函数的导数公式，得

$$\frac{\mathrm{d}y}{\mathrm{d}x} = \frac{\frac{\mathrm{d}y}{\mathrm{d}t}}{\frac{\mathrm{d}x}{\mathrm{d}t}} = \frac{b\cos t}{-a\sin t} = -\frac{b}{a}\cot t$$

故所求斜率为

$$k = \left.\frac{\mathrm{d}y}{\mathrm{d}x}\right|_{\left(\frac{a}{\sqrt{2}},\frac{b}{\sqrt{2}}\right)} = \left.\frac{\mathrm{d}y}{\mathrm{d}x}\right|_{t=\frac{\pi}{4}} = -\frac{b}{a}$$

例 3-19 已知抛射体的运动轨迹的参数方程为$\begin{cases}x = v_1 t\\ y = v_2 t - \frac{1}{2}gt^2\end{cases}$，求抛射体在时刻 t 的运动速度的大小和方向.

解 先求速度的大小. 由于速度的水平分量为$\frac{\mathrm{d}x}{\mathrm{d}t} = v_1$，垂直分量为

$$\frac{\mathrm{d}y}{\mathrm{d}t} = v_2 - gt$$

所以抛射体的运动速度的大小为

$$v = \sqrt{\left(\frac{\mathrm{d}x}{\mathrm{d}t}\right)^2 + \left(\frac{\mathrm{d}y}{\mathrm{d}t}\right)^2} = \sqrt{v_1^2 + (v_2 - gt)^2}$$

再求运动速度的方向，也就是轨道的切线方向. 设 α 是切线的倾斜角，根据导数的几何意义，有

$$\tan\alpha = \frac{\mathrm{d}y}{\mathrm{d}x} = \frac{\frac{\mathrm{d}y}{\mathrm{d}t}}{\frac{\mathrm{d}x}{\mathrm{d}t}} = \frac{v_2 - gt}{v_1}$$

所以，在抛射体刚射出($t = 0$)时，有

$$\tan\alpha\Big|_{t=0} = \left.\frac{\mathrm{d}y}{\mathrm{d}x}\right|_{t=0} = \frac{v_2}{v_1}$$

当 $t = \frac{v_2}{g}$ 时，有

$$\tan\alpha\Big|_{t=\frac{v_2}{g}} = \left.\frac{\mathrm{d}y}{\mathrm{d}x}\right|_{t=\frac{v_2}{g}} = 0$$

此时运动方向是水平的，即抛射体达到最高点(图3-2).

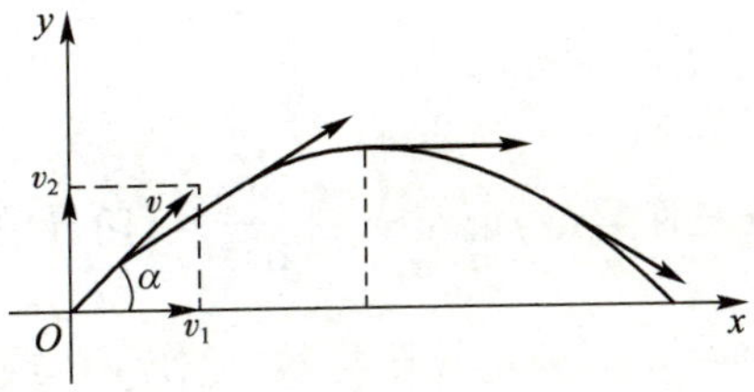

图 3-2

习题 3.3

1. 求下列方程所确定的隐函数的导数$\frac{dy}{dx}$.

(1)$3x^2+2y^3-5=0$； (2)$\ln y=xy+\cos x$.

2. 求下列参数方程所确定的导数.

(1)$\begin{cases}x=a\cos^3\varphi\\y=b\sin^3\varphi\end{cases}$，求$\frac{dy}{dx}$.

(2)$\begin{cases}x=\ln(1+t^2)\\y=t-\arctan t\end{cases}$，求$\frac{dy}{dx}$.

3. 求下列函数的导数.

(1)$y=x^{2x}$； (2)$y=\left(\frac{x}{1+x}\right)^x$.

4. 求由下列方程确定的隐函数的导数.

(1)$\cos y=\ln(x+y)$； (2)$y=1-xe^y$.

5. 写出曲线$\begin{cases}x=\sin t\\y=\cos 2t\end{cases}$在$t=\frac{\pi}{4}$处的切线方程和法线方程.

6. 求幂指函数$y=x^{\sin x}$的导数.

§3.4 高阶导数

3.4.1 高阶导数的概念

已知变速直线运动的速度$v(t)$是位移函数$s(t)$对时间t的导数，即$v=\frac{ds}{dt}$，而加速度a又是速度函数$v(t)$对时间t的变化率，即速度函数$v(t)$对时间t的导数，因此

$$a=\frac{dv}{dt}=\frac{d}{dt}\left(\frac{ds}{dt}\right)\text{或}a=v'(t)=[s'(t)]'$$

这种导数的导数$\frac{d}{dt}\left(\frac{ds}{dt}\right)$或$[s'(t)]'$叫作$s$对$t$的二阶导数，记作$\frac{d^2s}{dt^2}$或$s''(t)$. 故变速直线运动的加速度就是位移函数$s$对时间$t$的二阶导数.

定义 3.4 若函数$y=f(x)$的导数$y'=f'(x)$仍是x的可导函数，则称$f'(x)$的导数为$f(x)$的**二阶导数**，记作y''，$f''(x)$，$\frac{d^2y}{dx^2}$或$\frac{d^2f}{dx^2}$.

类似地，二阶导数的导数叫作**三阶导数**，记作y'''或$\frac{d^3y}{dx^3}$；三阶导数的导数叫作**四阶导数**，记作$y^{(4)}$或$\frac{d^4y}{dx^4}$. 一般地，$n-1$阶导数的导数叫作$f(x)$的n**阶导数**，记作$y^{(n)}$或$\frac{d^ny}{dx^n}$.

二阶或二阶以上的导数统称为**高阶导数**. 相应地，函数$y=f(x)$的导数$f'(x)$叫作函数$f(x)$的一阶导数. 显然，求高阶导数就是多次连续求导.

例 3-20 求指数函数 $y=a^x$ 的 n 阶导数.

解 $y'=a^x\ln a, y''=a^x\ln^2 a, y'''=a^x\ln^3 a$. 依此类推，$y^{(n)}=a^x\ln^n a$，即

$$(a^x)^{(n)}=a^x\ln^n a$$

特别地

$$(\mathrm{e}^x)^{(n)}=\mathrm{e}^x$$

例 3-21 设 $y=\sin x$，求 $y^{(n)}$.

解 $y'=\cos x=\sin\left(x+\frac{\pi}{2}\right)$，

$y''=\cos\left(x+\frac{\pi}{2}\right)=\sin\left(x+\frac{\pi}{2}+\frac{\pi}{2}\right)=\sin\left(x+2\cdot\frac{\pi}{2}\right)$，

$y'''=\cos\left(x+2\cdot\frac{\pi}{2}\right)=\sin\left(x+3\cdot\frac{\pi}{2}\right)$，

…

$y^{(n)}=\sin\left(x+n\cdot\frac{\pi}{2}\right)(n\in\mathbf{N}_+)$.

同理可得

$$(\cos x)^{(n)}=\cos\left(x+n\cdot\frac{\pi}{2}\right)(n\in\mathbf{N}_+)$$

*3.4.2 二阶导数的物理意义

设质点沿直线运动，在直线上给定原点和单位点(表示实数 1 的点)，使直线成为数轴. 另外，再取定一个时刻为计时的零点. 质点于时刻 t 在直线上的位置的坐标记为 s，这样，质点的运动完全由某个函数 $s=s(t)$ 确定.

在最简单的匀速直线运动的情形中，质点经过的路程与所用的时间成正比，即 $v=\frac{s}{t}$. 如果是非匀速直线运动，取从时刻 t_0 到 $t_0+\Delta t$ 这样一段时间间隔，在 $[t_0, t_0+\Delta t]$ 上，质点所走过的路程 s 有相应增量 $\Delta s=s(t_0+\Delta t)-s(t_0)$，这段区间上的平均速度为

$$\bar{v}=\frac{s(t_0+\Delta t)-s(t_0)}{\Delta t}$$

若令 $t\to t_0$，即 $\Delta t\to 0$，那么 $\bar{v}$ 的极限值就精确地反映了质点在时刻 t_0 这一瞬间运动的快慢程度. 因此，当 $t=t_0$ 时，瞬时速度为

$$v(t_0)=\lim_{\Delta t\to 0}\frac{s(t_0+\Delta t)-s(t_0)}{\Delta t}=s'(t_0)$$

一般地，变速直线运动的速度 $v(t)$ 就是位置函数 $s(t)$ 对时间 t 的导数，即

$$v(t)=\frac{\mathrm{d}s}{\mathrm{d}t} \text{ 或 } v=s'$$

而加速度 $a(t)$ 是速度函数 $v(t)$ 对时间 t 的变化率，即速度函数 $v(t)$ 对时间 t 的导数，即

$$a=\frac{\mathrm{d}v}{\mathrm{d}t}=\frac{\mathrm{d}}{\mathrm{d}t}\left(\frac{\mathrm{d}s}{\mathrm{d}t}\right) \text{或} a=(s')'=s''=\frac{\mathrm{d}^2 s}{\mathrm{d}t^2}$$

习题 3.4

1. 求下列函数的二阶导数.

(1) $y=\ln(1+x^2)$； (2) $y=\sin 2x\cdot\mathrm{e}^x$； (3) $y=x\cos x$；

(4) $y=\dfrac{1}{1-x^2}$；　　(5) $y=x^2e^x$；　　(6) $y=\cos x\ln x$；

(7) $y=x\ln x$；　　(8) $y=\dfrac{e^x}{x}$；　　(9) $y=e^{-x}\cdot\sin x$；

(10) $y=e^{2x-1}$.

2. 设 $y=(x+10)^6$，求 $y'''\Big|_{x=1}$，$y'''\Big|_{x=2}$.

3. 求下列函数的二阶导数.

(1) $y=(1+x^2)\arctan x$；　　(2) $y=e^{-t}\sin t$

§3.5　函数的微分

前面介绍的导数是描述函数在某点处的变化率. 有时还需要考虑某点处当自变量有较小改变时，函数值相应的增量大小，而要精确计算函数值的增量往往很复杂，于是引入微分的概念.

下面我们来看一个实例.

一个正方形，其边长由 x_0 变到 $x_0+\Delta x$(图 3-3)，问此正方形的面积改变了多少？

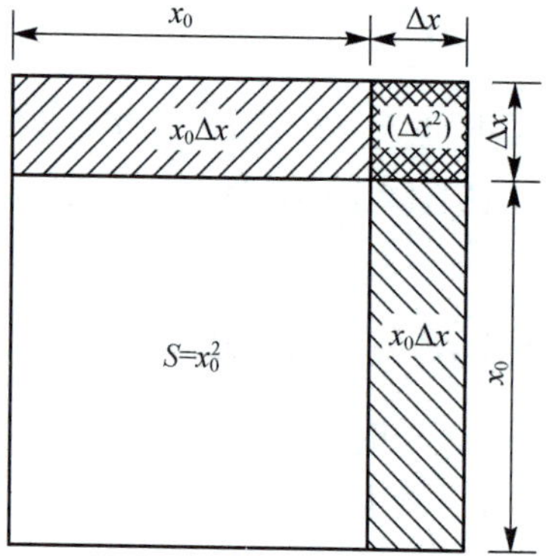

图 3-3

由题知，正方形的边长为 x_0，面积为 S，则 S 是 x_0 的函数，即 $S=x_0^2$. 正方形受边长变化影响时面积的改变量可以看作当自变量 x 自 x_0 取得增量 Δx 时，函数 S 相应的增量为 ΔS，即

$$\Delta S=(x_0+\Delta x)^2-x_0^2=2x_0\Delta x+(\Delta x)^2$$

从上式可以看出，ΔS 分成两部分：第一部分 $2x_0\Delta x$ 是 ΔS 的线性函数，即图 3-3 中画有斜线的两个矩形的面积之和；第二部分 $(\Delta x)^2$ 是图 3-3 中画有交叉斜线的小正方形的面积，当 $\Delta x\to 0$ 时，$(\Delta x)^2$ 是 Δx 的高阶无穷小，即 $(\Delta x)^2=o(\Delta x)(\Delta x\to 0)$.

由此可见，如果边长的改变量很微小，即 $|\Delta x|$ 很小，面积的改变量 ΔS 可近似地用第一部分来代替(第一部分也称为 ΔS 的线性主要部分).

一般地，如果函数 $y=f(x)$ 满足一定条件，则函数的增量 Δy 可表示为

$$\Delta y=A\Delta x+o(\Delta x)$$

其中 A 是不依赖于 Δx 的常数. 因此，$A\Delta x$ 是 Δy 的线性函数，且与 Δy 之差 $o(\Delta x)$ 是 Δx 的高阶无穷小. 所以当 $A\neq 0$ 且 $|\Delta x|$ 很小时，我们就可近似地用 $A\Delta x$ 来代替 Δy.

3.5.1　微分的概念

设函数 $y=f(x)$ 在某区间内有定义，x_0 和 $x_0+\Delta x$ 都在该区间内. 如果函数的增量 $\Delta y=f(x_0+\Delta x)-$

$f(x_0)$ 可表示为

$$\Delta y = A\Delta x + o(\Delta x)$$

其中 A 是与 Δx 无关的常数，则称函数 $y = f(x)$ 在点 x_0 处**可微**，并称 $A\Delta x$ 为函数 $y = f(x)$ 在点 x_0 处相应于自变量增量 Δx 的**微分**，记为 $\mathrm{d}y|_{x=x_0}$，即

$$\mathrm{d}y|_{x=x_0} = A\Delta x$$

下面讨论可微与可导之间的关系.

定理 3.5　函数 $y = f(x)$ 在点 x_0 处可微的充要条件是函数 $y = f(x)$ 在点 x_0 处可导，且当 $f(x)$ 在点 x_0 处可微时，其微分为

$$\mathrm{d}y|_{x=x_0} = f'(x_0)\Delta x$$

证明　(1) 必要性. 函数 $y = f(x)$ 在点 x_0 处可微，即 $\Delta y = A\Delta x + o(\Delta x)$，则有

$$\lim_{\Delta x \to 0}\frac{\Delta y}{\Delta x} = \lim_{\Delta x \to 0}\frac{A\Delta x + o(\Delta x)}{\Delta x} = \lim_{\Delta x \to 0}A + \lim_{\Delta x \to 0}\frac{o(\Delta x)}{\Delta x} = A$$

即 $A = f'(x_0)$.

(2) 充分性. 函数 $y = f(x)$ 在点 x_0 处可导，即 $\lim\limits_{\Delta x \to 0}\frac{\Delta y}{\Delta x} = f'(x_0)$. 根据函数极限与无穷小的关系，有 $\frac{\Delta y}{\Delta x} = f'(x_0) + \beta$. 其中 β 是当 $\Delta x \to 0$ 时的无穷小，即 $\Delta y = f'(x_0)\Delta x + \beta\Delta x$. 可见 $\beta\Delta x$ 是比 Δx 高阶的无穷小，由微分定义得到函数 $y = f(x)$ 在点 x_0 处可微，且 $\mathrm{d}y|_{x=x_0} = f'(x_0)\Delta x$.

例 3-22　求函数 $y = 1 + 3x^2$ 在 $x = 1, \Delta x = 0.01$ 时的增量及微分.

解　$\Delta y = 3(x + \Delta x)^2 - 3x^2 = 3 \times 1.01^2 - 3 = 0.060\,3$,

$\mathrm{d}y\Big|_{\substack{x=1\\ \Delta x=0.01}} = y'|_{x=1} \cdot \Delta x = 6 \times 0.01 = 0.06.$

函数 $y = f(x)$ 在任意点 x 处的微分，称为**函数的微分**，记为 $\mathrm{d}y$ 或 $\mathrm{d}f(x)$，即

$$\mathrm{d}y = f'(x)\Delta x$$

为了统一记号，通常把自变量 x 的增量称为**自变量的微分**，记为 $\mathrm{d}x$，即 $\mathrm{d}x = \Delta x$. 于是，函数 $y = f(x)$ 的微分又可记为

$$\mathrm{d}y = f'(x)\mathrm{d}x$$

所以有 $\frac{\mathrm{d}y}{\mathrm{d}x} = f'(x)$，即函数的导数等于函数的微分与自变量的微分的商. 因此，导数又称为**微商**.

例 3-23　求函数 $y = \frac{\sin x}{x}$ 的微分.

解　因为 $y' = \left(\frac{\sin x}{x}\right)' = \frac{x\cos x - \sin x}{x^2}$，所以

$$\mathrm{d}y = y'\mathrm{d}x = \frac{x\cos x - \sin x}{x^2}\mathrm{d}x$$

3.5.2　微分的几何意义

如图 3-4 所示，过曲线 $y = f(x)$ 上一点 $M(x_0, y_0)$ 作切线 MT，倾角为 α，则 $\tan\alpha = f'(x_0)$.

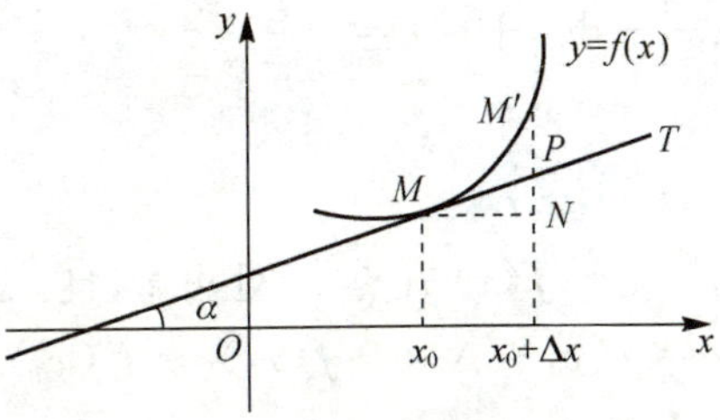

图 3-4

当自变量 x 有微小增量 Δx 时，得到曲线上另一点 $M'(x_0+\Delta x, y_0+\Delta y)$，于是 $MN=\Delta x$，$NM'=\Delta y$，则 $NP=MN\cdot\tan\alpha=\Delta x\cdot f'(x_0)$，即 $\mathrm{d}y=NP$.

由此可见，对于可微函数 $y=f(x)$ 而言，当 Δy 是曲线 $y=f(x)$ 上点的纵坐标的增量时，$\mathrm{d}y$ 就是曲线的切线上点的纵坐标的相应增量.当 $|\Delta x|$ 很小时，$|\Delta y-\mathrm{d}y|$ 比 $|\Delta x|$ 小很多，因此在点 M 附近，可用切线段近似代替曲线段.

3.5.3 微分的运算

根据微分的定义求函数的微分，只要求出它的导数 $f'(x)$，再乘以自变量的微分 $\mathrm{d}x$ 即可. 所以，由导数的基本公式与运算法则可得到微分的基本公式与运算法则.

微课：微分的运算

1. 微分的基本公式

(1) $\mathrm{d}(C)=0$（C 为常数）；

(2) $\mathrm{d}(x^\alpha)=\alpha x^{\alpha-1}\mathrm{d}x$（$\alpha$ 为任意实数）；

(3) $\mathrm{d}(a^x)=a^x\ln a\mathrm{d}x$；

(4) $\mathrm{d}(\mathrm{e}^x)=\mathrm{e}^x\mathrm{d}x$；

(5) $\mathrm{d}(\log_a x)=\dfrac{1}{x\ln a}\mathrm{d}x$；

(6) $\mathrm{d}(\ln x)=\dfrac{1}{x}\mathrm{d}x$；

(7) $\mathrm{d}(\sin x)=\cos x\mathrm{d}x$；

(8) $\mathrm{d}(\cos x)=-\sin x\mathrm{d}x$；

(9) $\mathrm{d}(\tan x)=\sec^2 x\mathrm{d}x$；

(10) $\mathrm{d}(\sec x)=\sec x\tan x\mathrm{d}x$；

(11) $\mathrm{d}(\cot x)=-\csc^2 x\mathrm{d}x$；

(12) $\mathrm{d}(\csc x)=-\csc x\cot x\mathrm{d}x$；

(13) $\mathrm{d}(\arcsin x)=\dfrac{1}{\sqrt{1-x^2}}\mathrm{d}x$；

(14) $\mathrm{d}(\arccos x)=-\dfrac{1}{\sqrt{1-x^2}}\mathrm{d}x$；

(15) $\mathrm{d}(\arctan x)=\dfrac{1}{1+x^2}\mathrm{d}x$；

(16) $\mathrm{d}(\mathrm{arccot}\, x)=-\dfrac{1}{1+x^2}\mathrm{d}x$.

2. 微分的运算法则

(1) $\mathrm{d}[u(x)\pm v(x)]=\mathrm{d}u(x)\pm\mathrm{d}v(x)$；

(2) $\mathrm{d}[u(x)v(x)]=v(x)\mathrm{d}u(x)+u(x)\mathrm{d}v(x)$；

(3) $\mathrm{d}[Cu(x)]=C\mathrm{d}u(x)$（$C$ 为常数）；

(4) $\mathrm{d}\left[\dfrac{u(x)}{v(x)}\right]=\dfrac{v(x)\mathrm{d}u(x)-u(x)\mathrm{d}v(x)}{v^2(x)}\ (v(x)\neq 0)$.

3. 函数的微分法则

因为 $\mathrm{d}u=g'(x)\mathrm{d}x$，所以复合函数 $y=f[g(x)]$ 的微分公式也可以写成

$$\mathrm{d}y=f'(u)\mathrm{d}u$$

由此可见，无论 u 是自变量还是中间变量，微分形式 $\mathrm{d}y=f'(u)\mathrm{d}u$ 保持不变. 这一性质称为**微分形式的不变性**. 有时，利用一阶微分形式的不变性求复合函数的微分比较方便.

例 3-24 设 $y=\cos(2x+3)$，求 $\mathrm{d}y$.

解 $\mathrm{d}y=\mathrm{d}[\cos(2x+3)]=-\sin(2x+3)\mathrm{d}(2x+3)=-2\sin(2x+3)\mathrm{d}x$.

例 3-25 设 $y=\ln(1+\mathrm{e}^x)$，求 $\mathrm{d}y$.

解 $\mathrm{d}y=\mathrm{d}[\ln(1+\mathrm{e}^x)]=\dfrac{1}{1+\mathrm{e}^x}\mathrm{d}(1+\mathrm{e}^x)=\dfrac{\mathrm{e}^x}{1+\mathrm{e}^x}\mathrm{d}x$.

3.5.4 微分在近似计算中的应用

根据微分的概念可知，如果函数 $y=f(x)$ 在点 x_0 处可微，且 $|\Delta x|$ 较小，则 Δy 近似等于 $\mathrm{d}y$，即

$$\Delta y=f(x_0+\Delta x)-f(x_0)\approx f'(x_0)\Delta x$$

则

$$f(x_0+\Delta x)\approx f(x_0)+f'(x_0)\Delta x$$

在上式中，令 $x=x_0+\Delta x$，则 $\Delta x=x-x_0$，得

$$f(x)\approx f(x_0)+f'(x_0)(x-x_0) \tag{3-2}$$

如果 $f(x_0)$ 和 $f'(x_0)$ 都容易求得，那么可利用式(3-2)进行近似计算.

例 3-26 利用微分计算 $\sin 44°$ 的近似值.

解 令 $f(x)=\sin x$，则由式(3-2)得

$$\sin x\approx \sin x_0+(x-x_0)\cos x_0$$

令 $x_0=\dfrac{\pi}{4}$，$x=44°=\dfrac{\pi}{4}-\dfrac{\pi}{180}$，于是

$$\sin 44°\approx \sin\frac{\pi}{4}-\frac{\pi}{180}\cos\frac{\pi}{4}=\frac{\sqrt{2}}{2}-\frac{\pi}{180}\times\frac{\sqrt{2}}{2}\approx 0.694\ 8$$

例 3-27 利用微分计算 $\sqrt[3]{1.02}$ 的近似值.

解 令 $f(x)=\sqrt[3]{x}$，则由式(3-2)得

$$\sqrt[3]{x}\approx\sqrt[3]{x_0}+\frac{1}{3}\sqrt[3]{x_0^{-2}}(x-x_0)$$

令 $x_0=1$，$x=1.02$，于是

$$\sqrt[3]{1.02}=\sqrt[3]{1}+\frac{1}{3}\sqrt[3]{1^{-2}}(1.02-1)\approx 1+0.006\ 7=1.006\ 7$$

特别地，当 $x_0=0$，$|x|$ 很小时，有

$$f(x)\approx f(0)+f'(0)x \tag{3-3}$$

利用式(3-3)可以推导出一些常用的近似公式(当 $|x|$ 很小时).

(1) $\sqrt[n]{1+x}\approx 1+\dfrac{1}{n}x$；

(2) $\sin x\approx x$(x 用弧度作单位来表达)；

(3) $\tan x\approx x$(x 用弧度作单位来表达)；

(4) $e^x\approx 1+x$；

(5) $\ln(1+x)\approx x$.

证明 (1) 令 $f(x)=\sqrt[n]{1+x}$，于是

$$f(0)=1$$

$$f'(0)=\frac{1}{n}(1+x)^{\frac{1}{n}-1}\Big|_{x=0}=\frac{1}{n}$$

代入式(3-3)得

$$\sqrt[n]{1+x}\approx 1+\frac{1}{n}x$$

其他几个公式也可以用类似的方法证明.

习题 3.5

1. 已知 $y=x^2-x$，计算当 $x=2$，$\Delta x=0.01$ 时的 Δy 及 dy.

2. 求下列函数的微分.

(1) $y=\dfrac{2}{x}+2\sqrt{x}$；　(2) $y=(x-2)e^x$；　(3) $y=\sin^2(x^2+2)$；

(4) $y=3x\sin 5x$；　(5) $y=[\ln(2+x)]^2$；　(6) $y=\ln[\ln(\ln x)]$；

(7) $y=\arctan(2+x^2)$；　(8) $y=\arcsin 2x^3$.

3. 计算下列各式的近似值.

(1) $\cos 29°$；　　　　(2) $e^{-0.002}$.

4. 设函数 $g(x)$ 可微，$h(x)=e^{1+g(x)}$，$h'(1)=1$，$g'(1)=2$，则 $g(x)$ 的值为(　　).

A. $\ln 3-1$　　B. $-\ln 3-1$　　C. $-\ln 2-1$　　D. $\ln 2-1$

§3.6　应用示例——拐角问题

3.6.1　问题提出

在医院，要接受手术的病人往往被安置在活动病床上，沿走廊推到手术室或送回病房. 然而，有的医院的走廊较窄，病床必须能沿走廊通过直角拐角(图 3-5). 因此，我们需要计算标准病床能够顺利通过直角拐角时走廊的最小宽度.

3.6.2　解题思路

首先，我们把问题进行简化，将床缩成一根杆子，并分析如何使杆子绕过拐角. 我们需要确定在固定角度 θ 时，过道宽度 a 和 b 限制下的最大杆长 $l(\theta)$，如图 3-6 所示.

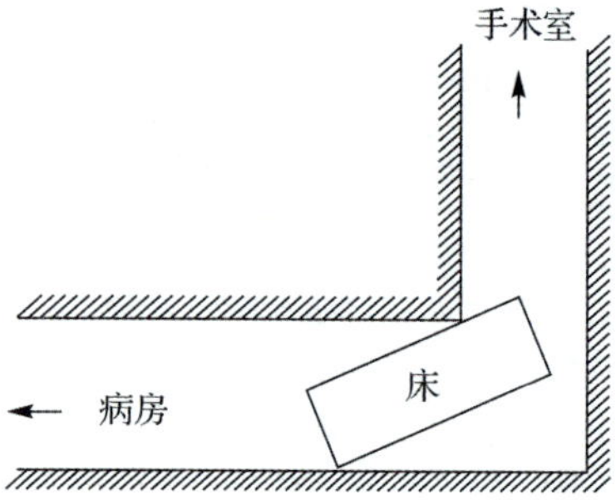

图 3-5

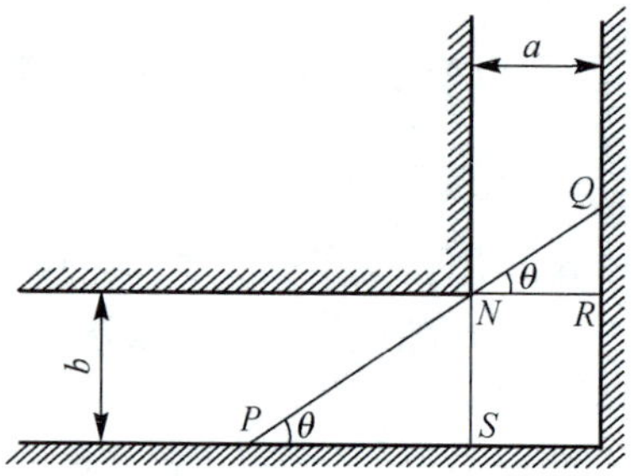

图 3-6

3.6.3　解答过程

第一步，设杆长为 $l(\theta)$. 通过观察，我们发现

$$l(\theta)=PN+NQ=SN\csc\theta+RN\sec\theta=b\csc\theta+a\sec\theta \tag{3-4}$$

$l(\theta)$ 在 $\left(0,\dfrac{\pi}{2}\right)$ 上的最小值，就是能顺利绕过拐角的最大杆长.

第二步，求出式(3-4) 对 θ 的导数. 求导数得

$$\frac{dl}{d\theta}=a\sec\theta\tan\theta-b\csc\theta\cot\theta$$

第三步，求最值. 令

$$\frac{dl}{d\theta}=0$$

求得 $\tan^3\theta=\dfrac{b}{a}$，代入式(3-4) 得 $l(\theta)$ 的最小值为

$$l_{\min}=(a^{\frac{2}{3}}+b^{\frac{2}{3}})^{\frac{3}{2}}$$

这就是给定过道宽度 a 与 b，能顺利绕过拐角的最大杆长.

§3.7 数学实验三:利用 MATLAB 求函数的导数

3.7.1 实验任务

利用数学软件 MATLAB 求函数的导数.

3.7.2 实验过程

1. 相关命令

MATLAB 中有关求函数导数的命令说明如表 3-1 所示.

表 3-1

命　　令	说　　明
diff(f,x)	求函数表达式 f 对自变量 x 的一阶导数
diff(f,x,2)	求函数表达式 f 对自变量 x 的二阶导数
diff(f,x,n)	求函数表达式 f 对自变量 x 的 n 阶导数

2. 操作实例

操作实例 3-1　求下列函数的一阶导数.

(1) $y=\ln\sqrt{\dfrac{1+\sin x}{1-\sin x}}$;　(2) $y=\dfrac{e^{\sin x}}{\cos(\ln x)}$.

解　(1) 运行 MATLAB,在命令窗口中输入:

```
>> syms x
>> y = 1/2 * log((1 + sin(x))/(1 - sin(x)));
>> y1 = diff(y,x)
```

按 Enter 键,得到如下计算结果:

```
y1 =
((sin(x) - 1) * (cos(x)/(sin(x) - 1) - (cos(x) * (sin(x) + 1))/(sin(x) - 1)^2))/
(2 * (sin(x) + 1))
```

可以发现,该结果十分烦琐,我们使用 simplify 命令可以对该结果进行化简处理,于是继续在命令窗口中输入:

```
>> y2 = simplify(y1)
```

按 Enter 键,得到如下化简结果:

```
y2 =
1/cos(x)
```

即 $y'=\dfrac{1}{\cos x}$.

(2) 在命令窗口中输入:

```
>> f = diff(exp(sin(x))/cos(log(x)),x)
```

按 Enter 键,得到如下计算结果:

```
f =
(exp(sin(x)) * cos(x))/cos(log(x)) + (sin(log(x)) * exp(sin(x)))/(x * cos(log(x))^2)
```

即 $y'=\dfrac{e^{\sin x}[x\cos x\cdot\cos(\ln x)+\sin(\ln x)]}{x\cos^2\ln x}$.

操作实例 3-2 用 MATLAB 求下列函数的高阶导数.

(1) $y=e^{x^2}-\sin^2 x$,求 y''; (2) $y=x^2+\sqrt{1+x^2}$,求 y'''.

解 (1) 运行 MATLAB,在命令窗口中输入:

```
>> syms x
>> y = exp(x^2) - sin(x)^2;y1 = diff(y,x,2)        % 定义函数,求其二阶导数
```

按 Enter 键,得到如下计算结果:

```
y1 =
2 * exp(x^2) - 2 * cos(x)^2 + 2 * sin(x)^2 + 4 * x^2 * exp(x^2)
```

继续使用 simplify 命令化简计算结果,输入:

```
>> y2 = simplify(y1)
```

按 Enter 键,得到如下化简结果:

```
y2 =
2 * exp(x^2) - 2 * cos(2 * x) + 4 * x^2 * exp(x^2)
```

即 $y''=2e^{x^2}(1+2x^2)-2\cos 2x$.

(2) 在命令窗口中输入:

```
>> y = x^2 + sqrt(1 + x^2);y1 = diff(y,x,3)
```

按 Enter 键,得到如下计算结果:

```
y1 =
(3 * x^3)/(x^2 + 1)^(5/2) - (3 * x)/(x^2 + 1)^(3/2)
```

即 $y'''=\dfrac{3x^3}{\sqrt{(1+x^2)^5}}-\dfrac{3x}{\sqrt{(1+x^2)^3}}$.

3.7.3 实验作业

求下列函数的一阶导数与二阶导数.

(1) $y=(3x^2+2x+1)^2$; (2) $y=e^{\cos x}$.

复习题 3

1. 选择题.

(1) 设 $f(x)$ 在点 x_0 处可导,则 $\lim\limits_{\Delta x\to 0}\dfrac{f(x_0-\Delta x)-f(x_0)}{\Delta x}=$(　　).

A. $-f'(x_0)$　　B. $f'(-x_0)$　　C. $f'(x_0)$　　D. $2f'(x_0)$

(2) 函数 $f(x)$ 在点 x_0 处连续,是 $f(x)$ 在点 x_0 处可导的(　　).

A. 必要不充分条件　　B. 充分不必要条件

C. 充要条件　　D. 既不充分也不必要条件

(3) 曲线 $y=2x^3-5x^2+4x-5$ 在点 $(2,-1)$ 处的切线的斜率等于(　　).

A. 8　　B. 12　　C. -6　　D. 6

(4) 设 $y=e^{f(x)}$ 且 $f(x)$ 二阶可导，则 $y''=$ (   ).

A. $e^{f(x)}$

B. $e^{f(x)}f''(x)$

C. $e^{f(x)}[f'(x)f''(x)]$

D. $e^{f(x)}\{[f'(x)]^2+f''(x)\}$

(5) 若 $f(x)=\begin{cases} e^{ax}, & x<0 \\ b+\sin 2x, & x\geqslant 0 \end{cases}$ 在点 $x=0$ 处可导，则 a,b 的值应为(   ).

A. $a=2,b=1$

B. $a=1,b=2$

C. $a=-2,b=1$

D. $a=2,b=-1$

2. 填空题.

(1) 设函数 $f(x)=\sin\left(2x+\frac{\pi}{2}\right)$，则 $f'\left(\frac{\pi}{4}\right)=$ ________.

(2) 设函数 $y=y(x)$ 由方程 $xy-e^x+e^y=0$ 确定，则 $y'(0)=$ ________.

(3) 若函数 $y=e^x(\cos x+\sin x)$，则 $dy=$ ________.

(4) 设 $y=\ln\sqrt{\frac{1-x}{1+x^2}}$，则 $y''|_{x=0}=$ ________.

(5) 曲线 $y=\ln x$ 在点 $P(e,1)$ 处的切线方程为________.

3. 已知 $y=x\arctan x-\ln\sqrt{1+x^2}$，求 $\frac{dy}{dx}$.

4. 求下列函数的二阶导数.

(1) $y=\sin 3x$；

(2) $y=x^3\ln x^2$.

5. 求 $y=x^2-x$ 在 $x=2$，$\Delta x=0.1$ 时的 Δy 和 dy 值.

6. 讨论下列函数在点 $x=0$ 处的连续性与可导性.

(1) $y=|\sin x|$；

(2) $y=\begin{cases} x\sin\frac{1}{x}, & x\neq 0 \\ 0, & x=0 \end{cases}$.

7. 已知 $y=x+x^x$，求 y'.

8. 设由方程 $e^y+\sin(xy^2)=x+y$ 确定 y 是 x 的函数，求 y'.

9. 求曲线 $y=e^x-3\sin x+1$ 在点 $(0,2)$ 处的切线方程与法线方程.

10. 求参数方程 $\begin{cases} x=\ln(1+t^2) \\ y=t-\arctan t \end{cases}$ 的导数 $\frac{dy}{dx}$.

第 4 章

导数的应用

阅读与欣赏

洛必达简介

洛必达(1661—1704),又音译为罗必塔,是法国数学家.1661 年,洛必达出生于法国的贵族家庭,1704 年 2 月 2 日卒于巴黎.他曾获袭侯爵衔,并在军队中担任骑兵军官,但由于视力不佳而退伍,转向学术研究.洛必达早年就显露出数学才能,15 岁时解出帕斯卡的摆线难题,后又解决了约翰·伯努利向欧洲挑战的“最速降曲线问题”.他放弃了炮兵的职务,投入更多的时间在数学上,并在瑞士数学家约翰·伯努利的指导下学习微积分,成为法国“新解析”的主要成员.

洛必达最重要的著作是《阐明曲线的无穷小分析》(1696 年),这是世界上第一本系统的微积分学教科书.这本书从一组定义和公理出发,全面阐述了变量、无穷小量、切线和微分等概念,对传播新创建的微积分理论起了重要作用.在书中第 9 章,记载了约翰·伯努利在 1694 年 7 月 22 日告诉洛必达的一个著名定理,即洛必达法则.这一法则用于求解分子和分母都趋于零时的极限问题.由于后人误认为这是洛必达的发明,因此“洛必达法则”这一名称沿用至今.洛必达还写作了几何、代数及力学方面的文章,并计划写作一本关于积分学的教科书,但由于他过早去世,这本书未能完成.遗留的手稿于1720年在巴黎出版,名为《圆锥曲线分析论》.

洛必达虽然是法国中世纪的王公贵族,但他热爱数学,拜约翰·伯努利为师学习数学.然而,洛必达法则并非洛必达本人研究的成果.实际上,洛必达法则是洛必达的老师伯努利的学术论文.由于当时伯努利境遇困顿,生活困难,而洛必达又是王公贵族,洛必达用财物换取了伯努利的学术论文,伯努利欣然接受.这篇论文的内容即为影响数学界的洛必达法则.在洛必达死后,伯努利宣称洛必达法则是他的研究成果,但欧洲的数学家并不认可,认为这是正常的物物交换,因此否认了约翰·伯努利的说法.

事实上,科研成果本来就可以买卖,洛必达也确实是一个有天分的数学学习者.他花费了大量时间和精力整理这些买来的和自己研究的成果,编著出世界上第一本微积分教科书,使数学得以广泛传播.在这本书的前言中,洛必达向莱布尼茨和约翰·伯努利致谢,特别是对约翰·伯努利.洛必达是一个值得尊敬的学者和传播者,他为数学事业贡献了一生.

§4.1 洛必达法则

在求函数极限时，常常会遇到以下形式：$\lim\limits_{x\to x_0}\dfrac{f(x)}{g(x)}\left[\text{或}\lim\limits_{x\to\infty}\dfrac{f(x)}{g(x)}\right]$. 当 $f(x)$ 与 $g(x)$ 都趋于 0 或都趋于无穷大时，这种极限可能存在也可能不存在. 通常把这种极限称为**未定式**. 当 $f(x)$ 与 $g(x)$ 都趋于零时，称为 $\dfrac{0}{0}$ **型未定式**；当 $f(x)$ 与 $g(x)$ 都趋于无穷大时，称为 $\dfrac{\infty}{\infty}$ **型未定式**. 本节将用导数为工具，给出计算这类极限的一般方法，即洛必达法则.

微课：应用洛必达法则求极限

4.1.1 $\dfrac{0}{0}$ 型未定式

定理 4.1 设函数 $f(x)$ 和 $g(x)$ 都在点 x_0 的附近可导，且 $g'(x)\neq 0$，$\lim\limits_{x\to x_0}f(x)=0$，$\lim\limits_{x\to x_0}g(x)=0$. 如果 $\lim\limits_{x\to x_0}\dfrac{f'(x)}{g'(x)}=A$(或 ∞)，那么

$$\lim_{x\to x_0}\frac{f(x)}{g(x)}=\lim_{x\to x_0}\frac{f'(x)}{g'(x)}=A(\text{或}\ \infty)$$

定理 4.2 若函数 $f(x)$ 与 $g(x)$ 满足下列条件：

(1) $\exists A>0$，在 $(-\infty,A)$ 和 $(A,+\infty)$ 内可导，且 $g'(x)\neq 0$；

(2) $\lim\limits_{x\to\infty}f(x)=0$ 与 $\lim\limits_{x\to\infty}g(x)=0$；

(3) $\lim\limits_{x\to\infty}\dfrac{f'(x)}{g'(x)}=1$.

则 $\lim\limits_{x\to\infty}\dfrac{f(x)}{g(x)}=\lim\limits_{x\to\infty}\dfrac{f'(x)}{g'(x)}=1$.

例 4-1 求 $\lim\limits_{x\to 1}\dfrac{3x^2-3}{3x^2-2x-1}$.

解 这是 $\dfrac{0}{0}$ 型未定式.

$$\lim_{x\to 1}\frac{3x^2-3}{3x^2-2x-1}=\lim_{x\to 1}\frac{6x}{6x-2}=\frac{3}{2}$$

洛必达法则可以重复使用，但在每次应用洛必达法则之前，都需要验证所求的极限是否仍然是 $\dfrac{0}{0}$ 型未定式. 如果不是这种未定式，就不能继续应用洛必达法则，否则可能会导致错误的结果.

例 4-2 求 $\lim\limits_{x\to 0}\dfrac{x-\sin x}{x^3}$.

解 这是 $\dfrac{0}{0}$ 型未定式，两次使用洛必达法则，得

$$\lim_{x\to 0}\frac{x-\sin x}{x^3}=\lim_{x\to 0}\frac{1-\cos x}{3x^2}=\lim_{x\to 0}\frac{\sin x}{6x}=\frac{1}{6}$$

* **例 4-3** 求 $\lim\limits_{x\to 0}\dfrac{x^2\sin\dfrac{1}{x}}{\sin x}$.

解 这是$\frac{0}{0}$型未定式,但因为

$$\left(x^2\sin\frac{1}{x}\right)'=2x\sin\frac{1}{x}-\cos\frac{1}{x}$$

其中 $\lim\limits_{x\to 0}2x\sin\frac{1}{x}=0$, $\lim\limits_{x\to 0}\cos\frac{1}{x}$ 不存在,所以 $\lim\limits_{x\to 0}\left(2x\sin\frac{1}{x}-\cos\frac{1}{x}\right)$不存在,由此知极限 $\lim\limits_{x\to 0}\dfrac{2x\sin\frac{1}{x}-\cos\frac{1}{x}}{\cos x}$不存在,不能使用洛必达法则进行计算.但可以寻找其他方法,此题可以用重要函数极限的结论,以及无穷小的性质来计算.

$$\lim_{x\to 0}\frac{x^2\sin\frac{1}{x}}{\sin x}=\lim_{x\to 0}\left[\left(\frac{x}{\sin x}\right)\left(x\sin\frac{1}{x}\right)\right]=1\times 0=0$$

4.1.2 $\frac{\infty}{\infty}$型未定式

定理 4.3 设函数 $f(x)$ 和 $g(x)$ 都在点 x_0 的附近可导,且 $g'(x)\neq 0$, $\lim\limits_{x\to x_0}f(x)=\infty$, $\lim\limits_{x\to x_0}g(x)=\infty$. 如果$\lim\limits_{x\to x_0}\dfrac{f'(x)}{g'(x)}=A$(或 ∞),那么

$$\lim_{x\to x_0}\frac{f(x)}{g(x)}=\lim_{x\to x_0}\frac{f'(x)}{g'(x)}=A(\text{或}\ \infty)$$

当 $x\to\infty$ 时,若满足相应的条件,该定理结论仍然成立.

例 4-4 求 $\lim\limits_{x\to+\infty}\dfrac{\ln x}{x^3}$.

解 这是$\frac{\infty}{\infty}$型未定式.

$$\lim_{x\to+\infty}\frac{\ln x}{x^3}=\lim_{x\to+\infty}\frac{\frac{1}{x}}{3x^2}=\lim_{x\to+\infty}\frac{1}{3x^3}=0$$

例 4-5 求 $\lim\limits_{x\to 0^+}\dfrac{\ln(\sin x)}{\ln x}$.

解 这是$\frac{\infty}{\infty}$型未定式.

$$\lim_{x\to 0^+}\frac{\ln(\sin x)}{\ln x}=\lim_{x\to 0^+}\frac{\frac{\cos x}{\sin x}}{\frac{1}{x}}=\lim_{x\to 0^+}\frac{x\cos x}{\sin x}=1$$

虽然洛必达法则是解决$\frac{0}{0}$型和$\frac{\infty}{\infty}$型未定式的常用方法,但并非所有的$\frac{\infty}{\infty}$型未定式都适用洛必达法则.在计算极限时,我们需要根据具体情况选择合适的方法.

* **例 4-6** 求 $\lim\limits_{x\to+\infty}\dfrac{\sqrt{1+x^2}}{x}$.

解 这是$\frac{\infty}{\infty}$型未定式.应用洛必达法则,有

$$\lim_{x\to+\infty}\frac{\sqrt{1+x^2}}{x}=\lim_{x\to+\infty}\frac{\frac{2x}{2\sqrt{1+x^2}}}{1}=\lim_{x\to+\infty}\frac{x}{\sqrt{1+x^2}}$$

$$=\lim_{x\to+\infty}\frac{1}{\frac{2x}{2\sqrt{1+x^2}}}=\lim_{x\to+\infty}\frac{\sqrt{1+x^2}}{x}$$

我们发现，应用两次洛必达法则后，又还原为原来的极限，所以该题不能使用洛必达法则进行计算. 这就需要寻求其他方法进行计算. 实际上，

$$\lim_{x\to+\infty}\frac{\sqrt{1+x^2}}{x}=\lim_{x\to+\infty}\sqrt{1+\frac{1}{x^2}}=1$$

4.1.3 其他类型未定式

除了$\frac{0}{0}$型未定式和$\frac{\infty}{\infty}$型未定式，还有其他一些类型的未定式，如 $0\cdot\infty$，$\infty-\infty$，0^0，1^∞，∞^0 等，它们可以先化成$\frac{0}{0}$型或$\frac{\infty}{\infty}$型，然后利用洛必达法则计算极限.

例 4-7($0\cdot\infty$ 型) 求 $\lim\limits_{x\to0^+}x^3\ln x$.

解 这是 $0\cdot\infty$ 型未定式，可把其中一个函数化成它的倒数形式，使其变成$\frac{0}{0}$型或$\frac{\infty}{\infty}$型未定式，即可利用洛必达法则计算极限.

$$\lim_{x\to0^+}x^3\ln x=\lim_{x\to0^+}\frac{\ln x}{\frac{1}{x^3}}=\lim_{x\to0^+}\frac{\frac{1}{x}}{-3\frac{1}{x^4}}=-\lim_{x\to0^+}\frac{x^3}{3}=0$$

例 4-8($\infty-\infty$ 型) 求$\lim\limits_{x\to1}\left(\frac{x}{x-1}-\frac{1}{\ln x}\right)$.

解 这是 $\infty-\infty$ 型未定式，通过通分可将其化为$\frac{0}{0}$型未定式.

$$\lim_{x\to1}\left(\frac{x}{x-1}-\frac{1}{\ln x}\right)=\lim_{x\to1}\frac{x\ln x-(x-1)}{(x-1)\ln x}=\lim_{x\to1}\frac{x\frac{1}{x}+\ln x-1}{\ln x+\frac{x-1}{x}}$$

$$=\lim_{x\to1}\frac{\ln x}{1-\frac{1}{x}+\ln x}=\lim_{x\to1}\frac{\frac{1}{x}}{\frac{1}{x^2}+\frac{1}{x}}=\frac{1}{2}$$

例 4-9(0^0 型) 求 $\lim\limits_{x\to0^+}x^x$.

解 这是 0^0 型未定式. 由 $x^x=e^{x\ln x}$ 知，当 $x\to0^+$ 时，其指数 $x\ln x$ 为 $0\cdot\infty$ 型未定式. 因为

$$\lim_{x\to0^+}x\ln x=\lim_{x\to0^+}\frac{\ln x}{\frac{1}{x}}=\lim_{x\to0^+}\frac{\frac{1}{x}}{-\frac{1}{x^2}}=\lim_{x\to0^+}(-x)=0$$

所以

$$\lim_{x\to0^+}x^x=\lim_{x\to0^+}e^{x\ln x}=e^{\lim\limits_{x\to0^+}x\ln x}=e^0=1$$

例 4-10(∞^0 型) 求 $\lim\limits_{x\to+\infty}x^{\frac{1}{x}}$.

解 $\lim\limits_{x\to+\infty}x^{\frac{1}{x}}=\lim\limits_{x\to+\infty}e^{\frac{1}{x}\ln x}$，其中 $\lim\limits_{x\to+\infty}\frac{1}{x}\ln x=\lim\limits_{x\to+\infty}\frac{\ln x}{x}=\lim\limits_{x\to+\infty}\frac{\frac{1}{x}}{1}=0$.

所以 $\lim\limits_{x\to+\infty}x^{\frac{1}{x}}=e^0=1$.

例 4-11(1^{∞} 型) 求$\lim\limits_{x\to\infty}\left(1+\frac{m}{x}\right)^{x}$($m$ 为常数).

解 因为

$$\lim_{x\to\infty}x\ln\left(1+\frac{m}{x}\right)=\lim_{x\to\infty}\frac{\ln\left(1+\frac{m}{x}\right)}{\frac{1}{x}}=\lim_{x\to\infty}\frac{\frac{1}{1+\frac{m}{x}}\cdot\left(-\frac{m}{x^2}\right)}{-\frac{1}{x^2}}$$

$$=\lim_{x\to\infty}\frac{m}{1+\frac{m}{x}}=m$$

所以

$$\lim_{x\to\infty}\left(1+\frac{m}{x}\right)^{x}=\lim_{x\to\infty}e^{x\ln\left(1+\frac{m}{x}\right)}=e^{m}$$

习题 4.1

1. 利用洛必达法则求下列极限.

(1) $\lim\limits_{x\to\alpha}\frac{\sin x-\sin\alpha}{x-\alpha}$;

(2) $\lim\limits_{x\to\infty}\frac{x-\sin x}{x+\sin x}$;

(3) $\lim\limits_{x\to0}\frac{\ln(1+x)}{x}$;

(4) $\lim\limits_{x\to0}\frac{(1+x)^{\alpha}-1}{x}$;

(5) $\lim\limits_{x\to1}\frac{x^3-3x^2+2}{x^3+x^2-x-1}$;

(6) $\lim\limits_{x\to0}\frac{e^{x}-e^{-x}}{x}$;

(7) $\lim\limits_{x\to a}\frac{x^m-a^m}{x^n-a^n}$;

(8) $\lim\limits_{x\to\pi}\frac{\sin 3x}{\tan 7x}$;

(9) $\lim\limits_{x\to0}\frac{e^{x}+\sin x-1}{\ln(1+x)}$;

(10) $\lim\limits_{x\to0}\left(\frac{1}{e^{x}-1}-\frac{1}{x}\right)$;

(11) $\lim\limits_{x\to0^+}\left(\frac{1}{x}\right)^{\tan x}$;

(12) $\lim\limits_{x\to+\infty}x^{\frac{1}{x}}$.

2. 试确定常数 a,b,使 $\lim\limits_{x\to0}\frac{\ln(1+x)-(ax+bx^2)}{x^2}=2$.

§4.2 微分中值定理

4.2.1 罗尔中值定理

不同的函数,其图像在其定义域上呈现的性态是不一样的:有的处处连续,有的处处有定义但处处不连续;有的处处可导,有的处处不可导;有的导数恒大于零,有的导数可正可负可等于零.那么什么样的函数在怎样的区间上一定具有导数为零的点?罗尔中值定理回答了这个问题.

定理 4.4 如果函数 $y=f(x)$ 满足:

(1) 在闭区间$[a,b]$上连续;

(2) 在开区间(a,b)内可导;

(3) 在区间端点的函数值相等,即 $f(a)=f(b)$.

那么，在开区间内至少存在一点 ξ，使得 $f'(\xi)=0$（图 4-1）.

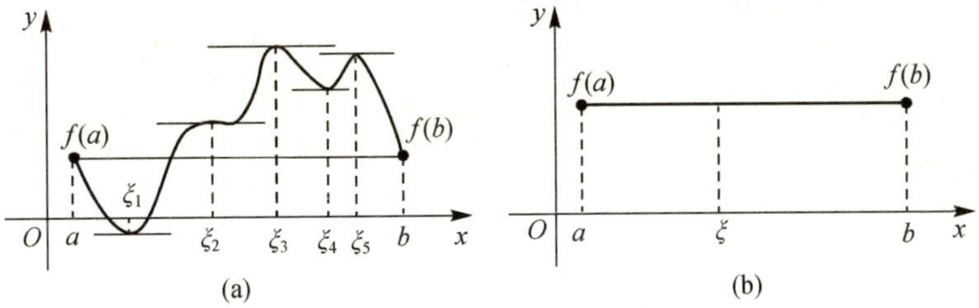

图 4-1

注意 定理 4.4 中只限定函数在开区间内可导是因为像圆这样的图形，在其左右两边界处的导数值为无穷大，但它确有使 $f'(x)=0$ 的点；若限定在闭区间上可导，则缩小了定理的应用范围.

几何意义：函数 $y=f(x)$ 在点 ξ 处的斜率等于零，亦即函数在该点处的切线是水平的.

例 4-12 验证 $f(x)=x^2-2x-3$ 在区间 $[-1,3]$ 上满足罗尔中值定理的条件，并求出定理中的 ξ.

解 因 $f(x)$ 在 $[-1,3]$ 上连续，在 $(-1,3)$ 内可导，且 $f(-1)=f(3)=0$，即 $f(x)$ 在 $[-1,3]$ 上满足罗尔中值定理的条件，故至少存在一点 $\xi\in(-1,3)$，使得 $f'(\xi)=0$，即 $f'(\xi)=2\xi-2=0$，解得 $\xi=1$.

4.2.2 拉格朗日中值定理

定理 4.5 如果函数 $y=f(x)$ 满足：

(1) 在闭区间 $[a,b]$ 上连续；

(2) 在开区间 (a,b) 内可导.

那么，在开区间内至少存在一点 ξ，使得 $f'(\xi)=\dfrac{f(b)-f(a)}{b-a}$（图 4-2）.

几何意义：$\dfrac{f(b)-f(a)}{b-a}$ 是割线与 x 轴的交角的正切值，即该割线的斜率. 满足条件(1)(2)的曲线上至少存在一点，在该点处的切线平行于连接该区间两端点的割线.

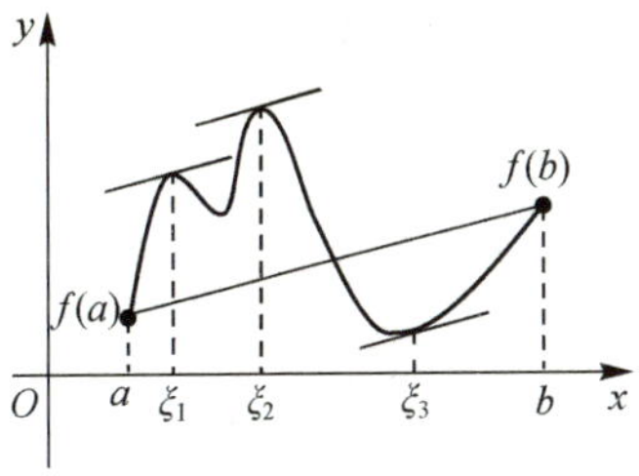

图 4-2

拉格朗日中值定理是微分学重要的定理之一，它是沟通函数与其导数的桥梁，是应用导数的局部性来研究函数的整体性的重要数学工具.

由拉格朗日中值定理可以得到以下两个重要推论.

推论 4.1 函数 $f(x)$ 在 (a,b) 内可导，则导数 $f'(x)\equiv 0$ 的充要条件是 $f(x)\equiv C$（C 为常数）.

推论 4.2 函数 $f(x)$ 与 $g(x)$ 在 (a,b) 内可导，则导数 $f'(x)=g'(x)$ 的充要条件是 $f(x)=g(x)+C$（C 为常数）.

例 4-13 设函数 $f(x)=(x+1)(x-1)(x-2)$，试证明：$f'(x)=0$ 有两个实根，并指出它们所在的区间.

证明 显然 $f(x)$ 在 $(-\infty,+\infty)$ 内连续、可导，且 $f(-1)=f(1)=f(2)=0$. 由罗尔中值定理可知，在区间 $(-1,1)$ 和 $(1,2)$ 内分别至少存在一点 ξ_1 和 ξ_2，使得 $f'(\xi_1)=f'(\xi_2)=0$，故方程 $f'(x)=0$ 至少有两个实根，它们分别在区间 $(-1,1)$ 和 $(1,2)$ 内. 又由于方程 $f'(x)=0$ 是二次方程，而二次方程至多有两个根，所以 $f'(x)=0$ 恰有两个实根分别在区间 $(-1,1)$ 和 $(1,2)$ 内.

例 4-14 证明：当 $x>0$ 时，$\dfrac{x}{1+x}<\ln(1+x)<x$.

证明 对于 $f(x)=\ln(1+x)$，显然 $f(x)$ 在 $[0,x]$ 上满足拉格朗日中值定理的条件，有

$$f(x)-f(0)=f'(\xi)(x-0)\ (0<\xi<x)$$

又由 $f(0)=0$，$f'(x)=\dfrac{1}{1+x}$，得 $\ln(1+x)=\dfrac{x}{1+\xi}$.

又由 $0<\xi<x$，有$\frac{x}{1+x}<\frac{x}{1+\xi}<x$，$\frac{x}{1+x}<\ln(1+x)<x(x>0)$.

4.2.3　柯西中值定理

定理 4.6　如果函数 $f(x)$ 与 $g(x)$ 满足：

(1) 在闭区间$[a,b]$上连续；

(2) 在开区间(a,b)内可导，且 $g'(x)\neq 0$.

那么，在开区间内至少存在一点 ξ，使得$\frac{f'(\xi)}{g'(\xi)}=\frac{f(b)-f(a)}{g(b)-g(a)}$(图 4-3).

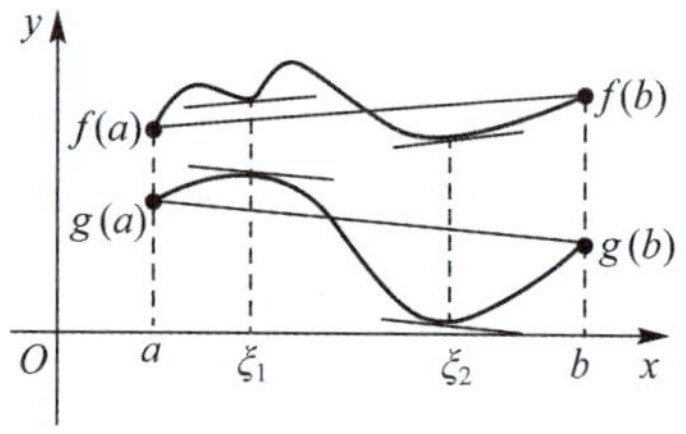

图 4-3

几何意义：$\frac{f(b)-f(a)}{g(b)-g(a)}=\frac{\frac{f(b)-f(a)}{b-a}}{\frac{g(b)-g(a)}{b-a}}=\frac{f'(\xi)}{g'(\xi)}$. 柯西中值定理的内涵：同一区间上两个函数的增量比 = 连线的斜率比 = 同一点的导数比.

习题 4.2

1. 已知 $f(x)=x\sqrt{3-x}$，求证：方程 $f'(x)=0$ 在$(0,3)$内至少有一根.

2. 验证拉格朗日中值定理对函数 $f(x)=4x^3-5x^2+x-2$ 在区间$[0,1]$上的准确性.

3. 不用求出函数 $f(x)=(x-1)(x-2)(x-3)(x-4)$ 的导数，说明方程 $f'(x)=0$ 有几个实根，并指出它们所在的区间.

4. 证明恒等式：$\arcsin x+\arccos x=\frac{\pi}{2}(-1\leqslant x\leqslant 1)$.

§4.3　函数的单调性

单调性是函数的重要性态之一，它既决定着函数单调增加和单调减少的状况，又能帮助我们研究函数的极值、分析函数的图像、证明某些不等式.

4.3.1　函数单调性的判定方法

如果函数 $y=f(x)$ 单调增加(或单调减少)，那么它的图像是一条沿 x 轴正向上升(或下降)的曲线(图 4-4). 这时，曲线上各点的切线斜率是非负(或非正)的. 根据导数的几何意义，曲线 $y=f(x)$ 上的点$(x,f(x))$处的切线斜率就是函数的导数 $f'(x)$. 因此，当函数$y=f(x)$单调增加(或单调减少)时，总有 $f'(x)>0$[或 $f'(x)<0$]. 由此可见，函数的单调性与导数的符号有关.

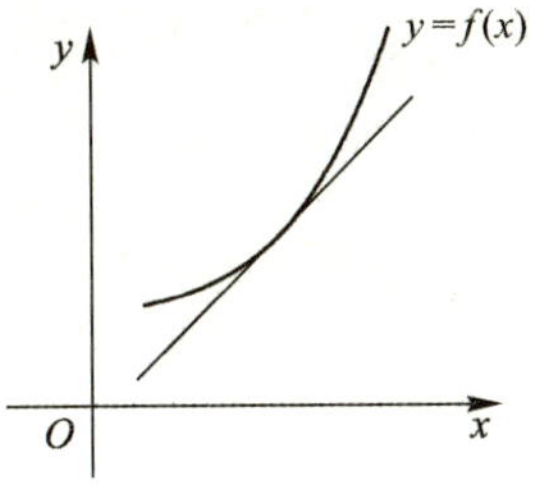

(a)单调增加

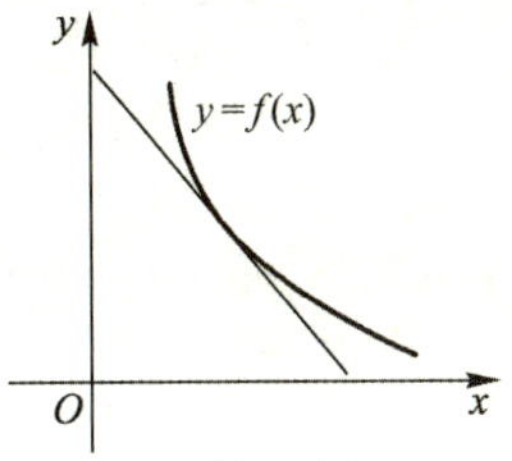

(b)单调减少

图 4-4

定理 4.7 设函数 $y=f(x)$ 在 $[a,b]$ 上**连续**，在 (a,b) 内**可导**.

(1) 如果在 (a,b) 内 $f'(x)>0$，那么函数 $y=f(x)$ 在 $[a,b]$ 上**单调增加**；

(2) 如果在 (a,b) 内 $f'(x)<0$，那么函数 $y=f(x)$ 在 $[a,b]$ 上**单调减少**.

如果把定理 4.7 中的闭区间换成其他各种区间(包括无穷区间)，结论仍然成立.

例 4-15 讨论函数 $f(x)=x-e^x$ 在区间 $(0,+\infty)$ 内的单调性.

解 因为函数 $f(x)=x-e^x$ 在区间 $(0,+\infty)$ 内连续、可导，且

$$f'(x)=1-e^x<0$$

所以由定理 4.7 知，函数 $f(x)=x-e^x$ 在区间 $(0,+\infty)$ 内单调减少.

例 4-16 求函数 $f(x)=2x^3-9x^2$ 的单调区间.

解 此函数的定义域是 $(-\infty,+\infty)$. 函数在该定义域内连续、可导，且

$$f'(x)=6x^2-18x=6x(x-3)$$

令 $f'(x)=0$，即 $6x(x-3)=0$. 解得 $x_1=0$，$x_2=3$. 这两个根把 $(-\infty,+\infty)$ 分成三个小区间 $(-\infty,0)$，$(0,3)$，$(3,+\infty)$，列表讨论如下(表 4-1).

表 4-1

x	$(-\infty,0)$	0	$(0,3)$	3	$(3,+\infty)$
$f'(x)$	+	0	−	0	+
$f(x)$	单调增加		单调减少		单调增加

可见，函数 $f(x)$ 在 $(-\infty,0]$，$[3,+\infty)$ 上是单调增加的，在 $[0,3]$ 上是单调减少的.

从例 4-16 中可以总结出判定可导函数单调性的具体步骤.

(1) 确定函数的定义区间.

(2) 求导数 $f'(x)$. 令 $f'(x)=0$，求出其在定义区间内的所有实根，并将根按照从小到大的顺序排列.

(3) 用根将定义区间分成若干个开区间.

(4) 判定 $f'(x)$ 在每一个开区间内的符号. 在某区间内，如果 $f'(x)>0$，那么函数在该区间内是单调增加的；如果 $f'(x)<0$，那么函数在该区间内是单调减少的.

4.3.2 函数单调性的应用

函数的单调性通常可以用来证明不等式和判定方程的根的存在性及其个数.

例 4-17 利用函数的单调性证明不等式

$$1+\frac{1}{2}x>\sqrt{1+x}$$

其中 $x>0$.

证明 令 $f(x)=1+\frac{1}{2}x-\sqrt{1+x}$，则

$$f'(x)=\frac{1}{2}-\frac{1}{2\sqrt{1+x}}$$

当 $x>0$ 时，$f'(x)>0$，即 $f(x)$ 是单调增加的函数，故

$$f(x)>f(0)$$

由于 $f(0)=0$，从而推出当 $x>0$ 时，$f(x)>0$，即

$$1+\frac{1}{2}x>\sqrt{1+x}$$

例 4-18 证明方程 $x^3+x^2+2x-1=0$ 在 $(0,1)$ 内有且只有一个实根.

证明 设 $f(x)=x^3+x^2+2x-1$，显然 $f(x)$ 在 $[0,1]$ 上连续，且

$$f(0)=-1, f(1)=3$$

则有 $f(0)f(1)<0$. 故由零点定理知，在 $(0,1)$ 内至少有一个 ξ，使得 $f(\xi)=0$. 又因为

$$f'(x)=3x^2+2x+2>0, x\in(0,1)$$

所以 $f(x)$ 在 $[0,1]$ 上单调增加，因而函数 $f(x)$ 的图像和 x 轴至多只有一个交点，即方程只有一个实根.

综合可得，方程 $x^3+x^2+2x-1=0$ 在 $(0,1)$ 内有且只有一个实根.

习题 4.3

1. 判断下列函数的单调性.

(1) $f(x)=x^3+x$； (2) $f(x)=x+\cos x$；

(3) $f(x)=\ln(2-3x)$.

2. 求下列函数的单调区间.

(1) $f(x)=x^4-8x^2+2$； (2) $f(x)=e^x-x+1$；

(3) $f(x)=2x^2-\ln x$； (4) $f(x)=2x+\frac{8}{x}$.

3. 证明：当 $x>0$ 时，$\sin x<x$.

4. 判定函数 $f(x)=\arctan x-x$ 的单调性.

5. 求函数 $y=(x-1)(x+1)^3$ 的单调区间.

§4.4 函数的极值与最值

在理论和生产实践中，许多问题可以归结为某一函数（通常称为目标函数）的最大值和最小值问题，例如在一定条件下，如何使“产品最多”“用料最省”“成本最低”“效率最高”等. 解决这些问题需要先讨论函数的极值问题. 这里介绍函数的极值与最值的求法.

4.4.1 函数的极值

设函数 $y=f(x)$ 的图像如图 4-5 所示，x_1,x_2,x_4,x_5 是函数由增变减或由减变增的转折点. 在点 $x=x_1,x=x_4$ 处，图像出现“高峰”，即函数 $y=f(x)$ 在点 x_1,x_4 处的函数值 $f(x_1),f(x_4)$ 分别比它们

左右近旁各点处的函数值都大. 在点 $x=x_2, x=x_5$ 处，图像出现“低谷”，即在点 x_2, x_5 处的函数值 $f(x_2), f(x_5)$ 分别比它们左右近旁各点处的函数值都小.

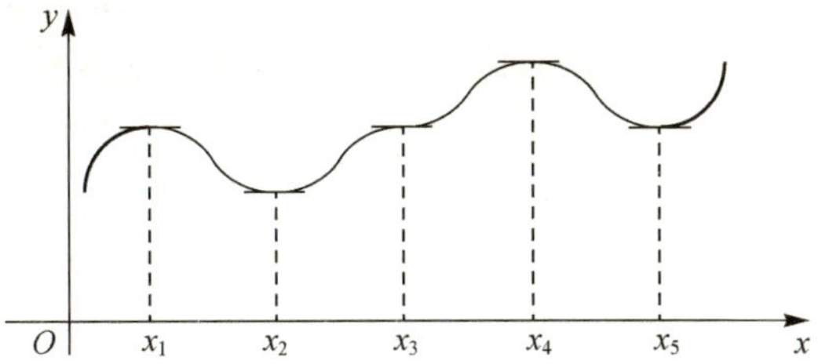

图 4-5

定义 4.1 设函数 $f(x)$ 在点 x_0 的某个邻域内有定义，如果对于其附近的任意一点，有 $f(x)<f(x_0)$ [或 $f(x)>f(x_0)$]，那么就称 $f(x_0)$ 是函数 $f(x)$ 的**一个极大值**(或**极小值**)，并称点 x_0 为函数 $f(x)$ 的**一个极大值点**(或**极小值点**).

函数的极大值与极小值统称为函数的极值，函数的极大值点和极小值点统称为函数的极值点.

在图 4-5 中，$f(x_1)$ 和 $f(x_4)$ 是函数的极大值，x_1 和 x_4 是极大值点；$f(x_2)$ 和 $f(x_5)$ 是函数的极小值，x_2 和 x_5 是函数的极小值点.

注意 极值是指函数值，而极值点是指自变量的值，两者不能混淆.

函数的极值具有局部性，只与极值点附近的点的函数值比较，并不意味着它是整个定义区间上的最大值或最小值. 因此，函数的极大值不一定比极小值大，如图 4-5 中的极大值 $f(x_1)$ 就比极小值 $f(x_5)$ 要小.

4.4.2 函数极值的判定及求法

从图 4-5 中可以看出，在可导函数取得极值处，曲线的切线是水平的，即在极值点处，函数的导数为零. 反过来，在曲线上有水平切线的地方，即在函数的导数为零的点处，函数却不一定取得极值. 例如，在点 x_3 处，曲线虽有水平切线，即 $f'(x_3)=0$，但 $f(x_3)$ 并不是极值.

下面给出函数取得极值的必要条件.

定理 4.8 如果函数 $f(x)$ 在点 x_0 处可导，且在点 x_0 处取得极值，那么 $f'(x_0)=0$.

通常，把使得 $f'(x)=0$ 的点叫作函数 $f(x)$ 的**驻点**.

注意 可导函数 $f(x)$ 的极值点一定是它的驻点，但函数的驻点不一定是它的极值点.

例 4-19 已知函数 $f(x)=x^3$，求该函数的驻点并判断驻点是否为极值点.

解 $f'(x)=3x^2$. 令 $f'(x)=0$，得驻点 $x=0$. 由该函数的单调性和图像可知，$x=0$ 不是极值点.

函数在它的导数不存在的点处也可能取得极值. 例如，函数 $f(x)=|x|$ 在点 $x=0$ 处不可导，但在该点处取得极小值.

函数的驻点和不可导点都有可能成为函数的极值点. 我们把这两类点称为可能的极值点. 那么，如何才能从可能的极值点中找到函数的极值点呢?

通过观察图 4-5 中极值点左右的图像特征，可以得到可导函数取得极值的充分条件.

定理 4.9(极值的第一判别法) 设函数 $f(x)$ 在点 x_0 处连续，且在点 x_0 的附近可导.

(1) 若在点 x_0 的附近，当 $x<x_0$ 时 $f'(x)>0$，当 $x>x_0$ 时 $f'(x)<0$，则函数 $f(x)$ 在点 x_0 处取得极大值.

(2) 若在点 x_0 的附近，当 $x<x_0$ 时 $f'(x)<0$，当 $x>x_0$ 时 $f'(x)>0$，则函数 $f(x)$ 在点 x_0 处取得极小值.

(3) 若在点 x_0 的附近，$f'(x)$ 的符号保持不变，则函数 $f(x)$ 在点 x_0 处没有极值.

定理 4.9 表明，设 x_0 是连续函数的可能极值点，若在点 x_0 的两侧 $f'(x)$ 异号，则 x_0 为函数 $f(x)$ 的极值点；若在点 x_0 的两侧 $f'(x)$ 同号，则 x_0 不是函数 $f(x)$ 的极值点.

因此，在求函数的极值时，可以先求出函数的可能极值点，再考察函数的导数在这些点的两侧是否异号，最后根据定理 4.9 判定这些点是不是极值点，是极大值还是极小值.

例 4-20 求函数 $f(x)=3-\sqrt[3]{(x-2)^2}$ 的极值.

解 函数 $f(x)$ 的定义域是 $(-\infty,+\infty)$.

$$f'(x)=-\frac{2}{3}(x-2)^{-\frac{1}{3}}=-\frac{2}{3}\frac{1}{\sqrt[3]{x-2}}$$

显然 $x=2$ 是 $f(x)$ 不可导点. 在 $(-\infty,2)$ 内，$f'(x)>0$；在 $(2,+\infty)$ 内，$f'(x)<0$. 故 $f(x)$ 在点 $x=2$ 处取得极大值且极大值为 $f(2)=3$.

例 4-21 求函数 $f(x)=\frac{1}{3}x^3-4x+4$ 的极值.

解 该函数的图像如图 4-6 所示.

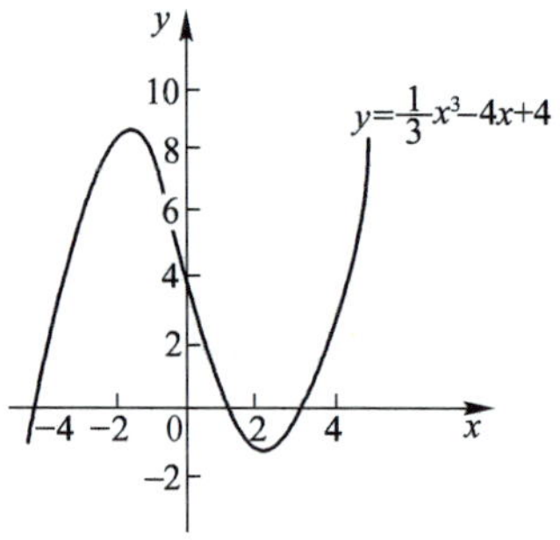

图 4-6

函数 $f(x)$ 的定义域是 $(-\infty,+\infty)$.

$$f'(x)=x^2-4=(x-2)(x+2)$$

令 $f'(x)=0$，解得

$$x_1=-2, x_2=2$$

这两个根把 $(-\infty,+\infty)$ 分成三个小区间，列表讨论如下(表 4-2).

表 4-2

x	$(-\infty,-2)$	-2	$(-2,2)$	2	$(2,+\infty)$
$f'(x)$	$+$	0	$-$	0	$+$
$f(x)$	单调增加	极大值 $\frac{28}{3}$	单调减少	极小值 $-\frac{4}{3}$	单调增加

用极值的第一判别法求极限的一般步骤如下.

(1) 确定函数的定义域，并求出 $f'(x)$.

(2) 令 $f'(x)=0$，求出驻点和不可导点.

(3) 用驻点和不可导点将函数的定义区间分成若干个小区间.

(4) 列表讨论导数在每个小区间内的符号.

(5) 根据极值的第一判别法，判断每个驻点或不可导点是否为极值点，并指明是极大值点还是极小值点.

(6) 求出各极值点对应的函数值，从而求得极大值或极小值.

当函数 $f(x)$ 在驻点处的二阶导数存在且不为零时，用下面定理判别函数的极值较为方便.

定理 4.10(极值的第二判别法) 设函数 $f(x)$ 在点 x_0 处存在二阶导数，且 $f'(x_0)=0, f''(x_0)\neq 0$.

(1) 若 $f''(x_0)<0$，则函数 $f(x)$ 在点 x_0 处取得**极大值**；

(2) 若 $f''(x_0)>0$，则函数 $f(x)$ 在点 x_0 处取得**极小值**；

(3) 若 $f''(x_0)=0$，则不能判断函数在点 x_0 处是否取得**极值**.

例 4-22 求函数 $f(x)=x^2-\ln x^2$ 的极值.

解 函数的定义域为 $(-\infty,0)\cup(0,+\infty)$.

$$f'(x)=2x-\frac{2}{x}=\frac{2(x^2-1)}{x}$$

令 $f'(x)=0$，解得驻点为

$$x_1=-1, x_2=1$$

因为 $f''(x)=2+\dfrac{2}{x^2}$，所以

$$f''(-1)=4>0, f''(1)=4>0$$

由定理 4.10 知，$x_1=-1, x_2=1$ 都是 $f(x)$ 的极小值点，且 $f(-1)=f(1)=1$ 是函数 $f(x)$ 的极小值.

思考 函数的驻点一定是它的极值点吗？可导函数的驻点是极值点的什么条件？

4.4.3 函数的最值

在工农业生产和科学研究中，为了提高生产效率、降低成本、节约原材料等，往往需要研究相应函数的最大值和最小值问题. 函数的最大值和最小值统称为**函数的最值**；使得函数取得最大值或最小值的点，统称为**函数的最值点**.

微课：函数的最值及其求法

下面，我们在求函数极值的基础上讨论如何求函数的最大值和最小值问题.

设函数 $f(x)$ 在闭区间 $[a,b]$ 上连续，根据闭区间上连续函数的性质可知，函数 $f(x)$ 在闭区间 $[a,b]$ 上一定可以取得最大值和最小值. 如果最大值和最小值在开区间 (a,b) 内取得，那么它们一定在极值点处取得. 另外，极值也可能在闭区间的两个端点处取得. 因此，只要求出函数 $f(x)$ 在开区间 (a,b) 内的所有驻点和不可导点，并将函数在这些点处的值与端点处的值 $f(a), f(b)$ 进行比较，其中最大值为函数的最大值，最小值为函数的最小值.

如果是以下特殊情况，则最值可以直接得到.

(1) 若函数 $f(x)$ 在闭区间 $[a,b]$ 上单调增加，则 $f(a)$ 是最小值，$f(b)$ 是最大值；若函数 $f(x)$ 在闭区间 $[a,b]$ 上单调减少，则 $f(a)$ 是最大值，$f(b)$ 是最小值.

(2) 在实际应用中，若从问题本身的意义得知 $f(x)$ 在开区间 (a,b) 内必存在一个最值，且 x_0 是唯一的极值点，则可以确定 $f(x_0)$ 就是所求的最值.

例 4-23 求函数 $f(x)=x^3-3x^2-9x+5$ 在闭区间 $[-2,6]$ 上的最大值和最小值.

解
$$f'(x)=3x^2-6x-9=3(x-3)(x+1)$$

令 $f'(x)=0$，得驻点

$$x_1=-1, x_2=3$$

其对应的函数值为 $f(-1)=10, f(3)=-22$. 而 $f(-2)=3, f(6)=59$. 比较上述四个函数值，可知最大值为 $f(6)=59$，最小值为 $f(3)=-22$.

例 4-24 用铁皮做成一个容积一定的圆柱形无盖容器，问如何设计才能使用料最省？

解 设容器的表面积为 S，高为 h，底面半径为 r，则

$$S=2\pi rh+\pi r^2$$

又设容器的体积为 V，则有

$$\pi r^2 h = V$$

其中 V 为常数. 解得

$$h = \frac{V}{\pi r^2}$$

代入 $S = 2\pi rh + \pi r^2$，得

$$S = \frac{2V}{r} + \pi r^2$$

$$\frac{\mathrm{d}S}{\mathrm{d}r} = -\frac{2V}{r^2} + 2\pi r$$

令 $\frac{\mathrm{d}S}{\mathrm{d}r} = -\frac{2V}{r^2} + 2\pi r = 0$，解得驻点为

$$r = \sqrt[3]{\frac{V}{\pi}}$$

又因为 $\frac{\mathrm{d}^2 S}{\mathrm{d}r^2} = \frac{4V}{r^3} + 2\pi > 0$，所以 $r = \sqrt[3]{\frac{V}{\pi}}$ 是极小值点.

由于 $r = \sqrt[3]{\frac{V}{\pi}}$ 是函数 $S = \frac{2V}{r} + \pi r^2$ 在 $(0, +\infty)$ 内的唯一驻点（没有不可导点），而且是极小值点，所以它就是最小值点.

将 $r = \sqrt[3]{\frac{V}{\pi}}$ 代入 $h = \frac{V}{\pi r^2}$，得 $h = r$. 因此，当高 h 和底面半径 r 相等时，用料最省.

思考 最大值和最小值是唯一的吗？

习题 4.4

1. 求下列函数的极值.

(1) $f(x) = -2x^3 + 3x^2 + 6$；

(2) $f(x) = x + \frac{1}{x}$；

(3) $f(x) = \frac{1}{2}x^2 - 4\ln x$；

(4) $f(x) = \sqrt{2x - x^2}$.

2. 求下列函数在给定区间上的最大值与最小值.

(1) $f(x) = x^4 - 2x^2 + 5, x \in [-2, 2)$；

(2) $f(x) = x + \sqrt{x}, x \in [0, 4]$；

(3) $f(x) = \frac{x^2}{1 + x}, x \in \left[-\frac{1}{2}, 1\right)$.

3. 设函数 $f(x) = a\ln x + bx^2 + x$ 在点 $x_1 = 1$ 和 $x_2 = 2$ 处有极值，试确定 a 与 b 的值，并判定 $f(x)$ 在点 x_1 和 x_2 处是取得极大值还是取得极小值.

4. 修建一铁路隧道，上部为半圆形，下部为矩形，施工费用与隧道截面的面积成正比. 现施工费用已定，要使隧道截面的面积最大，应如何选择尺寸？

5. 某工厂制作一批容积为 V 的锥形漏斗，欲使其用料最省，漏斗的高与底面半径应为多少？

6. 试问 a 为何值时，函数 $f(x) = a\sin x + \frac{1}{3}\sin 3x$ 在点 $x = \frac{\pi}{3}$ 处取得极值？它是极大值还是极小值？并求此极值.

§4.5 函数的凹凸性与拐点

从几何上看，曲线的凹凸性是指曲线相对于其弦的位置关系. 如果在曲线上任意取两点，连接这两点的弦总是位于这两点间的弧段上方，则称该曲线在这段区间内是凹的，如图 4-7(a) 所示；如果在曲线上任意取两点，连接这两点的弦总是位于这两点间的弧段下方，则称该曲线在这段区间内是凸的，如图 4-7(b) 所示.

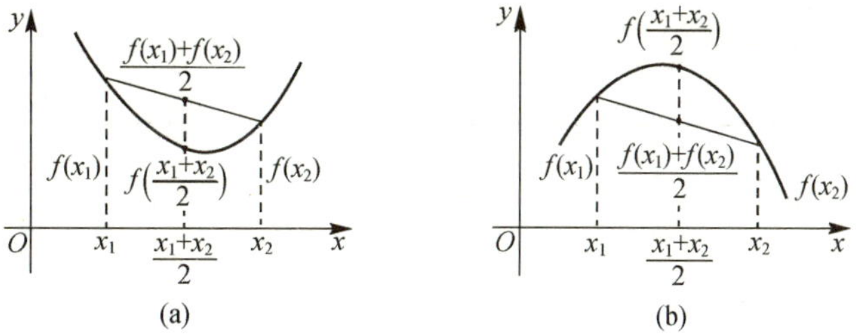

图 4-7

如图 4-7 所示，设函数 $f(x)$ 在区间 I 上连续. 取 I 上任意两点 x_1 和 x_2，连接点 $(x_1, f(x_1))$ 和 $(x_2, f(x_2))$ 的直线称为曲线的割线. 下面具体给出凹凸曲线的定义.

定义 4.2 设 $f(x)$ 在区间 (a,b) 内连续，如果对区间 (a,b) 内任意两点 x_1, x_2，恒有 $f\left(\frac{x_1+x_2}{2}\right)<\frac{f(x_1)+f(x_2)}{2}$，则称 $f(x)$ 在 (a,b) 内的图形是凹的；如果恒有 $f\left(\frac{x_1+x_2}{2}\right)>\frac{f(x_1)+f(x_2)}{2}$，则称 $f(x)$ 在 (a,b) 内的图形是凸的.

对于凹曲线弧，切线的斜率随着 x 的增大而增大，如图 4-7(a) 所示；对于凸曲线弧，切线的斜率随着 x 的增大而变小，如图 4-7(b) 所示. 由于切线的斜率就是函数 $y=f(x)$ 的导数，因此对于凹曲线弧，其导数 $f'(x)$ 是单调递增的；对于凸曲线弧，其导数 $f'(x)$ 是单调递减的. 直观上，如果曲线是凹的，切线的斜率随着 x 的增大而增大. 每个 x 处的导数值都会比之前的更大. 如果曲线是凸的，切线的斜率随着 x 的增大而减小. 每个 x 处的导数值都会比之前的更小.

导数 $f'(x)$ 的单调性可以通过 $f''(x)$ 的正负号来判定，于是利用二阶导数的符号可以得到判定曲线凹凸的方法.

定理 4.11（曲线凹凸性的判别法） 设 $f(x)$ 在 $[a,b]$ 上连续，在 (a,b) 内具有一阶和二阶导数，则

(1) 若在 (a,b) 内 $f''(x)>0$，则 $f(x)$ 在 $[a,b]$ 上的图形是凹的；

(2) 若在 (a,b) 内 $f''(x)<0$，则 $f(x)$ 在 $[a,b]$ 上的图形是凸的.

例 4-25 判断曲线 $y=\ln x$ 的凹凸性.

解 函数的定义域为 $(0,+\infty)$.

$$y'=\frac{1}{x}, y''=-\frac{1}{x^2}$$

因为在 $(0,+\infty)$ 内 $y''<0$，所以曲线 $y=\ln x$ 是凸的.

定义 4.3 连续曲线 $y=f(x)$ 上凹弧与凸弧的分界点称为这条曲线的拐点.

确定曲线 $y=f(x)$ 的凹凸区间和拐点的步骤如下.

(1) 确定函数 $y=f(x)$ 的定义域.

(2) 求出二阶导数 $f''(x)$.

(3) 求使二阶导数为零的点和使二阶导数不存在的点.

(4) 判断或列表判断,确定曲线的凹凸区间和拐点.

例 4-26 求曲线 $y=3x^4-4x^3+1$ 的拐点及凹凸区间.

解 函数 $y=3x^4-4x^3+1$ 的定义域为$(-\infty,+\infty)$.

$$y'=12x^3-12x^2, y''=36x^2-24x=36x\left(x-\frac{2}{3}\right)$$

令 $y''=0$,解得 $x_1=0, x_2=\frac{2}{3}$. 列表讨论如下(表 4-3).

表 4-3

x	$(-\infty,0)$	0	$\left(0,\frac{2}{3}\right)$	$\frac{2}{3}$	$\left(\frac{2}{3},+\infty\right)$
$f''(x)$	+	0	−	0	+
$f(x)$	∪	1	∩	$\frac{11}{27}$	∪

故凹区间为$(-\infty,0]$ 和$\left[\frac{2}{3},+\infty\right)$,凸区间为$\left(0,\frac{2}{3}\right)$,点$(0,1)$ 和$\left(\frac{2}{3},\frac{11}{27}\right)$是曲线的拐点. 其图像如图 4-8 所示.

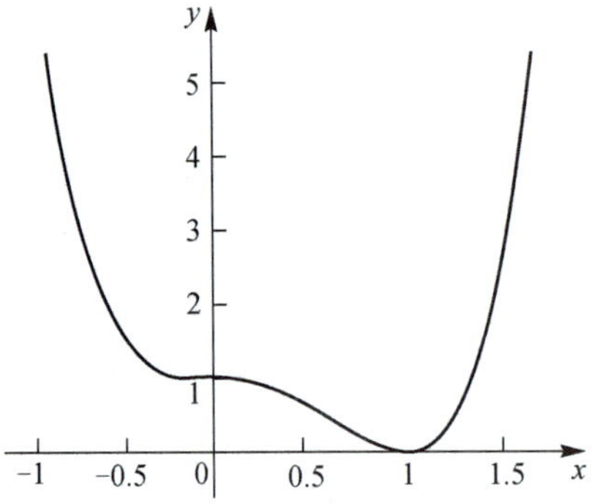

图 4-8

思考 拐点是否一定是二阶导数的零点?二阶导数的零点是否一定是拐点?

例 4-27 求曲线 $y=\sqrt[3]{x}$ 的拐点.

解 函数的定义域为$(-\infty,+\infty)$.

$$y'=\frac{1}{3\sqrt[3]{x^2}}, y''=-\frac{2}{9x\sqrt[3]{x^2}}$$

无二阶导数为零的点,二阶导数不存在的点为 $x=0$.

当 $x<0$ 时,$y''>0$;当 $x>0$ 时,$y''<0$.

因此,点$(0,0)$ 是曲线的拐点. 其图像如图 4-9 所示.

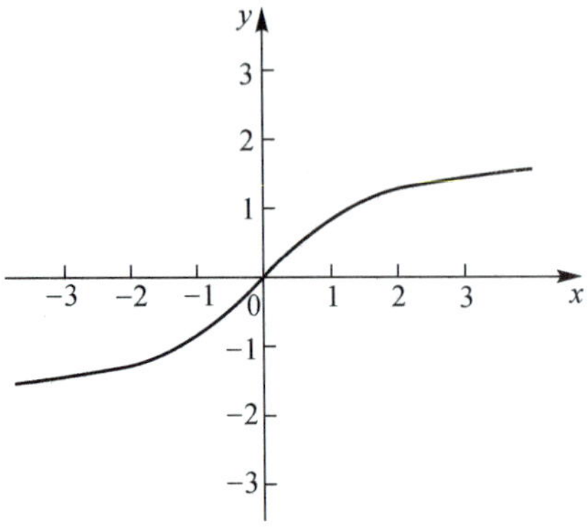

图 4-9

例 4-28 问曲线 $y = x^4$ 是否有拐点?

解 函数的定义域为$(-\infty, +\infty)$.

$$y' = 4x^3, y'' = 12x^2$$

当 $x \neq 0$ 时,$y'' > 0$,在区间$(-\infty, +\infty)$内,曲线是凹的,因此曲线无拐点. 其图像如图 4-10 所示.

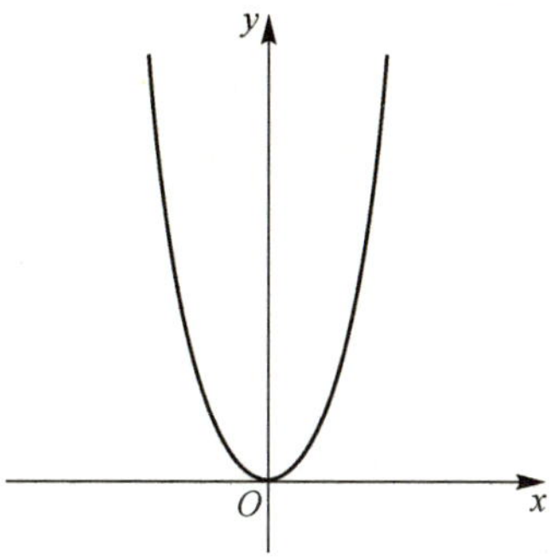

图 4-10

由例 4-27 和例 4-28 可知,拐点不一定是二阶导数的零点,二阶导数的零点不一定是拐点.

习题 4.5

1. 求曲线 $y = x^4 - 2x^3$ 的拐点.
2. 若点$(1,3)$是曲线 $y = ax^3 + bx^2$ 的拐点,求 a,b 的值.
3. 求 $y = xe^{-x}$ 的凹凸区间和拐点.
4. 试确定曲线 $y = ax^3 + bx^2 + cx + d$ 中的 a,b,c,d,使得曲线在点 $x = -2$ 处有水平切线,$(1, -10)$为拐点,且点$(-2, 44)$在曲线上.
5. 函数 $y = 1 + \sin x$ 在区间$(\pi, 2\pi)$内的图形是(　　).

A. 凹的　　　　B. 凸的

C. 既是凹的又是凸的　　　　D. 为直线

§4.6 应用示例——效率最值问题

4.6.1 问题提出

如图 4-11 所示,某海滨浴场的岸边可近似地看作一条直线. 救生员在岸边的 A 处发现海中 B 处($\angle BAD = 45°$)有人求救,救生员没有直接从 A 处游向 B 处,而是沿岸边从 A 处跑到离 B 处最近的 D 处($BD = 300$ m),然后游向 B 处. 若救生员在岸边的行进速度为 6 m/s,在海中的行进速度为 2 m/s,试问:

(1) 救生员先沿岸边从 A 处跑到离 B 处最近的 D 处,然后游向 B 处,这种做法是否正确?

(2) 能否在 AD 上找到适当的一点,使得救生员能在最短的时间内营救 B 处的人?

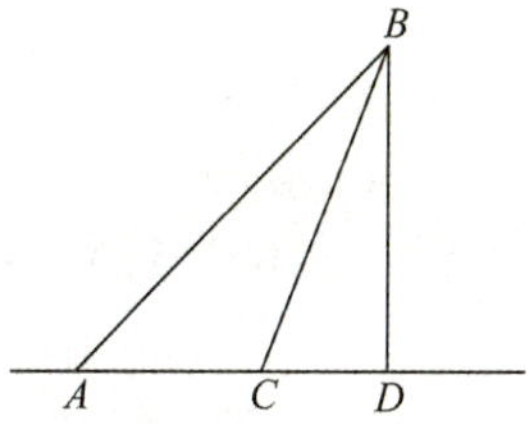

图 4-11

4.6.2 解答过程

(1) 因为救生员直接从 A 处到 B 处所需的时间为 $t_1=\frac{300\sqrt{2}}{2}=150\sqrt{2}$(s)，而从 A 处到 D 处再到 B 处所需的时间为 $t_2=\frac{300}{6}+\frac{300}{2}=200$(s). 显然 $t_1>t_2$，故救生员先沿岸边从 A 处跑到离 B 处最近的 D 处，然后游向 B 处的做法是正确的.

(2) 在 AD 上取一点 C，设从 A 处到 B 处所用总时间为 t，C 点到 D 点的距离为 x m，则 $BC=\sqrt{300^2+x^2}$，故

$$t=\frac{300-x}{6}+\frac{\sqrt{300^2+x^2}}{2},x\in[0,300] \tag{4-1}$$

$t'=-\frac{1}{6}+\frac{x}{2\sqrt{300^2+x^2}}=0$. 令 $t'=0$，解得 $x=75\sqrt{2}$，由于函数 t 只有一个极值，因此当 $x=75\sqrt{2}$ 时，t 有最小值. 将 $x=75\sqrt{2}$ 代入式(4-1)，得 $t_{\min}=50+100\sqrt{2}$(s).

提示 在解决与实际问题有关的最值问题时，应先将实际问题转化为求函数的最值问题，并且要特别注意自变量的取值范围，再利用求导法则求最值.

§4.7 数学实验四：利用 MATLAB 求函数的极值

4.7.1 实验任务

利用数学软件 MATLAB 求函数的极值.

4.7.2 实验过程

1. 相关命令

MATLAB 中求函数极值的命令如表 4-4 所示.

表 4-4

命令	说明
subs(diff(f,x,n),k)	求函数表达式 f 对自变量 x 的 n 阶导数在点 $x=k$ 处的值
[x1,f1] = fminbnd(f,a,b)	求函数表达式 f 在区间 $[a,b]$ 上的极小值点 x_1 及极小值 f_1

2. 操作实例

操作实例 4-1 求 $y=\sin^4 x-2\cos 3x$ 在 $x=\frac{\pi}{2}$ 时的三阶导数，即求 $y'''|_{x=\frac{\pi}{2}}$.

解 运行 MATLAB，在命令窗口中输入：

```
>> syms x
>> y = sin(x)^4 - 2 * cos(3 * x);
>> a = subs(diff(y,x,3),pi/2)
```

按 Enter 键，得到如下计算结果：

```
a =
54
```

即 $y'''|_{x=\frac{\pi}{2}}=54$.

操作实例 4-2 求函数 $y=-x^4+2x^2$ 在区间 $(-2,2)$ 内的极值.

解 要想求得极值,需要分两步走.

第一步:先做出函数 y 在区间 $[-2,2]$ 上的图像,观察函数极值点的位置. 运行 MATLAB,在命令窗口中输入:

```
>> syms x
>> fplot('-x^4+2*x^2',[-2,2])
```

按 Enter 键,弹出如图 4-12 所示的图像.

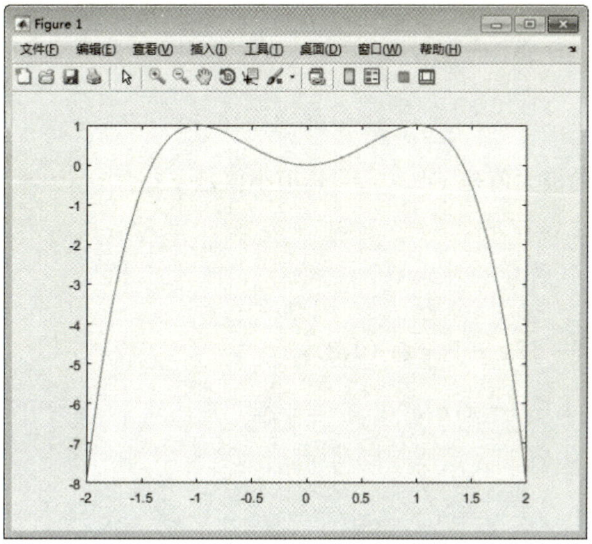

图 4-12

第二步:观察图像,发现原函数有两个极大值点和一个极小值点. 下面来求函数在相应区间上的极值,即函数在区间 $(-2,2)$ 内的极值. 在命令窗口中输入:

```
>> f = inline('-x^4+2*x^2','x');        % 定义函数 f
>> [x1,y1] = fminbnd(f,-0.5,0.5)        % 求函数 f 在[-0.5,0.5]上的极小值点 x1 及极小值 y1
```

按 Enter 键,得到如下计算结果:

```
x1 =
    0


y1 =
    0
```

继续输入:

```
>> g = inline('x^4-2*x^2','x');      % 定义函数 g =-f
>> [x2,y2] = fminbnd(g,-1.5,-0.5),[x3,y3] = fminbnd(g,0.5,1.5)
                                      % 求函数 g 在区间[-1.5,0.5]上的极小值点 x2 及极小值 y2(等价于求 f =-g 在区间[-1.5,-0.5]的极大值点 x2 及极大值 -y2);求函数 g 在区间[0.5,1.5]上的极小值点 x3 及极小值 y3(等价于求函数 f =-g 在区间[0.5,1.5]上的极大值点 x3 及极大值 -y3)
```

按 Enter 键，得到如下计算结果：

```
x2 =
    - 1.0000

y2 =
    - 1.0000

x3 =
      1.0000

y3 =
    - 1.0000
```

即函数在区间(−2,2)内的极大值是 $y|_{x=\pm1}=1$，极小值是 $y|_{x=0}=0$.

4.5.3 实验作业

求下列函数的极值.

(1) $f(x)=2x^4+3x^3-12x+1, x\in(0,2)$；

(2) $f(x)=\frac{1}{2}\sin 2x, x\in(-\pi,\pi)$.

复习题 4

1. 选择题.

(1) 下列极限计算正确的是(   ).

A. $\lim\limits_{x\to1}\frac{x^3-x^2+x-1}{(x-1)^2}=\lim\limits_{x\to1}\frac{3x^2-2x+1}{2(x-1)}=\lim\limits_{x\to1}\frac{6x-2}{2}=2$

B. $\lim\limits_{x\to1}\frac{x^3-x^2+x-1}{(x-1)^2}=\lim\limits_{x\to1}\frac{(x-1)(x^2+1)}{(x-1)^2}=\lim\limits_{x\to1}\frac{x^2+1}{x-1}=\lim\limits_{x\to1}\frac{2x}{1}=2$

C. $\lim\limits_{x\to1}\frac{x^3-x^2+x-1}{(x-1)^2}=\lim\limits_{x\to1}\frac{3x^2-2x+1}{2(x-1)}=\infty$

D. $\lim\limits_{x\to1}\frac{x^3-x^2+x-1}{(x-1)^2}=\frac{\lim\limits_{x\to1}(x^3-x^2+x-1)}{\lim\limits_{x\to1}(x-1)^2}$ 不存在

(2) 若函数 $y=f(x)$ 在点 x_0 处取得极大值，则必有(   ).

A. $f'(x_0)=0$ B. $f''(x_0)<0$

C. $f'(x_0)=0$ 或 $f'(x_0)$ 不存在   D. $f'(x_0)=0, f''(x_0)<0$

(3) 函数 $f(x)$ 连续且可导，当 $x<x_0$ 时，$f'(x)<0$；当 $x>x_0$ 时，$f'(x)>0$，则 x_0 必为函数 $f(x)$ 的(   ).

A. 驻点   B. 极小值点   C. 极大值点   D. 不确定

2. 填空题.

(1) 函数 $y=\frac{e^x}{x}$ 的单调增加区间是________，单调减少区间是________.

(2) 方程 $x^3+2x-3=0$ 在实数范围内有________个实根.

(3) 若函数 $y=ax^2+bx$ 在点 $x=1$ 处有极大值 2，则 $a=$________，$b=$________.

3. 试用函数的单调性证明：当 $x > 0$ 时，

$$\frac{x}{4+x} < \ln(1+x) < x$$

4. 证明：恒等式 $x - 2\arctan(\sec x + \tan x) = \frac{3}{2}\pi$ 在 $\frac{\pi}{2} < x < \frac{3}{2}\pi$ 时成立.

5. 求下列极限.

(1) $\lim\limits_{x\to2}\frac{3x^2-5x-2}{x-2}$；　　(2) $\lim\limits_{x\to0}\frac{a^x-b^x}{3x}$，$a,b$ 均大于 0；

(3) $\lim\limits_{x\to1}\frac{x-1}{x^n-1}$；　　(4) $\lim\limits_{x\to0}\frac{\ln(\cos x)}{x}$；

(5) $\lim\limits_{x\to1}(2e^{x-1}-1)^{\frac{x}{x-1}}$；　　(6) $\lim\limits_{x\to0}(1-x^2)^{\frac{1}{1-\cos x}}$.

6. 确定下列函数的单调区间.

(1) $y = 2x^3 - 6x^2 - 18x - 7$；　　(2) $y = x^2 e^{-x} (x \geqslant 0)$.

7. 求下列函数的极值.

(1) $y = x^2 \ln x$；　　(2) $y = 2x + \frac{1}{x}$.

8. 求下列函数在所给闭区间上的最大值和最小值.

(1) $y = \sin 2x - x, x \in \left[-\frac{\pi}{2}, \frac{\pi}{2}\right]$；　　(2) $y = \frac{x-1}{x+1}, x \in [0,4]$.

9. 试确定 $y = k(x^2-3)^2$ 中的 k 值，使曲线拐点处的法线通过原点.

10. 设 $f(x)$ 在 $-\infty < x < +\infty$ 内可导且 $f'(x) + f(x) > 0$. 证明：方程 $f(x) = 0$ 最多只有一个实根.

11. 求 $y = \ln(1+x^2)$ 的凹凸区间和拐点.

第5章
不定积分

阅读与欣赏

艾萨克·牛顿

艾萨克·牛顿(1643年1月4日—1727年3月31日),英国皇家学会会长,是英国著名的物理学家和百科全书式的“全才”.他著有《自然哲学的数学原理》和《光学》等著作.

在1687年发表的《自然定律》论文中,牛顿详细描述了万有引力和三大运动定律.这些描述奠定了此后3个世纪物理世界的科学观点,并成为现代工程学的基础.

牛顿通过论证开普勒行星运动定律与他的引力理论间的一致性,展示了地面物体与天体的运动都遵循相同的自然定律,为太阳中心说提供了强有力的理论支持,推动了科学革命.

在力学方面,牛顿阐明了动量和角动量守恒的原理,提出了牛顿运动定律.在光学方面,他发明了反射望远镜,并基于对三棱镜将白光发散成可见光谱的观察,发展出了颜色理论.他还系统地表述了冷却定律,并研究了音速.

在数学方面,牛顿与莱布尼茨分享了发展微积分学的荣誉.他证明了广义二项式定理,提出了“牛顿法”以逼近函数的零点,并为幂级数的研究做出了贡献.在经济学方面,牛顿提出了金本位制度.

§5.1　不定积分的概念与性质

前面学习了一元函数微分学的基本问题:已知一个函数,求它的导函数.但在科学技术领域和经济金融生活中,常常会遇到与之相反的问题:已知一个函数的导数,求其原来的函数.这样的问题实际上是微分的逆运算,称为不定积分问题.

5.1.1　原函数与不定积分的概念

1. 原函数的概念

先来理解“正着走”和“倒着走”,在第3章已经学习了导数与微分,如果把它们比作“正着走”,那么试着看怎么“倒着走”呢?请根据求导公式或者微分公式填空.

(1)(　　　　)$'=0$；　　(2)(　　　　)$'=k$；

(3)(　　　　)$'=x^{\mu}(\mu\neq-1)$；　　(4)(　　　　)$'=a^{x}$；

(5)(　　　　)$'=\mathrm{e}^{x}$；　　(6)(　　　　)$'=\frac{1}{x}$；

(7)(　　　　)$'=\cos x$；　　(8)(　　　　)$'=\sin x$；

(9)(　　　　)$'=\sec^{2}x$；　　(10)(　　　　)$'=\csc^{2}x$；

(11)(　　　　)$'=\sec x\tan x$；　　(12)(　　　　)$'=\csc x\cot x$；

(13)(　　　　)$'=\frac{1}{\sqrt{1-x^{2}}}$；　　(14)(　　　　)$'=\frac{1}{1+x^{2}}$.

定义 5.1　设函数 $y=f(x)$ 是定义在区间 I 上的函数，若存在函数 $F(x)$，使得在区间 I 上都有

$$F'(x)=f(x) \text{ 或 } \mathrm{d}F(x)=f(x)\mathrm{d}x$$

则称 $F(x)$ 为已知函数 $f(x)$ 在区间 I 上的原函数.

关于原函数有如下说明.

(1) 一个函数的原函数不是唯一的.

(2) 如果 $F(x)$ 是函数 $f(x)$ 在区间 I 上的一个原函数，那么 $F(x)+C$ 是 $f(x)$ 在区间 I 上的全部原函数，其中 C 为常量.

定理 5.1　区间 I 上连续的函数一定有原函数.

2. 不定积分的概念

定义 5.2　若定义在区间 I 上的函数 $y=f(x)$ 存在原函数，则称 $f(x)$ 为可积函数，并将其全部原函数记为 $\int f(x)\mathrm{d}x$，称为 $f(x)$ 在区间 I 上的不定积分. 由定义 5.1 知

$$\int f(x)\mathrm{d}x=F(x)+C$$

其中，符号“$\int$”称为不定积分号，$f(x)$ 称为被积函数，$f(x)\mathrm{d}x$ 称为被积表达式或被积分式，x 称为积分变量，C 称为积分常数.

关于不定积分有如下说明.

(1) $f(x)$ 的原函数的图形称为 $f(x)$ 的积分曲线.

(2) $f(x)$ 的所有原函数的图形称为 $f(x)$ 的积分曲线族.

(3) $\int f(x)\mathrm{d}x$ 是 $f(x)$ 所有积分曲线组成的平行曲线族，这些积分曲线可以由其中任一条沿着 y 轴平行移动而得到. 它们的方程为 $y=F(x)+C$，在横坐标相同的点 x_0 处，所有积分曲线的切线斜率相同，因此这些切线是平行的(图 5-1).

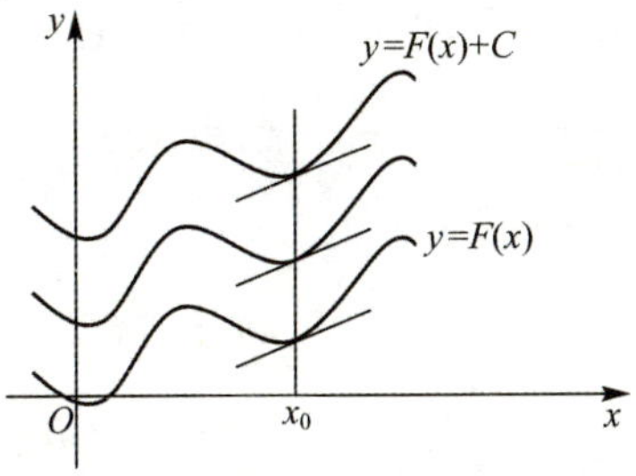

图 5-1

5.1.2 不定积分的基本积分公式

由于积分运算是微分运算的逆运算，所以由导数或微分的基本公式得到相应的不定积分的基本积分公式. 为方便起见，现将不定积分的基本积分公式列出如下.

(1) $\int k\mathrm{d}x = kx + C$（$k$ 为常数）；

(2) $\int x^{\mu}\mathrm{d}x = \dfrac{x^{\mu+1}}{\mu+1} + C(\mu \neq -1)$；

(3) $\int a^{x}\mathrm{d}x = \dfrac{1}{\ln a}a^{x} + C(a > 0, a \neq 1)$；

(4) $\int \mathrm{e}^{x}\mathrm{d}x = \mathrm{e}^{x} + C$；

(5) $\int \dfrac{\mathrm{d}x}{x} = \ln|x| + C$；

(6) $\int \cos x\mathrm{d}x = \sin x + C$；

(7) $\int \sin x\mathrm{d}x = -\cos x + C$；

(8) $\int \sec^{2}x\mathrm{d}x = \tan x + C$；

(9) $\int \csc^{2}x\mathrm{d}x = -\cot x + C$；

(10) $\int \sec x\tan x\mathrm{d}x = \sec x + C$；

(11) $\int \csc x\cot x\mathrm{d}x = -\csc x + C$；

(12) $\int \dfrac{\mathrm{d}x}{\sqrt{1-x^{2}}} = \arcsin x + C = -\arccos x + C$；

(13) $\int \dfrac{\mathrm{d}x}{1+x^{2}} = \arctan x + C = -\operatorname{arccot} x + C$.

以上 13 个基本积分公式是求不定积分的基础，学习时应与相应求导公式对照记忆.

5.1.3 不定积分的性质

由不定积分的定义可以推得不定积分具有下列性质.

性质 5.1 设函数 $f(x)$ 的原函数存在，k 为非零常数，则

$$\int kf(x)\mathrm{d}x = k\int f(x)\mathrm{d}x$$

性质 5.2 设函数 $f(x)$ 与 $g(x)$ 的原函数都存在，则

$$\int [f(x) \pm g(x)]\mathrm{d}x = \int f(x)\mathrm{d}x \pm \int g(x)\mathrm{d}x$$

性质 5.1 和性质 5.2 的结论可以推广到 n 个函数，即设 $k_i(i = 1,2,\cdots,n)$ 为实数，$f_i(x)(i = 1,2,\cdots,n)$ 存在原函数，则

$$\int \sum_{i=1}^{n} k_i f_i(x)\mathrm{d}x = \sum_{i=1}^{n} k_i \int f_i(x)\mathrm{d}x$$

性质 5.3 对函数 $f(x)$ 先积分后求导就等于它本身，即

$$\frac{\mathrm{d}}{\mathrm{d}x}\int f(x)\mathrm{d}x = f(x) \text{ 或 } \left[\int f(x)\mathrm{d}x\right]' = f(x) \text{ 或 } \mathrm{d}\int f(x)\mathrm{d}x = f(x)\mathrm{d}x$$

性质 5.4 对函数 $f(x)$ 先求导后积分就等于它本身加上一个常数 C，即

$$\int f'(x)\mathrm{d}x = f(x) + C \text{ 或} \int \mathrm{d}f(x) = f(x) + C$$

例 5-3 求下列不定积分.

(1) $\int (3\sqrt{x} - \cos x)\mathrm{d}x$；

(2) $\int (10^{x} + \tan^{2}x)\mathrm{d}x$；

(3) $\int \dfrac{1}{\sin^{2}x\cos^{2}x}\mathrm{d}x$；

(4) $\int \dfrac{x^{4}}{1+x^{2}}\mathrm{d}x$.

解 (1)$\int(3\sqrt{x}-\cos x)\mathrm{d}x=\int 3\sqrt{x}\mathrm{d}x-\int\cos x\mathrm{d}x=2x^{\frac{3}{2}}-\sin x+C.$

(2)$\int(10^x+\tan^2 x)\mathrm{d}x=\int 10^x\mathrm{d}x+\int\tan^2 x\mathrm{d}x=\int 10^x\mathrm{d}x+\int(\sec^2 x-1)\mathrm{d}x$

$$=\int 10^x\mathrm{d}x+\int\sec^2 x\mathrm{d}x-\int 1\mathrm{d}x$$

$$=\frac{10^x}{\ln 10}+\tan x-x+C.$$

(3)$\int\frac{1}{\sin^2 x\cos^2 x}\mathrm{d}x=\int\frac{\sin^2 x+\cos^2 x}{\sin^2 x\cos^2 x}\mathrm{d}x=\int\left(\frac{1}{\cos^2 x}+\frac{1}{\sin^2 x}\right)\mathrm{d}x$

$$=\int\frac{\mathrm{d}x}{\cos^2 x}+\int\frac{\mathrm{d}x}{\sin^2 x}=\tan x-\cot x+C.$$

(4)$\int\frac{x^4}{1+x^2}\mathrm{d}x=\int\frac{x^4-1+1}{1+x^2}\mathrm{d}x=\int\left(x^2-1+\frac{1}{1+x^2}\right)\mathrm{d}x$

$$=\frac{1}{3}x^3-x+\arctan x+C.$$

注意 (1) 在进行分项积分时，每个积分结果中会有一个积分常数，但在最终的积分结果中，只需添加一个总的积分常数 C.

(2) 为了检验积分结果是否正确，可以将积分结果求导，检查其是否等于被积函数.

习题 5.1

1. 填空题.

(1)x^2 的原函数是__________.

(2)x^2 是__________的原函数.

(3)$\left[\int f(x)\mathrm{d}x\right]'=$__________.

(4)$\int F'(x)\mathrm{d}x=$__________.

2. 曲线过点(0,0)，且在每一点处的切线的斜率等于 $2x$，试求这条曲线的方程.

3. 求下列不定积分.

(1)$\int x^3\mathrm{d}x$；　　(2)$\int x^{-1}\mathrm{d}x$；

(3)$\int\frac{1}{\sqrt{x}}\mathrm{d}x$；　　(4)$\int 2^x\mathrm{e}^x\mathrm{d}x$.

4. 求下列不定积分.

(1)$\int(x^3-3x^2+2x-5)\mathrm{d}x$；　　(2)$\int\frac{2x+1}{\sqrt[3]{x}}\mathrm{d}x$；

(3)$\int\frac{2x^2}{1+x^2}\mathrm{d}x$；　　(4)$\int\frac{1+2x^2}{x^2(1+x^2)}\mathrm{d}x$；

(5)$\int\frac{\cos 2x}{\cos x-\sin x}\mathrm{d}x$；　　(6)$\int\frac{1}{1+\cos 2x}\mathrm{d}x$；

(7)$\int\frac{\mathrm{e}^{2x}-1}{\mathrm{e}^x-1}\mathrm{d}x$；　　(8)$\int\left(\sqrt{\frac{1-x}{1+x}}+\sqrt{\frac{1+x}{1-x}}\right)\mathrm{d}x$.

5. 已知 $f'(x)=1+x^2$，且 $f(0)=1$，求 $f(x)$.

§5.2　换元积分法

换元积分法是一种有效的方法，用于计算一些通过直接积分法难以处理的不定积分. 它的基本思想是通过适当的变量代换，将复合函数的不定积分转化为可以利用基本积分公式的形式，然后再进行积分计算.

5.2.1　第一换元积分法

微课：不定积分的第一换元积分法

如果不定积分$\int f(x)\mathrm{d}x$用直接积分法不易求得，但被积函数可变形为

$$f(x)=g[\varphi(x)]\varphi'(x)$$

作变量代换$u=\varphi(x)$，并注意到$\varphi'(x)\mathrm{d}x=\mathrm{d}\varphi(x)$，则可将关于变量$x$的积分转化为关于变量$u$的积分，于是有

$$\int f(x)\mathrm{d}x=\int g[\varphi(x)]\varphi'(x)\mathrm{d}x=\int g(u)\mathrm{d}u$$

如果$\int g(u)\mathrm{d}u$可以求出，不定积分$\int f(x)\mathrm{d}x$的计算问题就解决了. 这就是**第一换元积分法**，又称为**凑微分法**.

定理 5.2(第一换元积分法)　设$g(u)$的原函数为$G(u)$，$u=\varphi(x)$可导，则有换元公式

$$\int g[\varphi(x)]\varphi'(x)\mathrm{d}x=\int g(u)\mathrm{d}u=G(u)+C=G[\varphi(x)]+C$$

注意　上述公式中，第一个等号表示换元$\varphi(x)=u$，最后一个等号表示回代$u=\varphi(x)$.

例 5-4　求$\int 2x\mathrm{e}^{x^2}\mathrm{d}x$.

解　本题的关键是将$2x\mathrm{d}x$凑微分得$\mathrm{d}x^2$. 然后令$u=x^2$，则

$$\int 2x\mathrm{e}^{x^2}\mathrm{d}x=\int \mathrm{e}^{x^2}\mathrm{d}x^2=\int \mathrm{e}^u\mathrm{d}u=\mathrm{e}^u+C=\mathrm{e}^{x^2}+C$$

熟练以后，所设中间变量u可不必写出.

例 5-5　求$\int (x^2-3x+2)^3(2x-3)\mathrm{d}x$.

解　$$\int (x^2-3x+2)^3(2x-3)\mathrm{d}x=\int (x^2-3x+2)^3\mathrm{d}(x^2-3x+2)=\frac{1}{4}(x^2-3x+2)^4+C.$$

下面给出一些常用的微分形式(表 5-1). 熟记这些微分形式，对运用第一换元积分法计算不定积分非常有帮助.

表 5-1

积分类型	换元公式
$\int f(ax+b)\mathrm{d}x=\frac{1}{a}\int f(ax+b)\mathrm{d}(ax+b)\ (a\neq 0)$	$u=ax+b$
$\int f(x^\mu)x^{\mu-1}\mathrm{d}x=\frac{1}{\mu}\int f(x^\mu)\mathrm{d}(x^\mu)\ (\mu\neq 0)$	$u=x^\mu$

续表

积分类型	换元公式
$\int f(\ln x)\frac{1}{x}dx=\int f(\ln x)d(\ln x)$	$u=\ln x$
$\int f(e^x)e^x dx=\int f(e^x)d(e^x)$	$u=e^x$
$\int f(a^x)a^x dx=\frac{1}{\ln a}\int f(a^x)d(a^x)$	$u=a^x$
$\int f(\sin x)\cos x dx=\int f(\sin x)d(\sin x)$	$u=\sin x$
$\int f(\cos x)\sin x dx=-\int f(\cos x)d(\cos x)$	$u=\cos x$
$\int f(\tan x)\sec^2 x dx=\int f(\tan x)d(\tan x)$	$u=\tan x$
$\int f(\cot x)\csc^2 x dx=-\int f(\cot x)d(\cot x)$	$u=\cot x$

例 5-6 求下列不定积分.

(1) $\int(2x+3)^4dx$； (2) $\int\frac{1}{1-x}dx$.

解 (1) $\int(2x+3)^4dx=\frac{1}{2}\int(2x+3)^4d(2x+3)=\frac{1}{10}(2x+3)^5+C.$

(2) $\int\frac{1}{1-x}dx=-\int\frac{1}{1-x}d(1-x)=-\ln|1-x|+C.$

例 5-7 求下列不定积分.

(1) $\int x\sqrt{3x^2-1}dx$； (2) $\int\frac{\sin\sqrt{x}}{\sqrt{x}}dx$.

解 (1) $\int x\sqrt{3x^2-1}dx=\frac{1}{6}\int\sqrt{3x^2-1}d(3x^2-1)=\frac{1}{9}(3x^2-1)^{\frac{3}{2}}+C.$

(2) $\int\frac{\sin\sqrt{x}}{\sqrt{x}}dx=2\int\sin\sqrt{x}d\sqrt{x}=-2\cos\sqrt{x}+C.$

例 5-8 求下列不定积分.

(1) $\int\frac{e^x}{1+e^x}dx$； (2) $\int\frac{1}{x(1+3\ln x)}dx$.

解 (1) $\int\frac{e^x}{1+e^x}dx=\int\frac{1}{1+e^x}d(1+e^x)=\ln|1+e^x|+C.$

(2) $\int\frac{1}{x(1+3\ln x)}dx=\frac{1}{3}\int\frac{1}{(1+3\ln x)}d(1+3\ln x)=\frac{1}{3}\ln|1+3\ln x|+C.$

例 5-9 求下列不定积分.

(1) $\int\sin^2x\cos^3xdx$； (2) $\int\cos^4xdx$.

解 (1) $\int\sin^2x\cos^3xdx=\int\sin^2x\cos^2xd(\sin x)=\int\sin^2x(1-\sin^2x)d(\sin x)$

$$=\int(\sin^2x-\sin^4x)d(\sin x)=\frac{1}{3}\sin^3x-\frac{1}{5}\sin^5x+C.$$

(2) $\int\cos^4 x\mathrm{d}x=\int\left(\frac{1+\cos 2x}{2}\right)^2\mathrm{d}x=\frac{1}{4}\int(1+2\cos 2x+\cos^2 2x)\mathrm{d}x$

$$=\frac{1}{4}\int\left(1+2\cos 2x+\frac{1+\cos 4x}{2}\right)\mathrm{d}x$$

$$=\frac{3}{8}x+\frac{1}{4}\sin 2x+\frac{1}{32}\sin 4x+C.$$

例 5-10 求下列不定积分.

(1) $\int\frac{1}{a^2+x^2}\mathrm{d}x$； (2) $\int\frac{1}{a^2-x^2}\mathrm{d}x$； (3) $\int\frac{1}{\sqrt{a^2-x^2}}\mathrm{d}x(a>0)$.

解 (1) $\int\frac{1}{a^2+x^2}\mathrm{d}x=\frac{1}{a^2}\int\frac{1}{1+\left(\frac{x}{a}\right)^2}\mathrm{d}x$

$$=\frac{1}{a}\int\frac{1}{1+\left(\frac{x}{a}\right)^2}\mathrm{d}\left(\frac{x}{a}\right)=\frac{1}{a}\arctan\frac{x}{a}+C.$$

(2) $\int\frac{1}{a^2-x^2}\mathrm{d}x=\frac{1}{2a}\int\left(\frac{1}{a+x}+\frac{1}{a-x}\right)\mathrm{d}x$

$$=\frac{1}{2a}\left[\int\frac{1}{a+x}\mathrm{d}(a+x)-\int\frac{1}{a-x}\mathrm{d}(a-x)\right]$$

$$=\frac{1}{2a}(\ln|a+x|-\ln|a-x|)+C$$

$$=\frac{1}{2a}\ln\left|\frac{a+x}{a-x}\right|+C.$$

(3) $\int\frac{1}{\sqrt{a^2-x^2}}\mathrm{d}x=\frac{1}{a}\int\frac{1}{\sqrt{1-\left(\frac{x}{a}\right)^2}}\mathrm{d}x=\int\frac{1}{\sqrt{1-\left(\frac{x}{a}\right)^2}}\mathrm{d}\left(\frac{x}{a}\right)=\arcsin\frac{x}{a}+C.$

例 5-11 求下列不定积分.

(1) $\int\tan x\mathrm{d}x$； (2) $\int\sec x\mathrm{d}x$.

解 (1) $\int\tan x\mathrm{d}x=\int\frac{\sin x}{\cos x}\mathrm{d}x=-\int\frac{\mathrm{d}(\cos x)}{\cos x}=-\ln|\cos x|+C.$

类似可得

$$\int\cot x\mathrm{d}x=\ln|\sin x|+C$$

(2) $\int\sec x\mathrm{d}x=\int\frac{1}{\cos x}\mathrm{d}x=\int\frac{\cos x}{\cos^2 x}\mathrm{d}x=\int\frac{\mathrm{d}(\sin x)}{1-\sin^2 x}.$

利用例 5-10 中(2) 的结果得

$$\int\sec x\mathrm{d}x=\frac{1}{2}\ln\left|\frac{1+\sin x}{1-\sin x}\right|+C$$

$$=\frac{1}{2}\ln\frac{(1+\sin x)^2}{1-\sin^2 x}+C$$

$$=\frac{1}{2}\ln\left(\frac{1+\sin x}{\cos x}\right)^2+C$$

$$=\ln|\sec x+\tan x|+C$$

类似可得

$$\int\csc x\mathrm{d}x=-\ln|\csc x+\cot x|+C=\ln|\csc x-\cot x|+C$$

5.2.2 第二换元积分法

如果不定积分$\int f(x)\mathrm{d}x$用直接积分法或第一换元积分法不易求得，但作适当的变量代换$x=\varphi(t)$后，所得到的关于新积分变量t的不定积分

$$\int f[\varphi(t)]\varphi'(t)\mathrm{d}t$$

可以求得，则可解决$\int f(x)\mathrm{d}x$的计算问题，这就是所谓的**第二换元积分法**.

定理 5.3(第二换元积分法) 设$x=\varphi(t)$是单调、可导函数，且$\varphi'(t)\neq 0$，又设$f[\varphi(t)]\varphi'(t)$具有原函数$F(t)$，则

$$\int f(x)\mathrm{d}x=\int f[\varphi(t)]\varphi'(t)\mathrm{d}t=F(t)+C=F[\psi(x)]+C$$

其中$\psi(x)$是$x=\varphi(t)$的反函数.

第二换元积分法的主要变形有根式代换、倒数代换和三角代换，其中根式代换和三角代换是为了去掉根式.

例 5-12 求下列不定积分.

(1)$\int\frac{1}{1+\sqrt{x}}\mathrm{d}x$； (2)$\int\frac{1}{\sqrt{x}+\sqrt[3]{x}}$； (3)$\int\frac{1}{\sqrt{1+\mathrm{e}^x}}\mathrm{d}x$.

解 (1) 设$\sqrt{x}=t$，$x=t^2$，$\mathrm{d}x=2t\mathrm{d}t$. 于是

$$\begin{aligned}\int\frac{1}{1+\sqrt{x}}\mathrm{d}x&=\int\frac{1}{1+t}\cdot 2t\mathrm{d}t=2\int\frac{(1+t)-1}{1+t}\mathrm{d}t\\&=2\int\left(1-\frac{1}{1+t}\right)\mathrm{d}t=2[t-\ln|1+t|]+C\\&=2[\sqrt{x}-\ln(1+\sqrt{x})]+C\end{aligned}$$

(2) 设$\sqrt[6]{x}=t$，则$x=t^6$，$\sqrt{x}=t^3$，$\sqrt[3]{x}=t^2$，$\mathrm{d}x=6t^5\mathrm{d}t$. 于是

$$\begin{aligned}\int\frac{1}{\sqrt{x}+\sqrt[3]{x}}\mathrm{d}x&=\int\frac{1}{t^3+t^2}\cdot 6t^5\mathrm{d}t=6\int\frac{t^3}{t+1}\mathrm{d}t=6\int\left(\frac{t^3+1}{t+1}-\frac{1}{t+1}\right)\mathrm{d}t\\&=6\int\left[\frac{(t+1)(t^2-t+1)}{t+1}-\frac{1}{t+1}\right]\mathrm{d}t\\&=6\int\left(t^2-t+1-\frac{1}{t+1}\right)\mathrm{d}t\\&=6\left(\frac{1}{3}t^3-\frac{1}{2}t^2+t-\ln|t+1|\right)+C\\&=2t^3-3t^2+6t-6\ln|t+1|+C\\&=2\sqrt{x}-3\sqrt[3]{x}+6\sqrt[6]{x}-6\ln|\sqrt[6]{x}+1|+C\end{aligned}$$

(3) 设$\sqrt{1+\mathrm{e}^x}=t$，$x=\ln(t^2-1)$，$\mathrm{d}x=\frac{2t}{t^2-1}\mathrm{d}t$. 于是

$$\begin{aligned}\int\frac{1}{\sqrt{1+\mathrm{e}^x}}\mathrm{d}x&=\int\frac{1}{t}\cdot\frac{2t}{t^2-1}\mathrm{d}t=\int\frac{2}{t^2-1}\mathrm{d}t=\int\left(\frac{1}{t-1}-\frac{1}{t+1}\right)\mathrm{d}t\\&=\ln|t-1|-\ln|t+1|+C=\ln\left|\frac{t-1}{t+1}\right|+C\\&=\ln\left|\frac{\sqrt{1+\mathrm{e}^x}-1}{\sqrt{1+\mathrm{e}^x}+1}\right|+C=2\ln|\sqrt{1+\mathrm{e}^x}-1|-x+C\end{aligned}$$

一般来说，如果被积函数中含有根式$\sqrt[n]{ax+b}$，可以作变量代换$\sqrt[n]{ax+b}=t$，消去根式再积分.

例 5-13 求$\int\sqrt{a^2-x^2}\,dx\,(a>0)$.

解 令$x=a\sin t\left(-\frac{\pi}{2}<t<\frac{\pi}{2}\right)$，则$dx=a\cos t\,dt$. 于是

$$\int\sqrt{a^2-x^2}\,dx=a^2\int\cos^2 t\,dt=a^2\int\frac{1+\cos 2t}{2}dt$$
$$=\frac{a^2}{2}\left(t+\frac{\sin 2t}{2}\right)+C$$
$$=\frac{a^2}{2}(t+\sin t\cos t)+C$$

为了把变量t换为x，可根据代换$x=a\sin t$作辅助直角三角形(图 5-2)，得$\cos t=\frac{\sqrt{a^2-x^2}}{a}$. 又由于$t=\arcsin\frac{x}{a}$，因此

$$\int\sqrt{a^2-x^2}\,dx=\frac{a^2}{2}\arcsin\frac{x}{a}+\frac{x}{2}\sqrt{a^2-x^2}+C$$

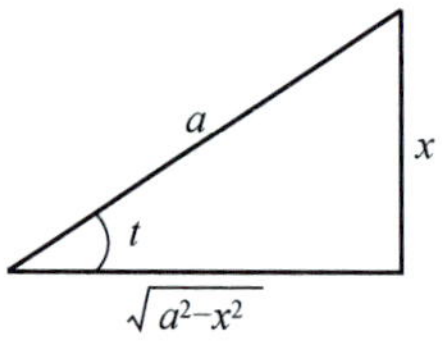

图 5-2

例 5-14 求$\int\frac{dx}{\sqrt{a^2+x^2}}\,(a>0)$.

解 设$x=a\tan t\left(-\frac{\pi}{2}<t<\frac{\pi}{2}\right)$，则$dx=a\sec^2 t\,dt$；$\sqrt{x^2+a^2}=a\sec t$. 于是

$$\int\frac{dx}{\sqrt{x^2+a^2}}=\int\frac{a\sec^2 t}{a\sec t}dt=\int\sec t\,dt$$
$$=\ln|\sec t+\tan t|+C_1$$

根据代换$x=a\tan t$作辅助直角三角形(图 5-3)，得$\sec t=\frac{\sqrt{x^2+a^2}}{a}$，又$\tan t=\frac{x}{a}$，因此

$$\int\frac{dx}{\sqrt{x^2+a^2}}=\ln\left|\frac{x}{a}+\frac{\sqrt{x^2+a^2}}{a}\right|+C_1$$
$$=\ln\left|x+\sqrt{x^2+a^2}\right|+C$$

其中$C=C_1-\ln a$.

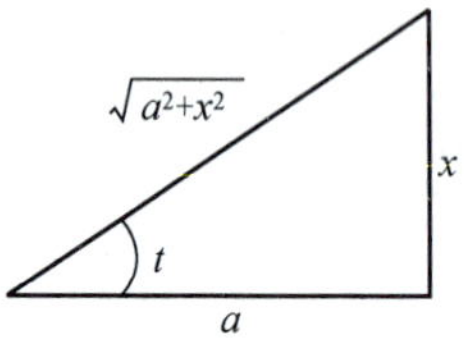

图 5-3

例 5-15 求$\int\frac{dx}{\sqrt{x^2-a^2}}\,(a>0)$.

解 设$x=a\sec t\left(0<t<\frac{\pi}{2}\right)$，则$dx=a\sec t\tan t\,dt$；$\sqrt{x^2-a^2}=a\tan t$. 于是

$$\int \frac{dx}{\sqrt{x^2-a^2}} = \int \frac{a\sec t\tan t}{a\tan t}dt = \int \sec t dt$$
$$= \ln|\sec t + \tan t| + C_1$$

根据代换 $x = a\sec t$ 作辅助直角三角形(图 5-4),得 $\tan t = \frac{\sqrt{x^2-a^2}}{a}$. 又 $\sec t = \frac{x}{a}$,因此

$$\int \frac{dx}{\sqrt{x^2-a^2}} = \ln\left|\frac{x}{a} + \frac{\sqrt{x^2-a^2}}{a}\right| + C_1$$
$$= \ln\left|x + \sqrt{x^2-a^2}\right| + C$$

其中 $C = C_1 - \ln a$.

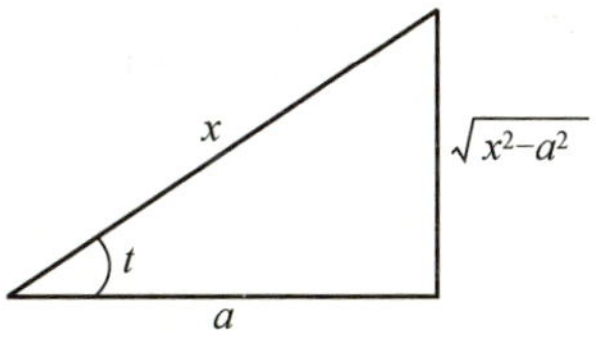

图 5-4

一般来说,被积函数中含有如下关系式.

(1) $\sqrt{a^2-x^2}$,可作代换 $x = a\sin t$.

(2) $\sqrt{a^2+x^2}$,可作代换 $x = a\tan t$.

(3) $\sqrt{x^2-a^2}$,可作代换 $x = a\sec t$.

以上三种代换统称为**三角代换**. 除此之外,还有其他代换,比较常用的有倒数代换. 该方法适用于分式型被积函数的分母中因子次数较高的积分问题,下面通过例子来介绍这一方法.

例 5-16 求$\int \frac{1}{x(x^5+5)}dx$.

解 设 $x = \frac{1}{t}$,则 $dx = -\frac{1}{t^2}dt$. 于是

$$\int \frac{1}{x(x^5+5)}dx = \int \frac{t}{\frac{1}{t^5}+5}\cdot\left(-\frac{1}{t^2}\right)dt = -\int \frac{t^4}{1+5t^5}dt$$
$$= -\frac{1}{5}\int \frac{1}{1+5t^5}dt^5 = -\frac{1}{25}\int \frac{1}{1+5t^5}d(1+5t^5)$$
$$= -\frac{1}{25}\ln|1+5t^5| + C$$
$$= -\frac{1}{25}\ln\left|1+\frac{5}{x^5}\right| + C$$

在本节的例题中,有几个积分是以后经常会遇到的,所以它们通常也被当作公式使用.

(1) $\int \tan x dx = -\ln|\cos x| + C$.

(2) $\int \cot x dx = \ln|\sin x| + C$.

(3) $\int \sec x dx = \ln|\sec x + \tan x| + C$.

(4) $\int \csc x dx = \ln|\csc x - \cot x| + C$.

(5) $\int \frac{1}{a^2+x^2}dx = \frac{1}{a}\arctan\frac{x}{a} + C$.

(6) $\int \frac{1}{a^2-x^2}dx=\frac{1}{2a}\ln\left|\frac{a+x}{a-x}\right|+C.$

(7) $\int \frac{1}{\sqrt{a^2-x^2}}dx=\arcsin\frac{x}{a}+C.$

(8) $\int \frac{dx}{\sqrt{x^2\pm a^2}}=\ln\mid x+\sqrt{x^2\pm a^2}\mid+C.$

例 5-17 求$\int \frac{dx}{x^2+2x+3}$.

解 $\int \frac{dx}{x^2+2x+3}=\int \frac{d(x+1)}{(x+1)^2+2}$,利用公式(5)便可得到

$$\int \frac{dx}{x^2+2x+3}=\frac{1}{\sqrt{2}}\arctan\frac{x+1}{\sqrt{2}}+C$$

例 5-18 求$\int \frac{dx}{\sqrt{4x^2+9}}$.

解 $\int \frac{dx}{\sqrt{4x^2+9}}=\frac{1}{2}\int \frac{d(2x)}{\sqrt{(2x)^2+3^2}}$,利用公式(8)便可得到

$$\int \frac{dx}{\sqrt{4x^2+9}}=\frac{1}{2}\ln\left|2x+\sqrt{4x^2+9}\right|+C$$

习题 5.2

1. 求下列不定积分.

(1)$\int \sqrt{3x+2}dx$;　(2)$\int \frac{2x}{1+x^2}dx$;　(3)$\int \frac{1}{x(1+\ln x)}dx$;

(4)$\int \frac{1}{9+x^2}dx$;　(5)$\int \frac{1}{4-x^2}dx$;　(6)$\int \sin^2 x\cos x dx$;

(7)$\int \frac{dx}{x+\sqrt{x}}$;　(8)$\int \sqrt{4-x^2}\,dx$;　(9)$\int \frac{1}{\sqrt{9+x^2}}dx$;

(10)$\int \frac{1}{\sqrt{x}-\sqrt[3]{x}}dx$.

2. 用换元积分法求不定积分$\int \sqrt[3]{\sin x-\cos x}(\sin x+\cos x)dx$.

§ 5.3　分部积分法

前面所介绍的换元积分法虽然可以解决许多积分的计算问题,但有些积分,如$\int xe^x dx$,$\int x\cos x dx$,利用换元积分法无法求解. 本节要介绍另一种基本积分法——分部积分法.

设函数 $u=u(x)$,$v=v(x)$具有连续导数,则两个函数乘积的微分公式为

$$d(uv)=udv+vdu$$

移项,得

$$udv=d(uv)-vdu$$

两边积分，得

$$\int u\mathrm{d}v = uv - \int v\mathrm{d}u \tag{5-1}$$

或

$$\int uv'\mathrm{d}x = uv - \int u'v\mathrm{d}x \tag{5-2}$$

式(5-1)和式(5-2)称为**分部积分公式**. 利用分部积分公式可以把比较难求的$\int u\mathrm{d}v$转化为比较易求的$\int v\mathrm{d}u$来计算，达到化难为易的目的. 用分部积分公式求不定积分的方法称为**分部积分法**. 当被积函数是两种不同类型函数的乘积时，往往需要用分部积分法来解决.

下面通过例子说明如何运用这个重要公式.

例 5-19 求$\int x\mathrm{e}^x\mathrm{d}x$.

解 如果用分部积分法求该不定积分. 应怎样选择 u 和 $\mathrm{d}v$ 呢?

如果设 $u = x, \mathrm{d}v = \mathrm{e}^x\mathrm{d}x$，那么 $\mathrm{d}u = \mathrm{d}x, v = \mathrm{e}^x$，代入分部积分公式，得

$$\int x\mathrm{e}^x\mathrm{d}x = \int x\mathrm{d}(\mathrm{e}^x) = x\mathrm{e}^x - \int \mathrm{e}^x\mathrm{d}x = x\mathrm{e}^x - \mathrm{e}^x + C$$

如果设 $u = \mathrm{e}^x, \mathrm{d}v = x\mathrm{d}x$，那么 $\mathrm{d}u = \mathrm{e}^x\mathrm{d}x, v = \frac{1}{2}x^2$. 于是

$$\int x\mathrm{e}^x\mathrm{d}x = \int \mathrm{e}^x\mathrm{d}\left(\frac{1}{2}x^2\right) = \frac{1}{2}x^2\mathrm{e}^x - \int \frac{1}{2}x^2\mathrm{d}(\mathrm{e}^x) = \frac{1}{2}x^2\mathrm{e}^x - \int \frac{1}{2}x^2\mathrm{e}^x\mathrm{d}x$$

上式右端的不定积分比原不定积分更不易求出.

由此可见，如果 u 和 $\mathrm{d}v$ 选取不当，就求不出结果. 所以应用分部积分法时，恰当选取 u 和 $\mathrm{d}v$ 是关键. 通常的选择顺序是:反对幂三指(反三角函数、对数函数、幂函数、三角函数和指数函数)，两者之间排在前面的设为 u.

例 5-20 求$\int x\sin x\mathrm{d}x$.

解 由于幂函数在"前"，三角函数在"后"，因此设 $u = x, \mathrm{d}v = \sin x\mathrm{d}x$. 于是

$$\int x\sin x\mathrm{d}x = \int x\mathrm{d}(-\cos x) = -x\cos x + \int \cos x\mathrm{d}x = -x\cos x + \sin x + C$$

例 5-21 求$\int x^2\ln x\mathrm{d}x$.

解 由于幂函数在"后"，对数函数在"前"，因此设 $u = \ln x, \mathrm{d}v = x^2\mathrm{d}x$. 于是

$$\begin{aligned}\int x^2\ln x\mathrm{d}x &= \int \ln x\mathrm{d}\left(\frac{1}{3}x^3\right) = \frac{1}{3}x^3\ln x - \frac{1}{3}\int x^3\mathrm{d}(\ln x)\\ &= \frac{1}{3}x^3\ln x - \frac{1}{3}\int x^2\mathrm{d}x = \frac{1}{3}x^3\ln x - \frac{1}{9}x^3 + C\end{aligned}$$

分部积分法运用熟练后，选取 $u, \mathrm{d}v$ 的步骤不必写出.

例 5-22 求$\int \arctan x\mathrm{d}x$.

解
$$\begin{aligned}\int \arctan x\mathrm{d}x &= x\arctan x - \int x\mathrm{d}(\arctan x) = x\arctan x - \int \frac{x}{1+x^2}\mathrm{d}x\\ &= x\arctan x - \frac{1}{2}\int \frac{\mathrm{d}(1+x^2)}{1+x^2}\\ &= x\arctan x - \frac{1}{2}\ln(1+x^2) + C\end{aligned}$$

例5-22说明，如果被积函数只有一个函数，且不能用基本积分公式直接求出，可以考虑设被积函数为 u，此时 $\mathrm{d}v=\mathrm{d}x$，利用分部积分法求解.

例 5-23 求$\int x^2\cos x\mathrm{d}x$.

解 $$\int x^2\cos x\mathrm{d}x=\int x^2\mathrm{d}(\sin x)=\sin x\cdot x^2-\int \sin x\mathrm{d}x^2$$
$$=x^2\sin x-2\int x\sin x\mathrm{d}x$$
$$=x^2\sin x-2\int x\mathrm{d}(-\cos x)$$
$$=x^2\sin x-2(-\cos x\cdot x+\int \cos x\mathrm{d}x)$$
$$=x^2\sin x+2x\cos x-2\sin x+C$$

例5-23说明，有些不定积分使用一次分部积分法不能解出来，可以多次使用分部积分法.

例 5-24 求$\int \mathrm{e}^{2x}\cos x\mathrm{d}x$.

解 $$\int \mathrm{e}^{2x}\cos x\mathrm{d}x=\int \cos x\mathrm{d}\left(\frac{1}{2}\mathrm{e}^{2x}\right)=\frac{1}{2}\mathrm{e}^{2x}\cos x-\frac{1}{2}\int \mathrm{e}^{2x}\mathrm{d}(\cos x)$$
$$=\frac{1}{2}\mathrm{e}^{2x}\cos x+\frac{1}{2}\int \mathrm{e}^{2x}\sin x\mathrm{d}x$$
$$=\frac{1}{2}\mathrm{e}^{2x}\cos x+\frac{1}{2}\int \sin x\mathrm{d}\left(\frac{1}{2}\mathrm{e}^{2x}\right)$$
$$=\frac{1}{2}\mathrm{e}^{2x}\cos x+\frac{1}{4}\mathrm{e}^{2x}\sin x-\frac{1}{4}\int \mathrm{e}^{2x}\cos x\mathrm{d}x,$$
所以
$$\frac{5}{4}\int \mathrm{e}^{2x}\cos x\mathrm{d}x=\frac{1}{2}\mathrm{e}^{2x}\cos x+\frac{1}{4}\mathrm{e}^{2x}\sin x+\frac{5}{4}C$$
于是
$$\int \mathrm{e}^{2x}\cos x\mathrm{d}x=\frac{2}{5}\mathrm{e}^{2x}\cos x+\frac{1}{5}\mathrm{e}^{2x}\sin x+C$$

例5-24说明，有些不定积分不能直接求出，但可以通过使用两次分部积分法得到一个关于不定积分的方程，从而解得不定积分.

例 5-25 求$\int \mathrm{e}^{\sqrt[3]{x}}\mathrm{d}x$.

解 设$\sqrt[3]{x}=t$，则 $x=t^3$，$\mathrm{d}x=3t^2\mathrm{d}t$. 于是
$$\int \mathrm{e}^{\sqrt[3]{x}}\mathrm{d}x=3\int t^2\mathrm{e}^t\mathrm{d}t=3\int t^2\mathrm{d}(\mathrm{e}^t)=3t^2\mathrm{e}^t-6\int t\mathrm{e}^t\mathrm{d}t=3t^2\mathrm{e}^t-6\int t\mathrm{d}(\mathrm{e}^t)$$
$$=3t^2\mathrm{e}^t-6t\mathrm{e}^t+6\int \mathrm{e}^t\mathrm{d}t=3t^2\mathrm{e}^t-6t\mathrm{e}^t+6\mathrm{e}^t+C$$
$$=3\mathrm{e}^{\sqrt[3]{x}}(\sqrt[3]{x^2}-2\sqrt[3]{x}+2)+C$$

到目前为止，介绍了求不定积分的三种最基本的方法. 记住方法本身固然重要，但更重要的是能够灵活地运用它们求解不同类型的题目. 同时，还应注意某些不定积分的求解需要将几种方法结合起来使用.

习题 5.3

1. 求下列不定积分.

(1) $\int \ln 2x \mathrm{d}x$;　　(2) $\int \mathrm{e}^{x} \cos x \mathrm{d}x$;　　(3) $\int x\sin 2x \mathrm{d}x$;

(4) $\int x\arctan x \mathrm{d}x$;　　(5) $\int x\mathrm{e}^{-x} \mathrm{d}x$;　　(6) $\int \arccos x \mathrm{d}x$.

2. 求不定积分 $\int x^{3}\sqrt{4-x^{2}}\mathrm{d}x$.

§5.4 应用示例——交通信号灯问题

5.4.1 问题提出

在十字路口的交通管理中，在亮红灯之前，要亮一段时间的黄灯，这是为了提醒那些正驾车驶向十字路口的驾驶员注意：红灯即将亮起，请及时采取制动措施，以免闯红灯违反交通规则. 那么黄灯应当亮多久才合适呢?

5.4.2 解题思路

驾车驶近十字路口的驾驶员在看到黄灯亮起时，需要做出决定：是停车，还是通过路口. 如果决定停车，则必须有足够的刹车距离. 也就是说，道路上存在一条无形的停车线(图 5-5)，从这条线到十字路口的距离(L) 与此道路的规定速度有关. 规定速度越大，L 也就越长. 当黄灯亮起时，若汽车已经通过了停车线，则不能停车(否则会冲出十字路口)；否则，必须停车. 对于已经通过停车线而无法停住的车辆，黄灯必须亮足够的时间让它们能顺利地通过十字路口.

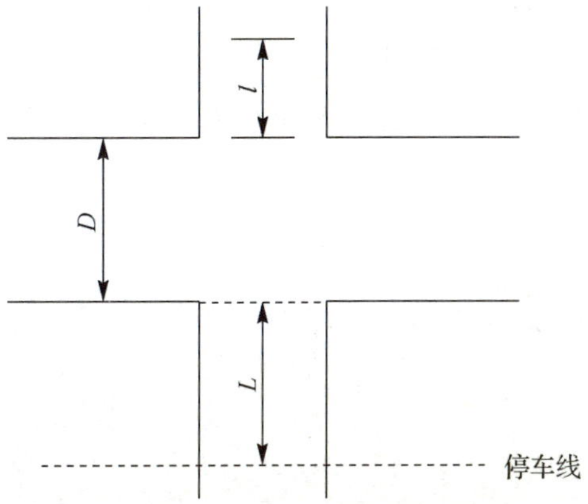

图 5-5

对于停车线的确定，应考虑如下两点.

(1) 驾驶员看到黄灯并决定停车需要一段反应时间(t_1)，在这段时间内，驾驶员尚未刹车.

(2) 驾驶员刹车后，车辆还需要继续向前行驶一段距离，这段距离称为刹车距离.

一般来说，驾驶员的反应时间(t_1) 可以根据经验或统计数据来确定. 而刹车距离可采用如下方法确定：当驾驶员踩下刹车踏板时，汽车会产生一种摩擦力. 这种摩擦力使汽车减速并最终停下.

5.4.3 解答过程

设道路规定的速度为v_0,车辆质量为m,刹车摩擦系数为k,$x(t)$表示刹车后在t时刻内车辆向前行驶的距离.根据刹车规律,刹车的制动力为kmg(其中g为重力加速度),由牛顿第二定律得到刹车后车辆的运动方程为

$$m\frac{\mathrm{d}^2x}{\mathrm{d}t^2}=-kmg \tag{5-3}$$

在式(5-3)两边同时除以m,并积分一次得

$$\frac{\mathrm{d}x}{\mathrm{d}t}=-kgt+C_1$$

将$\left.\frac{\mathrm{d}x}{\mathrm{d}t}\right|_{t=0}=v_0$代入上式,得$C_1=v_0$,从而

$$\frac{\mathrm{d}x}{\mathrm{d}t}=-kgt+v_0 \tag{5-4}$$

令$\frac{\mathrm{d}x}{\mathrm{d}t}=0$,由式(5-4)可求得车辆从刹车到停止所需要的时间为$t_2=\frac{v_0}{kg}$.对式(5-4)两边再积分一次,得

$$x(t)=-\frac{1}{2}kgt^2+v_0t+C_2$$

将$x(0)=0$代入上式得$C_2=0$,因此刹车后车辆的运动规律为

$$x(t)=-\frac{1}{2}kgt^2+v_0t \tag{5-5}$$

将$t_2=\frac{v_0}{kg}$代入式(5-5),得到刹车后车辆继续行驶的距离为

$$x(t_2)=\frac{v_0^2}{2kg}$$

因此,停车线到十字路口的距离应为$L=v_0t_1+\frac{v_0^2}{2kg}$.

黄灯的持续时间应能保证已通过停车线的车辆顺利地通过十字路口.若十字路口的宽度为D,车辆的平均车身长为l,则通过停车线的车辆的最长行驶里程可达到$L+D+l$.因而,为了保证通过停车线的车辆全部顺利通过十字路口,黄灯的持续时间至少为$T=\frac{L+D+l}{v_0}$.

§5.5 数学实验五:利用 MATLAB 求不定积分

5.5.1 实验任务

利用数学软件 MATLAB 求不定积分.

5.5.2 实验过程

1. 相关命令

用 MATLAB 求不定积分的命令是 int,其命令说明如表 5-2 所示.

表 5-2

命　　令	说　　明
int(f)	求表达式 f 的不定积分

2. 操作实例

求下列不定积分.

(1) $\int\left(x^5+x^3-\frac{\sqrt{x}}{4}\right)\mathrm{d}x$;

(2) $\int\frac{\sin x+\cos x}{\sqrt[3]{\sin x-\cos x}}\mathrm{d}x$;

(3) $\int\frac{1}{\sqrt{x^2\pm a^2}}\mathrm{d}x$.

解 (1) 运行 MATLAB,在命令窗口中输入:

```
>> syms x
>> int(x^5 + x^3 - sqrt(x)/4,x)
```

按 Enter 键,得到如下计算结果:

```
ans =
x^4/4 - x^(3/2)/6 + x^6/6
```

即 $\int\left(x^5+x^3-\frac{\sqrt{x}}{4}\right)\mathrm{d}x=\frac{1}{4}x^4-\frac{1}{6}x^{\frac{3}{2}}+\frac{1}{6}x^6+C$.

(2) 在命令窗口中输入:

```
>> f1 = sin(x) + cos(x);f2 = (sin(x) - cos(x))^(1/3);
>> f = f1/f2;
>> F = int(f)
```

按 Enter 键,得到如下计算结果:

```
F =
(3 * 2^(1/3) * (- cos(x + pi/4))^(2/3))/2
```

即 $\int\frac{\sin x+\cos x}{\sqrt[3]{\sin x-\cos x}}\mathrm{d}x=\frac{3}{2}\sqrt[3]{(\sin x-\cos x)^2}+C$.

(3) 在命令窗口中输入:

```
>> syms x a;
I1 = int(1/sqrt(x^2 + a^2));
F1 = simplify(I1);
>> I2 = int(1/sqrt(x^2 - a^2));
>> F2 = simplify(I2);
>> F = [F1;F2]
```

按 Enter 键,得到如下计算结果:

```
F =
log(x + (a^2 + x^2)^(1/2))
log(x + (x^2 - a^2)^(1/2))
```

即 $\int\frac{1}{\sqrt{x^2\pm a^2}}\mathrm{d}x=\ln(x+\sqrt{x^2\pm a^2})+C$.

5.5.3 实验作业

求下列不定积分.

(1) $\int(\cos x+3^x)\mathrm{d}x$；

(2) $\int\frac{x}{x^2+1}\mathrm{d}x$；

(3) $\int\frac{x^2}{\sqrt{4-x^2}}\mathrm{d}x$；

(4) $\int\frac{1}{\sqrt{1+\mathrm{e}^x}}\mathrm{d}x$.

复习题 5

1. 选择题.

(1) 若函数 $F(x)$ 与 $G(x)$ 都是 $f(x)$ 在区间 I 上的原函数，那么在区间 I 上必有(　　).

A. $F(x)=CG(x)$

B. $F(x)=G(x)+C$

C. $F(x)=\frac{G(x)}{C}(C\neq 0)$

D. $F(x)=G(x)$

(2) 若 $\int f(x)\mathrm{d}x=x\mathrm{e}^{-x}+C$，则 $f(x)=$(　　).

A. $x\mathrm{e}^{-x}$

B. $-\mathrm{e}^{-x}+x\mathrm{e}^{-x}$

C. $-x\mathrm{e}^{-x}$

D. $\mathrm{e}^{-x}-x\mathrm{e}^{-x}$

(3) 若 $F'(x)=f(x)$，则 $\int\cos xf(\sin x)\mathrm{d}x$ 等于(　　).

A. $F(\sin x)+C$

B. $-F(\sin x)+C$

C. $F(\cos x)+C$

D. $-F(\cos x)+C$

(4) 已知 $f'(x)=x$，且 $f(0)=1$，则 $f(x)=$(　　).

A. $f(x)=\frac{1}{2}(x^2+1)$

B. $f(x)=\frac{1}{2}(x^2+2)$

C. $f(x)=x^2+1$

D. $f(x)=x^2+2$

(5) 若 e^{-x} 是 $f(x)$ 的一个原函数，则 $\int xf(x)\mathrm{d}x=$(　　).

A. $(1+x)\mathrm{e}^{-x}+C$

B. $-(1+x)\mathrm{e}^{-x}+C$

C. $(1-x)\mathrm{e}^{-x}+C$

D. $(x-1)\mathrm{e}^{-x}+C$

2. 填空题.

(1) $\int\left(\frac{1}{\sin x}+1\right)\mathrm{d}(\sin x)=$__________.

(2) 已知 $f(x)=\mathrm{e}^x$，则 $\int\frac{f'(\ln x)}{x}\mathrm{d}x=$__________.

(3) 已知 $\int f(x)\mathrm{d}x=\arctan 2x+C$，则 $f(x)=$__________.

(4) 若 $F(x)$ 是 $f(x)$ 的一个原函数，则 $\int\mathrm{e}^xf(\mathrm{e}^x)\mathrm{d}x=$__________.

(5) 已知 $f'(x^2)=\frac{2}{x}(x>0)$，则 $f(x)=$__________.

3. 求下列不定积分.

(1) $\int\left(2\mathrm{e}^x-\sqrt{x}+\frac{1}{\sqrt[3]{x}}+1\right)\mathrm{d}x$；

(2) $\int\frac{3-5x+7x^2+x^3}{x}\mathrm{d}x$；

(3) $\int\sin(2x+1)\mathrm{d}x$；

(4) $\int x\mathrm{e}^{-x^2}\mathrm{d}x$；

(5) $\int \frac{1}{x^2+2x+3}\mathrm{d}x$；

(6) $\int \frac{\cos x}{\sqrt{\sin x}}\mathrm{d}x$；

(7) $\int (2x-3)^{50}\mathrm{d}x$；

(8) $\int \frac{1}{\mathrm{e}^x+\mathrm{e}^{-x}}\mathrm{d}x$；

(9) $\int \ln x\mathrm{d}x$；

(10) $\int x\cos x\mathrm{d}x$；

(11) $\int \mathrm{e}^{-x}\cos x\mathrm{d}x$；

(12) $\int \frac{x\mathrm{e}^x}{(\mathrm{e}^x+1)^2}\mathrm{d}x$.

4. 已知曲线 $y=f(x)$ 上点 (x,y) 处的切线斜率与 x^3 成正比，并且通过两点 $A(1,6)$ 与 $B(\sqrt{2},-9)$，求该曲线方程.

5. 一曲线过点 $(\mathrm{e}^2,3)$，且在任一点处的切线斜率等于该点横坐标的倒数，求该曲线方程.

6. 一物体由静止开始做直线运动，经时间 t(单位为 s) 后速度为 $3t^2$(m/s). 求：

(1) 3 s 后物体离开出发点的距离是多少?

(2) 物体走完 360 m 需要多少时间?

第6章

定积分及其应用

阅读与欣赏

微积分的创立史

17世纪下半叶，欧洲科学技术迅猛发展，由于生产力的提高和社会各方面的迫切需要，在各国科学家的努力与历史的积累下，基于函数与极限概念的微积分理论应运而生．而在此之前，微分和积分作为两种数学运算、两类数学问题，是分别被研究的．

(1) 奠定基础：笛卡尔的解析几何．笛卡尔于1637年发表了《科学中的正确运用理性和追求真理的方法论》(简称《方法论》)，确立了解析几何．他表明，几何问题不仅可以归结为代数形式，还可以通过代数变换来发现和证明几何性质．他用坐标表示点的位置，并将坐标应用于曲线．笛卡尔认为点移动成线，因此方程不仅可以表示已知数与未知数之间的关系，还可以表示变量与变量之间的关系和曲线，从而建立了方程与曲线之间的对应关系．此外，笛卡尔打破了表示体积、面积及长度的量之间不可相加减的束缚，使几何图形的各种量之间可以化为代数量之间的关系，实现了几何与代数在数量上的统一．这一突破为微积分的成熟提供了必要的条件，开拓了变量数学的广阔空间．

(2) 牛顿的“流数术”．牛顿从1664年开始研究微积分，他的主要贡献反映在1671年、1676年发表的《流数术与无穷级数》和《曲线求积术》两篇论文，以及1687年的《自然哲学之数学原理》中．早期的微积分常称为“无穷小分析”，因为它建立在无穷小的概念之上．在此基础上，牛顿提出了反问题，即反微分，并讨论了如何借助反微分来计算面积，给出了该方法的根据，使计算趋于一般化和系统化．

(3) 莱布尼茨的贡献．莱布尼茨从1673年开始研究微积分问题，他在《数学笔记》中指出，求曲线的切线依赖于纵坐标与横坐标的差值之比(当这些差值变成无穷小时)；求积依赖于在横坐标的无限小区间上纵坐标之和或无限小矩形之和．莱布尼茨认识到求和与求差运算的可逆性，指出作为求和过程的积分是微分之逆，这实际上也就是今天的定积分．

莱布尼茨创造的微积分符号促进了微积分学的发展．他是数学史上最杰出的符号创造者之一．

虽然牛顿采用的微分和积分符号现在已不用，但莱布尼茨的符号仍在使用．好的符号能大大节省思维劳动，符号的运用技巧是数学成功的关键之一．

(4) 推广与发展．牛顿和莱布尼茨创造了微积分的基本方法，但他们留下了大量问题需要后人解决．首先是微积分的主要内容的扩展，其次是微积分缺少逻辑基础．18世纪，伯努利、欧拉、拉格朗日、克雷尔、达朗贝尔、麦克劳林等数学家随着对函数和极限研究的深入，将定积分概念推广到二重积分、三重积分，也对微积分基础进行了深入研究. 无穷级数、微分方程、变分法等微积分分支学科也初具规模，但微积分的逻辑基础问题还没有得到圆满解决.

§6.1 定积分的概念与性质

在科学技术和现实生活中，经常需要计算某些"和式的极限". 定积分正是从各种计算"和式的极限"问题中抽象出来的数学概念，它与不定积分是两个不同的数学概念，但微积分基本定理将这两个概念联系起来，解决了定积分的计算问题，使定积分得到了广泛的应用.

6.1.1 引例

1. 曲边梯形的面积

设曲线 $y=f(x)$ 在 x 轴的上方且连续，由这条曲线和直线 $x=a, x=b, y=0$ 围成的图形（图 6-1）称为曲边梯形，其中曲线称为曲边. 由于曲边梯形在底边上的高 $f(x)$ 在区间 $[a,b]$ 上是变化的，所以它的面积不能直接运用初等数学方法计算出来. 于是我们采用如下方法来解决.

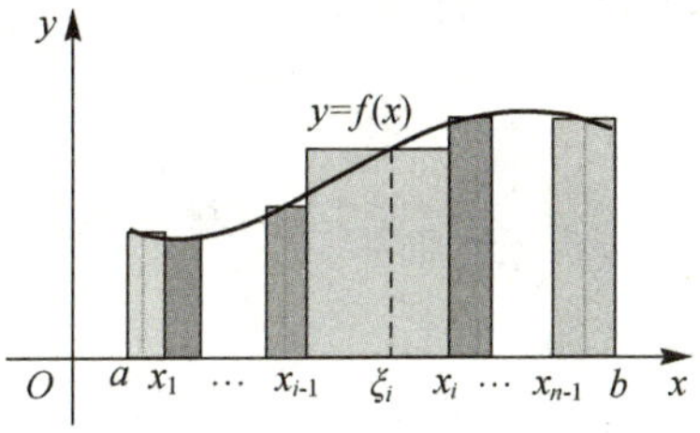

图 6-1

第一步，分割. 任取分点 $a=x_0<x_1<x_2<\cdots<x_{n-1}<x_n=b$，把底边 $[a,b]$ 分成 n 个小区间 $[x_{i-1},x_i]$ $(i=1,2,\cdots,n)$，小区间的长度记为 $\Delta x_i=x_i-x_{i-1}$ $(i=1,2,\cdots,n)$.

第二步，近似. 在每个小区间 $[x_{i-1},x_i]$ 上任取一点 ξ_i，竖起高线为 $f(\xi_i)$，则得小曲边梯形面积 ΔA_i 的近似值为 $\Delta A_i\approx f(\xi_i)\Delta x_i$ $(i=1,2,\cdots,n)$.

第三步，求和. 把 n 个小曲边梯形面积相加就得到曲边梯形面积的近似值，即

$$A\approx\sum_{i=1}^{n}f(\xi_i)\Delta x_i$$

第四步，取极限. 为了保证全部 Δx_i 都无限缩小，我们要求小区间长度中的最大值 $\lambda=\max\limits_{1\leqslant i\leqslant n}\{\Delta x_i\}$ 趋向于零，这时和式 $\sum\limits_{i=1}^{n}f(\xi_i)\Delta x_i$ 的极限就是曲边梯形面积 A 的精确值，即

$$A=\lim_{\lambda\to 0}\sum_{i=1}^{n}f(\xi_i)\Delta x_i \tag{6-1}$$

2. 变速直线运动的路程

设物体做变速直线运动，已知速度 $v=v(t)$ 是时间间隔 $[T_1,T_2]$ 上的连续函数，且 $v(t)\geqslant 0$，试计算这段时间内所走的路程.

如果是匀速直线运动，则路程 $s=v(T_2-T_1)$. 如果 $v(t)$ 是变速的，那么路程就不能使用初等方法求出. 下面我们仍用上面的方法来解决.

第一步，分割. 任取分点 $T_1=t_0<t_1<t_2<\cdots<t_{n-1}<t_n=T_2$，把 $[T_1,T_2]$ 分成 n 个小段，每小段长为 $\Delta t_i=t_i-t_{i-1}$ $(i=1,2,\cdots,n)$.

第二步，近似. 把每小段 $[t_{i-1},t_i]$ 上的运动视为匀速，任取时刻 $\xi_i\in[t_{i-1},t_i]$，作乘积 $v(\xi_i)\Delta t_i$，显然这小段时间所走路程 Δs_i 可近似表示为

$$\Delta s_i\approx v(\xi_i)\Delta t_i\ (i=1,2,\cdots,n)$$

第三步，求和. 把 n 个小段时间上的路程相加，就得到总路程 s 的近似值，即

$$s \approx \sum_{i=1}^{n} v(\xi_i)\Delta t_i$$

第四步，取极限. 记 $\lambda = \max\limits_{1\leqslant i\leqslant n}\{\Delta t_i\}$，则

$$s = \lim_{\lambda\to 0}\sum_{i=1}^{n} v(\xi_i)\Delta t_i \tag{6-2}$$

上述两个问题有不同的实际意义，前者是几何量，后者是物理量，但它们有着共同的特性.

(1) 解决问题的步骤相同，即“分割，近似，求和，取极限”.

(2) 两者的结果式(6-1) 和式(6-2) 的结构相同，都是特殊乘积和式的极限.

这样的问题还有很多，根据此类问题的共性，能够抽象出一个新的概念 —— 定积分.

6.1.2 定积分的概念

定义 6.1 设函数 $f(x)$ 在$[a,b]$上有界，在$[a,b]$中任意插入 $n-1$ 个分点

$$a = x_0 < x_1 < x_2 < \cdots < x_{n-1} < x_n = b$$

把区间$[a,b]$分成 n 个小区间，其长度为

$$\Delta x_i = x_i - x_{i-1}(i = 1,2,\cdots,n)$$

在每个小区间$[x_{i-1},x_i]$上任取一点 ξ_i，作乘积

$$f(\xi_i)\Delta x_i(i = 1,2,\cdots,n)$$

并作和式$\sum\limits_{i=1}^{n} f(\xi_i)\Delta x_i$(称为积分和). 记

$$\lambda = \max\{\Delta x_1,\Delta x_2,\cdots,\Delta x_n\}$$

若极限$\lim\limits_{\lambda\to 0}\sum\limits_{i=1}^{n} f(\xi_i)\Delta x_i$ 存在，则称 $f(x)$ 在$[a,b]$上可积，并称以上的极限值为函数 $f(x)$ 在$[a,b]$上的定积分，记作$\int_a^b f(x)\mathrm{d}x$，即

$$\int_a^b f(x)\mathrm{d}x = \lim_{\lambda\to 0}\sum_{i=1}^{n} f(\xi_i)\Delta x_i$$

其中，称 $f(x)$ 为**被积函数**，$f(x)\mathrm{d}x$ 为**被积表达式**，x 为**积分变量**，$[a,b]$为**积分区间**，a 为**积分下限**，b 为**积分上限**，$\int$ 为**积分号**.

注意 定积分$\int_a^b f(x)\mathrm{d}x$ 是乘积和的极限，它是一个数，与函数 $f(x)$ 和区间$[a,b]$有关，而与积分变量的选择无关，即

$$\int_a^b f(x)\mathrm{d}x = \int_a^b f(t)\mathrm{d}t = \int_a^b f(u)\mathrm{d}u$$

由定积分的定义，前面两个实例可分别表述如下.

(1) 由曲线 $y = f(x)(\geqslant 0)$，直线 $x = a$，$x = b$ 和 x 轴围成的曲边梯形的面积为

$$A = \int_a^b f(x)\mathrm{d}x$$

(2) 以速度 $v(t)(\geqslant 0)$ 做变速直线运动的物体，从时刻 T_1 到 T_2 通过的路程为

$$s = \int_{T_1}^{T_2} v(t)\mathrm{d}t$$

下面我们不加证明地给出函数 $f(x)$ 在区间$[a,b]$上可积的两个充分条件.

定理 6.1 若函数 $f(x)$ 在区间$[a,b]$上**连续**，则 $f(x)$ 在$[a,b]$上**可积**.

定理 6.2 若函数 $f(x)$ 在区间$[a,b]$上**有界**，且只有**有限**个间断点，则 $f(x)$ 在$[a,b]$上**可积**.

例 6-1 利用定积分的定义计算定积分$\int_0^1 x^2 \mathrm{d}x$.

解 因为被积函数 $f(x)=x^2$ 在积分区间$[0,1]$上连续，而连续函数一定可积，所以定积分的值与区间$[0,1]$的分法及点 ξ_i 的取法无关. 因此，为了便于计算，不妨把区间$[0,1]$分为n等份. 这样，每个小区间$[x_{i-1},x_i]$的长度为 $\Delta x_i=\frac{1}{n}$，分点为 $x_i=\frac{i}{n}$. 取 $\xi_i=x_i$，由此得到积分和式

$$\begin{aligned}\sum_{i=1}^{n} f(\xi_i)\Delta x_i &= \sum_{i=1}^{n}\xi_i^2\Delta x_i=\sum_{i=1}^{n}x_i^2\Delta x_i \\ &=\sum_{i=1}^{n}\left(\frac{i}{n}\right)^2\cdot\frac{1}{n}=\frac{1}{n^3}\sum_{i=1}^{n}i^2 \\ &=\frac{1}{n^3}(1^2+2^2+\cdots+n^2) \\ &=\frac{1}{n^3}\cdot\frac{n(n+1)(2n+1)}{6}\end{aligned}$$

其图像如图 6-2 所示.

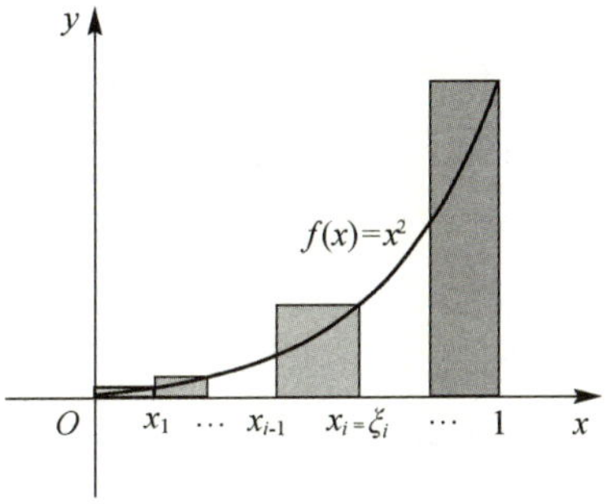

图 6-2

当 $\lambda\to 0$，即 $n\to\infty$ 时$\left(现在 \lambda=\frac{1}{n}\right)$，上式两端取极限即得

$$\int_0^1 x^2\mathrm{d}x=\lim_{\lambda\to 0}\sum_{i=1}^{n}\xi_i^2\Delta x_i=\lim_{n\to\infty}\frac{1}{6}\left(1+\frac{1}{n}\right)\left(2+\frac{1}{n}\right)=\frac{1}{3}$$

6.1.3 定积分的几何意义与几何性质

1. 定积分的几何意义

在求曲边梯形面积的问题中，我们看到，如果 $f(x)>0$，图像位于 x 轴上方，积分值为正，有$\int_a^b f(x)\mathrm{d}x=A$；如果 $f(x)\leqslant 0$，图像位于 x 轴下方，积分值为负，即$\int_a^b f(x)\mathrm{d}x=-A$.

如果 $f(x)$ 在$[a,b]$上有正有负，则积分值等于曲线 $y=f(x)$ 在 x 轴上方部分与下方部分面积的代数和(图 6-3)，即

$$\int_a^b f(x)\mathrm{d}x=A_1-A_2+A_3$$

这就是定积分的几何意义.

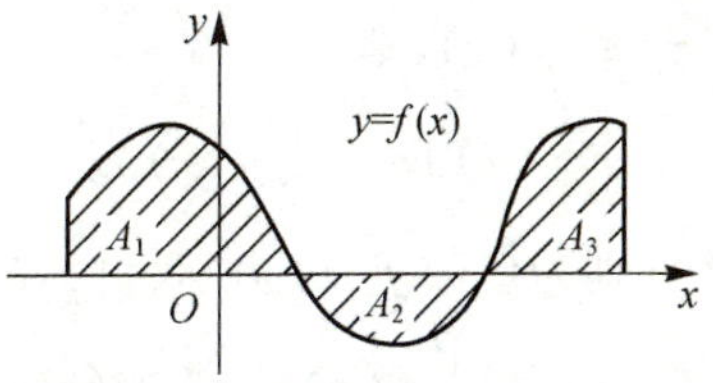

图 6-3

2. 定积分的几何性质

(1) 若 $f(x)$ 在 $[-a,a]$ 上连续，且 $f(x)$ 为奇函数，则 $\int_{-a}^{a} f(x)\mathrm{d}x = 0$.

(2) 若 $f(x)$ 在 $[-a,a]$ 上连续，且 $f(x)$ 为偶函数，则 $\int_{-a}^{a} f(x)\mathrm{d}x = 2\int_{0}^{a} f(x)\mathrm{d}x$.

例 6-2 求 $\int_{-a}^{a} \sqrt{a^2 - x^2}\mathrm{d}x$.

解 由定积分的几何意义知，$\int_{-a}^{a} \sqrt{a^2 - x^2}\mathrm{d}x$ 表示以原点为圆心、a 为半径的上半圆的面积，故

$$\int_{-a}^{a} \sqrt{a^2 - x^2}\mathrm{d}x = \frac{1}{2}\pi a^2$$

例 6-3 计算 $\int_{-\pi}^{\pi} x^2 \sin x\mathrm{d}x$.

解 因为 $f(x) = x^2\sin x$ 在 $[-\pi,\pi]$ 上是奇函数，所以 $\int_{-\pi}^{\pi} x^2\sin x\mathrm{d}x = 0$.

6.1.4 定积分的性质

为了计算及应用方便，先对定积分做如下两个规定.

(1) $\int_{a}^{a} f(x)\mathrm{d}x = 0$.

(2) $\int_{a}^{b} f(x)\mathrm{d}x = -\int_{b}^{a} f(x)\mathrm{d}x$.

在此基础上，我们讨论定积分的以下性质.

性质 6.1 常数因子可以提到积分符号的外面，即

$$\int_{a}^{b} kf(x)\mathrm{d}x = k\int_{a}^{b} f(x)\mathrm{d}x\,(k\text{ 为任意常数})$$

性质 6.2 两个函数代数和的定积分等于定积分的代数和，即

$$\int_{a}^{b} [f(x) \pm g(x)]\mathrm{d}x = \int_{a}^{b} f(x)\mathrm{d}x \pm \int_{a}^{b} g(x)\mathrm{d}x$$

性质 6.3 若在区间 $[a,b]$ 上，$f(x) = c$（c 为常数），则

$$\int_{a}^{b} f(x)\mathrm{d}x = \int_{a}^{b} c\mathrm{d}x = c(b-a)$$

特别地，当 $f(x) = 1$ 时，

$$\int_{a}^{b} \mathrm{d}x = b-a$$

性质 6.4（区间可加性） 对于任意三个实数 a,b,c，有

$$\int_{a}^{b} f(x)\mathrm{d}x = \int_{a}^{c} f(x)\mathrm{d}x + \int_{c}^{b} f(x)\mathrm{d}x$$

性质 6.5 若在区间 $[a,b]$ 上，函数 $f(x) \geqslant 0$（或 $f(x) \leqslant 0$），则

$$\int_{a}^{b} f(x)\mathrm{d}x \geqslant 0\left(\text{或}\int_{a}^{b} f(x)\mathrm{d}x \leqslant 0\right)$$

推论 若在区间 $[a,b]$ 上，有 $f(x) \leqslant g(x)$，则

$$\int_{a}^{b} f(x)\mathrm{d}x \leqslant \int_{a}^{b} g(x)\mathrm{d}x$$

性质 6.6（估值定理） 设 m,M 分别为函数 $f(x)$ 在区间 $[a,b]$ 上的最小值和最大值，则

$$m(b-a) \leqslant \int_{a}^{b} f(x)\mathrm{d}x \leqslant M(b-a)$$

性质 6.7(积分中值定理) 如果函数 $y=f(x)$ 在区间 $[a,b]$ 上连续，则至少存在一点 $\xi\in[a,b]$，使得

$$\int_a^b f(x)\mathrm{d}x=f(\xi)(b-a)$$

我们称 $f(\xi)=\frac{1}{b-a}\int_a^b f(x)\mathrm{d}x$ 为函数 $y=f(x)$ 在区间 $[a,b]$ 上的平均值.

积分中值定理的几何意义：设 $f(x)\geqslant 0$，则由曲线 $y=f(x)$，直线 $x=a$，$x=b$ 以及 x 轴围成的曲边梯形的面积等于以区间 $[a,b]$ 的长度为底、$f(\xi)$ 为高的矩形的面积(图 6-4).

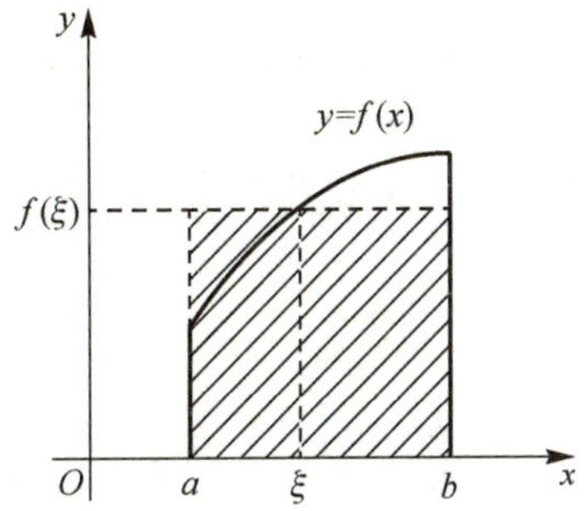

图 6-4

例 6-4 不计算定积分，比较下列各组积分值的大小.

(1) $\int_1^2 \ln x\mathrm{d}x$ 和 $\int_1^2 \ln x^2\mathrm{d}x$；　(2) $\int_0^{\frac{\pi}{4}} \sin x\mathrm{d}x$ 和 $\int_0^{\frac{\pi}{4}} \cos x\mathrm{d}x$.

解 (1) 因为当 $x\in[1,2]$ 时，$\ln x\leqslant \ln x^2$，所以由定积分性质 6.5 的推论得

$$\int_1^2 \ln x\mathrm{d}x\leqslant\int_1^2 \ln x^2\mathrm{d}x$$

(2) 因为当 $x\in\left[0,\frac{\pi}{4}\right]$ 时，$\sin x\leqslant\cos x$，所以由定积分性质 6.5 的推论得

$$\int_0^{\frac{\pi}{4}} \sin x\mathrm{d}x\leqslant\int_0^{\frac{\pi}{4}} \cos x\mathrm{d}x$$

例 6-5 利用定积分的性质，估计 $\int_0^2 x(x-2)\mathrm{d}x$ 的取值范围.

解 因为 $f(x)=x(x-2)$ 在 $[0,2]$ 上的最大值为 $M=0$，最小值为 $m=-1$，所以根据定积分性质 6.6 得

$$(-1)\times(2-0)\leqslant\int_0^2 x(x-2)\mathrm{d}x\leqslant 0\times(2-0)$$

即 $-2\leqslant\int_0^2 x(x-2)\mathrm{d}x\leqslant 0$.

习题 6.1

1. 说明下列定积分的几何意义，并求其值.

(1) $\int_0^1 (3x+1)\mathrm{d}x$；　(2) $\int_{-1}^1 \sqrt{1-x^2}\mathrm{d}x$.

2. 求下列定积分.

(1) $\int_{-1}^1 x\mathrm{d}x$；　(2) $\int_{-\pi}^{\pi} x^2\sin x\mathrm{d}x$；

(3) $\int_{-1}^1 \frac{\arctan x}{1+x^2}\mathrm{d}x$；　(4) $\int_{-4}^4 \frac{x^3}{1+x^4}\mathrm{d}x$.

3. 用定义计算下列定积分.

(1)$\int_1^2 x^2 \mathrm{d}x$；　　(2)$\int_0^1 x\mathrm{d}x$.

4. 比较下列定积分的大小.

(1)$\int_0^1 x\mathrm{d}x$ 和 $\int_0^1 x^2\mathrm{d}x$；　　(2)$\int_0^1 \mathrm{e}^x\mathrm{d}x$ 和 $\int_0^1 \mathrm{e}^{-x}\mathrm{d}x$.

5. 估计下列积分值的范围.

(1)$\int_2^4 (x^2+2x)\mathrm{d}x$；　　(2)$\int_1^{\mathrm{e}} \ln x\mathrm{d}x$.

6. 设在区间$[a,b]$上，$f(x)>0$，$f'(x)<0$，$f''(x)>0$. 令 $S_1=\int_a^b f(x)\mathrm{d}x$，$S_2=f(b)(b-a)$，$S_3=\frac{1}{2}[f(a)+f(b)][b-a]$，试比较 S_1，S_2，S_3 的大小.

§6.2　微积分的基本公式

利用定积分的定义直接计算定积分在实际应用中通常是非常困难的，因此我们需要寻求简便有效的计算定积分的方法. 通过研究定积分与不定积分之间的内在联系，我们可以有效解决定积分的计算问题.

6.2.1　积分上限函数及其导数

微课：变上限积分函数

设函数$f(x)$在区间$[a,b]$上连续，x为区间$[a,b]$上的一点，则积分$\int_a^x f(x)\mathrm{d}x$存在，此时x既表示积分上限，又表示积分变量. 因定积分与积分变量无关，为避免混淆，把积分变量x改写成t，于是上面的定积分可以写成$\int_a^x f(t)\mathrm{d}t$.

显然，当x在区间$[a,b]$上任意变动时，对应于每一个x值，积分$\int_a^x f(t)\mathrm{d}t$都有一个确定的数值与之对应，所以在区间$[a,b]$上定义了一个关于上限x的**函数**，记作$\Phi(x)$，即

$$\Phi(x)=\int_a^x f(t)\mathrm{d}t\ (a\leqslant x\leqslant b)$$

称函数$\Phi(x)$为**积分变上限函数**（或变上限积分函数），其几何意义如图 6-5 所示. 它具有下列重要性质.

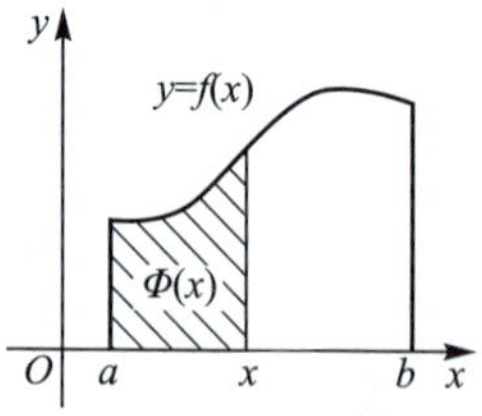

图 6-5

定理 6.3　若函数$f(x)$在区间$[a,b]$上连续，则积分变上限函数$\Phi(x)=\int_a^x f(t)\mathrm{d}t$在区间$[a,b]$上可导，且其导数为

$$\Phi'(x)=\frac{\mathrm{d}}{\mathrm{d}x}\int_a^x f(t)\mathrm{d}t=f(x)\ (a\leqslant x\leqslant b) \tag{6-3}$$

即积分变上限函数对上限x的导数等于被积函数在其上限处的函数值.

定理 6.3 说明，积分变上限函数$\Phi(x)$是连续函数$f(x)$的一个原函数. 因此，可得原函数存在定理.

定理 6.4（原函数存在定理）　若函数$f(x)$在区间$[a,b]$上连续，则积分上限函数$\Phi(x)=\int_a^x f(t)\mathrm{d}t$就是函数$f(x)$在区间$[a,b]$上的一个原函数.

利用复合函数的求导法则,可进一步得到下列公式.

(1) $\dfrac{d}{dx}\displaystyle\int_a^{\varphi(x)} f(t)dt = f[\varphi(x)]\varphi'(x)$.

(2) $\dfrac{d}{dx}\displaystyle\int_{a(x)}^{b(x)} f(t)dt = f[b(x)]b'(x) - f[a(x)]a'(x)$.

例 6-6 计算下列各题.

(1) $\dfrac{d}{dx}\displaystyle\int_a^x e^{-t^2}dt$; (2) $\dfrac{d}{dx}\displaystyle\int_a^{\sin x} e^{-t^2}dt$; (3) $\lim\limits_{x\to 0}\dfrac{\int_0^{x^2} e^t dt}{2x}$.

解 (1) $\dfrac{d}{dx}\displaystyle\int_a^x e^{-t^2}dt = e^{-x^2}$.

(2) 令 $u=\sin x$,则$\displaystyle\int_a^{\sin x} e^{-t^2}dt = \int_a^u e^{-t^2}dt$. 由复合函数求导法则,得

$$\frac{d}{dx}\int_a^{\sin x} e^{-t^2}dt = \frac{d}{du}\int_a^u e^{-t^2}dt\,\frac{du}{dx} = e^{-u^2}\cos x = e^{-\sin^2 x}\cos x$$

(3) 因为当 $x\to 0$ 时,该极限属于 $\dfrac{0}{0}$ 型未定式,所以可用洛必达法则求极限,即

$$\lim_{x\to 0}\frac{\int_0^{x^2} e^t dt}{2x} = \lim_{x\to 0}\frac{\left(\int_0^{x^2} e^t dt\right)'}{(2x)'} = \lim_{x\to 0}\frac{2xe^{x^2}}{2} = 0$$

6.2.2 微积分基本定理

下面给出微积分基本定理,它不仅揭示了定积分与不定积分之间的内在联系,而且给出了用原函数计算定积分的公式.

定理 6.5(微积分基本定理) 若函数 $F(x)$是连续函数$f(x)$在区间$[a,b]$上的一个原函数,则

$$\int_a^b f(x)dx = F(b) - F(a) \tag{6-4}$$

式(6-4)称为**牛顿-莱布尼茨公式**.

定理 6.5 表明:一个连续函数在区间$[a,b]$上的定积分等于它的任一原函数在区间$[a,b]$上的增量. 这样,要计算定积分,只需寻找被积函数的一个原函数,再计算原函数在区间$[a,b]$上的增量即可. 这为定积分的计算提供了有效简便的方法.

例 6-7 计算下列定积分.

(1)$\displaystyle\int_{-1}^{\sqrt{3}}\frac{dx}{1+x^2}$; (2)$\displaystyle\int_1^2\frac{dx}{2+3x}$; (3)$\displaystyle\int_0^{\pi}\sqrt{1+\cos 2x}\,dx$;

(4)$\displaystyle\int_0^2 f(x)dx$,其中$f(x)=\begin{cases}2x, & 0\leqslant x\leqslant 1\\ 5, & 1< x\leqslant 2\end{cases}$.

解 (1)$\displaystyle\int_{-1}^{\sqrt{3}}\frac{dx}{1+x^2} = \arctan x\Big|_{-1}^{\sqrt{3}} = \arctan\sqrt{3} - \arctan(-1) = \frac{\pi}{3} - \left(-\frac{\pi}{4}\right) = \frac{7}{12}\pi$.

(2)$\displaystyle\int_1^2\frac{dx}{2+3x} = \frac{1}{3}\int_1^2\frac{d(2+3x)}{2+3x} = \frac{1}{3}[\ln|2+3x|]_1^2 = \frac{1}{3}(\ln 8 - \ln 5) = \frac{1}{3}\ln\frac{8}{5}$.

$$\begin{aligned}(3)\int_0^{\pi}\sqrt{1+\cos 2x}\,dx &= \int_0^{\pi}\sqrt{2\cos^2 x}\,dx = \sqrt{2}\int_0^{\pi}|\cos x|\,dx\\ &= \sqrt{2}\left[\int_0^{\frac{\pi}{2}}\cos x\,dx + \int_{\frac{\pi}{2}}^{\pi}(-\cos x)dx\right]\\ &= \sqrt{2}\sin x\Big|_0^{\frac{\pi}{2}} - \sqrt{2}\sin x\Big|_{\frac{\pi}{2}}^{\pi} = 2\sqrt{2}.\end{aligned}$$

(4) $\int_0^2 f(x)\mathrm{d}x = \int_0^1 2x\mathrm{d}x + \int_1^2 5\mathrm{d}x = x^2\Big|_0^1 + 5x\Big|_1^2 = 1 + 5 = 6.$

例 6-8 求由抛物线 $y = x^2$ 和直线 $y = x$ 围成的平面图形的面积.

解 解方程组 $\begin{cases} y = x^2 \\ y = x \end{cases}$，得交点坐标为 $A(1,1)$，$O(0,0)$，如图 6-6 所示. 于是

$$A = \int_0^1 x\mathrm{d}x - \int_0^1 x^2\mathrm{d}x = \left[\frac{1}{2}x^2 - \frac{1}{3}x^3\right]_0^1 = \frac{1}{6}$$

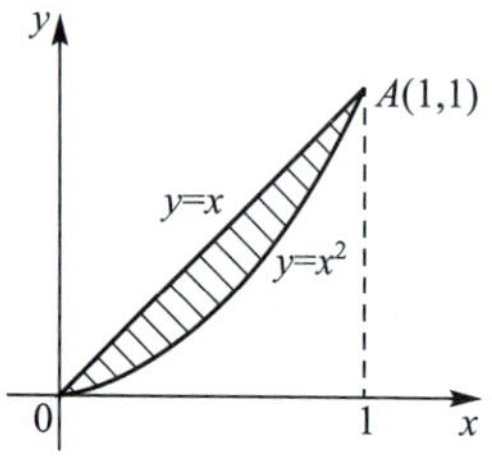

图 6-6

习题 6.2

1. 求下列函数的导数.

(1) $y = \int_0^x e^{t^2}\mathrm{d}t$；

(2) $y = \int_0^{\sqrt{x}} \sin t\mathrm{d}t$；

(3) $y = \int_0^{\ln x} t\mathrm{d}t$；

(4) $y = \int_0^{x^2} \sqrt{1+t}\mathrm{d}t$.

2. 求下列极限.

(1) $\lim\limits_{x\to 0}\dfrac{\int_0^x 2t\cos t\mathrm{d}t}{1-\cos x}$；

(2) $\lim\limits_{x\to 0}\dfrac{\int_0^x \sin t\mathrm{d}t}{x^2}$.

3. 计算下列定积分.

(1) $\int_0^1 \dfrac{1}{4x+1}\mathrm{d}x$；

(2) $\int_{-\frac{1}{2}}^1 \dfrac{1}{3-2x}\mathrm{d}x$；

(3) $\int_{-\frac{1}{2}}^{\frac{\sqrt{3}}{2}} \dfrac{1}{1+4x^2}\mathrm{d}x$；

(4) $\int_0^1 \dfrac{1}{\sqrt{1-x^2}}\mathrm{d}x$；

(5) $\int_2^3 (x^2-3x)\mathrm{d}x$；

(6) $\int_{-2}^{-1}\left(x-\dfrac{1}{x}\right)\mathrm{d}x$；

(7) $\int_{-2}^{-1} \dfrac{1}{x^2+4x+5}\mathrm{d}x$；

(8) $\int_2^3 \dfrac{1}{x^2-1}\mathrm{d}x$；

(9) $\int_0^1 xe^{x^2}\mathrm{d}x$；

(10) $\int_1^e \dfrac{\ln x}{x}\mathrm{d}x$.

4. 计算下列定积分.

(1) 设 $f(x) = \begin{cases} \cos x, & 0 \leqslant x < \dfrac{\pi}{2} \\ \dfrac{\pi}{2} - x, & \dfrac{\pi}{2} \leqslant x \leqslant \pi \end{cases}$，求 $\int_0^{\pi} f(x)\mathrm{d}x$.

(2) 设 $f(x) = |x|$，求 $\int_{-1}^1 f(x)\mathrm{d}x$.

5. 求$\int_{-2}^{2}\max\{x,x^2\}dx$.

§6.3 定积分的计算

由牛顿-莱布尼茨公式可知，计算定积分最终归结为求原函数或不定积分. 与不定积分的基本积分方法相对应，定积分也有换元积分法和分部积分法，它们给定积分的计算带来了方便.

6.3.1 定积分的换元积分法

定理 6.6 设函数 $f(x)$ 在区间$[a,b]$上连续，函数 $x=\varphi(t)$ 满足下列条件：

(1) $\varphi(t)$ 在区间$[\alpha,\beta]$上有连续导数；

(2) 当 t 在区间$[\alpha,\beta]$上变动时，$x=\varphi(t)$ 的值在$[a,b]$上变化，且 $\varphi(\alpha)=a$，$\varphi(\beta)=b$. 则

$$\int_a^b f(x)dx=\int_\alpha^\beta f[\varphi(t)]\varphi'(t)dt \tag{6-5}$$

式(6-5)称为**定积分的换元积分公式**.

证明 设 $F(x)$ 是 $f(x)$ 的一个原函数，在式(6-5)的两边应用牛顿-莱布尼茨公式，可得

$$\begin{aligned}\int_\alpha^\beta f[\varphi(t)]\varphi'(t)dt&=\int_\alpha^\beta f[\varphi(t)]d\varphi(t)=\int_\alpha^\beta F'[\varphi(t)]d\varphi(t)\\&=F[\varphi(t)]\Big|_\alpha^\beta=F[\varphi(\beta)]-F[\varphi(\alpha)]\\&=F(b)-F(a)\end{aligned}$$

定积分$\int_a^b f(x)dx$中的"dx"本来是整个定积分记号中不可分割的一部分，但由上述定理可知，在一定条件下，它确实可以作为微分记号来对待，也就是将$\int_a^b f(x)dx$中的x换成$\varphi(t)$，则dx就换成$\varphi'(t)dt$，这正好是 $x=\varphi(t)$ 的微分.

注意 (1) 当用 $x=\varphi(t)$ 把变量 x 换成新变量 t 时，积分上下限也要换成相应于新变量 t 的积分上下限.

(2) 求出 $f[\varphi(t)]\varphi'(t)$ 的一个原函数 $F(t)$ 后，不必像计算不定积分那样把 $F(t)$ 变换成 x 的函数，而只要把新变量 t 的上下限代入 $F(t)$ 中进行计算即可.

例 6-9 计算$\int_0^3\frac{x}{\sqrt{1+x}}dx$.

解 设$\sqrt{1+x}=t$，则 $x=t^2-1$，$dx=2tdt$. 当 $x=0$ 时，$t=1$；当 $x=3$ 时，$t=2$. 于是

$$\begin{aligned}\int_0^3\frac{x}{\sqrt{1+x}}dx&=\int_1^2\frac{t^2-1}{t}\cdot 2tdt=2\int_1^2(t^2-1)dt\\&=2\left(\frac{t^3}{3}-t\right)\Big|_1^2=\frac{8}{3}\end{aligned}$$

例 6-10 计算$\int_0^a\sqrt{a^2-x^2}dx(a>0)$.

解 令 $x=a\sin t$，则 $dx=a\cos tdt$. 当 $x=0$ 时，$t=0$；当 $x=a$ 时，$t=\frac{\pi}{2}$. 于是

$$\int_0^a\sqrt{a^2-x^2}dx=a^2\int_0^{\frac{\pi}{2}}\cos^2 tdt=\frac{a^2}{2}\int_0^{\frac{\pi}{2}}(1+\cos 2t)dt$$

$$= \frac{a^2}{2}\left[t + \frac{1}{2}\sin 2t\right]_0^{\frac{\pi}{2}} = \frac{\pi a^2}{4}$$

换元公式也可反过来使用. 为使用方便，把换元公式中左右两边对调位置，同时把 t 改记为 x，而把 x 改记为 t，得

$$\int_a^b f[\varphi(x)]\varphi'(x)\mathrm{d}x = \int_\alpha^\beta f(t)\mathrm{d}t$$

这样，可令 $t=\varphi(x)$，引入新变量 t，而 $\alpha=\varphi(a)$，$\beta=\varphi(b)$. 从上式可以看出，其实质上是凑微分的方法.

例 6-11 计算 $\int_0^{\frac{\pi}{2}} \cos^3 x\sin x\mathrm{d}x$.

解 令 $t=\cos x$，则 $\mathrm{d}t=-\sin x\mathrm{d}x$. 当 $x=0$ 时，$t=1$；当 $x=\frac{\pi}{2}$ 时，$t=0$. 于是

$$\int_0^{\frac{\pi}{2}} \cos^3 x\sin x\mathrm{d}x = -\int_1^0 t^3\mathrm{d}t = \left[\frac{t^4}{4}\right]_0^1 = \frac{1}{4}$$

在例 6-11 中，可以不明显地写出新变量 t，这时上下限不变，计算过程如下.

$$\int_0^{\frac{\pi}{2}} \cos^3 x\sin x\mathrm{d}x = -\int_0^{\frac{\pi}{2}} \cos^3 x\mathrm{d}(\cos x) = -\left[\frac{\cos^4 x}{4}\right]_0^{\frac{\pi}{2}} = \frac{1}{4}$$

6.3.2 定积分的分部积分法

由不定积分的分部积分法以及牛顿 - 莱布尼茨公式可以得到定积分的分部积分公式

$$\int_a^b uv'\mathrm{d}x = \int_a^b (uv)'\mathrm{d}x - \int_a^b u'v\mathrm{d}x = (uv)\Big|_a^b - \int_a^b u'v\mathrm{d}x$$

即

$$\int_a^b uv'\mathrm{d}x = (uv)\Big|_a^b - \int_a^b u'v\mathrm{d}x \tag{6-6}$$

或

$$\int_a^b u\mathrm{d}v = (uv)\Big|_a^b - \int_a^b v\mathrm{d}u \tag{6-7}$$

这就是定积分的分部积分公式. 式(6-6) 和式(6-7) 表明了定积分的分部积分公式的适用范围. 就被积函数而言，与不定积分的分部积分相似，u，$\mathrm{d}v$ 的选择也类似，只不过原函数已经积出的部分需用积分上、下限代入.

例 6-12 计算 $\int_0^{\frac{\pi}{2}} x\cos x\mathrm{d}x$.

解
$$\int_0^{\frac{\pi}{2}} x\cos x\mathrm{d}x = \int_0^{\frac{\pi}{2}} x\mathrm{d}(\sin x) = x\sin x\Big|_0^{\frac{\pi}{2}} - \int_0^{\frac{\pi}{2}} \sin x\mathrm{d}x$$
$$= \frac{\pi}{2} + \cos x\Big|_0^{\frac{\pi}{2}} = \frac{\pi}{2} + \left(\cos\frac{\pi}{2} - \cos 0\right)$$
$$= \frac{\pi}{2} - 1.$$

例 6-13 计算 $\int_0^1 x\mathrm{e}^{-x}\mathrm{d}x$.

解
$$\int_0^1 x\mathrm{e}^{-x}\mathrm{d}x = -\int_0^1 x\mathrm{d}(\mathrm{e}^{-x}) = -\left(x\mathrm{e}^{-x}\Big|_0^1 - \int_0^1 \mathrm{e}^{-x}\mathrm{d}x\right)$$
$$= -\mathrm{e}^{-1} - \mathrm{e}^{-x}\Big|_0^1 = 1 - \frac{2}{\mathrm{e}}.$$

习题 6.3

1. 用换元积分法求下列定积分.

(1) $\int_1^4 \frac{1}{x+\sqrt{x}}\mathrm{d}x$； (2) $\int_1^4 \frac{\sqrt{x}}{x+\sqrt{x}}\mathrm{d}x$； (3) $\int_0^1 \frac{1}{\sqrt{5x+4}-1}\mathrm{d}x$；

(4) $\int_0^1 \sqrt{5x+4}\mathrm{d}x$； (5) $\int_0^2 \sqrt{4-x^2}\mathrm{d}x$； (6) $\int_0^1 \frac{1}{\sqrt{x^2+1}}\mathrm{d}x$；

(7) $\int_0^{\frac{\pi}{2}} \sin^3 x\mathrm{d}x$； (8) $\int_1^2 \frac{2x+3}{x^2+3x-3}\mathrm{d}x$； (9) $\int_{-1}^1 \frac{\arctan x}{1+x^2}\mathrm{d}x$；

(10) $\int_0^{\sqrt{3}} \frac{x}{\sqrt{1+x^2}}\mathrm{e}^{\sqrt{1+x^2}}\mathrm{d}x$； (11) $\int_0^1 \frac{1}{\mathrm{e}^x+\mathrm{e}^{-x}}\mathrm{d}x$； (12) $\int_{-1}^0 \frac{1}{x^2+2x+2}\mathrm{d}x$.

2. 用分部积分法计算下列定积分.

(1) $\int_0^1 x\mathrm{e}^x\mathrm{d}x$； (2) $\int_1^{\mathrm{e}} x\ln x\mathrm{d}x$； (3) $\int_1^{\mathrm{e}} x^3\ln x\mathrm{d}x$；

(4) $\int_0^1 x\arctan x\mathrm{d}x$； (5) $\int_0^1 \ln(2x+1)\mathrm{d}x$.

3. 求定积分 $\int_{\frac{1}{\pi}}^{\frac{2}{\pi}} \frac{1}{x^2}\sin\frac{1}{x}$.

§6.4 广义积分

在讨论定积分 $\int_a^b f(x)\mathrm{d}x$ 时，通常要求积分区间 $[a,b]$ 是有限的，被积函数 $f(x)$ 在 $[a,b]$ 上有界. 但在解决某些物理、几何等实际问题时，往往需要处理积分区间为无限区间或被积函数为无界函数的积分，这两种情形的积分统称为广义积分. 相应地，把前面讨论的定积分称为常义积分.

6.4.1 无限区间上的广义积分

定义 6.2 设函数 $f(x)$ 在区间 $[a,+\infty)$ 上连续，若极限 $\lim\limits_{b\to+\infty}\int_a^b f(x)\mathrm{d}x$ 存在，则称此极限为函数 $f(x)$ 在无穷区间 $[a,+\infty)$ 上的**广义积分**，记为 $\int_a^{+\infty} f(x)\mathrm{d}x$，即

$$\int_a^{+\infty} f(x)\mathrm{d}x = \lim_{b\to+\infty}\int_a^b f(x)\mathrm{d}x$$

这时也称广义积分 $\int_a^{+\infty} f(x)\mathrm{d}x$ **收敛**；若极限 $\lim\limits_{b\to+\infty}\int_a^b f(x)\mathrm{d}x$ 不存在，则称广义积分 $\int_a^{+\infty} f(x)\mathrm{d}x$ **发散**.

类似地，可定义函数 $f(x)$ 在无穷区间 $(-\infty,b]$ 上的广义积分

$$\int_{-\infty}^b f(x)\mathrm{d}x = \lim_{a\to-\infty}\int_a^b f(x)\mathrm{d}x$$

定义 6.3 将函数 $f(x)$ 在无穷区间 $(-\infty,+\infty)$ 上的广义积分定义为

$$\int_{-\infty}^{+\infty} f(x)\mathrm{d}x = \int_{-\infty}^a f(x)\mathrm{d}x + \int_a^{+\infty} f(x)\mathrm{d}x$$

其中 a 为任意实数. 当上式右端两个积分都收敛时,称广义积分$\int_{-\infty}^{+\infty} f(x)\mathrm{d}x$ **收敛**;否则,称广义积分$\int_{-\infty}^{+\infty} f(x)\mathrm{d}x$ **发散**.

若 $F(x)$ 是 $f(x)$ 的一个原函数,记 $F(+\infty)=\lim\limits_{x\to+\infty}F(x)$,$F(-\infty)=\lim\limits_{x\to-\infty}F(x)$,则广义积分可表示为(如果极限存在)

$$\int_{a}^{+\infty} f(x)\mathrm{d}x = F(x)\Big|_{a}^{+\infty} = F(+\infty)-F(a)$$

$$\int_{-\infty}^{b} f(x)\mathrm{d}x = F(x)\Big|_{-\infty}^{b} = F(b)-F(-\infty)$$

$$\int_{-\infty}^{+\infty} f(x)\mathrm{d}x = F(x)\Big|_{-\infty}^{+\infty} = F(+\infty)-F(-\infty)$$

例 6-14 求$\int_{1}^{+\infty}\frac{1}{x^2}\mathrm{d}x$.

解 $\int_{1}^{+\infty}\frac{1}{x^2}\mathrm{d}x = \left(-\frac{1}{x}\right)\Big|_{1}^{+\infty} = 1$.

例 6-15 求$\int_{-\infty}^{+\infty}\frac{1}{x^2+2x+2}\mathrm{d}x$.

解 $\int_{0}^{+\infty}\frac{1}{x^2+2x+2}\mathrm{d}x = \int_{0}^{+\infty}\frac{1}{1+(x+1)^2}\mathrm{d}(x+1) = \arctan(x+1)\Big|_{0}^{+\infty}$

$$= \frac{\pi}{2}-\frac{\pi}{4} = \frac{\pi}{4}.$$

$$\int_{-\infty}^{0}\frac{1}{x^2+2x+2}\mathrm{d}x = \int_{-\infty}^{0}\frac{1}{1+(x+1)^2}\mathrm{d}(x+1) = \arctan(x+1)\Big|_{-\infty}^{0}$$

$$= \frac{\pi}{4}-\left(-\frac{\pi}{2}\right) = \frac{3}{4}\pi.$$

故

$$\int_{-\infty}^{+\infty}\frac{1}{x^2+2x+2}\mathrm{d}x = \int_{-\infty}^{0}\frac{1}{x^2+2x+2}\mathrm{d}x + \int_{0}^{+\infty}\frac{1}{x^2+2x+2}\mathrm{d}x = \frac{3\pi}{4}+\frac{\pi}{4} = \pi$$

例 6-16 验证广义积分$\int_{1}^{+\infty}\frac{1}{x^p}\mathrm{d}x$,当 $p>1$ 时收敛,当 $p\leqslant 1$ 时发散.

解 当 $p=1$ 时,

$$\int_{1}^{+\infty}\frac{1}{x^p}\mathrm{d}x = \int_{1}^{+\infty}\frac{1}{x}\mathrm{d}x = \ln x\Big|_{1}^{+\infty} = +\infty$$

当 $p\neq 1$ 时,

$$\int_{1}^{+\infty}\frac{1}{x^p}\mathrm{d}x = \left(\frac{x^{1-p}}{1-p}\right)\Big|_{1}^{+\infty} = \begin{cases} +\infty, & p<1 \\ \dfrac{1}{p-1}, & p>1 \end{cases}$$

因此

$$\int_{1}^{+\infty}\frac{1}{x^p}\mathrm{d}x = \begin{cases} +\infty, & p\leqslant 1 \\ \dfrac{1}{p-1}, & p>1 \end{cases}$$

6.4.2 无界函数的广义积分

如果函数 $f(x)$ 在点 a 的任一邻域内都无界,那么称点 a 为函数 $f(x)$ 的**瑕点**. 无界函数的广义积分又称为**瑕积分**.

定义 6.4 设函数 $f(x)$ 在区间 $(a,b]$ 上连续，点 a 为 $f(x)$ 的瑕点. 若极限 $\lim\limits_{x\to a^+}\int_x^b f(t)\mathrm{d}t$ 存在，则称此极限为函数 $f(x)$ 在区间 $(a,b]$ 上的**广义积分**，记为 $\int_a^b f(x)\mathrm{d}x$，即

$$\int_a^b f(x)\mathrm{d}x=\lim_{x\to a^+}\int_x^b f(t)\mathrm{d}t$$

这时称广义积分 $\int_a^b f(x)\mathrm{d}x$ **收敛**；否则，称广义积分 $\int_a^b f(x)\mathrm{d}x$ **发散**.

类似地，可定义函数 $f(x)$ 在区间 $[a,b)$ 上的广义积分为

$$\int_a^b f(x)\mathrm{d}x=\lim_{x\to b^-}\int_a^x f(t)\mathrm{d}t$$

定义 6.5 设函数 $f(x)$ 在区间 $[a,b]$ 上除点 $c(a<c<b)$ 外连续，点 c 为 $f(x)$ 的瑕点，则函数 $f(x)$ 在区间 $[a,b]$ 上的广义积分为

$$\int_a^b f(x)\mathrm{d}x=\int_a^c f(x)\mathrm{d}x+\int_c^b f(x)\mathrm{d}x$$

当上式右端两个积分都收敛时，称广义积分 $\int_a^b f(x)\mathrm{d}x$ **收敛**；否则，称广义积分 $\int_a^b f(x)\mathrm{d}x$ **发散**.

例 6-17 求 $\int_0^1 \frac{x}{\sqrt{1-x^2}}\mathrm{d}x$.

解 $$\int_0^1 \frac{x}{\sqrt{1-x^2}}\mathrm{d}x=\lim_{b\to 1^-}\int_0^b\left(-\frac{1}{2}\right)\frac{1}{\sqrt{1-x^2}}\mathrm{d}(1-x^2)$$

$$=\lim_{b\to 1^-}(-\sqrt{1-x^2})\Big|_0^b=\lim_{b\to 1^-}(1-\sqrt{1-b^2})=1.$$

例 6-18 讨论广义积分 $\int_{-1}^2 \frac{\mathrm{d}x}{x^3}$ 的收敛性.

解 被积函数 $f(x)=\frac{1}{x^3}$ 在区间 $[-1,2]$ 上除点 $x=0$ 外连续，且 $\lim\limits_{x\to 0}\frac{1}{x^3}=\infty$. 由于

$$\int_{-1}^0 \frac{\mathrm{d}x}{x^3}=\lim_{b\to 0^-}\left(-\frac{1}{2x^2}\right)\Big|_{-1}^b=\lim_{b\to 0^-}\left(-\frac{1}{2b^2}\right)+\frac{1}{2}=-\infty$$

即广义积分 $\int_{-1}^0 \frac{\mathrm{d}x}{x^3}$ 发散，所以广义积分 $\int_{-1}^2 \frac{\mathrm{d}x}{x^3}$ 发散.

注意 如果将例 6-18 中的积分误当作常义积分进行计算，就会得到下面错误的结果.

$$\int_{-1}^2 \frac{\mathrm{d}x}{x^3}=\left(-\frac{1}{2x^2}\right)\Big|_{-1}^2=-\frac{1}{8}+\frac{1}{2}=\frac{3}{8}$$

习题 6.4

1. 求下列广义积分.

(1) $\int_1^{+\infty}\frac{1}{x^3}\mathrm{d}x$；

(2) $\int_0^{+\infty} x\mathrm{e}^{-x^2}\mathrm{d}x$；

(3) $\int_{-\infty}^{+\infty}\frac{1}{x^2+x+1}\mathrm{d}x$；

(4) $\int_0^{+\infty}\frac{\arctan x}{1+x^2}\mathrm{d}x$.

2. 求下列广义积分.

(1) $\int_{-1}^1\frac{1}{x^2}\mathrm{d}x$；

(2) $\int_0^3\frac{1}{(x-1)^{\frac{2}{3}}}\mathrm{d}x$.

(3) $\int_0^1 \frac{dx}{\sqrt{1-x}}$;　　　　(4) $\int_1^e \frac{dx}{x\sqrt{1-(\ln x)^2}}$.

3. 讨论 $\int_0^{+\infty} \frac{1}{x^p}$ 的敛散性.

§6.5　定积分的应用

由于定积分的概念和理论是在解决实际问题的过程中产生和发展起来的，因而它的应用非常广泛. 下面先介绍运用定积分解决实际问题的常用方法 —— 微元法，然后讨论定积分在几何和物理上的一些简单应用.

6.5.1　微元法

定积分的所有应用问题，一般可按"分割、近似、求和、取极限"这四个步骤把所求量表示为定积分的形式. 为了更好地说明这种方法，先来回顾 6.1.1 小节中讨论过的求曲边梯形面积的问题.

假设一曲边梯形由连续曲线 $y=f(x)[f(x)\geqslant 0]$、x 轴及两条直线 $x=a$, $x=b$ 围成，试求其面积 A.

(1) **分割**. 用任意一组分点把区间 $[a,b]$ 分成长度为 $\Delta x_i(i=1,2,\cdots,n)$ 的 n 个小区间. 相应地，把曲边梯形分成 n 个小曲边梯形. 记第 i 个小曲边梯形的面积为 ΔA_i.

(2) **近似**. 第 i 个小曲边梯形面积的近似值为

$$\Delta A_i \approx f(\xi_i)\Delta x_i (x_{i-1}\leqslant \xi_i \leqslant x_i)$$

(3) **求和**. 所求曲边梯形面积 A 的近似值为

$$A=\sum_{i=1}^{n}\Delta A_i \approx \sum_{i=1}^{n} f(\xi_i)\Delta x_i$$

(4) **取极限**. 所求曲边梯形面积 A 的精确值为

$$A=\lim_{\lambda\to 0}\sum_{i=1}^{n} f(\xi_i)\Delta x_i=\int_a^b f(x)dx$$

其中 $\lambda=\max\{\Delta x_1,\Delta x_2,\cdots,\Delta x_n\}$.

由上述过程可见，当把区间 $[a,b]$ 分割成 n 个小区间时，所求面积 A(总量)也被相应地分成 n 个小曲边梯形(部分量)，而所求总量等于各部分量之和($A=\sum_{i=1}^{n}\Delta A_i$)，这一性质称为所求总量对于区间 $[a,b]$ 具有**可加性**. 此外，以 $f(\xi_i)\Delta x_i$ 近似代替部分量 ΔA_i 时，其误差是一个比 Δx_i 更高阶的无穷小. 这两点保证了求和、取极限后能得到所求总量的精确值.

对上述过程，在实际应用中可略去下标 i，改写为如下形式.

(1) **分割**. 把区间 $[a,b]$ 分割为 n 个小区间，任取其中一个小区间 $[x,x+dx]$(区间元素)，用 ΔA 表示 $[x,x+dx]$ 上小曲边梯形的面积. 于是，所求面积为

$$A=\sum \Delta A$$

(2) **近似**. 取 $[x,x+dx]$ 的左端点 x 为 ξ. 将以点 x 处的函数值 $f(x)$ 为高、dx 为底的小矩形的面积 $f(x)dx$(面积元素，记为 dA)作为 ΔA 的近似值(图 6-7)，即

$$\Delta A \approx dA=f(x)dx$$

(3) **求和**. 所求曲边梯形面积 A 的近似值为

$$A \approx \sum \mathrm{d}A = \sum f(x)\mathrm{d}x$$

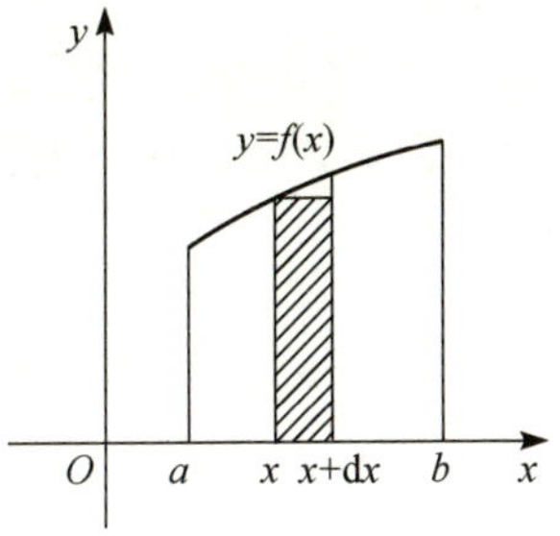

图 6-7

(4) **取极限**. 所求曲边梯形面积 A 的精确值为

$$A = \lim \sum f(x)\mathrm{d}x = \int_a^b f(x)\mathrm{d}x$$

由上述分析,我们可以抽象出一种在应用学科中广泛采用的方法,将所求量 U(总量) 表示为定积分的方法,这种方法称为**元素法**. 这个方法的主要步骤如下.

(1) 根据具体问题选取一个积分变量,如选取 x 为积分变量,并确定它的变化区间为$[a,b]$. 任取$[a,b]$上的一个区间元素$[x,x+\mathrm{d}x]$,求出相应于这个区间元素上的部分量 ΔU 的近似值,即求出所求总量 U 的元素为

$$\mathrm{d}U = f(x)\mathrm{d}x$$

(2) 根据 $\mathrm{d}U = f(x)\mathrm{d}x$ 写出表示总量 U 的定积分.

$$U = \int_a^b \mathrm{d}U = \int_a^b f(x)\mathrm{d}x$$

应用元素法解决实际问题时,用定积分表示的量 U 有三个共同特征.

(1) 所求总量 U 的大小取决于某个变量 x 的一个变化区间$[a,b]$,以及定义在该区间上的函数 $f(x)$.

(2) 所求总量 U 关于区间$[a,b]$应具有可加性,即区间$[a,b]$上的总量 U 等于各子区间上的部分量之和.

(3) 部分量 ΔU 可以求近似值,且有

$$f(x)\mathrm{d}x = \mathrm{d}U \approx \Delta U$$

在通常情况下,要检验 $\Delta U - f(x)\mathrm{d}x$ 是否为 $\mathrm{d}x$ 的高阶无穷小并非易事. 因此,在实际应用中要注意 $\mathrm{d}U = f(x)\mathrm{d}x$ 的合理性.

6.5.2 定积分在几何上的应用

1. 求平面图形的面积

由定积分的几何意义知,连续曲线 $y=f(x)[f(x)\geqslant 0]$ 及直线 $x=a, x=b(a<b)$ 与 x 轴所围成的曲边梯形的面积 A 为定积分

$$A = \int_a^b f(x)\mathrm{d}x$$

其中被积表达式 $f(x)\mathrm{d}x$ 是直角坐标系下的面积元素,它表示高为 $f(x)$、底为 $\mathrm{d}x$ 的一个矩形面积.

应用定积分,不但可以计算曲边梯形的面积,还可以计算一些比较复杂的平面图形的面积.

(1) 设平面图形由连续曲线 $y=f(x), y=g(x)$ 及直线 $x=a, x=b(a<b)$ 围成,且在$[a,b]$上 $f(x)\geqslant g(x)$(图 6-8).

利用定积分的元素法，选取 x 为积分变量，其变化区间为$[a,b]$. 在区间$[a,b]$上任取一小区间$[x,x+\mathrm{d}x]$，则该区间上的面积元素 $\mathrm{d}A$ 近似等于高为 $f(x)-g(x)$、底为 $\mathrm{d}x$ 的小矩形的面积，即

$$\mathrm{d}A=[f(x)-g(x)]\mathrm{d}x$$

以面积元素为被积表达式，在$[a,b]$上积分，得所求平面图形的面积为

$$A=\int_a^b[f(x)-g(x)]\mathrm{d}x$$

(2) 平面图形由连续曲线 $x=\varphi(y)$，$x=\psi(y)$ 及直线 $y=c$，$y=d(c<d)$ 围成，且在$[c,d]$上 $\varphi(y)\geqslant\psi(y)$(图 6-9).

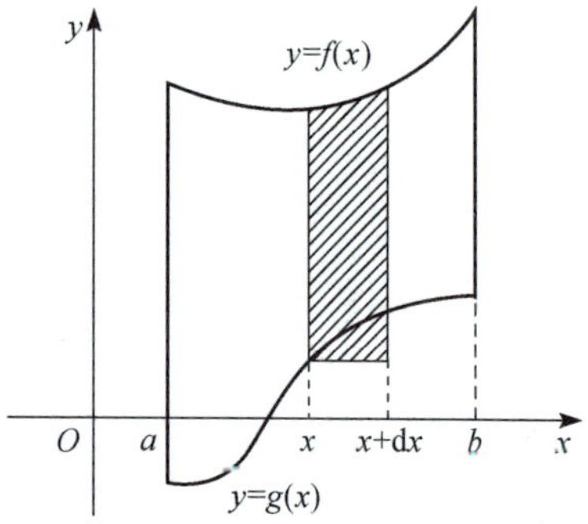

图 6-8

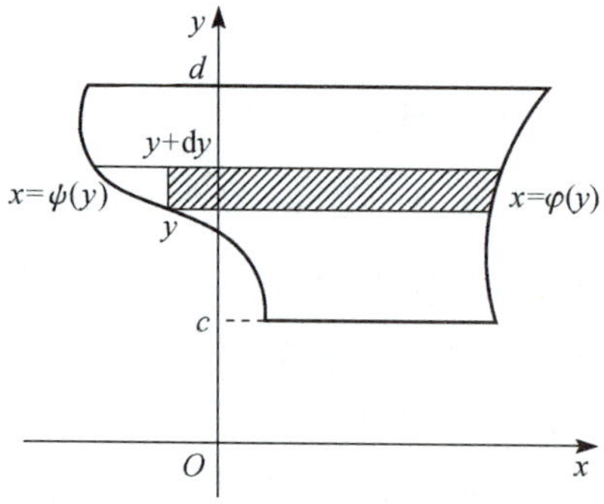

图 6-9

利用定积分的元素法，选取 y 为积分变量，其变化区间为$[c,d]$. 在区间$[c,d]$上任取一小区间$[y,y+\mathrm{d}y]$，则该区间上的面积元素 $\mathrm{d}A$ 近似等于以 $\varphi(y)-\psi(y)$ 为底、$\mathrm{d}y$ 为高的小矩形的面积，即

$$\mathrm{d}A=[\varphi(y)-\psi(y)]\mathrm{d}y$$

以面积元素为被积表达式，在区间$[c,d]$上积分，得所求平面图形的面积为

$$A=\int_c^d[\varphi(y)-\psi(y)]\mathrm{d}y$$

例 6-19 求由 $y=\mathrm{e}^x$ 与 $y=\mathrm{e}^{-x}$ 及 $x=1$ 围成的平面图形的面积 A.

解 由$\begin{cases}y=\mathrm{e}^x\\y=\mathrm{e}^{-x}\end{cases}$解得两曲线的交点为$(0,1)$.

如图 6-10 所示，选 x 为积分变量，其变化区间为$[0,1]$. 在$[0,1]$上任取一小区间$[x,x+\mathrm{d}x]$，其对应的面积元素 $\mathrm{d}A=(\mathrm{e}^x-\mathrm{e}^{-x})\mathrm{d}x$，于是

$$A=\int_0^1(\mathrm{e}^x-\mathrm{e}^{-x})\mathrm{d}x=(\mathrm{e}^x+\mathrm{e}^{-x})\Big|_0^1=\mathrm{e}+\mathrm{e}^{-1}-2$$

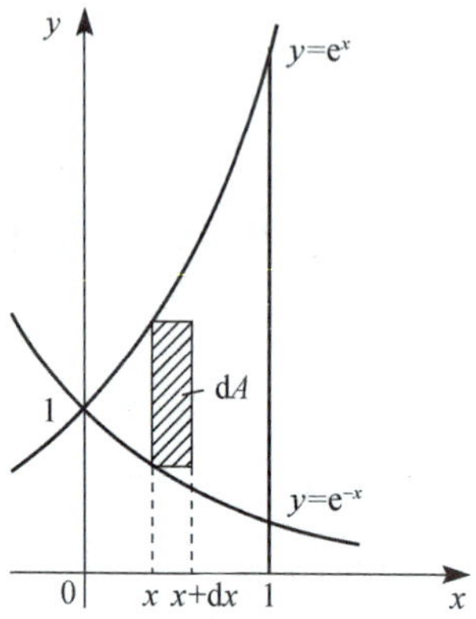

图 6-10

例 6-20 求由两抛物线 $x=5y^2, x=1+y^2$ 所围成平面图形的面积 A.

解法 1 由 $\begin{cases}x=5y^2\\x=1+y^2\end{cases}$ 解得两曲线的交点为 $\left(\frac{5}{4},\frac{1}{2}\right),\left(\frac{5}{4},-\frac{1}{2}\right)$. 两抛物线均关于 x 轴对称，所以所求平面图形的面积为

$$A=2A_1$$

其中 A_1 为两抛物线在第一象限部分与 x 轴所围成的图形的面积，如图 6-11 所示. 选取 y 为积分变量，则面积元素为

$$dA_1=[(1+y^2)-5y^2]dy=(1-4y^2)dy$$

故

$$A=2A_1=2\int_0^{\frac{1}{2}}(1-4y^2)dy=2\left(y-\frac{4}{3}y^3\right)\Big|_0^{\frac{1}{2}}=\frac{2}{3}$$

解法 2 选取 x 为积分变量，则 x 的变化区间 $\left[0,\frac{5}{4}\right]$ 应分成两个区间 $[0,1]$ 和 $\left[1,\frac{5}{4}\right]$ (图 6-12). 在 $[0,1]$ 上，面积元素为 $\left(\frac{x}{5}\right)^{\frac{1}{2}}dx$；在 $\left[1,\frac{5}{4}\right]$ 上，面积元素为 $\left[\left(\frac{x}{5}\right)^{\frac{1}{2}}-(x-1)^{\frac{1}{2}}\right]dx$. 于是

$$A_1=\int_0^1\left(\frac{x}{5}\right)^{\frac{1}{2}}dx+\int_1^{\frac{5}{4}}\left[\left(\frac{x}{5}\right)^{\frac{1}{2}}-(x-1)^{\frac{1}{2}}\right]dx=\frac{1}{3}$$

因此，所求平面图形的面积为

$$A=2A_1=2\times\frac{1}{3}=\frac{2}{3}$$

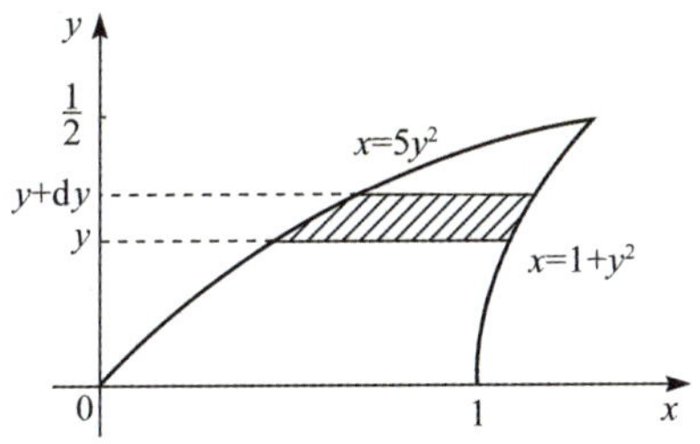

图 6-11

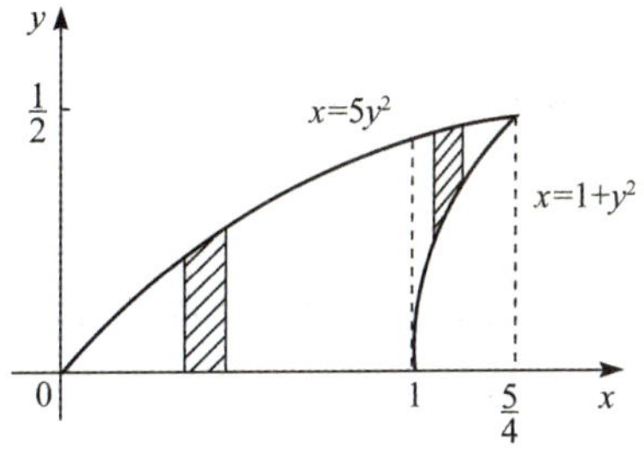

图 6-12

由例 6-20 可以看出，求平面图形的面积时，恰当选取积分变量可使计算简便. 通过两种解法的比较，体会恰当选取积分变量的重要性.

2. 求体积

(1) 求旋转体的体积. 由一个平面图形绕该平面内一条直线旋转一周而成的立体称为**旋转体**，这条直线称为**旋转轴**.

例如，圆柱可视为由矩形绕它的一条边旋转一周而成的立体，圆锥可视为直角三角形绕它的一条直角边旋转一周而成的立体，球体可视为半圆绕它的直径旋转一周而成的立体.

这里主要考虑以 x 轴和 y 轴为旋转轴的旋转体. 下面利用元素法来推导求旋转体体积的公式.

设旋转体是由连续曲线 $y=f(x)$，直线 $x=a, x=b$ 与 x 轴所围成的平面图形绕 x 轴旋转而成的(图 6-13). 下面求旋转体的体积 V.

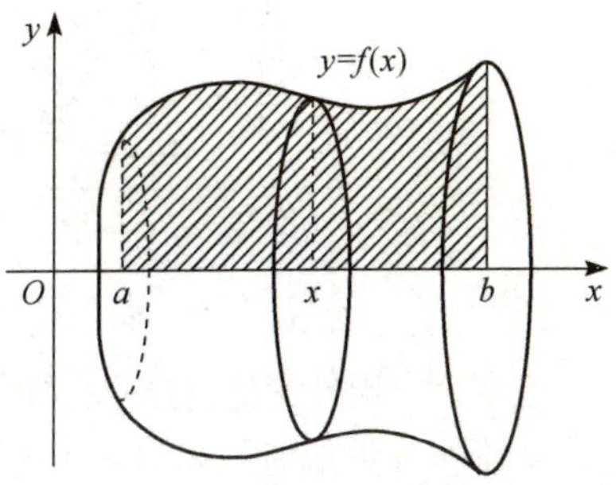

图 6-13

选取 x 为积分变量，其变化区间为 $[a,b]$. 设想用垂直于 x 轴

的平面将旋转体分成 n 个小薄片,即把 $[a,b]$ 分成 n 个区间元素,其中任一区间元素 $[x,x+\mathrm{d}x]$ 所对应的小薄片的体积可近似视为以 $f(x)$ 为底半径、$\mathrm{d}x$ 为高的扁圆柱体的体积,即该旋转体的体积元素为

$$\mathrm{d}V=\pi[f(x)]^2\mathrm{d}x$$

于是所求旋转体的体积为

$$V=\pi\int_a^b[f(x)]^2\mathrm{d}x$$

例 6-21 求由直线 $y=\frac{r}{h}x$,$x=h$ 及 x 轴围成的直角三角形绕 x 轴旋转一周而成的底半径为 r、高为 h 的圆锥体的体积(图 6-14).

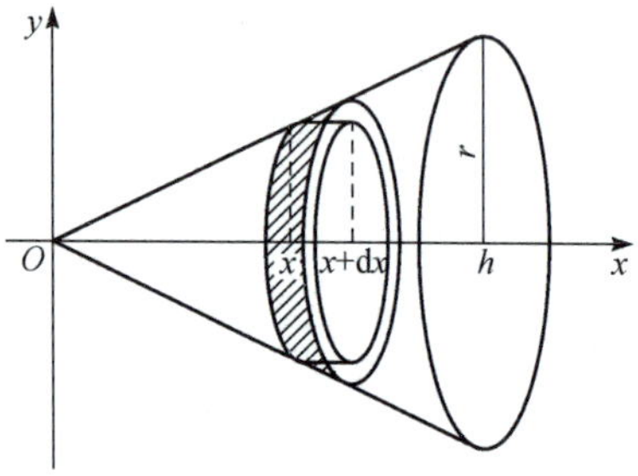

图 6-14

解 选取 x 为积分变量,其变化区间为 $[0,h]$. 圆锥体中相应于 $[0,h]$ 上任一小区间 $[x,x+\mathrm{d}x]$ 的薄片的体积近似等于底半径为 $\frac{r}{h}x$、高为 $\mathrm{d}x$ 的扁圆柱体的体积,即体积元素为

$$\mathrm{d}V=\pi\left(\frac{r}{h}x\right)^2\mathrm{d}x$$

于是所求圆锥体的体积为

$$V=\int_0^h\pi\left(\frac{r}{h}x\right)^2\mathrm{d}x=\frac{\pi r^2x^3}{3h^2}\Bigg|_0^h=\frac{\pi r^2h}{3}$$

用与上面类似的方法可以推出:由连续曲线 $x=\varphi(y)$,直线 $y=c$,$y=d(c<d)$ 及 y 轴围成的曲边梯形绕 y 轴旋转一周而成的旋转体(图 6-15)的体积为

$$V=\pi\int_c^d[\varphi(y)]^2\mathrm{d}y$$

(2) 求平行截面面积为已知的立体的体积. 设一物体被垂直于某直线的平面所截的面积可求,则可用定积分求该物体的体积. 不妨设直线为 x 轴,则点 x 处的截面面积 $A(x)$ 是 x 的已知连续函数,求该物体介于 $x=a$ 和 $x=b(a<b)$ 之间的体积(图 6-16).

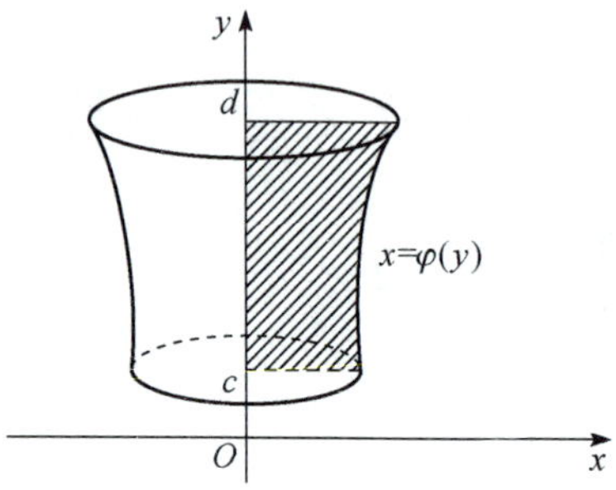

图 6-15

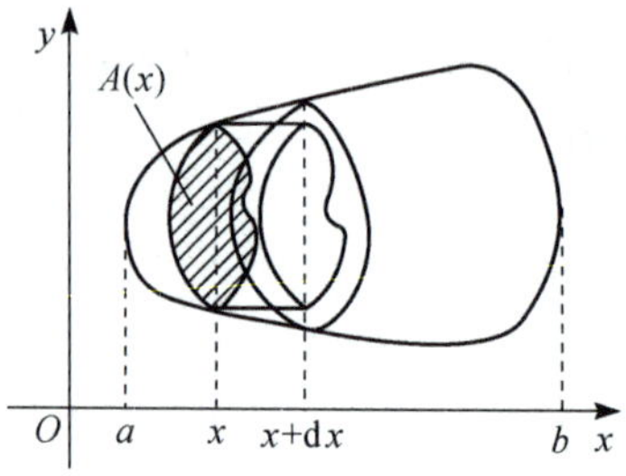

图 6-16

选取 x 为积分变量,它的变化区间为 $[a,b]$,在微小区间 $[x,x+\mathrm{d}x]$ 上 $A(x)$ 近似不变,即把 $[x,x+\mathrm{d}x]$ 上的立体薄片近似看成以 $A(x)$ 为底、$\mathrm{d}x$ 为高的扁圆柱体,从而得到体积元素为

$$\mathrm{d}V=A(x)\mathrm{d}x$$

于是该物体的体积为

$$V=\int_a^b A(x)\mathrm{d}x$$

例 6-22 一圆柱体的底圆半径为 R,被一平面所截.该平面经过底圆的圆心,并与地面交成 $30°$ 角(图 6-17).计算该平面截圆柱体所得的立体的体积.

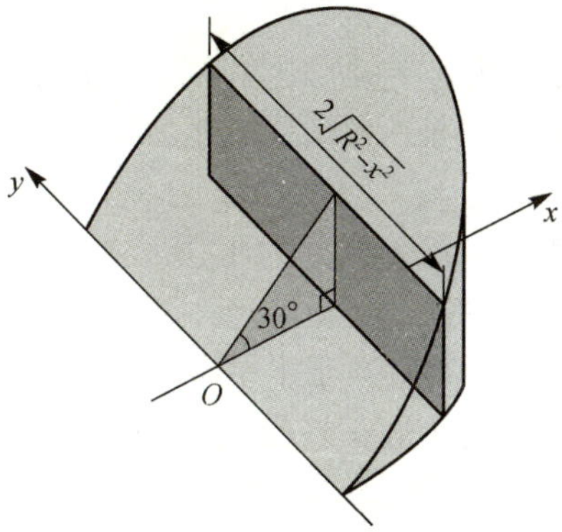

图 6-17

解 取这个平面与底面的交线为 y 轴,底圆圆心为原点 O,过原点且与 y 轴垂直的直线为 x 轴,则底圆的方程为 $x^2+y^2=R^2$.任意 $x\in[-R,R]$,过点 x 处且垂直于 x 轴的截面为矩形.矩形的长为 $2\sqrt{R^2-x^2}$,高为 $x\tan 30°$,故面积为

$$A(x)=2x\sqrt{R^2-x^2}\tan 30°$$

于是,所求立体的体积为

$$V=\int_0^R A(x)\mathrm{d}x=\int_0^R 2x\sqrt{R^2-x^2}\tan 30°\mathrm{d}x=\frac{2}{3}R^2\cdot\frac{\sqrt{3}}{3}=\frac{2\sqrt{3}}{9}R^2$$

*6.5.3 定积分在物理上的应用

1. 求变力沿直线所做的功

例 6-23 设物体在连续变力 $F(x)$ 的作用下沿 x 轴从 $x=a$ 移动到 $x=b$(图 6-18),计算变力 $F(x)$ 所做的功.

解 选取 x 为积分变量,它的变化区间为 $[a,b]$.在 $[a,b]$ 上取代表区间 $[x,x+\mathrm{d}x]$,由于变力 $F(x)$ 往往是连续的,所以可用各点 x 处的力 $F(x)$ 代表这个小区间上的力.那么在代表区间上,变力 $F(x)$ 的功微元为

$$\mathrm{d}W=F(x)\mathrm{d}x$$

因此,变力 $F(x)$ 在区间 $[a,b]$ 上所做的功为

$$W=\int_a^b F(x)\mathrm{d}x$$

例 6-24 在一个带 $+q$ 电荷所产生的电场的作用下,一个单位正电荷沿直线从距离点电荷 a 处移动到 b 处 $(a<b)$,如图 6-19 所示.求电场力所做的功.

解 选取 x 为积分变量,它的变化区间为 $[a,b]$.在 $[a,b]$ 上取代表区间 $[x,x+\mathrm{d}x]$,当单位正电荷从 x 移动到 $x+\mathrm{d}x$ 时,电场力 $F(x)$ 所做的功微元为

$$\mathrm{d}W=F(x)\mathrm{d}x=\frac{kq}{x^2}\mathrm{d}x$$

因此,电场力对单位正电荷在 $[a,b]$ 上移动所做的功为

$$W=\int_a^b\frac{kq}{x^2}\mathrm{d}x=kq\left[-\frac{1}{x}\right]_a^b=kq\left(\frac{1}{a}-\frac{1}{b}\right)$$

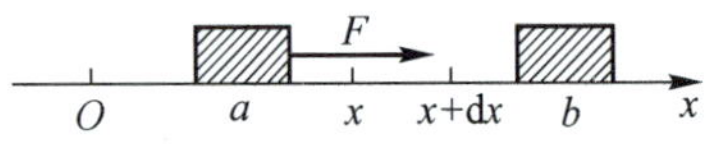

图 6-18

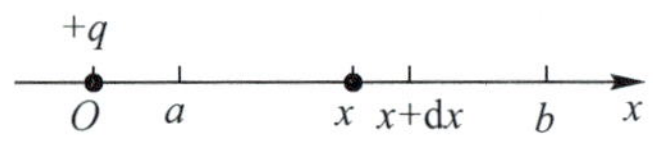

图 6-19

2. 求液体的压力

由物理学可知，水深为 h 处的压强为 $p=\rho gh$，这里 ρ 为水的密度，g 为重力加速度. 如果有一面积为 A 的平板水平地放置在水深 h 处，则该平板一侧所受的压力为

$$P=pA$$

如果平板铅直地放置在水中，由于水深不同处的压强 p 不同，平板一侧所受的压力就不能用上述公式计算，但可以用定积分的微元法来解决.

例 6-25 一闸门呈倒置的等腰梯形垂直立于水中，两底的长度分别为 4 m 和 6 m，高为 6 m. 当闸门的上底正好位于水面时，求闸门一侧受到的压力（水的密度为 $1\times10^3\ \mathrm{kg/m^3}$）.

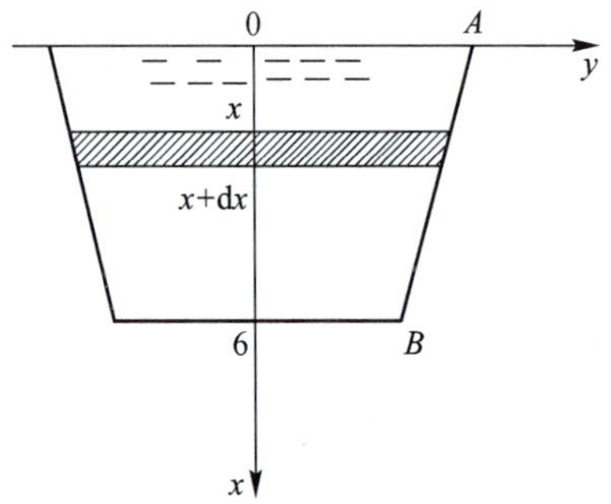

图 6-20

解 选取坐标系如图 6-20 所示，则 AB 的方程为

$$y=-\frac{x}{6}+3$$

选取 x 为积分变量，在它的变化区间 $[0,6]$ 上取代表区间 $[x,x+\mathrm{d}x]$，水深 x(m) 处的压强为 $9.8x(\mathrm{kN/m^2})$，于是与代表区间上相应的一小窄条上所受的压力微元为

$$\mathrm{d}P=9.8x\times2\left(-\frac{x}{6}+3\right)\mathrm{d}x$$

在 $[0,6]$ 上积分，得

$$\begin{aligned}P&=\int_0^6 9.8x\times2\left(-\frac{x}{6}+3\right)\mathrm{d}x=9.8\left[3x^2-\frac{x^3}{9}\right]_0^6\\&=9.8\times84\approx8.23\times10^2(\mathrm{kN})\end{aligned}$$

3. 求引力

由物理学可知，质量分别为 m_1,m_2 的两个质点，相距为 r 时之间的引力为

$$F=k\frac{m_1m_2}{r^2}$$

当要计算一根细棒对一个质点的引力时，由于细棒上各点与该质点的距离是变化的，且各点对该质点的引力方向也是变化的，所以不能直接利用上述公式进行计算. 下面举例说明用定积分的微元法计算的方法.

例 6-26 设有一长为 l、质量为 M 的均匀细杆，另有一质量为 m 的质点和细杆在一条直线上，它到细杆的近端距离为 a，求细杆对质点的引力.

解 选取坐标系如图 6-21 所示. 选取 x 为积分变量，它的变化区间为 $[0,l]$. 在杆上取代表区间 $[x,x+\mathrm{d}x]$，此段杆长为 $\mathrm{d}x$，质量为 $\frac{M}{l}\mathrm{d}x$. 由于 $\mathrm{d}x$ 很小，该质量可以看作在点 x 处. 它与质点间的距离为 $x+a$，则这一小段细杆对质点的引力微元为

$$\mathrm{d}F=\frac{km\dfrac{M}{l}}{(x+a)^2}\mathrm{d}x$$

故细杆对质点的引力为

$$F=\int_0^l \frac{km\frac{M}{l}}{(x+a)^2}\mathrm{d}x = km\frac{M}{l}\int_0^l \frac{1}{(x+a)^2}\mathrm{d}x = km\frac{M}{l}\left[-\frac{1}{x+a}\right]_0^l = \frac{kmM}{a(l+a)}$$

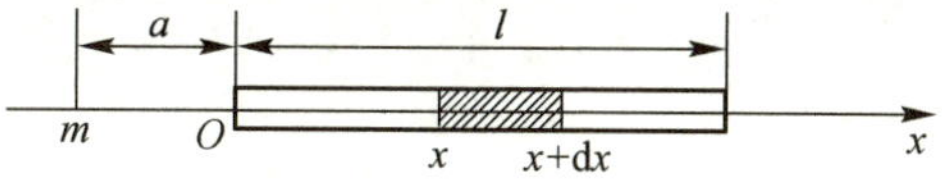

图 6-21

习题 6.5

1. 求下列曲线所围的平面图形的面积.

(1) $y=\sqrt{x}, y=x^2$；

(2) $y=x^2, y=x+2$；

(3) $y=x^2, y=2x-1, y=0$；

(4) $y=\mathrm{e}^x, y=\mathrm{e}^{-x}, x=2$.

2. 求下列几何体的体积.

(1) 由 $y=\sin x\left(0\leqslant x\leqslant \frac{\pi}{2}\right)$ 和 $y=0$ 围成的平面图形绕 x 轴旋转而成的几何体.

(2) 由 $y=\sin x\left(0\leqslant x\leqslant \frac{\pi}{2}\right)$ 和 $x=0$ 围成的平面图形绕 y 轴旋转而成的几何体.

3. 由 x 轴与曲线 $y=1-x^2$ 围成的平面图形的面积被曲线 $y=ax^2$ 平分，求 a.

§6.6　应用示例——利用定积分解决广告策略问题

6.6.1　问题提出

某进出口公司每月的销售额是 1 000 000 美元，平均利润是销售额的 10%. 根据公司以往的经验，广告宣传期间月销售额的变化率近似地服从增长曲线 $1\ 000\ 000\mathrm{e}^{0.02t}$（$t$ 以月为单位）. 公司现在需要决定是否举办一次类似的总成本为 130 000 美元的广告活动. 按照惯例，对于超过 100 000 美元的广告活动，如果新增销售额产生的利润超过广告投资的 10%，则决定做广告. 试问，该公司按照惯例是否应该做此广告？

6.6.2　解答过程

由题可知，12 个月后的总销售额为当 $t=12$ 时的定积分，即

$$\text{总销售额}=\int_0^{12} 1\ 000\ 000\mathrm{e}^{0.02t}\mathrm{d}t = \left.\frac{1\ 000\ 000\mathrm{e}^{0.02t}}{0.02}\right|_0^{12}$$

$$=50\ 000\ 000\left|\mathrm{e}^{0.24}-1\right| \approx 13\ 560\ 000(\text{美元})$$

因为公司的平均利润是销售额的 10%，所以新增销售额产生的平均利润为

$$0.10\times(13\ 560\ 000-12\ 000\ 000)=156\ 000(\text{美元})$$

156 000 美元的平均利润是由花费 130 000 美元的广告费而取得的，因此，广告所产生的实际利润为 $156\ 000-130\ 000=26\ 000$(美元).

这表明盈利大于广告成本的10%,故公司应该做此广告.

§6.7 数学实验六:利用 MATLAB 求定积分

6.7.1 实验任务

利用数学软件 MATLAB 求定积分.

6.7.2 实验过程

1. 相关命令

用 MATLAB 求定积分的命令说明如表 6-1 所示.

表 6-1

命　令	说　明
int(f,a,b)	求函数表达式 f 在区间$[a,b]$上的定积分

2. 操作实例

用 MATLAB 求下列定积分.

(1)$\int_1^2 (2x+1)\mathrm{d}x$;

(2)$\int_1^{e^2} \frac{1}{x\sqrt{1+\ln x}}\mathrm{d}x$;

(3)$\int_{-\infty}^{\infty} \frac{1}{x^2+2x+2}\mathrm{d}x$.

解 (1) 运行 MATLAB,在命令窗口中输入:

```
>> syms x
>> int(2 * x + 1,1,2)
```

按 Enter 键,得到如下计算结果:

```
ans =
4
```

即$\int_1^2 (2x+1)\mathrm{d}x = 4$.

(2) 在命令窗口中输入:

```
>> syms x
>> f = x * sqrt(1 + log(x));          % 定义被积函数的分母 f
>> f1 = 1/f;F = int(f1,1,'exp(2)')    % 定义被积函数 f1 并求其定积分
```

按 Enter 键,得到如下计算结果:

```
F =
2 * 3^(1/2) - 2
```

即$\int_1^{e^2} \frac{1}{x\sqrt{1+\ln x}}\mathrm{d}x = 2\sqrt{3}-2$.

(3) 在命令窗口中输入：

```
>> syms x
>> f = 1/(x^2 + 2*x + 2);
>> F = int(f, - inf,inf)                % inf 表示 ∞
```

按 Enter 键，得到如下计算结果：

```
F =
Pi
```

即$\int_{-\infty}^{\infty}\frac{1}{x^2+2x+2}\mathrm{d}x=\pi$.

6.7.3 实验作业

求下列定积分.

(1) $\int_0^1(2x^2+x-1)\mathrm{d}x$；　　(2) $\int_0^{\frac{\pi}{2}}(2\sin x+\cos x+1)\mathrm{d}x$；

(3) $\int_1^2 x\mathrm{e}^{x^2}\mathrm{d}x$；　　(4) $\int_{-\infty}^{+\infty}\frac{1}{1+x^2}\mathrm{d}x$.

复习题 6

1. 选择题.

(1) 函数 $f(x)=x^3+x$，则$\int_{-2}^{2}f(x)\mathrm{d}x$ 的值等于(　　).

A. 0　　B. 8　　C. $\int_0^2 f(x)\mathrm{d}x$　　D. $2\int_0^2 f(x)\mathrm{d}x$

(2) 下列等式不正确的是(　　).

A. $\frac{\mathrm{d}}{\mathrm{d}x}\left[\int_a^b f(x)\mathrm{d}x\right]=f(x)$　　B. $\frac{\mathrm{d}}{\mathrm{d}x}\left[\int_a^{b(x)} f(t)\mathrm{d}t\right]=f[b(x)]b'(x)$

C. $\frac{\mathrm{d}}{\mathrm{d}x}\left[\int_a^x f(x)\mathrm{d}x\right]=f(x)$　　D. $\frac{\mathrm{d}}{\mathrm{d}x}\left[\int_a^x F'(t)\mathrm{d}t\right]=F'(x)$

(3) 极限$\lim\limits_{x\to 0}\frac{\int_0^x \sin t\mathrm{d}x}{\int_0^x t\mathrm{d}t}$ 的值等于(　　).

A. -1　　B. 0　　C. 1　　D. 2

(4) $\int_{\frac{\pi}{4}}^{\frac{5\pi}{4}}(1+\sin^2 x)\mathrm{d}x$ 的值的范围为(　　).

A. $[\pi,2\pi]$　　B. $[0,2\pi]$　　C. $[0,\pi]$　　D. $[-\pi,0]$

(5) $\int_{-1}^{1}x^3\cos x\mathrm{d}x=$(　　).

A. 0　　B. π　　C. $\frac{\pi}{2}$　　D. $\frac{\pi}{4}$

(6) $\int_0^2\sqrt{4-x^2}\mathrm{d}x=$(　　).

A. 0　　B. π　　C. 2π　　D. 4π

(7) $\int_{-\pi}^{\pi}x\sin x\mathrm{d}x=$(　　).

A. 0　　B. π　　C. $2\int_0^{\pi} x\sin x\mathrm{d}x$　　D. $-2\int_{-\pi}^{0} x\sin x\mathrm{d}x$

2. 填空题.

(1) 函数 $f(x)$ 在$[a,b]$上有界是 $f(x)$ 在$[a,b]$上可积的________条件，而 $f(x)$ 在$[a,b]$上连续是 $f(x)$ 在$[a,b]$上可积的________条件.

(2) 对$[a,+\infty)$上非负且连续的函数 $f(x)$，它的变上限积分$\int_a^x f(t)\mathrm{d}t$在$[a,+\infty)$上有界是反常积分$\int_a^{+\infty} f(x)\mathrm{d}x$ 收敛的________条件.

3. 判断对错.

(1) $\int_{-1}^{1} \frac{\mathrm{d}x}{1+x^2} = -\int_{-1}^{1} \frac{\mathrm{d}\left(\frac{1}{x}\right)}{1+\left(\frac{1}{x}\right)^2} = \left[-\arctan\frac{1}{x}\right]_{-1}^{1} = -\frac{\pi}{2}$.　　(　　)

(2) 因为$\int_{-1}^{1} \frac{\mathrm{d}x}{x^2+x+1} \xlongequal{x=\frac{1}{t}} -\int_{-1}^{1} \frac{\mathrm{d}t}{t^2+t+1}$，所以$\int_{-1}^{1} \frac{\mathrm{d}x}{x^2+x+1} = 0$.　　(　　)

(3) $\left[\int_a^b f(x)\mathrm{d}x\right]' = 0$.　　(　　)

(4) $\int_a^b [f(x)+g(x)]\mathrm{d}x = \int_a^b f(x)\mathrm{d}x + \int_a^b g(x)\mathrm{d}x$.　　(　　)

(5) 由 $y=1-\mathrm{e}^x, x=1, y=0$ 围成的平面图形的面积为$\int_0^1 (1-\mathrm{e}^x)\mathrm{d}x$.　　(　　)

4. 设 e^{-x} 是 $f(x)$ 的一个原函数，求$\int xf(x)\mathrm{d}x$.

5. 设 $f''(x)$ 在$[0,1]$上连续，且 $f(0)=0, f(2)=3, f'(2)=5$，求$\int_0^1 xf''(2x)\mathrm{d}x$.

6. 设 $f(x)=\int_0^x \mathrm{e}^{-t}\cos t\mathrm{d}t$，求 $f'(0)$ 及 $f''(0)$.

7. 计算下列定积分.

(1) $\int_0^1 \frac{\mathrm{d}x}{\sqrt{1+x^2}}$；　　(2) $\int_0^1 \frac{1}{\mathrm{e}^x+\mathrm{e}^{-x}}\mathrm{d}x$；　　(3) $\int_0^1 \mathrm{e}^{\sqrt{x}}\mathrm{d}x$；

(4) $\int_{\frac{\pi}{4}}^{\frac{\pi}{3}} \frac{x}{\sin^2 x}\mathrm{d}x$；　　(5) $\int_{-\infty}^{+\infty} x\mathrm{e}^{-\frac{x^2}{2}}\mathrm{d}x$；　　(6) $\int_1^3 \frac{x\mathrm{d}x}{\sqrt{|x^2-4|}}$.

8. 判断定积分$\int_0^1 \frac{\mathrm{d}x}{x^2-3x+2}$的敛散性.

9. 求由曲线 $x=y^2$ 与直线 $x=y+2$ 围成的平面图形的面积.

10. 求由椭圆$\frac{x^2}{a^2}+\frac{y^2}{b^2}=1$围成的平面图形绕 y 轴旋转而成的旋转体的体积.

11. 一个横放着的圆柱形水桶，桶内盛有半桶水. 设桶底半径为 R，求桶的一个端面上所受的压力.

12. 半径为 r 的球沉入水中，球的上部与水平面相切，球的密度与水相同. 现将球从水中取出，需做多少功?

第7章

多元微积分

阅读与欣赏

莱布尼茨与微积分

微积分思想最早可以追溯到希腊，由阿基米德等人提出的计算面积和体积的方法. 1665年，牛顿创始了微积分，莱布尼茨在1673—1676年也发表了微积分思想的论著. 卡瓦列里、巴罗、沃利斯等人得到了一系列求面积(积分)和求切线斜率(导数)的重要结果，但这些结果都是孤立的、不连贯的.

莱布尼茨和牛顿是将积分和微分真正沟通起来的先驱者. 他们明确地找到了两者内在的直接联系：微分和积分是互逆的两种运算. 这是微积分建立的关键所在. 只有确立了这一基本关系，才能在此基础上构建系统的微积分学，并从对各种函数的微分和求积公式中，总结出共同的算法程序，使微积分方法普遍化，发展成用符号表示的微积分运算法则. 因此，微积分"是牛顿和莱布尼茨大体上完成的，但不是由他们发明的"(恩格斯：《自然辩证法》).

关于微积分创立的优先权，曾在数学界引起激烈的争论. 实际上，牛顿在微积分方面的研究虽早于莱布尼茨，但莱布尼茨成果的发表则早于牛顿. 莱布尼茨在1684年10月发表在《教师学报》上的论文"关于一种求极大极小的奇妙类型的计算"，被认为是最早发表的微积分文献. 牛顿在1687年出版的《自然哲学的数学原理》的第一版和第二版中写道："十年前在我和最杰出的几何学家莱布尼茨的通信中，我表明我已经知道确定极大值和极小值的方法、作切线的方法以及类似的方法，但我在交换的信件中隐瞒了这方法…… 这位最卓越的科学家在回信中写道，他也发现了一种同样的方法. 他诉述了他的方法，它与我的方法几乎没有什么不同，除了他的措辞和符号而外." 然而，在第三版及以后再版时，这段话被删掉了.

因此，后来人们公认牛顿和莱布尼茨是各自独立地创建微积分的. 牛顿从物理学出发，运用集合方法研究微积分，在应用上更多地结合了运动学，造诣高于莱布尼茨. 莱布尼茨则从几何问题出发，运用分析学方法引进微积分概念、得出运算法则，其数学的严密性与系统性超过牛顿. 莱布尼茨认识到好的数学符号能节省思维劳动，运用符号的技巧是数学成功的关键之一. 因此，他发明了一套适用的符号系统，如引入 $\mathrm{d}x$ 表示 x 的微分，$\int$ 表示积分等. 这些符号进一步促进了微积分学的发展. 1713年，莱布尼茨发表了《微积分的历史和起源》一文，总结了自己创立微积分学的思路，说明了自己成就的独立性.

§7.1 多元函数

多元函数是一元函数的推广和发展,它们的性质有许多相似之处,但也有许多地方存在本质上的差别.我们发现,从一元函数推广到二元函数会产生许多新的问题.但是,大部分有关二元函数的概念、性质、结论都可以自然推广到二元及二元以上的函数.

7.1.1 多元函数的概念

在学习一元函数时,经常会遇到区间及邻域等概念,为了将一元函数推广到二元以上的函数,我们首先介绍区域的概念.

1. 区域

实数可以与数轴上的点对应起来,而全体数轴上的点构成了一维空间,记为 $\mathbf{R}$. 二元有序实数组 (x,y) 与平面上的点构成了一一对应关系.平面上所有点构成了二维空间,记为 $\mathbf{R}^2$. 一般地,n 元有序实数组 $(x_1,x_2,\cdots,x_n)$ 点的全体构成了 n 维空间,记为 $\mathbf{R}^n$.

通常,**平面区域**是指平面上由一条曲线或几条曲线围成的部分.区域可以是有限的,例如,圆形区域、矩形区域等,这种区域称为**有界区域**.有些区域能够延伸到无穷远处,这种区域称为**无界区域**.围成区域的曲线称为**区域的边界**.如果所考虑的区域包含区域的全部边界,则称此区域为**闭区域**;如果不包含区域的边界,则称为**开区域**.

例如

$$D_1=\{(x,y)\mid x^2+y^2\leqslant 1\}$$

表示的是二维平面上以原点为圆心,以 1 为半径的圆形区域,并且包括边界,因此是有界闭区域.

$$D_2=\{(x,y)\mid x>0,y>0\}$$

表示的是二维平面上第一象限内所有点的集合,不包含 x 轴和 y 轴,因此是无界开区域.

$$D_3=\{(x,y)\mid (x-x_0)^2+(y-y_0)^2<\delta^2,\delta>0\}$$

表示的是二维平面上以点 $P_0(x_0,y_0)$ 为圆心,以 δ 为半径的圆形区域,且不包括边界.这称为平面上点 $P_0(x_0,y_0)$ 的 δ 邻域,记为 $U(P_0,\delta)$,即

$$U(P_0,\delta)=\{P\mid |PP_0|<\delta\}$$

或者

$$U(P_0,\delta)=\{(x,y)\mid \sqrt{(x-x_0)^2+(y-y_0)^2}<\delta\}$$

$$D_4=\{(x,y)\mid 0<(x-x_0)^2+(y-y_0)^2<\delta^2,\delta>0\}$$

表示的是二维平面上不包括点 $P_0(x_0,y_0)$ 的圆形区域.这称为点 $P_0(x_0,y_0)$ 的 δ 空心邻域,记为 $\mathring{U}(P_0,\delta)$,即

$$\mathring{U}(P_0,\delta)=\{P\mid 0<|PP_0|<\delta\}$$

2. 二元函数的定义

在实际问题中,经常需要考虑一个变量与另外两个变量之间的关系.

例 7-1 圆柱体的体积 V 与底面圆的半径 r 和柱体的高度 h 有关系式

$$V = \pi r^2 h$$

当 r,h 在区域 $\{(r,h) \mid r>0,h>0\}$ 内取定一对值时，V 就可以取得对应的值.

例 7-2 在物理学定理中，电流所做的功率 P 与电路电压 U 和电流 I 有关系式

$$P = UI$$

当 U,I 在区域 $\{(U,I) \mid U>0,I>0\}$ 内取定一对值时，功率 P 也随之确定.

从这两个例子中，可以发现它们的共同特点，从而可以抽象出二元函数的定义.

定义 7.1 设 D 是 $\mathbf{R}^2$ 的一个非空点集，若对每一点 $(x,y)\in D$，按照某一法则 f 有唯一确定的实数值 z 与之对应，则称 z 是关于变量 x,y 的**二元函数**，记为

$$z = f(x,y), \quad (x,y)\in D$$

其中点集 D 称为该函数的定义域，x,y 称为自变量，z 称为因变量. 当 (x,y) 取确定值之后，对应的因变量 z 的值称为 f 在点 (x,y) 处的函数值. 函数值 $f(x,y)$ 的全体构成的集合称为 f 的值域.

一般地，设 $D\subset \mathbf{R}^n$ 为 n 维空间中的非空点集，若对 D 中每一个点 $(x_1,x_2,\cdots,x_n)$ 按照某一法则 f 都有唯一确定的实数值 z 与之对应，则称 z 是自变量 $x_1,x_2,\cdots,x_n$ 的 n 元函数，记为

$$z = f(x_1,x_2,\cdots,x_n), \quad (x_1,x_2,\cdots,x_n)\in D$$

关于多元函数的定义域，我们约定：讨论用算式表达的多元函数 $z=f(x_1,x_2,\cdots,x_n)$ 时，函数的定义域就是使得此函数有意义的自变量 $x_1,x_2,\cdots,x_n$ 的范围.

例 7-3 讨论下列函数的定义域.

(1) $z=\sqrt{9-x^2-y^2}$； (2) $z=\ln(x+y)$； (3) $z=\dfrac{1}{\sqrt{x+y}}+\dfrac{1}{\sqrt{x-y}}$.

解 (1) 要使函数有意义，必须有

$$9-x^2-y^2\geqslant 0$$

因此，所求函数的定义域为

$$D=\{(x,y)\mid x^2+y^2\leqslant 9\}$$

D 表示的是以原点为圆心、3 为半径的圆形闭区域，如图 7-1 所示.

(2) 要使函数有意义，必须有

$$x+y>0$$

因此，所求函数的定义域为

$$D=\{(x,y)\mid x+y>0\}$$

D 表示的是直线 $y=-x$ 以上的部分，为无界开区域，如图 7-2 所示.

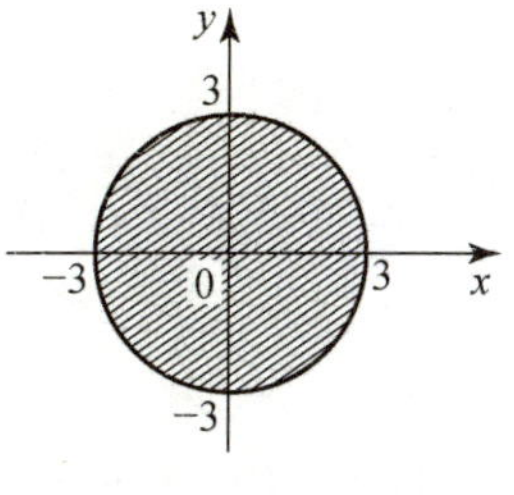

图 7-1

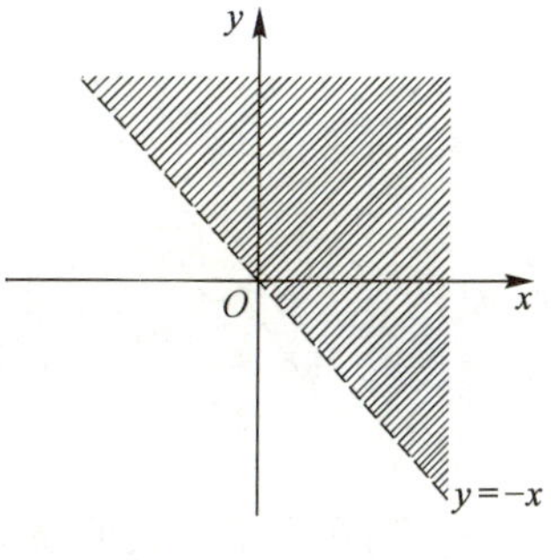

图 7-2

(3) 只有当

$$x+y>0,\quad x-y>0$$

同时成立时,原函数才有意义.因此,所求函数的定义域为

$$D=\{(x,y)\mid -x<y<x\}$$

D 表示的是图 7-3 中的阴影部分区域.

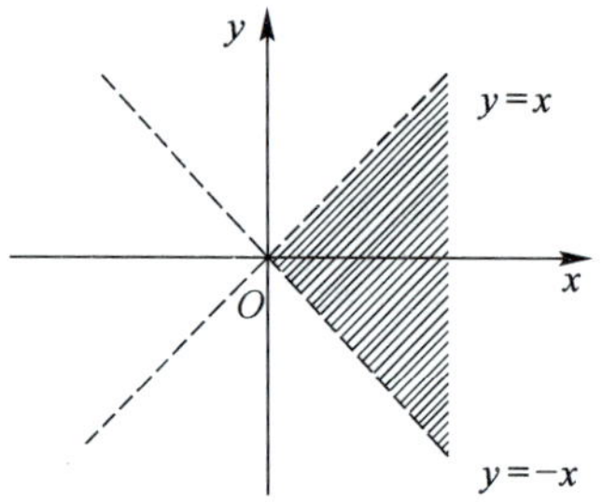

图 7-3

例 7-4 已知函数 $f(x,y)=\dfrac{x+y}{2xy}$,求:

(1) $f(1,2)$; (2) $f(xy,x+y)$.

解 (1) $f(1,2)=\dfrac{1+2}{2\times1\times2}=\dfrac{3}{4}$.

(2) 分别以 xy 和 $x+y$ 取代原来的 x,y,得

$$f(xy,x+y)=\frac{(xy)+(x+y)}{2(xy)(x+y)}=\frac{x+xy+y}{2(x^2y+xy^2)}$$

思考 二元函数的定义域一定是有界区域吗?

3. 二元函数的几何意义

设函数 $z=f(x,y)$ 的定义域为 D,如图 7-4 所示.对于 D 中的任意一点 $P(x,y)$,对应唯一一个 $z=f(x,y)$,即在三维空间中确定了唯一的点 $M(x,y,z)$,则点集

$$\{(x,y,z)\mid x,y\in D,z=f(x,y)\}$$

称为二元函数 $z=f(x,y)$ 的图形.一般来说,它通常是一张曲面,这就是二元函数的几何意义.

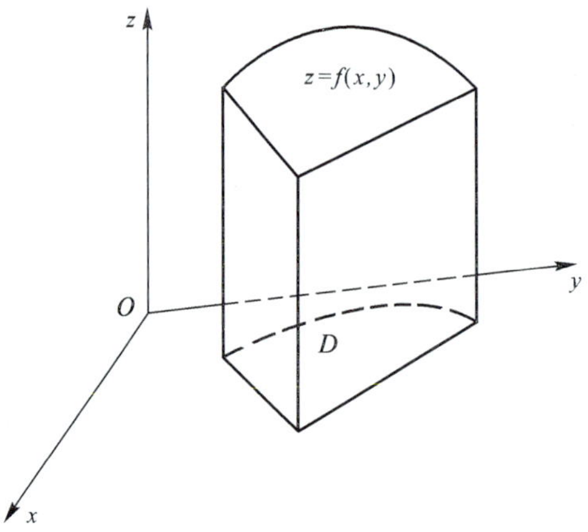

图 7-4

例如,$z=1-x-y$ 的图形是一张平面,如图 7-5 所示.又如,$z=x^2+y^2$ 的图形是一张开口向上的旋转抛物面,如图 7-6 所示.

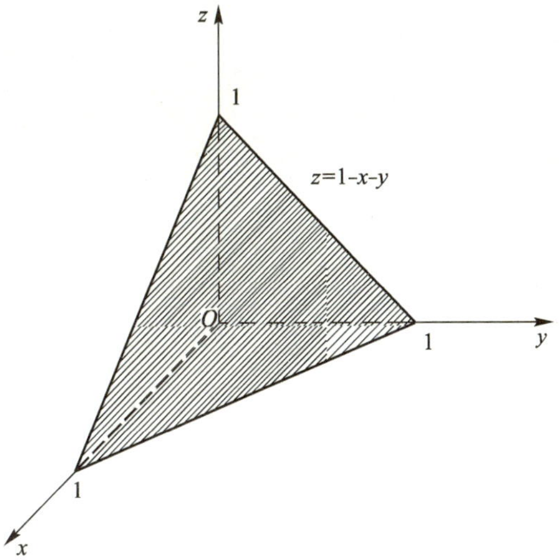

图 7-5

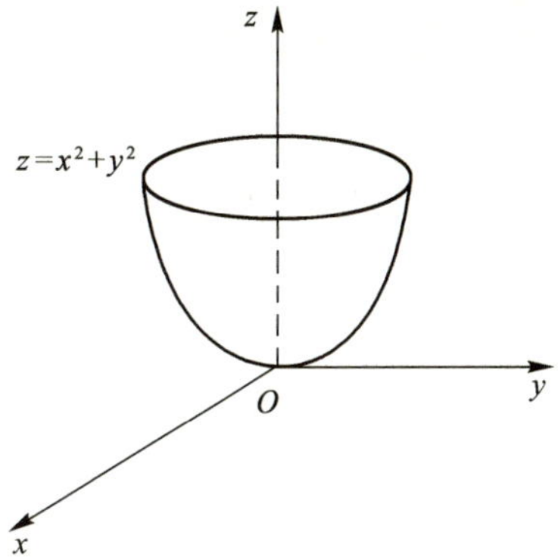

图 7-6

7.1.2 二元函数的极限

二元函数的极限定义与一元函数的极限定义类似，主要讨论二元函数 $z=f(x,y)$ 当点$P(x,y)$ 以任何方式趋向于点 $P_0(x_0,y_0)$ 时，对应的函数值 $f(x,y)$ 的变化情况.

定义 7.2 函数 $z=f(x,y)$ 在点 $P_0(x_0,y_0)$ 的附近有定义. 如果当点 $P(x,y)$ 以任何方式趋向于点 $P_0(x_0,y_0)$ 时，对应的函数值 $z=f(x,y)$ 趋近于一个确定的常数 A，则称此常数 A 为**函数** $f(x,y)$ **当** $(x,y)\to(x_0,y_0)$ **时的极限**，记为

$$\lim_{(x,y)\to(x_0,y_0)} f(x,y)=A$$

注意 (1) 点 $P(x,y)$ 趋向于 $P_0(x_0,y_0)$ 是指点 P 与点 P_0 之间的距离趋向于零，即

$$|PP_0|=\sqrt{(x-x_0)^2+(y-y_0)^2}\to 0$$

(2) 点 $P(x,y)$ 以任何方式趋向于点 $P_0(x_0,y_0)$ 是指在二维平面上点 P 趋向于点 P_0 的方式有无穷多种，而一元函数只能从点 x_0 的左、右两个方向趋向于 x_0. 二元函数的极限也称为二重极限，与一元函数的极限类似，二重极限也有相应的四则运算法则，这里不再赘述.

例 7-5 求下列极限.

(1) $\lim\limits_{(x,y)\to(1,2)}\dfrac{2xy}{x^2+y^2}$； (2) $\lim\limits_{(x,y)\to(0,0)}\dfrac{\sin(x^2+y^2)}{x^2+y^2}$；

(3) $\lim\limits_{(x,y)\to\left(0,\frac{1}{2}\right)}\dfrac{\sin(xy)}{x}$； (4) $\lim\limits_{(x,y)\to(0,0)}\dfrac{xy^2}{x^2+y^2}$.

解 (1) 显然，当 $x\to 1, y\to 2$ 时，

$$\lim_{(x,y)\to(1,2)}\frac{2xy}{x^2+y^2}=\frac{2\times1\times2}{1^2+2^2}=\frac{4}{5}$$

(2) 令 $u=x^2+y^2$，则当 $x\to 0, y\to 0$ 时，$u\to 0$，故

$$\lim_{(x,y)\to(0,0)}\frac{\sin(x^2+y^2)}{x^2+y^2}=\lim_{u\to 0}\frac{\sin u}{u}=1$$

(3) $$\lim_{(x,y)\to\left(0,\frac{1}{2}\right)}\frac{\sin(xy)}{x}=\lim_{(x,y)\to\left(0,\frac{1}{2}\right)}\frac{\sin(xy)}{xy}\cdot y=\lim_{(x,y)\to\left(0,\frac{1}{2}\right)}\frac{\sin(xy)}{xy}\cdot\lim_{y\to\frac{1}{2}}y.$$

令 $u=xy$，则当 $x\to 0, y\to\dfrac{1}{2}$ 时，$u\to 0$，故

$$原式 = \lim_{u \to 0} \frac{\sin u}{u} \cdot \lim_{y \to \frac{1}{2}} y = 1 \times \frac{1}{2} = \frac{1}{2}$$

(4) 因为 $x^2 + y^2 \geqslant 2|xy|$，所以

$$0 \leqslant \left| \frac{xy^2}{x^2 + y^2} \right| \leqslant \frac{|y|}{2}$$

而

$$\lim_{y \to 0} \frac{|y|}{2} = 0$$

说明上面不等式两边的极限均是 0. 由极限的夹逼准则[①]可知

$$\lim_{(x,y) \to (0,0)} \frac{xy^2}{x^2 + y^2} = 0$$

例 7-6 证明极限 $\lim\limits_{(x,y) \to (0,0)} \dfrac{xy}{x^2 + y^2}$ 不存在.

证明 在定义域 $\{(x,y) \mid (x,y) \neq (0,0)\}$ 内取 $y = kx$，当 $x \to 0$ 时，$y \to 0$，则

$$\lim_{(x,y) \to (0,0)} \frac{xy}{x^2 + y^2} = \lim_{(x,y) \to (0,0)} \frac{x \cdot kx}{x^2 + k^2 x^2} = \lim_{(x,y) \to (0,0)} \frac{k}{1 + k^2} = \frac{k}{1 + k^2}$$

当 k 取不同值时，即当 x, y 以不同的直线趋向于点 $(0,0)$ 时，极限值不同. 因而，该极限不存在.

7.1.3 二元函数的连续性

与一元函数连续性的概念类似，我们可以给出二元函数连续性的定义.

定义 7.3 设函数 $z = f(x,y)$ 在点 $P_0(x_0, y_0)$ 的附近有定义，如果

$$\lim_{(x,y) \to (x_0, y_0)} f(x,y) = f(x_0, y_0)$$

则称函数 $f(x,y)$ **在点** $P_0(x_0, y_0)$ **处连续.**

若函数 $z = f(x,y)$ 在区域 D 内的每一点处都连续，则称函数 $z = f(x,y)$ 在 D 上连续.

若 $f(x,y)$ 在点 $P_0(x_0, y_0)$ 处不连续，则称 P_0 为函数 $f(x,y)$ 的间断点. 显然，在间断点处，$f(x,y)$ 或没有定义，或极限不存在，或者极限值不等于 $f(x_0, y_0)$.

如例 7-6 中 $f(x,y) = \dfrac{xy}{x^2 + y^2}$ 在点 $(0,0)$ 处的极限不存在，故 $f(x,y)$ 在点 $(0,0)$ 处不连续，即点 $(0,0)$ 是 $f(x,y)$ 的一个**间断点.**

注意 与一元函数类似，二元函数经四则运算和复合运算得到的函数仍为连续函数. 一切初等二元函数在其定义域内都是连续的.

例 7-7 求 $\lim\limits_{(x,y) \to (2,1)} \dfrac{2x + y}{xy}$.

解 函数 $f(x,y) = \dfrac{2x + y}{xy}$ 是初等函数，在其定义域内是连续函数. 其定义域为

$$D = \{(x,y) \mid x \neq 0, y \neq 0\}$$

因为点 $(2,1) \in D$，所以

$$\lim_{(x,y) \to (2,1)} \frac{2x + y}{xy} = f(2,1) = \frac{2 \times 2 + 1}{2 \times 1} = \frac{5}{2}$$

例 7-8 求 $\lim\limits_{(x,y) \to (0,0)} \dfrac{xy}{\sqrt{xy + 1} - 1}$.

---

① 夹逼准则：若对于 $x \in \{x \mid 0 < |x - x_0| < \delta\}$ 或 $|x| > M (M > 0)$，有 $g(x) \leqslant f(x) \leqslant h(x)$ 且 $\lim\limits_{\substack{x \to x_0 \\ (x \to \infty)}} g(x) = \lim\limits_{\substack{x \to x_0 \\ (x \to \infty)}} h(x) = A$，则 $\lim\limits_{\substack{x \to x_0 \\ (x \to \infty)}} f(x) = A$.

解 $$\lim_{(x,y)\to(0,0)}\frac{xy}{\sqrt{xy+1}-1}=\lim_{(x,y)\to(0,0)}\frac{xy(\sqrt{xy+1}+1)}{(\sqrt{xy+1}-1)(\sqrt{xy+1}+1)}$$
$$=\lim_{(x,y)\to(0,0)}\frac{xy(\sqrt{xy+1}+1)}{xy}$$
$$=\lim_{(x,y)\to(0,0)}(\sqrt{xy+1}+1)=2.$$

与一元函数类似，对有界闭区域上的连续函数，有以下结论.

(1) 若函数 $f(x,y)$ 在有界闭区域 D 上连续，则 $f(x,y)$ 在 D 上必有最大值和最小值.

(2) 若函数 $f(x,y)$ 在有界闭区域 D 上连续，且 C 是介于最大值和最小值之间的实数，则在 D 内至少存在一点 (x_0,y_0)，使得 $f(x_0,y_0)=C$.

习题 7.1

1. 设函数 $f(x,y)=x^y+xy$，求 $f(1,2)$，$f(x+y,x-y)$.

2. 求下列函数的定义域.

(1) $z=\dfrac{1}{\sqrt{x-y}}$；　　(2) $z=\ln(1-x^2-y^2)+\dfrac{1}{\sqrt{\dfrac{1}{2}-x}}$.

3. 求下列极限.

(1) $\lim\limits_{(x,y)\to(1,2)}\dfrac{\ln(x^2+y)}{x-y}$；　　(2) $\lim\limits_{(x,y)\to(0,0)}\dfrac{1-\sqrt{xy+1}}{xy}$；

(3) $\lim\limits_{(x,y)\to(1,1)}\dfrac{\sin(x^2-y^2)}{x-y}$；　　(4) $\lim\limits_{(x,y)\to(\infty,\infty)}\dfrac{1}{x^2+y^2}$.

4. 求极限 $\lim\limits_{(x,y)\to(0,0)}(x^2+y^2)\sin\dfrac{1}{x^2+y^2}$.

5. 求极限 $\lim\limits_{(x,y)\to(0,1)}\dfrac{e^x+y}{x+y}$.

§7.2 偏　导　数

在研究一元函数时，我们从变化率入手引入了导数的概念. 对于多元函数，同样需要讨论变化率问题，但由于多元函数的自变量不止一个，因此我们需要先研究其中一个自变量变化而其余自变量保持不变的情形. 这引出了偏导数的概念.

7.2.1 偏导数的概念及计算

微课：偏导数的定义及求法

1. 偏导数的定义

当考察圆柱体的体积函数 $V(r,h)=\pi r^2h$ 时，如果底面半径 r 保持不变，体积 V 主要取决于高度 h 的取值. 也就是说，当自变量 r 固定时，$V(r,h)$ 就是关于 h 的一元函数，从而体积 V 关于高度 h 的变化率可视为 V 对 h 的偏导数. 像这样，多元函数中一个自变量发生变化，而其余自变量固定，考虑函数对于该自变量的变化率，就称为该函数对于这个自变量的偏导数. 偏导数的引入有利于逐一研究多元函数中每个变量对函数的影响.

定义 7.4　设二元函数 $z=f(x,y)$ 在点 (x_0,y_0) 的附近有定义，当 y 固定在 y_0 而 x 在 x_0 处有增

量 Δx 时，相应地，函数 $z=f(x,y)$ 有增量（称为**函数对 x 的偏增量**）

$$f(x_0+\Delta x,y_0)-f(x_0,y_0)$$

若极限

$$\lim_{\Delta x\to 0}\frac{f(x_0+\Delta x,y_0)-f(x_0,y_0)}{\Delta x}$$

存在，则称函数 $z=f(x,y)$ 在点 (x_0,y_0) 处**对 x 可导**，此极限为函数 $z=f(x,y)$ 在点 (x_0,y_0) 处**对 x 的偏导数**，记为

$$\left.\frac{\partial z}{\partial x}\right|_{\substack{x=x_0\\y=y_0}},\left.\frac{\partial f}{\partial x}\right|_{\substack{x=x_0\\y=y_0}},\left.z_x\right|_{\substack{x=x_0\\y=y_0}} \text{ 或 } f_x(x_0,y_0)$$

即

$$f_x(x_0,y_0)=\lim_{\Delta x\to 0}\frac{f(x_0+\Delta x,y_0)-f(x_0,y_0)}{\Delta x}$$

类似地，当 x 固定在 x_0，而 y 在 y_0 处有增量 Δy 时，相应地，函数 $z=f(x,y)$ 有增量（称为**函数对 y 的偏增量**）

$$f(x_0,y_0+\Delta y)-f(x_0,y_0)$$

若极限

$$\lim_{\Delta y\to 0}\frac{f(x_0,y_0+\Delta y)-f(x_0,y_0)}{\Delta y}$$

存在，则称函数 $z=f(x,y)$ 在点 (x_0,y_0) 处对 y 可导，此极限为函数 $z=f(x,y)$ 在点 (x_0,y_0) 处**对 y 的偏导数**，记为

$$\left.\frac{\partial z}{\partial y}\right|_{\substack{x=x_0\\y=y_0}},\left.\frac{\partial f}{\partial y}\right|_{\substack{x=x_0\\y=y_0}},\left.z_y\right|_{\substack{x=x_0\\y=y_0}} \text{ 或 } f_y(x_0,y_0)$$

即

$$f_y(x_0,y_0)=\lim_{\Delta y\to 0}\frac{f(x_0,y_0+\Delta y)-f(x_0,y_0)}{\Delta y}$$

定义 7.5 如果函数 $z=f(x,y)$ 在区域 D 内每一点处对 x（或对 y）的偏导数都存在，那么这个偏导数也是关于 x,y 的二元函数，就称这个函数为 $z=f(x,y)$ 对 x（或对 y）的**偏导函数**（简称**偏导数**），记为

$$\frac{\partial z}{\partial x},\frac{\partial f}{\partial x},z_x \text{ 或 } f_x(x,y)\left[\frac{\partial z}{\partial y},\frac{\partial f}{\partial y},z_y \text{ 或 } f_y(x,y)\right]$$

注意 偏导数的记号 $\frac{\partial}{\partial x},\frac{\partial}{\partial y}$ 是一个整体的记号，不能看作分子分母之商.

偏导数的概念还可推广到二元以上的函数.

2. 偏导数的计算

由偏导数的定义可知，函数对哪个自变量求偏导数，就先把其他变量看作常数，从而将问题转化为一元函数的求导问题. 以二元函数 $z=f(x,y)$ 为例，求 $\frac{\partial f}{\partial x}$ 时，只要把 y 暂时看作常量，而对 x 求导数；求 $\frac{\partial f}{\partial y}$ 时，只要把 x 暂时看作常量，而对 y 求导数.

例 7-9 求 $z=x\sin(x+y)$ 的偏导数.

解 $\frac{\partial z}{\partial x}=\sin(x+y)+x\cos(x+y)$，$\frac{\partial z}{\partial y}=x\cos(x+y)$.

例 7-10 求 $z=x^2+2xy+4xy^2$ 在点 $(1,2)$ 处的偏导数.

解 因为 $\frac{\partial z}{\partial x}=2x+2y+4y^2$，$\frac{\partial z}{\partial y}=2x+8xy$，所以

$$\left.\frac{\partial z}{\partial x}\right|_{\substack{x=1\\y=2}}=2\times1+2\times2+4\times2^2=22,\left.\frac{\partial z}{\partial y}\right|_{\substack{x=1\\y=2}}=2\times1+8\times1\times2=18$$

例 7-11 求 $u=\left(\frac{x}{y}\right)^z$ 的偏导数.

解 $\frac{\partial u}{\partial x}=\frac{z}{y}\left(\frac{x}{y}\right)^{z-1}=\frac{zx^{z-1}}{y^z},\frac{\partial u}{\partial y}=z\left(\frac{x}{y}\right)^{z-1}\left(-\frac{x}{y^2}\right)=-\frac{zx^z}{y^{z+1}},\frac{\partial u}{\partial z}=\left(\frac{x}{y}\right)^z\ln\frac{x}{y}$.

7.2.2 高阶偏导数

定义 7.6 设函数 $z=f(x,y)$ 在区域 D 内具有偏导数

$$\frac{\partial z}{\partial x}=f_x(x,y),\frac{\partial z}{\partial y}=f_y(x,y)$$

那么在 D 内 $f_x(x,y),f_y(x,y)$ 仍是关于 x,y 的二元函数. 如果这两个函数的偏导数也存在,则称它们是函数 $z=f(x,y)$ 的**二阶偏导数**. 二元函数的二阶偏导数按照对变量求导次序的不同,有下列四个二阶偏导数.

$$\frac{\partial}{\partial x}\left(\frac{\partial z}{\partial x}\right)=\frac{\partial^2 z}{\partial x^2}=f_{xx}(x,y),\frac{\partial}{\partial y}\left(\frac{\partial z}{\partial x}\right)=\frac{\partial^2 z}{\partial x\partial y}=f_{xy}(x,y)$$

$$\frac{\partial}{\partial x}\left(\frac{\partial z}{\partial y}\right)=\frac{\partial^2 z}{\partial y\partial x}=f_{yx}(x,y),\frac{\partial}{\partial y}\left(\frac{\partial z}{\partial y}\right)=\frac{\partial^2 z}{\partial y^2}=f_{yy}(x,y)$$

类似地,可定义更高阶的偏导数. 二阶及二阶以上的偏导数统称为**高阶偏导数**. 既有关于 x 又有关于 y 的高阶偏导数称为**混合偏导数**,如 $\frac{\partial^2 z}{\partial x\partial y},\frac{\partial^2 z}{\partial y\partial x}$.

例 7-12 设 $z=x^4+y^4-4x^2y^2$,求 $\frac{\partial^2 z}{\partial x^2},\frac{\partial^3 z}{\partial y^3},\frac{\partial^2 z}{\partial x\partial y}$ 和 $\frac{\partial^2 z}{\partial y\partial x}$.

解 $\frac{\partial z}{\partial x}=4x^3-8xy^2,\frac{\partial^2 z}{\partial x^2}=12x^2-8y^2$;

$\frac{\partial z}{\partial y}=4y^3-8x^2y,\frac{\partial^2 z}{\partial y^2}=12y^2-8x^2,\frac{\partial^3 z}{\partial y^3}=24y$;

$\frac{\partial^2 z}{\partial x\partial y}=-16xy,\frac{\partial^2 z}{\partial y\partial x}=-16xy$.

例 7-13 设 $z=y^x$,求 $\frac{\partial^2 z}{\partial x\partial y}$ 和 $\frac{\partial^2 z}{\partial y\partial x}$.

解 $\frac{\partial z}{\partial x}=y^x\ln y,\frac{\partial z}{\partial y}=xy^{x-1}$,

$\frac{\partial^2 z}{\partial x\partial y}=y^{x-1}(1+x\ln y),\frac{\partial^2 z}{\partial y\partial x}=y^{x-1}(1+x\ln y)$.

在例 7-12 和例 7-13 中,两个二阶混合偏导数都相等,即 $\frac{\partial^2 z}{\partial y\partial x}=\frac{\partial^2 z}{\partial x\partial y}$,这是偶然还是必然的呢?不妨再看一个例子.

例 7-14 设 $f(x,y)=\begin{cases}xy\dfrac{x^2-y^2}{x^2+y^2}, & (x,y)\neq(0,0)\\ 0, & (x,y)=(0,0)\end{cases}$,求 $f_{xy}(0,0)$ 和 $f_{yx}(0,0)$.

解 因为

$$f_x(0,0)=\lim_{\Delta x\to 0}\frac{f(0+\Delta x,0)-f(0,0)}{\Delta x}=0$$

$$f_x(0,\Delta y)=\lim_{\Delta x\to 0}\frac{f(0+\Delta x,\Delta y)-f(0,\Delta y)}{\Delta x}=\lim_{\Delta x\to 0}\frac{1}{\Delta x}\left[\Delta x\Delta y\frac{(\Delta x)^2-(\Delta y)^2}{(\Delta x)^2+(\Delta y)^2}\right]=-\Delta y$$

所以

$$f_{xy}(0,0)=\lim_{\Delta y\to 0}\frac{f_x(0,0+\Delta y)-f_x(0,0)}{\Delta y}=\lim_{\Delta y\to 0}\frac{-\Delta y-0}{\Delta y}=-1$$

同理可求得 $f_{yx}(0,0)=1$.

显然，此例中 $f_{xy}(0,0)\neq f_{yx}(0,0)$. 事实上，二阶混合偏导数相等是有条件的.

定理 7.1 如果函数 $z=f(x,y)$ 的两个二阶混合偏导数 $\frac{\partial^2 z}{\partial y\partial x}$ 及 $\frac{\partial^2 z}{\partial x\partial y}$ 在区域 D 内连续，那么在 D 内 $\frac{\partial^2 z}{\partial y\partial x}=\frac{\partial^2 z}{\partial x\partial y}$.

该定理的结论对 n 元函数的混合偏导数也成立.

例 7-15 设 $f(x,y,z)=xy^2+yz^2+zx^2$，求各二阶偏导数及 $f_{zzx}(x,y,z)$.

解 因为

$$f_x(x,y,z)=y^2+2xz,f_y(x,y,z)=2xy+z^2,f_z(x,y,z)=2yz+x^2$$

所以

$$f_{xx}(x,y,z)=2z,f_{yy}(x,y,z)=2x,f_{zz}(x,y,z)=2y$$
$$f_{xy}(x,y,z)=f_{yx}(x,y,z)=2y,f_{xz}(x,y,z)=f_{zx}(x,y,z)=2x$$
$$f_{yz}(x,y,z)=f_{zy}(x,y,z)=2z,f_{zzx}(x,y,z)=0$$

习题 7.2

1. 设 $f_x(x_0,y_0)=1$，求 $\lim\limits_{\Delta x\to 0}\frac{f(x_0+\Delta x,y_0)-f(x_0-\Delta x,y_0)}{\Delta x}$.
2. 设 $f(x,y)=x^y$，求 $f_x(1,2)$、$f_y(1,2)$.
3. 求下列函数的一阶偏导数.

(1) $z=x^2y-xy^2$； (2) $z=\ln(xy)$；

(3) $z=\cos(x^2+y^2)$； (4) $z=\mathrm{e}^{xy}+\sin(x+y)$.

4. 求下列函数的二阶偏导数.

(1) $z=x^4+3x^3y+y^2-1$； (2) $z=\sin(x^2+y)$；

(3) $z=y\ln(x-y)$； (4) $z=\mathrm{e}^x\cos(xy)$.

5. 求 $u=\sin(x+y^2-\mathrm{e}^z)$ 的偏导数.
6. 设 $z=x\ln(x+y)$，求 $\frac{\partial^2 z}{\partial x^2}$，$\frac{\partial^2 z}{\partial y^2}$，$\frac{\partial^2 z}{\partial x\partial y}$，$\frac{\partial^2 z}{\partial y\partial x}$.

§7.3 全微分及其应用

多元函数偏导数实际上相当于一元函数的导数，表示因变量相对于某个自变量的变化率，而将其余自变量视为固定. 但在实际问题中，往往需要研究多元函数中各个自变量都发生变化时，因变量的变化率. 这就需要引入新的研究工具，即全微分.

7.3.1 全微分的概念

我们知道，对于一元函数 $y=f(x)$，给定自变量 x 的一个增量 Δx，则相应的函数值 y 也有增量

$$\Delta y=f(x+\Delta x)-f(x)$$

当 $y=f(x)$ 在点 x 处可导时，有

$$\Delta y=f(x+\Delta x)-f(x)=f'(x)\Delta x+o(\Delta x)=\mathrm{d}y+o(\Delta x)$$

这里 $dy=f'(x)\Delta x=f'(x)dx$ 是一元函数的微分，它与函数值的增量 Δy 之间有一个误差 $o(\Delta x)$，此误差是关于 Δx 的高阶无穷小量. 因此，当 Δx 很小时，有近似等式

$$\Delta y \approx dy = f'(x)dx$$

对于二元函数 $z=f(x,y)$，它有两个自变量，若固定自变量 y，仅在点 x 处取得增量 Δx，则相应的函数值也有增量

$$\Delta_x z = f(x+\Delta x,y)-f(x,y)$$

当函数 $z=f(x,y)$ 在点 (x,y) 处关于 x 的偏导数存在时，有

$$\Delta_x z = f(x+\Delta x,y)-f(x,y)=f_x(x,y)\Delta x+o(\Delta x)$$

则 $\Delta_x z$ 称为 $z=f(x,y)$ 在点 (x,y) 处对 x 的偏增量，而 $f_x(x,y)\Delta x$ 称为函数 $z=f(x,y)$ 在点 (x,y) 处对 x 的偏微分.

同样，可以定义函数 $z=f(x,y)$ 在点 (x,y) 处对 y 的偏增量与偏微分.

但若 $z=f(x,y)$ 在点 (x,y) 处关于自变量 x 和 y 都分别有增量 Δx 和 Δy，则函数值的增量

$$\Delta z = f(x+\Delta x,y+\Delta y)-f(x,y)$$

称为函数 $z=f(x,y)$ 关于 x,y 的全增量. 类似地，有二元函数的全微分的定义.

定义 7.7 若函数 $z=f(x,y)$ 在点 (x,y) 处的**全增量**

$$\Delta z = f(x+\Delta x,y+\Delta y)-f(x,y)$$

可表示为

$$\Delta z = A\Delta x+B\Delta y+o(\rho)$$

其中 A,B 仅与 x,y 有关，$\rho=\sqrt{\Delta x^2+\Delta y^2}$，则称 $z=f(x,y)$ 在点 (x,y) 处**可微**，称

$$A\Delta x+B\Delta y$$

为 $z=f(x,y)$ 在点 (x,y) 处的**全微分**，记为 dz，则

$$dz = A\Delta x+B\Delta y$$

常可以将 $\Delta x,\Delta y$ 写成 dx,dy，于是

$$dz = Adx+Bdy$$

思考 前面我们知道 z 关于 $x(y)$ 的偏微分与偏导数 $f_x(x,y),f_y(x,y)$ 有关系，那么，全微分 dz 与偏导数 $f_x(x,y)$ 和 $f_y(x,y)$ 有什么样的关系呢？

我们不加证明地给出下面的结论：

定理 7.2（可微的必要条件） 若函数 $z=f(x,y)$ 在点 (x,y) 处可微，则

(1) $f(x,y)$ 在点 (x,y) 处连续.

(2) $z=f(x,y)$ 的两个偏导数 $f_x(x,y)$ 和 $f_y(x,y)$ 都存在，且 $z=f(x,y)$ 在点 (x,y) 处的全微分为

$$dz = f_x(x,y)dx+f_y(x,y)dy$$

注意 由 $z=f(x,y)$ 关于 x 和 y 的偏导数都存在，并不一定能推出 $z=f(x,y)$ 在点 (x,y) 处可微. 例如，函数 $f(x,y)=\begin{cases}\dfrac{xy}{\sqrt{x^2+y^2}}, & x^2+y^2\neq 0\\ 0, & x^2+y^2=0\end{cases}$ 在点 $(0,0)$ 处偏导数都存在，但在点 $(0,0)$ 处不可微. 而在一元函数中，可微与导数存在是等价的. 在这一点上，一元函数与多元函数是有区别的.

那么，什么时候函数 $z=f(x,y)$ 在点 (x,y) 处可微呢？

定理 7.3（可微的充分条件） 若函数 $z=f(x,y)$ 的偏导数 $\dfrac{\partial z}{\partial x}$ 和 $\dfrac{\partial z}{\partial y}$ 在点 (x,y) 处连续，则函数 $z=f(x,y)$ 在点 (x,y) 处**可微.**

这个定理说明偏导数连续的函数一定可微. 根据上面的定理，此时全微分为

$$\mathrm{d}z = f_x(x,y)\mathrm{d}x + f_y(x,y)\mathrm{d}y$$

但反之不成立，即可微并不能得出偏导数连续的条件. 也就是说，这两个定理表达了下面的关系.

$$\text{偏导数}\frac{\partial z}{\partial x},\frac{\partial z}{\partial y}\text{连续} \rightleftarrows z = f(x,y)\text{可微} \rightleftarrows \text{偏导数存在}$$

注意 偏导数连续并不是函数可微的必要条件. 例如，函数

$$f(x,y) = \begin{cases} (x^2+y^2)\sin\dfrac{1}{\sqrt{x^2+y^2}}, & x^2+y^2 \neq 0 \\ 0, & x^2+y^2 = 0 \end{cases}$$

在点(0,0)处可微，但 f_x 与 f_y 在点(0,0)处不连续.

以上关于全微分的定义以及可微的必要条件和充分条件可类似推广到三元及三元以上的函数. 如果三元函数 $u = f(x,y,z)$ 的全微分存在，则有 $\mathrm{d}u = \frac{\partial u}{\partial x}\mathrm{d}x + \frac{\partial u}{\partial y}\mathrm{d}y + \frac{\partial u}{\partial z}\mathrm{d}z$.

例 7-16 设 $z = xy + \frac{x}{y}$，求 $\mathrm{d}z$.

解 因为

$$f_x(x,y) = \frac{\partial z}{\partial x} = y + \frac{1}{y}$$

$$f_y(x,y) = \frac{\partial z}{\partial y} = x - \frac{x}{y^2}$$

所以

$$\mathrm{d}z = \left(y + \frac{1}{y}\right)\mathrm{d}x + \left(x - \frac{x}{y^2}\right)\mathrm{d}y$$

例 7-17 计算函数 $z = xy\mathrm{e}^{xy}$ 在点(1,2)处的全微分.

解 因为

$$\frac{\partial z}{\partial x} = y\mathrm{e}^{xy} + xy^2\mathrm{e}^{xy}$$

$$\frac{\partial z}{\partial y} = x\mathrm{e}^{xy} + x^2y\mathrm{e}^{xy}$$

而

$$\left.\frac{\partial z}{\partial x}\right|_{\substack{x=1\\y=2}} = 6\mathrm{e}^2, \left.\frac{\partial z}{\partial y}\right|_{\substack{x=1\\y=2}} = 3\mathrm{e}^2$$

所以

$$\mathrm{d}z = 6\mathrm{e}^2\mathrm{d}x + 3\mathrm{e}^2\mathrm{d}y$$

思考 函数 $z = f(x,y)$ 的全微分 $\mathrm{d}z$ 与 z 分别关于 x，y 的偏微分之间有什么联系？

7.3.2 全微分在近似计算中的应用

设函数 $z = f(x,y)$ 在点 (x,y) 处可微，则函数的全增量与全微分之差是比 ρ 高阶的无穷小. 因此，当 $|\Delta x|$ 和 $|\Delta y|$ 都较小时，全增量可以近似地用全微分代替，即

$$\Delta z \approx \mathrm{d}z = f_x(x,y)\Delta x + f_y(x,y)\Delta y \tag{7-1}$$

又因为 $\Delta z = f(x+\Delta x, y+\Delta y) - f(x,y)$，所以有

$$f(x+\Delta x, y+\Delta y) \approx f(x,y) + f_x(x,y)\Delta x + f_y(x,y)\Delta y \tag{7-2}$$

利用式(7-1)和式(7-2)可以分别计算函数 $z = f(x,y)$ 在某点处的全增量 Δz 及函数值的近似值.

例 7-18 计划用水泥建造一个无盖的圆柱形水池，要求内半径为 3 m，内高为 5 m，侧壁和底的厚度均为 0.2 m，问大约需要体积为多少的水泥？

解 圆柱体的体积为 $V = \pi r^2 h$，则

$$\frac{\partial V}{\partial r}=2\pi rh,\frac{\partial V}{\partial h}=\pi r^2$$

因为 $\Delta r=0.2\ \mathrm{m}$，$\Delta h=0.2\ \mathrm{m}$ 都比较小，所以可用全微分近似代替全增量，即

$$\Delta V\approx \mathrm{d}V=\frac{\partial V}{\partial r}\Delta r+\frac{\partial V}{\partial h}\Delta h=2\pi rh\Delta r+\pi r^2\Delta h=\pi r(2h\Delta r+r\Delta h)$$

所以，全增量为

$$\Delta V\Big|_{\substack{r=3,h=5\\ \Delta r=0.2,\\ \Delta h=0.2}}\approx 3\pi\times(2\times5\times0.2+3\times0.2)=7.8\pi\approx24.5(\mathrm{m}^3)$$

故建造该水池大约需要水泥 $24.5\ \mathrm{m}^3$.

例 7-19　利用全微分计算 $(0.97)^{2.01}$ 的值.

解　设函数 $z=f(x,y)=x^y$. 取 $x=1,y=2,\Delta x=-0.03,\Delta y=0.01$，则

$$f(1,2)=1,f_x(1,2)=yx^{y-1}\Big|_{\substack{x=1\\ y=2}}=2,f_y(1,2)=x^y\ln x\Big|_{\substack{x=1\\ y=2}}=0$$

由式(7-2)得

$$\begin{aligned}f(0.97,2.01)&\approx f(1,2)+f_x(1,2)\times(-0.03)+f_y(1,2)\times0.01\\&=1+2\times(-0.03)+0\times(0.01)=0.94\end{aligned}$$

习题 7.3

1. 求下列函数的全微分.

(1)$z=\mathrm{e}^{xy}$；　　(2)$z=\ln(2x-3y)$；

(3)$z=xy+\dfrac{y}{x}$；　　(4)$u=\sin(x^2+y^2-z^2)$.

2. 求函数 $z=\ln(x^2+y^2)$ 在点(2,1)处的全微分.

3. 求函数 $z=\dfrac{x}{y}$ 在 $x=1,y=2,\Delta x=-0.1,\Delta y=0.2$ 时的全微分 $\mathrm{d}z$ 和全增量 Δz.

4. 计算函数 $z=x^y$ 在点(2,1)处的全微分.

5. 利用全微分计算 $(1.04)^{2.02}$ 的近似值.

§7.4　多元复合函数的微分法

7.4.1　多元复合函数的求导法则

下面按照多元复合函数中间变量的不同情形，分三种情形进行讨论.

1. 复合函数的中间变量均为同一自变量的一元函数的情形

设函数 $z=f(u,v)$，其中 $u=\varphi(t)$，$v=\psi(t)$，即构成复合函数 $z=f[\varphi(t),\psi(t)]$，其变量相互依赖关系如图 7-7 所示.

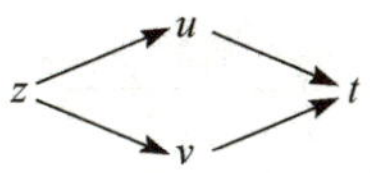

图 7-7

定理 7.4 如果函数 $u=\varphi(t)$ 及 $v=\psi(t)$ 都在点 t 处可导，函数 $z=f(u,v)$ 在对应点 (u,v) 处具有连续偏导数，则复合函数 $z=f[\varphi(t),\psi(t)]$ 在点 t 处可导，且有

$$\frac{\mathrm{d}z}{\mathrm{d}t}=\frac{\partial z}{\partial u}\cdot\frac{\mathrm{d}u}{\mathrm{d}t}+\frac{\partial z}{\partial v}\cdot\frac{\mathrm{d}v}{\mathrm{d}t}$$

从定理 7.4 中可以看到函数最终只依赖于一个变量 t，所以对其导数应用 d 的符号，并称上述 $\frac{\mathrm{d}z}{\mathrm{d}t}$ 为**全导数**.

定理 7.4 可以推广到更多中间变量的情况. 设 $z=f(u,v,w)$，其中 $u=\varphi(t)$，$v=\psi(t)$，$w=\omega(t)$，即构成复合函数 $z=f[\varphi(t),\psi(t),\omega(t)]$，其变量相互依赖关系如图 7-8 所示，有

$$\frac{\mathrm{d}z}{\mathrm{d}t}=\frac{\partial z}{\partial u}\cdot\frac{\mathrm{d}u}{\mathrm{d}t}+\frac{\partial z}{\partial v}\cdot\frac{\mathrm{d}v}{\mathrm{d}t}+\frac{\partial z}{\partial w}\cdot\frac{\mathrm{d}w}{\mathrm{d}t}$$

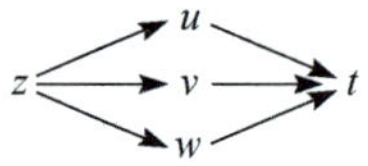

图 7-8

例 7-20 设 $z=x^y$，$x=\sin t$，$y=\cos t$，求全导数 $\frac{\mathrm{d}z}{\mathrm{d}t}$.

解
$$\begin{aligned}\frac{\mathrm{d}z}{\mathrm{d}t}&=\frac{\partial z}{\partial x}\cdot\frac{\mathrm{d}x}{\mathrm{d}t}+\frac{\partial z}{\partial y}\cdot\frac{\mathrm{d}y}{\mathrm{d}t}\\&=yx^{y-1}\cos t+x^y\ln x\cdot(-\sin t)\\&=x^{y-1}(y\cos t-x\ln x\sin t).\end{aligned}$$

* **例 7-21** 设有一圆柱体，它的底面半径以 0.1 cm/s 的速率增大，而高度以 0.2 cm/s 的速率减小. 试求当底面半径为 100 cm，高度为 120 cm 时，圆柱体体积的变化率.

解 设圆柱体的底面半径为 R，高度为 h，则体积为 $V=\pi R^2h$. 其体积变化率为

$$\frac{\mathrm{d}V}{\mathrm{d}t}=\frac{\partial V}{\partial R}\cdot\frac{\mathrm{d}R}{\mathrm{d}t}+\frac{\partial V}{\partial h}\cdot\frac{\mathrm{d}h}{\mathrm{d}t}=2\pi Rh\,\frac{\mathrm{d}R}{\mathrm{d}t}+\pi R^2\,\frac{\mathrm{d}h}{\mathrm{d}t}$$

将 $R=100$ cm，$h=120$ cm，$\frac{\mathrm{d}R}{\mathrm{d}t}=0.1$ cm/s，$\frac{\mathrm{d}h}{\mathrm{d}t}=-0.2$ cm/s 代入上式，得

$$\begin{aligned}\frac{\mathrm{d}V}{\mathrm{d}t}&=\pi R\left(2h\,\frac{\mathrm{d}R}{\mathrm{d}t}+R\,\frac{\mathrm{d}h}{\mathrm{d}t}\right)=\pi\times100\times(2\times120\times0.1-100\times0.2)\\&=400\pi(\mathrm{cm}^3/\mathrm{s})\end{aligned}$$

2. 复合函数的中间变量均为多元函数的情形

定理 7.4 还可以推广到中间变量不是一元函数而是多元函数的情形. 设函数 $z=f(u,v)$，其中 $u=\varphi(x,y)$，$v=\psi(x,y)$，即构成复合函数 $z=f[\varphi(x,y),\psi(x,y)]$，其变量相互依赖关系如图 7-9 所示.

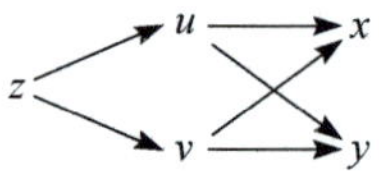

图 7-9

定理 7.5 如果函数 $u=\varphi(x,y)$ 及 $v=\psi(x,y)$ 都在点 (x,y) 处具有对 x 及对 y 的偏导数，函数 $z=f(u,v)$ 在对应点 (u,v) 处具有连续偏导数，则复合函数 $z=f[\varphi(x,y),\psi(x,y)]$ 在点 (x,y) 处的两个偏导数存在，且有

$$\frac{\partial z}{\partial x}=\frac{\partial z}{\partial u}\cdot\frac{\partial u}{\partial x}+\frac{\partial z}{\partial v}\cdot\frac{\partial v}{\partial x},$$

$$\frac{\partial z}{\partial y}=\frac{\partial z}{\partial u}\cdot\frac{\partial u}{\partial y}+\frac{\partial z}{\partial v}\cdot\frac{\partial v}{\partial y}$$

定理7.5的证明方法与定理7.4类似，当对x求偏导时，只要注意变量y是固定的，实质上就是定理7.4的情形，只是相应地把导数符号换成偏导数符号.

例 7-22 已知 $z=e^u\sin v, u=x+y, v=xy$，求$\frac{\partial z}{\partial x}$ 和$\frac{\partial z}{\partial y}$.

解 $\frac{\partial z}{\partial x}=\frac{\partial z}{\partial u}\cdot\frac{\partial u}{\partial x}+\frac{\partial z}{\partial v}\cdot\frac{\partial v}{\partial x}=e^u\sin v\cdot 1+e^u\cos v\cdot y$

$=e^{x+y}\sin(xy)+ye^{x+y}\cos(xy)$

$=e^{x+y}[\sin(xy)+y\cos(xy)]$.

$\frac{\partial z}{\partial y}=\frac{\partial z}{\partial u}\cdot\frac{\partial u}{\partial y}+\frac{\partial z}{\partial v}\cdot\frac{\partial v}{\partial y}=e^u\sin v\cdot 1+e^u\cos v\cdot x$

$=e^{x+y}\sin(xy)+xe^{x+y}\cos(xy)$

$=e^{x+y}[(\sin(xy)+x\cos(xy)]$.

类似地，设 $u=\varphi(x,y), v=\psi(x,y)$ 及 $w=\omega(x,y)$ 都在点(x,y) 处具有对x及对y的偏导数，函数 $z=f(u,v,w)$ 在对应点(u,v,w) 处具有连续偏导数，则复合函数 $z=f[\varphi(x,y),\psi(x,y),\omega(x,y)]$ (变量 相互依赖关系如图 7-10 所示) 在点(x,y) 处的两个偏导数都存在，且有

$$\frac{\partial z}{\partial x}=\frac{\partial z}{\partial u}\cdot\frac{\partial u}{\partial x}+\frac{\partial z}{\partial v}\cdot\frac{\partial v}{\partial x}+\frac{\partial z}{\partial w}\cdot\frac{\partial w}{\partial x}$$

$$\frac{\partial z}{\partial y}=\frac{\partial z}{\partial u}\cdot\frac{\partial u}{\partial y}+\frac{\partial z}{\partial v}\cdot\frac{\partial v}{\partial y}+\frac{\partial z}{\partial w}\cdot\frac{\partial w}{\partial y}$$

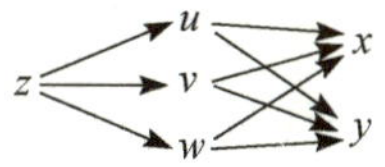

图 7-10

3. 复合函数的中间变量既有一元函数，又有多元函数的情形

定理 7.6 如果函数 $u=\varphi(x,y)$ 在点(x,y)处具有对x及对y的偏导数，函数 $v=\psi(y)$ 在点y处可导，函数$z=f(u,v)$ 在对应点(u,v)处具有连续偏导数，则复合函数$z=f[\varphi(x,y),\psi(y)]$(变量相互依赖关系如图 7-11 所示) 在点$(x,y)$处的两个偏导数都存在，且有

$$\frac{\partial z}{\partial x}=\frac{\partial z}{\partial u}\cdot\frac{\partial u}{\partial x}$$

$$\frac{\partial z}{\partial y}=\frac{\partial z}{\partial u}\cdot\frac{\partial u}{\partial y}+\frac{\partial z}{\partial v}\cdot\frac{dv}{dy}$$

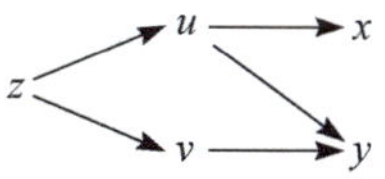

图 7-11

实际上，该情形是第 2 种情形的特例.

例 7-23 设 $z=u\arctan(uv), u=xe^y, v=y^2$，求 z 关于 x, y 的偏导数.

解 $\frac{\partial z}{\partial x}=\frac{\partial z}{\partial u}\cdot\frac{\partial u}{\partial x}=\left[\arctan(uv)+\frac{uv}{1+u^2v^2}\right]\cdot e^y$

$=e^y\left[\arctan(xy^2e^y)+\frac{xy^2e^y}{1+x^2y^4e^{2y}}\right]$.

$\frac{\partial z}{\partial y}=\frac{\partial z}{\partial u}\cdot\frac{\partial u}{\partial y}+\frac{\partial z}{\partial v}\cdot\frac{dv}{dy}=\left[\arctan(uv)+\frac{uv}{1+u^2v^2}\right]\cdot xe^y+\frac{u^2}{1+u^2v^2}\cdot 2y$

$=xe^y\left[\arctan(xy^2e^y)+\frac{xy^2e^y}{1+x^2y^4e^{2y}}\right]+\frac{2x^2ye^{2y}}{1+x^2y^4e^{2y}}$.

设 $u=\varphi(x,y)$ 在点 (x,y) 处具有偏导数，$z=f(u,x)$ 在相应点 (u,x) 处有连续偏导数，则复合函数 $z=f[\varphi(x,y),x]$ 在点 (x,y) 处有偏导数，且有

$$\frac{\partial z}{\partial x}=\frac{\partial f}{\partial u}\cdot\frac{\partial u}{\partial x}+\frac{\partial f}{\partial x}$$

$$\frac{\partial z}{\partial y}=\frac{\partial f}{\partial u}\cdot\frac{\partial u}{\partial y}$$

实际上可看作第 3 种情形中当 $v=x$ 的特殊情况.

注意 在复合函数 $z=f[\varphi(x,y),x]$ 中，$\frac{\partial z}{\partial x}$ 表示在保持 y 为常量的条件下，z 对 x 的变化率；$\frac{\partial f}{\partial x}$ 是 $z=f(u,x)$ 中直接对 x 的偏导数，仅考虑了 f 自身相对于 x 的变化. 所以 $\frac{\partial z}{\partial x}$ 和 $\frac{\partial f}{\partial x}$ 的意义不同.

例 7-24 设 $z=f(u,x)=\arcsin(x+u)$，其中 $u=\sin(xy)$，求 $\frac{\partial z}{\partial x},\frac{\partial z}{\partial y}$.

解 $$\frac{\partial z}{\partial x}=\frac{\partial f}{\partial u}\cdot\frac{\partial u}{\partial x}+\frac{\partial f}{\partial x}=\frac{y\cos(xy)}{\sqrt{1-(x+u)^2}}+\frac{1}{\sqrt{1-(x+u)^2}}=\frac{y\cos(xy)+1}{\sqrt{1-[x+\sin(xy)]^2}}.$$

$$\frac{\partial z}{\partial y}=\frac{\partial f}{\partial u}\cdot\frac{\partial u}{\partial y}=\frac{x\cos(xy)}{\sqrt{1-(x+u)^2}}=\frac{x\cos(xy)}{\sqrt{1-[x+\sin(xy)]^2}}.$$

*7.4.2 隐函数的求导法则

1. 由方程 $F(x,y)=0$ 确定的隐函数 $y=y(x)$ 的导数的求法

当 $F(x,y)$ 在点 (x,y) 的某个邻域内有连续偏导数 F_x,F_y，且 $F_y(x,y)\neq 0$ 时，可以证明在 x 的某一邻域内存在一个可导的隐函数 $y=y(x)$. 将 $y=y(x)$ 代入方程 $F(x,y)=0$，得

$$F(x,y(x))\equiv 0$$

两端对 x 求导，得

$$\frac{\partial F}{\partial x}+\frac{\partial F}{\partial y}\cdot\frac{\mathrm{d}y}{\mathrm{d}x}=0$$

即

$$F_x+F_y\frac{\mathrm{d}y}{\mathrm{d}x}=0$$

由于 $F_y(x,y)\neq 0$，故有

$$\frac{\mathrm{d}y}{\mathrm{d}x}=-\frac{F_x(x,y)}{F_y(x,y)} \tag{7-3}$$

这是**一元隐函数的求导公式.**

注意 利用一元隐函数的求导公式计算 F_x,F_y 时，要把 x,y 看成独立的变量，不能把 y 看成 x 的函数.

例 7-25 设 $x\sin y+ye^x=0$，求 $\frac{\mathrm{d}y}{\mathrm{d}x}$.

解 令 $F(x,y)=x\sin y+ye^x$，则

$$F_x(x,y)=\sin y+ye^x,\ F_y(x,y)=x\cos y+e^x$$

故

$$\frac{\mathrm{d}y}{\mathrm{d}x}=-\frac{F_x(x,y)}{F_y(x,y)}=-\frac{\sin y+ye^x}{x\cos y+e^x}$$

2. 由方程 $F(x,y,z)=0$ 确定的二元隐函数 $z=z(x,y)$ 的偏导数的求法

当 $F(x,y,z)$ 在点 (x,y,z) 的某个邻域内有连续偏导数 F_x,F_y,F_z，且 $F_z(x,y,z)\neq 0$ 时，可以证明

在点(x,y)的某一邻域内存在一个有偏导数的二元隐函数$z=z(x,y)$. 将$z=z(x,y)$代入原方程,得

$$F(x,y,z(x,y))\equiv 0$$

两端对x(或y)求导,得

$$F_x+F_z\frac{\partial z}{\partial x}=0 \text{ 或 } F_y+F_z\frac{\partial z}{\partial y}=0$$

由于$F_z(x,y,z)\neq 0$,故有

$$\frac{\partial z}{\partial x}=-\frac{F_x}{F_z} \text{ 或 } \frac{\partial z}{\partial y}=-\frac{F_y}{F_z} \tag{7-4}$$

这是求**二元隐函数偏导数的公式**.

例 7-26 求由方程$e^z-xyz=0$确定的隐函数$z=z(x,y)$的两个偏导数$\frac{\partial z}{\partial x},\frac{\partial z}{\partial y}$.

解 令$F(x,y,z)=e^z-xyz$,则

$$F_x=-yz,F_y=-xz,F_z=e^z-xy$$

由二元隐函数的偏导数公式,得

$$\frac{\partial z}{\partial x}=-\frac{F_x}{F_z}=\frac{yz}{e^z-xy}$$

$$\frac{\partial z}{\partial y}=-\frac{F_y}{F_z}=\frac{xz}{e^z-xy}$$

习题 7.4

1. 设$z=u^2v$,其中$u=\sin t,v=\cos t$,求$\frac{dz}{dt}$.

2. 设$z=\arctan(xy)$,其中$y=2^x$,求$\frac{dz}{dx}$.

3. 设$z=e^u\cos v$,其中$u=x^2+y^2,v=x-y$,求$\frac{\partial z}{\partial x},\frac{\partial z}{\partial y}$.

4. 设$z=v^2\ln u$,其中$u=2x+3y,v=x-y$,求$\frac{\partial z}{\partial x},\frac{\partial z}{\partial y}$.

5. 设$z=u^2v+uv^2$,其中$u=y\sin x,v=x\cos y$,求$\frac{\partial z}{\partial x},\frac{\partial z}{\partial y}$.

6. 设$z=f(xy+\sin x)$,求$\frac{\partial z}{\partial x},\frac{\partial z}{\partial y}$.

7. 设$e^{xy}-\arctan z+xyz=0$,求$\frac{\partial z}{\partial x}$.

8. 设$z=xy+xf(u)$,且$u=\frac{y}{x}$,其中$f(u)$是可导函数. 证明:$x\frac{\partial z}{\partial x}+y\frac{\partial z}{\partial y}=z+xy$.

9. 设函数$z=e^{u^2+v^2}$,$u=x^2\sin y,v=\cos y$,求$\frac{\partial z}{\partial x},\frac{\partial z}{\partial y}$.

§7.5 二重积分

在一元函数积分学中,定积分是一元函数定义在区间上的某种确定形式和的极限. 这种和式的极限概念推广到定义在区域、曲线、曲面上的多元函数的情形,便得到重积分、曲线积分和曲面积分等概

念. 这里主要介绍二重积分.

7.5.1 二重积分的概念

为了引入二重积分的概念,我们先来讨论两个典型的实际问题.

1. 曲顶柱体的体积

设二元函数 $z=f(x,y)$ 在有界闭区域 D 上是非负且连续的. 以曲面 $z=f(x,y)$ 为顶,以 xOy 平面上的有界闭区域 D 为底,以 D 的边界曲线为准线而母线平行于 z 轴的柱面的侧面的立体,叫作**曲顶柱体**(图 7-12).

对于曲顶柱体的体积 V 的计算,可以借鉴研究曲边梯形面积时的做法,将曲顶柱体分成若干个小的曲顶柱体来计算.

具体步骤如下.

(1) 分割. 将区域 D 任意分割成 n 个小区域 $\Delta D_1,\Delta D_2,\cdots,\Delta D_n$,其面积分别为 $\Delta\sigma_1,\Delta\sigma_2,\cdots,\Delta\sigma_n$,这时,曲顶柱体也相应地被分成 n 个小曲顶柱体. 假设第 i 个小曲顶柱体的体积为 $\Delta V_i(i=1,2,\cdots,n)$,则

$$V=\Delta V_1+\Delta V_2+\cdots+\Delta V_n=\sum_{i=1}^{n}\Delta V_i$$

(2) 近似. 在每一个小区域 $\Delta D_i(i=1,2,\cdots,n)$ 中任取一点 (ξ_i,η_i),以 $f(\xi_i,\eta_i)$ 为高,以 ΔD_i 为底作平顶柱体(图 7-13),则这些平顶柱体的体积为

$$f(\xi_i,\eta_i)\Delta\sigma_i,\quad i=1,2,\cdots,n$$

用平顶柱体的体积近似代替小曲顶柱体的体积,即

$$\Delta V_i\approx f(\xi_i,\eta_i)\Delta\sigma_i,\quad i=1,2,\cdots,n$$

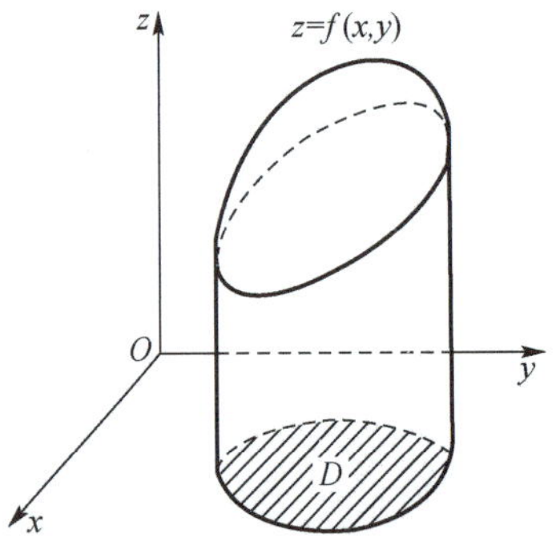

图 7-12

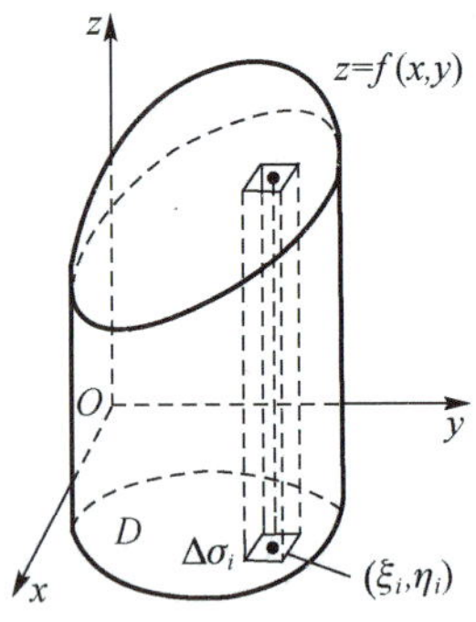

图 7-13

(3) 求和. 记 λ_i 为 ΔD_i 的直径(λ_i 表示 ΔD_i 中任意两点间距离的最大值),设 $\lambda=\max\limits_{1\leqslant i\leqslant n}\{\lambda_i\}$,它表示所有小区域中最大直径. 于是得到整个曲顶柱体体积的近似值,即

$$V=\sum_{i=1}^{n}\Delta V_i\approx\sum_{i=1}^{n}f(\xi_i,\eta_i)\Delta\sigma_i$$

(4) 取极限. 当 λ 趋于零时,和式 $\sum\limits_{i=1}^{n}f(\xi_i,\eta_i)\Delta\sigma_i$ 的极限若存在,则其极限值为曲顶柱体的体积 V,即

$$V=\lim_{\lambda\to0}\sum_{i=1}^{n}f(\xi_i,\eta_i)\Delta\sigma_i$$

综上可知,求曲顶柱体体积的问题可以归结为求和式的极限问题.

2. 平面薄片的质量

设有一平面薄片,占有 xOy 平面上的闭区域 D,它在点 (x,y) 处的面密度为 $\mu(x,y)$,其中 $\mu(x,y)$ 是定义在 D 上的连续函数. 可以用求曲顶柱体体积的方法来计算该平面薄片的质量 M.

具体步骤如下.

(1) 分割. 把平面薄片任意分割成 n 个小块,即把 xOy 平面上的闭区域 D 任意分割成 n 个小区域 $\Delta D_i(i=1,2,\cdots,n)$,每个小区域的面积为 $\Delta\sigma_i(i=1,2,\cdots,n)$,如图 7-14 所示.

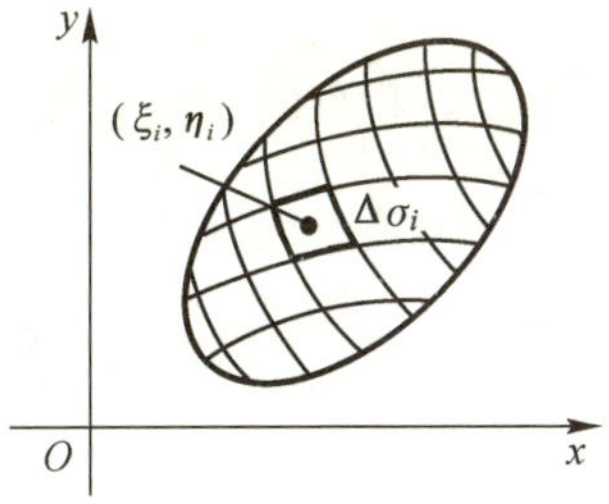

图 7-14

(2) 近似. 当这些小区域的直径很小时,这些小块可以近似看作均匀薄片. 在每个小区域 $\Delta D_i(i=1,2,\cdots,n)$ 中任取一点 (ξ_i,η_i),以 $\mu(\xi_i,\eta_i)$ 为面密度,设这些小薄片的质量为 ΔM_i,则

$$\Delta M_i \approx \mu(\xi_i,\eta_i)\Delta\sigma_i,\quad i=1,2,\cdots,n$$

(3) 求和. 记 λ_i 为 ΔD_i 的直径(λ_i 表示 ΔD_i 中任意两点间距离的最大值),设 $\lambda=\max\limits_{1\leqslant i\leqslant n}\{\lambda_i\}$,它表示所有小区域中最大直径,于是得到整个平面薄片的质量近似值,即

$$M=\sum_{i=1}^{n}\Delta M_i \approx \sum_{i=1}^{n}\mu(\xi_i,\eta_i)\Delta\sigma_i$$

(4) 取极限. 当 λ 趋于零时,和式 $\sum\limits_{i=1}^{n}\mu(\xi_i,\eta_i)\Delta\sigma_i$ 的极限若存在,则其极限值为所求平面薄片的质量,即

$$M=\lim_{\lambda\to 0}\sum_{i=1}^{n}\mu(\xi_i,\eta_i)\Delta\sigma_i$$

上面两个例子的实际意义虽然不同,但它们都把所求的量归结为和式的极限,从中可以抽象出二重积分的定义.

定义 7.8 设二元函数 $z=f(x,y)$ 在有界闭区域 D 上有定义,将区域 D 任意分割成 n 个小区域

$$\Delta D_1,\Delta D_2,\cdots,\Delta D_n$$

其面积分别为

$$\Delta\sigma_1,\Delta\sigma_2,\cdots,\Delta\sigma_n$$

在每个 $\Delta D_i(i=1,2,\cdots,n)$ 上任取一点 (ξ_i,η_i),作乘积 $f(\xi_i,\eta_i)\Delta\sigma_i$,$i=1,2,\cdots,n$,并求和 $\sum\limits_{i=1}^{n}f(\xi_i,\eta_i)\Delta\sigma_i$. 如果当 n 个小区域中直径最大值 λ 趋于零时,和式的极限总存在,则称此极限为函数 $f(x,y)$ 在区域 D 上的**二重积分**,记作 $\iint\limits_{D}f(x,y)\mathrm{d}\sigma$,即

$$\iint\limits_{D}f(x,y)\mathrm{d}\sigma=\lim_{\lambda\to 0}\sum_{i=1}^{n}f(\xi_i,\eta_i)\Delta\sigma_i$$

其中 $f(x,y)$ 叫作**被积函数**,$f(x,y)\mathrm{d}\sigma$ 叫作**被积表达式**,$\mathrm{d}\sigma$ 叫作**面积元素**,x 与 y 叫作**积分变量**,D 叫作**积分区域**,$\sum\limits_{i=1}^{n}f(\xi_i,\eta_i)\Delta\sigma_i$ 叫作**积分和**.

与定积分类似,若函数 $f(x,y)$ 在有界闭区域 D 上连续,则 $f(x,y)$ 在区域 D 上的二重积分存在. 今后如果没有特别声明,我们总假定被积函数 $f(x,y)$ 在积分区域上是连续的.

二重积分作为一个和式的极限,其极限值只与被积函数和积分区域有关,而与分割区域的方法无关. 这样,我们可以用一组平行于坐标轴的直线来划分区域 D. 那么,除了靠近边界曲线的一些小区域,绝大多数的小区域都是矩形. 因此,可以将 $\mathrm{d}\sigma$ 记作 $\mathrm{d}x\mathrm{d}y$ (并称 $\mathrm{d}x\mathrm{d}y$ 为直角坐标系下的面积元素),二重积分也可表示为 $\iint\limits_{D}f(x,y)\mathrm{d}x\mathrm{d}y$.

根据二重积分的定义,当 $f(x,y)\geqslant 0$, $(x,y)\in D$ 时,二重积分 $\iint\limits_{D}f(x,y)\mathrm{d}\sigma$ 在几何上表示以

$z=f(x,y)$ 为顶，以 D 为底的曲顶柱体的体积，即

$$V=\iint\limits_D f(x,y)\mathrm{d}\sigma$$

这就是二重积分的几何意义. 特别地，如果 $f(x,y)\equiv 1$，且 D 的面积为 σ，那么 $\iint\limits_D \mathrm{d}\sigma=\sigma$ 可以理解为以平面 $z=1$ 为顶、D 为底的平顶柱体的体积. 这个体积在数值上等于柱体的底面积.

当 $f(x,y)<0,(x,y)\in D$ 时，二重积分 $\iint\limits_D f(x,y)\mathrm{d}\sigma$ 在几何上表示以 $z=f(x,y)$ 为顶，以 D 为底的曲顶柱体体积的负值，即

$$V=-\iint\limits_D f(x,y)\mathrm{d}\sigma$$

如果 $f(x,y)$ 在区域 D 的若干部分区域上是正的，而在其他的部分区域上是负的，我们可以将 xOy 平面上方的柱体体积取成正值，xOy 平面下方的柱体体积取成负值. 那么，$\iint\limits_D f(x,y)\mathrm{d}\sigma$ 在几何上就表示曲顶柱体体积的代数和.

由二重积分的定义还可以知道，质量分布不均匀的薄片 D 的质量 M 是其面密度 $\mu(x,y)$ 在区域 D 上的二重积分，即

$$M=\iint\limits_D \mu(x,y)\mathrm{d}\sigma$$

思考 二重积分的几何意义是什么?

7.5.2 直角坐标系下二重积分的计算

微课：直角坐标系下二重积分的计算

根据二重积分的几何意义，通过计算曲顶柱体的体积，可以导出将二重积分化为二次积分的计算公式.

在直角坐标系中，设积分区域 D 是由两条平行直线 $x=a,x=b$ 与两条曲线 $y=\varphi_1(x),y=\varphi_2(x)$ 围成的. 区域 D(图 7-15) 可表示为

$$D=\{(x,y)\mid \varphi_1(x)\leqslant y\leqslant \varphi_2(x),a\leqslant x\leqslant b\}$$

也可以用不等式表示为

$$\varphi_1(x)\leqslant y\leqslant \varphi_2(x),a\leqslant x\leqslant b$$

现在来计算 $\iint\limits_D f(x,y)\mathrm{d}\sigma$. 假定 $f(x,y)\geqslant 0$，按照二重积分的几何意义，$\iint\limits_D f(x,y)\mathrm{d}\sigma$ 的值等于以 D 为底，以曲面 $z=f(x,y)$ 为顶的曲顶柱体(图 7-16) 的体积. 这个体积可以用定积分中计算“平行截面面积为已知的立体的体积”的方法来计算.

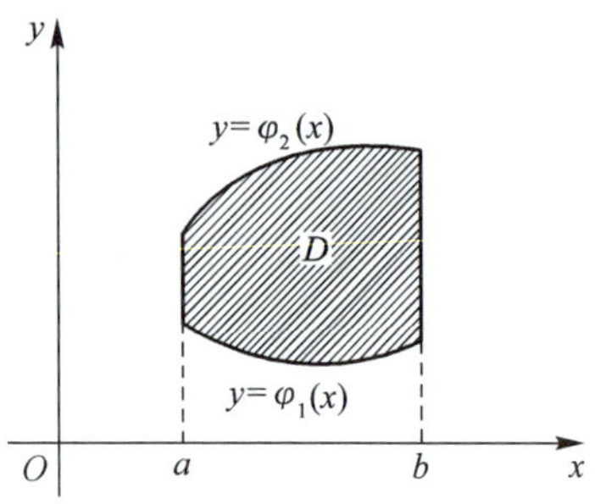

图 7-15

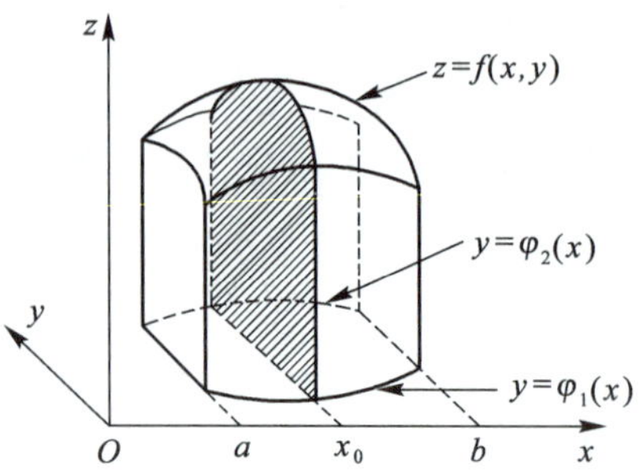

图 7-16

作平行于 yOz 平面的平面 $x=x_0,x_0\in[a,b]$，它与曲顶柱体相交所得截面是以区间 $[\varphi_1(x_0),\varphi_2(x_0)]$

为底、$z=f(x_0,y)$ 为曲边的曲边梯形(图 7-16 中的阴影部分). 用 $A(x_0)$ 表示截面的面积,即

$$A(x_0)=\int_{\varphi_1(x_0)}^{\varphi_2(x_0)}f(x_0,y)\mathrm{d}y$$

由于 x_0 的任意性,过区间 $[a,b]$ 上任意一点 x 且平行于 yOz 平面的平面,与曲顶柱体相交所得截面的面积为

$$A(x)=\int_{\varphi_1(x)}^{\varphi_2(x)}f(x,y)\mathrm{d}y$$

再根据平行截面面积为已知的立体体积的定积分公式,求得曲顶柱体的体积为

$$V=\int_a^b A(x)\mathrm{d}x=\int_a^b\left[\int_{\varphi_1(x)}^{\varphi_2(x)}f(x,y)\mathrm{d}y\right]\mathrm{d}x$$

这个体积也就是所求二重积分的值,从而有等式

$$\iint_D f(x,y)\mathrm{d}\sigma=\int_a^b\left[\int_{\varphi_1(x)}^{\varphi_2(x)}f(x,y)\mathrm{d}y\right]\mathrm{d}x$$

该式右端的积分称为先对 y,再对 x 的二次积分. 其计算方法是先把 x 看作常数,只把 $f(x,y)$ 看作 y 的函数,并对 y 计算从 $\varphi_1(x)$ 到 $\varphi_2(x)$ 的定积分,然后把计算的结果(是关于 x 的函数) 再对 x 计算在区间 $[a,b]$ 上的定积分,记作

$$\iint_D f(x,y)\mathrm{d}\sigma=\int_a^b\mathrm{d}x\int_{\varphi_1(x)}^{\varphi_2(x)}f(x,y)\mathrm{d}y$$

这就是把二重积分化为先对 y,后对 x 的二次积分的公式.

上述讨论中,我们先假定了 $f(x,y)\geqslant 0$,实际上,上述公式的成立并不受此条件限制.

同理,在直角坐标系中,如果积分区域 D 是由两条平行直线 $y=c$,$y=d$ 与两条曲线 $x=\psi_1(x)$,$x=\psi_2(x)$ 围成的,区域 D(图 7-17) 用不等式表示为

$$\psi_1(y)\leqslant x\leqslant\psi_2(y),\quad c\leqslant y\leqslant d$$

那么有

$$\iint_D f(x,y)\mathrm{d}\sigma=\int_c^d\mathrm{d}y\int_{\psi_1(y)}^{\psi_2(y)}f(x,y)\mathrm{d}x$$

这就是把二重积分化为先对 x,后对 y 的二次积分的公式.

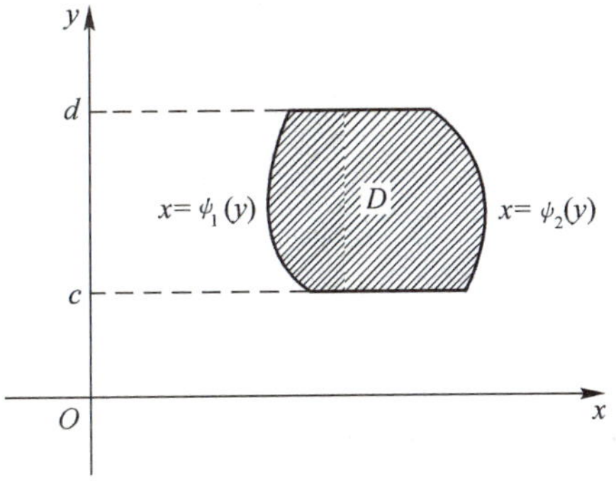

图 7-17

为了讨论问题的方便,今后把如图 7-15 和图 7-17 所示的区域,分别称为 X- 型积分区域与 Y- 型积分区域. 从两个图形中可以看出,X- 型积分区域的几何特征:任何穿过积分区域 D 且平行于 y 轴的直线与 D 的边界恰好有两个交点. Y- 型积分区域的几何特征:任何穿过积分区域 D 且平行于 x 轴的直线与 D 的边界恰好有两个交点.

在计算二重积分时,关键是确定积分区域 D 的不等式表达,步骤如下.

(1) 画出积分区域 D 的图形.

(2) 判断积分区域是 X- 型积分区域还是 Y- 型积分区域. 如果积分区域是 X- 型的(或 Y- 型的),

作平行于 y 轴(或 x 轴) 的直线与区域相交.沿着 y 轴(或 x 轴) 的正向看,所作的直线与区域 D 先相交的边界曲线 $y=\varphi_1(x)$[或 $x=\psi_1(y)$] 称为穿入曲线,作为积分下限;该直线离开区域 D 的边界线 $y=\varphi_2(x)$[或 $x=\psi_2(y)$] 称为穿出曲线,作为积分上限.对于 X- 型积分区域,积分顺序是先对 y 积分,再对 x 积分.积分区间为区域 D 在 x 轴上的投影区间 $[a,b]$,其中 a 是下限,b 是上限.对于 Y- 型积分区域,积分顺序是先对 x 积分,再对 y 积分.积分区间为区域 D 在 y 轴上的投影区间 $[c,d]$,其中 c 是下限,d 是上限.

对于 X- 型积分区域,二重积分可以表示为

$$\iint_D f(x,y)\mathrm{d}\sigma=\int_a^b \mathrm{d}x\int_{\varphi_1(x)}^{\varphi_2(x)} f(x,y)\mathrm{d}y$$

对于 Y- 型积分区域,二重积分可以表示为

$$\iint_D f(x,y)\mathrm{d}\sigma=\int_c^d \mathrm{d}y\int_{\psi_1(y)}^{\psi_2(y)} f(x,y)\mathrm{d}x$$

(3) 如果积分区域 D 既是 X- 型的又是 Y- 型的,那么有

$$\iint_D f(x,y)\mathrm{d}\sigma=\int_a^b \mathrm{d}x\int_{\varphi_1(x)}^{\varphi_2(x)} f(x,y)\mathrm{d}y=\int_c^d \mathrm{d}y\int_{\psi_1(y)}^{\psi_2(y)} f(x,y)\mathrm{d}x$$

这表明二次积分可以交换积分次序,但在交换积分次序时,必须先画出积分区域的图形,再重新确定积分上下限.

(4) 如果所作的平行于 x 轴或 y 轴的直线与区域 D 相交,在不同的范围内,穿入曲线或穿出曲线不同,那么应该用平行于 x 轴或 y 轴的直线将区域 D 分成几部分,使每个部分都是 X- 型积分区域或 Y- 型积分区域(图 7-18).根据二重积分对于积分区域具有可加性可知,各部分的二重积分之和就是在积分区域 D 上的二重积分,即

$$\iint_D f(x,y)\mathrm{d}\sigma=\iint_{D_1} f(x,y)\mathrm{d}\sigma+\iint_{D_2} f(x,y)\mathrm{d}\sigma+\iint_{D_3} f(x,y)\mathrm{d}\sigma$$

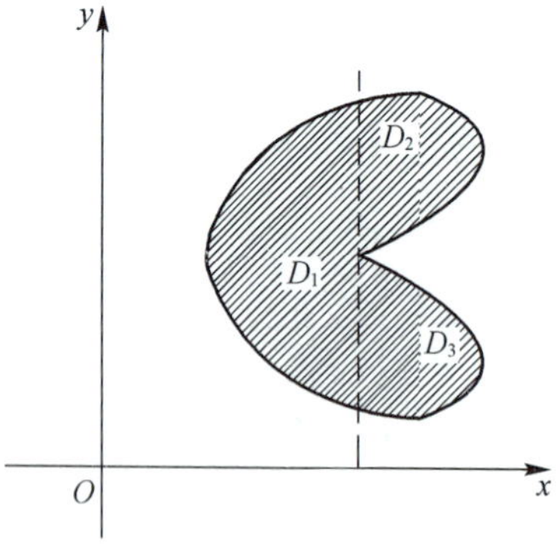

图 7-18

例 7-27 改变积分 $I=\int_0^1 \mathrm{d}x\int_0^{1-x} f(x,y)\mathrm{d}y$ 的次序.

解 设所给积分区域为 D,且所给积分是先对 y 积分,再对 x 积分(图 7-19),即

$$D=\{(x,y)\mid 0\leqslant x\leqslant 1,0\leqslant y\leqslant 1-x\}$$

由于积分区域 D 既是 X- 型的,又是 Y- 型的,故也可以写成

$$D=\{(x,y)\mid 0\leqslant y\leqslant 1,0\leqslant x\leqslant 1-y\}$$

于是

$$I=\int_0^1 \mathrm{d}y\int_0^{1-y} f(x,y)\mathrm{d}x$$

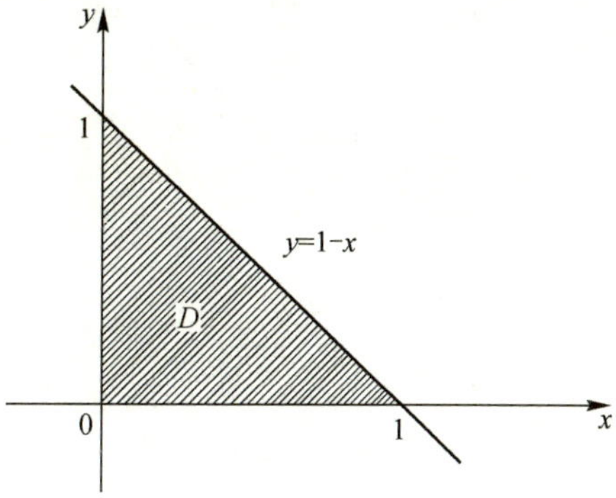

图 7-19

例 7-28 改变积分 $I=\int_0^1 dx\int_0^{\sqrt{2x-x^2}} f(x,y)dy+\int_1^2 dx\int_0^{2-x} f(x,y)dy$ 的次序.

解 所给积分由两个部分组成,设它们的积分区域分别为 D_1 与 D_2,且两个积分都是先对 y 积分,再对 x 积分(图 7-20),即

$$D_1=\{(x,y)\mid 0\leqslant x\leqslant 1,0\leqslant y\leqslant \sqrt{2x-x^2}\}$$
$$D_2=\{(x,y)\mid 1\leqslant x\leqslant 2,0\leqslant y\leqslant 2-x\}$$

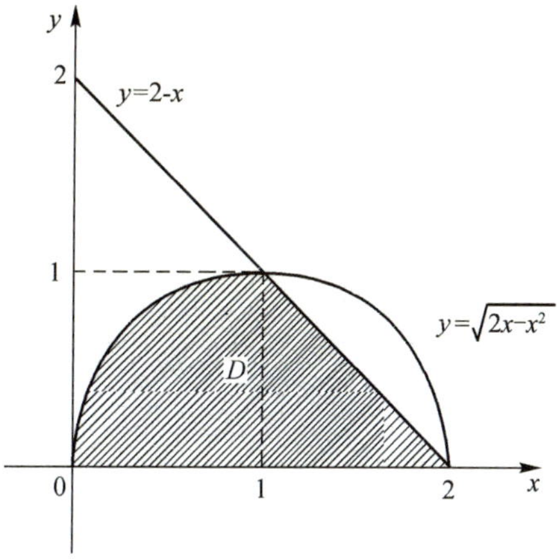

图 7-20

两个积分区域 D_1 与 D_2 可以合并为 D,可以写成

$$D=\{(x,y)\mid 0\leqslant y\leqslant 1,1-\sqrt{1-y^2}\leqslant x\leqslant 2-y\}$$

于是

$$I=\int_0^1 dy\int_{1-\sqrt{1-y^2}}^{2-y} f(x,y)dx$$

例 7-29 求 $\iint\limits_D x^2 e^{-y^2}dxdy$,其中 D 是以(0,0),(1,1),(0,1)为顶点的三角形.

解 积分区域 D 如图 7-21 所示. 因为 $\int e^{-y^2}dy$ 无法用初等函数表示,所以计算积分时必须考虑转换积分次序.

$$\iint\limits_D x^2 e^{-y^2}dxdy=\int_0^1 dy\int_0^y x^2 e^{-y^2}dx=\int_0^1 e^{-y^2}\cdot\frac{y^3}{3}dy$$
$$=\int_0^1 e^{-y^2}\cdot\frac{y^2}{6}dy^2=\frac{1}{6}\left(1-\frac{2}{e}\right)$$

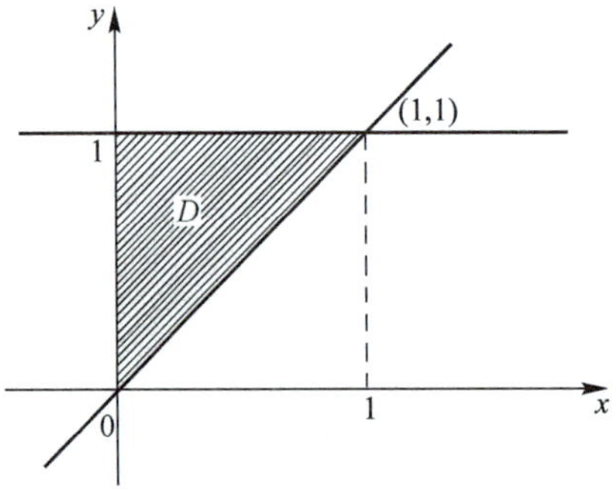

图 7-21

例 7-30 计算$\iint\limits_D xy\,\mathrm{d}\sigma$，其中 D 是由抛物线 $y^2=x$ 及直线 $y=x-2$ 围成的区域.

解 积分区域 D 如图 7-22 所示.

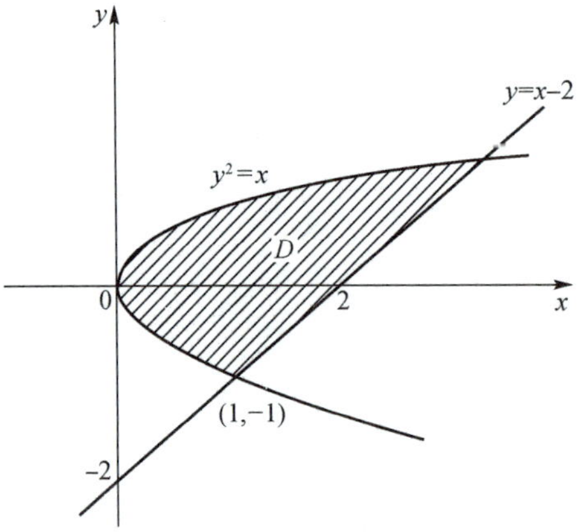

图 7-22

解法 1 把积分区域 D 分成两个 X- 型积分区域，即

$$D_1: 0\leqslant x\leqslant 1, -\sqrt{x}\leqslant y\leqslant \sqrt{x}$$

$$D_2: 1\leqslant x\leqslant 4, x-2\leqslant y\leqslant \sqrt{x}$$

故$\iint\limits_D xy\,\mathrm{d}\sigma=\iint\limits_{D_1} xy\,\mathrm{d}\sigma+\iint\limits_{D_2} xy\,\mathrm{d}\sigma=\int_0^1\mathrm{d}x\int_{-\sqrt{x}}^{\sqrt{x}}xy\,\mathrm{d}y+\int_1^4\mathrm{d}x\int_{x-2}^{\sqrt{x}}xy\,\mathrm{d}y=\dfrac{45}{8}$.

解法 2 积分区域 D 是 Y- 型的，即

$$D: -1\leqslant y\leqslant 2, y^2\leqslant x\leqslant y+2$$

故$\iint\limits_D xy\,\mathrm{d}\sigma=\int_{-1}^{2}\mathrm{d}y\int_{y^2}^{y+2}xy\,\mathrm{d}x=\dfrac{45}{8}$.

值得注意的是，在化二重积分为二次积分时，为了计算简便，需要选择恰当的二次积分的次序. 这时，既要考虑积分区域 D 的形状，又要考虑被积函数 $f(x,y)$ 的特性.

思考 在直角坐标系下，X- 型积分区域和 Y- 型积分区域各有什么特点？

*7.5.3 极坐标系下二重积分的计算

在极坐标系下计算二重积分，先要将二重积分化为极坐标系下的二重积分，再化为极坐标系下的二次积分.

在平面解析几何中，我们知道，直角坐标与极坐标之间的关系为

$$\begin{cases} x=r\cos\theta \\ y=r\sin\theta \end{cases}$$

由此可将被积函数转化为

$$f(x,y)=f(r\cos\theta,r\sin\theta)$$

下面求极坐标系下的面积元素 $\mathrm{d}\sigma$.

设从极点出发的射线穿过积分区域 D 的内部时，与 D 的边界相交不多于两点.

用以极点为中心的同心圆族($r=$ 常数)，以及从极点出发的射线族($\theta=$ 常数)，将积分区域 D 分成 n 个小区域，如图 7-23 所示.

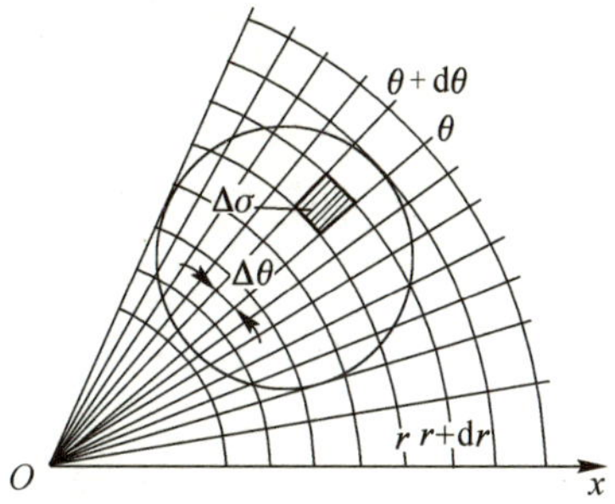

图 7-23

设 $\Delta\sigma$ 是极角为 θ 和 $\theta+\mathrm{d}\theta$ 的两条射线及半径为 r 和 $r+\mathrm{d}r$ 的两条圆弧所围成的小曲边矩形，其面积公式为

$$\Delta\sigma=\frac{1}{2}(r+\Delta r)^2\Delta\theta-\frac{1}{2}r^2\Delta\theta=r\Delta r\Delta\theta+\frac{1}{2}(\Delta r)^2\Delta\theta$$

有

$$\Delta\sigma\approx r\mathrm{d}r\mathrm{d}\theta$$

所以，面积元素为 $\mathrm{d}\sigma=r\mathrm{d}r\mathrm{d}\theta$. 因此，二重积分在极坐标系下记为

$$\iint_D f(x,y)\mathrm{d}\sigma=\iint_D f(r\cos\theta,r\sin\theta)r\mathrm{d}r\mathrm{d}\theta$$

上面的公式表明，要把二重积分中的变量从直角坐标变换为极坐标，只要把被积函数中的 x,y 分别换成 $r\cos\theta,r\sin\theta$，并把直角坐标系中的面积元素 $\mathrm{d}x\mathrm{d}y$ 换成极坐标系中的面积元素 $r\mathrm{d}r\mathrm{d}\theta$ 即可.

在极坐标系下化二重积分为二次积分，积分顺序通常是先 r 后 θ. 积分上下限取决于极点 O 与积分区域 D 的位置关系，通常分为以下三种情况.

1. 极点 O 在积分区域 D 外

设积分区域 D 由两条射线 $\theta=\alpha$ 和 $\theta=\beta$ 及两条曲线 $r=\varphi_1(\theta)$ 和 $r=\varphi_2(\theta)$ 围成，如图 7-24 所示.

积分区域 D 可以表示为

$$D:\varphi_1(\theta)\leqslant r\leqslant\varphi_2(\theta),\alpha\leqslant\theta\leqslant\beta$$

于是

$$\iint_D f(r\cos\theta,r\sin\theta)r\mathrm{d}r\mathrm{d}\theta=\int_\alpha^\beta\mathrm{d}\theta\int_{\varphi_1(\theta)}^{\varphi_2(\theta)}f(r\cos\theta,r\sin\theta)r\mathrm{d}r$$

2. 极点 O 在积分区域 D 的边界曲线上

设积分区域 D 的边界曲线方程为 $r=\varphi(\theta)(\alpha\leqslant\theta\leqslant\beta)$，如图 7-25 所示.

积分区域 D 可以表示为

$$D:0\leqslant r\leqslant\varphi(\theta),\alpha\leqslant\theta\leqslant\beta$$

于是

$$\iint_D f(r\cos\theta,r\sin\theta)r\mathrm{d}r\mathrm{d}\theta=\int_\alpha^\beta\mathrm{d}\theta\int_0^{\varphi(\theta)}f(r\cos\theta,r\sin\theta)r\mathrm{d}r$$

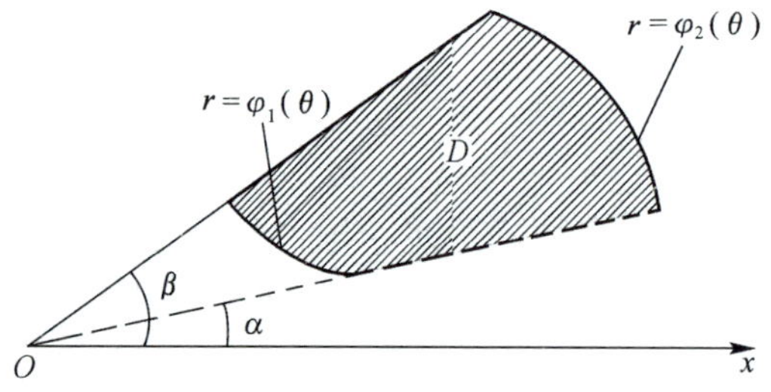

图 7-24

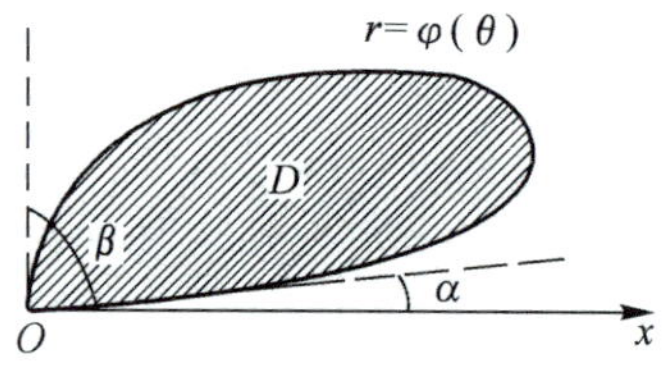

图 7-25

3. 极点 O 在积分区域 D 的内部

设积分区域 D 的边界曲线方程为 $r=\varphi(\theta)$，如图 7-26 所示.

积分区域 D 可以表示为

$$D: 0\leqslant r\leqslant \varphi(\theta), 0\leqslant\theta\leqslant 2\pi$$

于是

$$\iint\limits_D f(r\cos\theta, r\sin\theta)r\mathrm{d}r\mathrm{d}\theta=\int_0^{2\pi}\mathrm{d}\theta\int_0^{\varphi(\theta)}f(r\cos\theta, r\sin\theta)r\mathrm{d}r$$

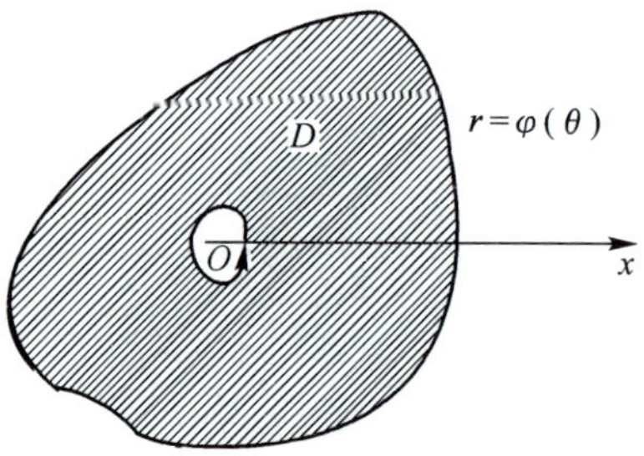

图 7-26

如果积分区域 D 为圆、半圆、圆环、扇形等，或被积函数为 $f(x^2+y^2)$，$f\left(\frac{x}{y}\right)$，$f\left(\frac{y}{x}\right)$等形式，利用极坐标常能简化计算.

例 7-31 写出积分 $\iint\limits_D f(x,y)\mathrm{d}x\mathrm{d}y$ 的极坐标二次积分形式，其中积分区域为

$$D=\{(x,y)\mid 1-x\leqslant y\leqslant\sqrt{1-x^2}, 0\leqslant x\leqslant 1\}$$

解 积分区域 D 如图 7-27 所示.

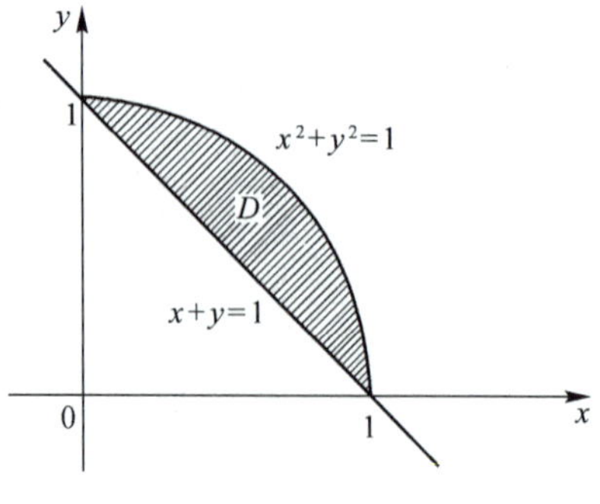

图 7-27

在极坐标系下

$$\begin{cases} x=r\cos\theta \\ y=r\sin\theta \end{cases}$$

所以圆的方程为 $r=1$，直线的方程为

$$r=\frac{1}{\sin\theta+\cos\theta}$$

故

$$\iint_D f(x,y)\mathrm{d}x\mathrm{d}y = \int_0^{\frac{\pi}{2}} \mathrm{d}\theta \int_{\frac{1}{\sin\theta+\cos\theta}}^{1} f(r\cos\theta, r\sin\theta) r\mathrm{d}r$$

例 7-32　计算$\iint_D \mathrm{e}^{-x^2-y^2}\mathrm{d}x\mathrm{d}y$，其中 D 是由中心在圆点、半径为 a 的圆周围成的闭区域.

解　在极坐标系下，积分区域为

$$D: 0 \leqslant r \leqslant a, 0 \leqslant \theta \leqslant 2\pi$$

故

$$\iint_D \mathrm{e}^{-x^2-y^2}\mathrm{d}x\mathrm{d}y = \iint_D \mathrm{e}^{-r^2} r\mathrm{d}r\mathrm{d}\theta = \int_0^{2\pi}\mathrm{d}\theta\int_0^a \mathrm{e}^{-r^2} r\mathrm{d}r = \pi(1-\mathrm{e}^{-a^2})$$

注意　本题如果用直角坐标计算，由于积分$\int \mathrm{e}^{-x^2}\mathrm{d}x$ 不能用初等函数表示，所以计算很困难.

例 7-33　计算$\iint_D (x^2+y^2)\mathrm{d}x\mathrm{d}y$，其中积分区域 D 是由曲线 $x^2+y^2=2y$，$x^2+y^2=4y$ 以及直线 $x-\sqrt{3}y=0$ 和 $y-\sqrt{3}x=0$ 围成的平面闭区域.

解　积分区域如图 7-28 所示. 设$\begin{cases} x = r\cos\theta \\ y = r\sin\theta \end{cases}$，由 $x^2+y^2=2y$，$x^2+y^2=4y$，解得

$$r_1 = 2\sin\theta, r_2 = 4\sin\theta$$

由 $x-\sqrt{3}y=0$，$y-\sqrt{3}x=0$，解得

$$\theta_1 = \frac{\pi}{6}, \theta_2 = \frac{\pi}{3}$$

因此

$$\iint_D (x^2+y^2)\mathrm{d}x\mathrm{d}y = \int_{\frac{\pi}{6}}^{\frac{\pi}{3}}\mathrm{d}\theta\int_{2\sin\theta}^{4\sin\theta} r^2 \cdot r\mathrm{d}r = 15\left(\frac{\pi}{4}-\frac{\sqrt{3}}{8}\right)$$

例 7-34　计算$\iint_D \arctan\frac{y}{x}\mathrm{d}x\mathrm{d}y$，其中积分区域 D 是由直线 $y=x$，x 轴及圆 $x^2+y^2=1$ 围成的.

解　积分区域 D 如图 7-29 所示.

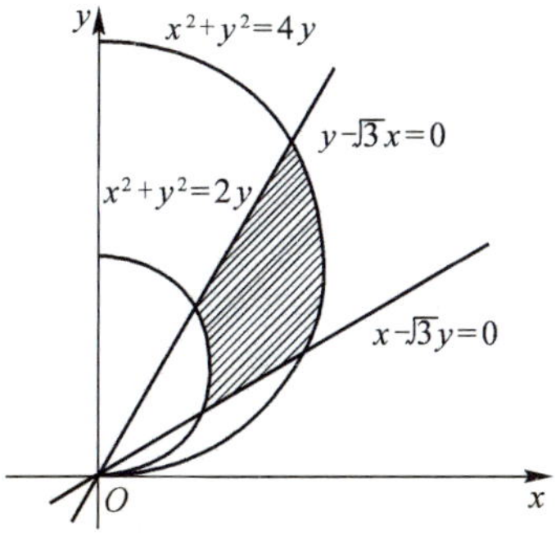

图 7-28

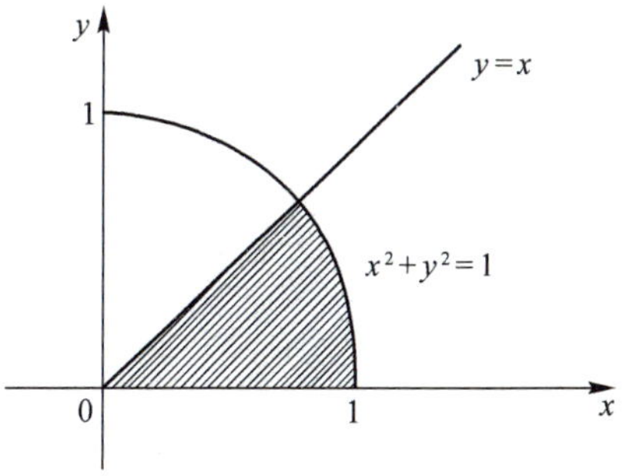

图 7-29

D 可以表示为

$$D: 0 \leqslant \theta \leqslant \frac{\pi}{4}, 0 \leqslant r \leqslant 1$$

所以

$$\iint_D \arctan\frac{y}{x}\mathrm{d}x\mathrm{d}y = \iint_D \arctan\frac{r\sin\theta}{r\cos\theta} r\mathrm{d}r\mathrm{d}\theta = \int_0^{\frac{\pi}{4}}\mathrm{d}\theta\int_0^1 \theta \cdot r\mathrm{d}r = \frac{\pi^2}{64}$$

思考　如何将直角坐标系下的二重积分化为极坐标系下的二重积分？

习题 7.5

1. 计算下列二重积分.

(1) $\iint\limits_D (1-x^2)\mathrm{d}\sigma$，其中 D 是由 $y=2x, x=0$ 和 $y=1+x^2$ 围成的区域；

(2) $\iint\limits_D xy\mathrm{d}\sigma$，其中 D 是由 $y=x+2$ 和 $y=x^2$ 围成的区域；

(3) $\iint\limits_D x\mathrm{e}^{xy}\mathrm{d}\sigma$，其中 $D: 0\leqslant x\leqslant 1, 1\leqslant y\leqslant 2$；

(4) $\iint\limits_D (1-x+y)\mathrm{d}\sigma$，其中 D 是由 $x=0, y=0$ 及 $2x-y=3$ 围成的区域.

2. 交换下列二次积分的积分次序.

(1) $\int_0^1 \mathrm{d}y\int_y^{\sqrt{y}} f(x,y)\mathrm{d}x$；

(2) $\int_0^1 \mathrm{d}x\int_x^1 f(x,y)\mathrm{d}y$；

(3) $\int_0^1 \mathrm{d}x\int_x^{2x} f(x,y)\mathrm{d}y+\int_1^2 \mathrm{d}x\int_x^2 f(x,y)\mathrm{d}y$.

3. 计算二重积分 $\int_0^1 \mathrm{d}x\int_x^{3x}(x-y)\mathrm{d}y$.

§7.6 应用示例——质量与质心问题

7.6.1 问题提出

一个圆环薄片由半径为 4 和 8 的两个同心圆围成，其上任一点处的面密度与该点到圆心的距离成反比. 已知内圆周上各点处的面密度为 1，求圆环薄片的质量.

7.6.2 解答过程

如图 7-30 所示，积分区域 D 为 $4^2\leqslant x^2+y^2\leqslant 8^2$，圆环薄片的质量 m 为

$$m=\iint\limits_D \rho(x,y)\mathrm{d}\rho$$

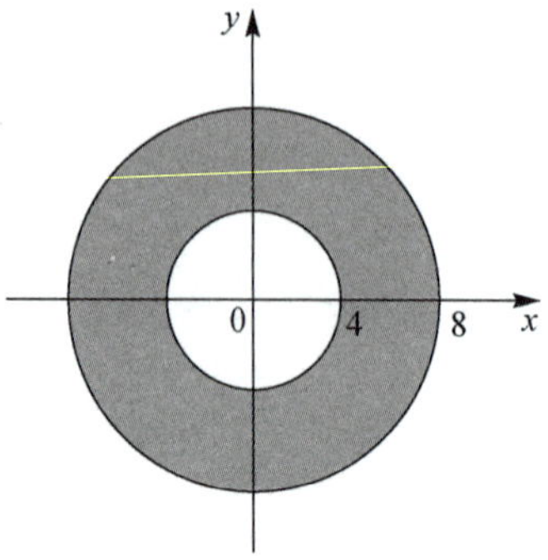

图 7-30

因为 $\rho(x,y)=\dfrac{k}{\sqrt{x^2+y^2}}$，且 $\dfrac{k}{4}=1$，所以 $k=4$，$\rho=\dfrac{4}{\sqrt{x^2+y^2}}$. 于是，所求质量为

$$m=\iint_D \frac{4}{\sqrt{x^2+y^2}}\mathrm{d}\rho=\int_0^{2\pi}\mathrm{d}\theta\int_4^8\frac{4}{r}r\,\mathrm{d}r=32\pi$$

§7.7 数学实验七:利用 MATLAB 求多元函数的偏导数和二重积分

7.7.1 实验任务

(1) 利用数学软件 MATLAB 求多元函数的偏导数.

(2) 利用数学软件 MATLAB 求多元函数的二重积分.

7.7.2 实验过程

1. 相关命令

MATLAB 中有关求多元函数的偏导数和二重积分的命令说明如表 7-1 所示.

表 7-1

命　　令	说　　明
diff(f,x,n)	求多元函数 f 的偏导数，其中 n 为所求偏导数的阶数
int(int(f,y,c,d),x,a,b)	求积分函数 f 在 $x\in[a,b]$，$y\in[c,d]$ 积分区域内的二重积分

说明　求多元函数的二重积分，是将二重积分化为二次积分来进行计算，所以可以反复使用 int 命令.

2. 操作实例

操作实例 7-1　已知 $u=\sin(x^2-y^3+5z)$，求 $\dfrac{\partial u}{\partial x}$，$\dfrac{\partial^3 u}{\partial x\partial y\partial z}$，$\dfrac{\partial^3 u}{\partial z^3}$.

解　运行 MATLAB，在命令窗口中输入：

```
>> syms x y z
>> u = sin(x^2 - y^3 + 5 * z);
>> ux = diff(u,x);
>> uxy = diff(ux,y);
>> uxyz = diff(uxy,z);
>> uz3 = diff(u,z,3);
>> ux,uxyz,uz3
```

按 Enter 键，得到如下计算结果：

```
ux =
2 * x * cos(x^2 - y^3 + 5 * z)
uxyz =
30 * x * y^2 * cos(x^2 - y^3 + 5 * z)
uz3 =
```

```
- 125 * cos(x^2 - y^3 + 5 * z)
```

即$\frac{\partial u}{\partial x}=2x\cos(x^2-y^3+5z)$，$\frac{\partial^3 u}{\partial x\partial y\partial z}=30xy^2\cos(x^2-y^3+5z)$，$\frac{\partial^3 u}{\partial z^3}=-125\cos(x^2-y^3+5z)$.

操作实例 7-2 计算二重积分 $I=\iint\limits_D x^2 e^{-y^2}\,dxdy$，其中 D 是由直线 $x=0$，$y=1$，$y=x$ 围成的区域.

解 首先将二重积分化成二次积分的形式，可得到

$$I=\int_0^1 dy\int_0^y x^2 e^{-y^2}\,dx$$

或

$$I=\int_0^1 dx\int_0^1 x^2 e^{-y^2}\,dy$$

(1) 按第一种形式求解. 运行 MATLAB，在命令窗口中输入：

```
>> syms x y
>> I1 = int(x^2 * exp(- y^2),x,0,y)
```

按 Enter 键，得到如下计算结果：

```
I1 =
(y^3 * exp(- y^2))/3
```

这是第一重积分的结果，继续输入：

```
>> I = int(I1,y,0,1)
```

按 Enter 键，得到如下计算结果：

```
I =
1/6 - exp(- 1)/3
```

即 $I=\iint\limits_D x^2 e^{-y^2}\,dxdy=\frac{1}{6}-\frac{e^{-1}}{3}$.

(2) 按第二种形式求解. 运行 MATLAB，在命令窗口中输入：

```
>> syms x y
>> I1 = int(x^2 * exp(- y^2),y,x,1)
```

按 Enter 键，得到如下计算结果：

```
I1 =
(x^2 * pi^(1/2) * (erf(1) - erf(x)))/2
```

这是第一重积分的结果，继续输入：

```
>> I = int(I1,x,0,1)
```

按 Enter 键，得到如下计算结果：

```
I =
1/6 - exp(- 1)/3
```

由此可以发现，两次的计算结果一致.

操作实例 7-3 计算二重积分 $A=\int_0^1 dx\int_x^{x+1}(x^2+y^2+1)dy$.

解 在命令窗口中输入：

```
>> syms x y
>> A1 = int(x^2 + y^2 + 1,y,x,x + 1)
```

按 Enter 键，得到如下计算结果：

```
A1 =
2 * x^2 + x + 4/3
```

继续输入：

```
>> A = int(A1,x,0,1)
```

按 Enter 键，得到如下计算结果：

```
A =
5/2
```

7.7.3 实验作业

1. 求下列多元函数的$\frac{\partial z}{\partial x},\frac{\partial^2 z}{\partial x\partial y},\frac{\partial^2 z}{\partial y^2}$.

(1)$z=x^4+y^4-2x^2y^2$；　　(2)$z=\arctan\frac{y}{x}$.

2. 计算下列二重积分.

(1)$I=\int_0^1 dx\int_1^2 xy\,dy$；　　(2)$I=\int_0^1 dx\int_{x^2}^{x}\frac{\sin x}{x}dy$.

复习题 7

1. 选择题.

(1) 函数 $z=\ln(x-y)$ 的定义域为(　　).

A. $\{(x,y)\,|\,x-y\neq 0\}$　　B. $\{(x,y)\,|\,x-y>0\}$

C. $\{(x,y)\,|\,x-y\neq 1\}$　　C. $\{(x,y)\,|\,x-y>0$且$x-y\neq 1\}$

(2) 已知 $f(x-y,x+y)=x^2-y^2$，则 $f(x,y)=$(　　).

A. $x+y$　　B. x^y

C. $x-y$　　D. xy

(3) 设 $z=F(x^2+y^2)$，且 F 具有导数，则$\frac{\partial z}{\partial x}+\frac{\partial z}{\partial y}=$(　　).

A. $2x+2y$　　B. $(2x+2y)F(x^2+y^2)$

C. $(2x+2y)F'(x^2+y^2)$　　D. $(2x-2y)F'(x^2+y^2)$

(4) 二元函数 $z=\frac{x-y}{x+y}$ 的全微分 $dz=$(　　).

A. $\frac{2(ydx-xdy)}{(x+y)^2}$　　B. $\frac{2(ydx+xdy)}{(x+y)^2}$

C. $\frac{2(ydy-xdx)}{(x+y)^2}$　　D. $\frac{2(ydy+xdx)}{(x+y)^2}$

(5)$\int_0^2 dx\int_x^{\sqrt{2x}} f(x,y)dy=$(　　).

A. $\int_0^2 dy\int_x^{\sqrt{2x}} f(x,y)dx$　　B. $\int_0^2 dy\int_0^y f(x,y)dx$

C. $\int_0^2 dy\int_{\frac{y^2}{2}}^{y} f(x,y)dx$　　D. $\int_2^0 dy\int_{\frac{y^2}{2}}^{y} f(x,y)dx$

2. 在“充分”“必要”和“充要”三者中选择一个正确的填到下列横线上.

(1)$f(x,y)$ 在点(x,y)处可微分是 $f(x,y)$ 在该点处连续的________条件，$f(x,y)$ 在点(x,y)处连续是 $f(x,y)$ 在该点处可微分的________条件.

(2)$z=f(x,y)$ 在点(x,y)处的偏导数$\frac{\partial z}{\partial x}$和$\frac{\partial z}{\partial y}$存在是 $f(x,y)$ 在该点处可微分的________条

件，$z=f(x,y)$ 在点 (x,y) 处可微分是函数在该点处的偏导数 $\dfrac{\partial z}{\partial x}$ 和 $\dfrac{\partial z}{\partial y}$ 存在的__________ 条件.

(3) $z=f(x,y)$ 的偏导数 $\dfrac{\partial z}{\partial x}$ 和 $\dfrac{\partial z}{\partial y}$ 在点 (x,y) 处存在且连续是 $f(x,y)$ 在该点处可微分的__________ 条件.

(4) 函数 $z=f(x,y)$ 的两个二阶混合偏导数 $\dfrac{\partial^2 z}{\partial x\partial y}$ 和 $\dfrac{\partial^2 z}{\partial y\partial x}$ 在区域 D 内连续是这两个二阶混合偏导数在 D 内相等的__________ 条件.

3. 求下列函数的定义域.

(1) $z=\dfrac{\sqrt{4x-y^2}}{\ln(1-x^2-y^2)}$；　　(2) $z=\ln(y^2-2x+1)$；

(3) $z=\arcsin\dfrac{y}{x}$；　　(4) $z=\sqrt{x}\ln(x+y)$.

4. 证明极限 $\lim\limits_{(x,y)\to(0,0)}\dfrac{xy^2}{x^2+y^4}$ 不存在.

5. 设 $f(x,y)=\begin{cases}\dfrac{x^2y}{x^2+y^2}, & x^2+y^2\neq 0\\ 0, & x^2+y^2=0\end{cases}$，求 $f_x(x,y)$，$f_y(x,y)$.

6. 求下列函数的一阶和二阶偏导数.

(1) $z=\ln(x+y^2)$；　　(2) $z=x^y$；

(3) $z=x^4y^2-x^2y^3+x$；　　(4) $z=\dfrac{y^2-x^2}{y^2+x^2}$.

7. 计算下列二重积分.

(1) $\iint\limits_D(1+x)\sin y\,\mathrm{d}\sigma$，其中 D 是顶点分别为 $(0,0)$，$(1,0)$，$(1,2)$ 和 $(0,1)$ 的梯形闭区域；

(2) $\iint\limits_D(x^2-y^2)\mathrm{d}\sigma$，其中 $D=\{(x,y)\mid 0\leqslant x\leqslant\pi, 0\leqslant y\leqslant\sin x\}$；

(3) $\iint\limits_D\sqrt{R^2-x^2-y^2}\,\mathrm{d}\sigma$，其中 D 是圆周 $x^2+y^2=Rx$ 所围成的闭区域；

(4) $\iint\limits_D(y^2+3x-6y+9)\mathrm{d}\sigma$，其中 $D=\{(x,y)\mid x^2+y^2\geqslant R^2\}$.

8. 交换下列二次积分的次序.

(1) $\int_0^4\mathrm{d}y\int_{-\sqrt{4-y}}^{\frac{1}{2}(y-4)}f(x,y)\mathrm{d}x$；

(2) $\int_0^1\mathrm{d}y\int_0^{2y}f(x,y)\mathrm{d}x+\int_1^3\mathrm{d}y\int_0^{3-y}f(x,y)\mathrm{d}x$；

(3) $\int_0^1\mathrm{d}x\int_{\sqrt{x}}^{1+\sqrt{1-x^2}}f(x,y)\mathrm{d}y$；

(4) $\int_0^{\frac{1}{4}}\mathrm{d}y\int_y^{\sqrt{y}}f(x,y)\mathrm{d}x+\int_{\frac{1}{4}}^{\frac{1}{2}}\mathrm{d}y\int_y^{\frac{1}{2}}f(x,y)\mathrm{d}x$.

第 8 章 常微分方程

阅读与欣赏

海王星的发现与数学

海王星的发现是人类智慧的结晶，也是微分方程巨大作用的体现，展示了数学演绎法的强大威力. 在 1781 年发现天王星后，人们注意到它的位置总是与万有引力定律计算出的结果不符. 于是，有人怀疑万有引力定律的正确性；但也有人认为，这可能是受另外一颗尚未发现的行星吸引所致. 虽然当时许多人相信后一种假设，但缺乏寻找这颗未知行星的办法和勇气.

23 岁的英国剑桥大学学生亚当斯承担了这项任务. 他利用万有引力定律和对天王星的观测资料，建立了微分方程来求解和推算这颗未知行星的轨道. 1843 年 10 月 21 日，他把计算结果寄给格林威治天文台台长艾利，但艾利不相信"小人物"的成果，置之不理. 两年后，法国青年勒威耶也开始从事这项研究. 1846 年 9 月 18 日，他把计算结果告诉了柏林天文台助理员卡勒. 9 月 23 日晚，卡勒果然在勒威耶预言的位置上发现了海王星.

对于数学，特别是数学的应用，微分方程的重大意义在于：许多物理与技术问题可以划归为微分方程的求解问题. 海王星的发现正是一个典型的例子，证明了微分方程在揭示宇宙奥秘中的重要作用.

§8.1 常微分方程的基本概念

在解决实际问题时，常常需要建立与问题有关的各变量之间的函数关系. 这种关系有时能直接建立，有时却只能根据一些基本的科学原理建立所求函数与其变化率之间的关系式，再从中解出所求的未知函数.

下面通过几何学、物理学的实例来具体说明微分方程的基本概念.

例 8-1 设曲线过点(1,2)且曲线上任意点(x,y)处的切线斜率为 $2x$，求该曲线的方程.

解 设所求的曲线方程为 $y=f(x)$，则由题意及导数的几何意义可知

$$\frac{\mathrm{d}y}{\mathrm{d}x}=2x$$

或

$$\mathrm{d}y=2x\mathrm{d}x$$

上式两端同时积分,得

$$y=\int 2x\mathrm{d}x=x^2+C(C\text{为任意常数})$$

又根据曲线过点(1,2)的条件知 $y|_{x=1}=2$,即

$$1^2+C=2$$

解得 $C=1$,故所求曲线的方程为

$$y=x^2+1$$

例 8-2 列车在平直线路上以 20 m/s 的速度行驶,假设其制动时获得的加速度为 $-0.4\ \mathrm{m/s^2}$,问开始制动后多长时间列车才能停住?在这段时间内列车行驶了多少路程?

解 把列车刹车时的时刻记为 $t=0$. 设制动后 t 时刻列车行驶了 s. 显然直接求 $s=s(t)$ 是困难的,但由导数的物理意义可知

$$\frac{\mathrm{d}^2s}{\mathrm{d}t^2}=-0.4$$

两端积分,得

$$\frac{\mathrm{d}s}{\mathrm{d}t}=\int(-0.4)\mathrm{d}t=-0.4t+C_1$$

两端再积分,得

$$s=-0.2t^2+C_1t+C_2$$

其中 C_1,C_2 都是任意常数. 现在需要确定 C_1,C_2 的值. 根据题意知,未知函数 $s=s(t)$ 满足

$$s(0)=0,v(0)=s'(0)=20$$

代入上面的两式,得 $C_1=20$,$C_2=0$. 因此

$$s(t)=-0.2t^2+20t$$

由于列车刹住时的速度为零,即

$$s'(t)=-0.4t+20=0$$

求得 $t=50$ s. 于是,列车所走的路程为

$$s(50)=-0.2\times50^2+20\times50=500(\mathrm{m})$$

上述两个实例讨论的都是已知未知函数导数(或微分)所满足的方程,求解未知函数的问题. 这就是微分方程问题.

定义 8.1 含有未知函数导数或微分的方程称为**微分方程**. 未知函数是一元函数的微分方程称为**常微分方程**,简称微分方程或方程;未知函数是多元函数的微分方程称为**偏微分方程**. 例 8-1 和例 8-2 中所建立的方程都是常微分方程.

例如,$\frac{\partial^2T}{\partial x^2}+\frac{\partial^2T}{\partial y^2}+\frac{\partial^2T}{\partial z^2}=0$ 和 $\frac{\partial^2T}{\partial x^2}=4\frac{\partial T}{\partial t}$ 都是偏微分方程,这里 T 是未知函数,x,y,z,t 都是自变量;方程 $\frac{\partial^2T}{\partial x^2}+\frac{\partial^2T}{\partial y^2}+\frac{\partial^2T}{\partial z^2}=0$ 含有三个自变量,而方程 $\frac{\partial^2T}{\partial x^2}=4\frac{\partial T}{\partial t}$ 含有两个自变量.

本书只讨论常微分方程. 不同类型的微分方程在解法上有很大的差异. 因此,在解微分方程之前必须正确识别微分方程的类型. 所谓微分方程的类型,主要指方程的阶、线性与非线性、变系数与常系数、齐次与非齐次等.

定义 8.2 微分方程中所出现的未知函数的最高阶导数或微分的阶数称为**微分方程的阶**.

例 8-1 中的方程$\frac{dy}{dx}=2x$或$dy=2xdx$是一阶方程,例 8-2 中的方程$\frac{d^2s}{dt^2}=-0.4$是二阶方程. 再如方程$yy'+\sin x=1$和$y'''+\ln xy=x\cos x$分别是一阶和三阶微分方程. n阶微分方程的一般形式为

$$F(x,y,y',\cdots,y^{(n)})=0$$

其中必须含有$y^{(n)}$,而$x,y,y',\cdots,y^{(n-1)}$可以不含有.

定义 8.3 满足微分方程的函数称为**微分方程的解**;求微分方程解的过程叫作**解微分方程**;如果微分方程的解中所含独立的任意常数的个数等于微分方程的阶数,则称该解为**微分方程的通解**(或**一般解**);不含任意常数的解称为**微分方程的特解**.

例如,可以验证例 8-1 中函数$y=x^2+C$和$y=x^2+1$都是方程$\frac{dy}{dx}=2x$的解,其中$y=x^2+C$是方程$\frac{dy}{dx}=2x$的通解,$y=x^2+1$是方程$\frac{dy}{dx}=2x$的特解;例 8-2 中方程$\frac{d^2s}{dt^2}=-0.4$的通解为$s(t)=-0.2t^2+C_1t+C_2$,特解为$s(t)=-0.2t^2+20t$.

在微分方程的通解中,所谓的任意常数是独立的,意味着它们不能合并或简化以减少任意常数的数量. 例如,函数$y=C_1\sin x+C_2\sin x$形式上有两个任意常数C_1和C_2,但实际上可以合并成一个常数C,即$y=(C_1+C_2)\sin x=C\sin x$. 因此,本质上它只包含有一个任意常数$C$.

微分方程的通解给出了所有可能解的一般形式. 如果在某个特定点给出未知函数及其各阶导数的值,可以利用这些初始条件将通解中的任意常数确定下来,从而得到微分方程的特解.

定义 8.4 确定通解中任意常数的条件称为**初始条件**. 求微分方程满足初始条件的解的问题称为**初值问题**.

如例 8-1 中的$y(1)=2$、例 8-2 中的$s(0)=0$和$s'(0)=20$都是初始条件.

一般地,一阶微分方程的初始条件为$y|_{x=x_0}=y_0$;二阶微分方程的初始条件为$y|_{x=x_0}=y_0$,$y'|_{x=x_0}=y'_0$.

定义 8.5 微分方程的解对应的图形称为**积分曲线**,通解通常表示一族积分曲线,特解只是其中某一条曲线. 例如,例 8-1 的通解对应一族抛物线$y=x^2+C$. 特解表示过点$(1,2)$的抛物线$y=x^2+1$.

例 8-3 验证$y=Ce^{\cos x}-\cos x-1$(C为任意常数)是微分方程$y'+y\sin x=-\sin x\cos x$的通解,并求该方程满足初始条件$y(0)=0$的特解.

解 直接计算,得

$$y'=-C\sin xe^{\cos x}+\sin x$$

于是

$$y'+y\sin x=-C\sin xe^{\cos x}+\sin x+C\sin xe^{\cos x}-\sin x\cos x-\sin x=-\sin x\cos x$$

因此,含有一个任意常数的解$y=Ce^{\cos x}-\cos x-1$(C为任意常数)是原方程的通解. 将$y(0)=0$代入通解,得

$$0=Ce^{\cos 0}-\cos 0-1$$

求得$C=\frac{2}{e}$. 因此,所求特解为$y=2e^{\cos x-1}-\cos x-1$.

例 8-4 设C为任意常数,求以$y=\frac{1}{Cx^2+1}$为通解的一阶微分方程.

解 $y(Cx^2+1)=1$. 两边求导得

$$2Cxy+(Cx^2+1)y'=0$$

由$y=\frac{1}{Cx^2+1}$解得$C=\frac{\left(\frac{1}{y}-1\right)}{x^2}$. 代入上式,得

$$\frac{x}{y}y'+2(1-y)=0$$

该微分方程即为所求的一阶微分方程.

习题 8.1

1. 下列方程中哪些是微分方程?并说明它们的阶数.

(1) $\frac{dy}{dx}=xy+x^4y^3$;　(2) $\frac{d^2y}{dx^2}+\left(\frac{dy}{dx}\right)^3+x=0$;　(3) $\frac{dy}{x^2+y^2}+xydx=0$;

(4) $y^2=\frac{d(\ln x)}{dx}+y$;　(5) $y''+(y')^2=x$;　(6) $\frac{d^2y}{dx^2}+2y=e^{3x}$.

2. 验证下列函数(其中 C 为任意常数)是不是相应的微分方程的解. 若是,是通解还是特解?

(1) $y'-2y=0, y=0, y=-e^x, y=Ce^{2x}$;

(2) $y''+y=0, y=0, y=e^{-x}, y=3\sin x-4\cos x$.

3. 已知曲线过点(0,1),且该曲线上任意点 $P(x,y)$ 处的切线斜率为 $2x^2$,求此曲线的方程.

4. 验证函数 $y=2e^{x^2}$ 是微分方程 $y'=2xy$ 满足初始条件 $y(0)=2$ 的特解.

5. 验证下列所给函数是指定微分方程的通解,并按照所给的初始条件确定方程的特解.

(1) 函数 $y=C_1\cos x+C_2\sin x$,微分方程 $y''+y=0$,初始条件 $y|_{x=0}=1, y'|_{x=0}=-1$;

(2) 函数 $y=(C_1+C_2x)e^{2x}$,微分方程 $y''-4y'+4y=0$,初始条件 $y|_{x=0}=1, y'|_{x=0}=-1$.

6. 指出下列微分方程的阶数.

(1) $\frac{dy}{dx}=x^2+y$;　(2) $x\left(\frac{dy}{dx}\right)^2-2\frac{dy}{dx}+4x=0$.

§8.2　一阶微分方程

微分方程研究的主要问题是如何求解,但并不是所有的微分方程都能用初等积分的方法求出. 因此,我们不能奢望能够解出所有的微分方程,不过,对于某些特殊类型的方程,可以用初等积分的方法求解. 本节介绍几种常见类型的一阶微分方程的解法.

8.2.1　可分离变量的微分方程

在一阶微分方程中,如果可以将含有未知函数 y 的式子及 dy 与含有自变量 x 的式子及 dx 分开至方程两边,就可以分别对 y 和 x 积分求解.

形如

$$\frac{dy}{dx}=f(x)g(y)\quad [g(y)\neq 0] \tag{8-1}$$

的方程称为**可分离变量的微分方程**.

例如,下列方程都是可分离变量的微分方程.

$$\frac{dy}{dx}=-E^x\cdot E^y, \frac{dy}{dx}=\frac{E^x}{y(1+E^x)}$$

这种方程可以用分离变量法求解.

对式(8-1),可以将关于 y 和 x 的式子分开,得

$$\frac{dy}{g(y)}=f(x)dx$$

两边积分得

$$\int \frac{\mathrm{d}y}{g(y)} = \int f(x)\mathrm{d}x + C$$

其中$\int \frac{1}{g(y)}\mathrm{d}y$，$\int f(x)\mathrm{d}x$分别表示函数$\frac{1}{g(x)}$，$f(x)$的一个原函数；$C$是任意常数. 这就得到了$x$与$y$之间的函数关系.

$\int \frac{1}{g(y)}\mathrm{d}y = \int f(x)\mathrm{d}x + C$是微分方程(8-1)的通解.

可分离变量的微分方程也可以写成如下形式：

$$M_1(x)M_2(y)\mathrm{d}x - N_1(x)N_2(y)\mathrm{d}y = 0 \tag{8-2}$$

分离变量得$\frac{N_2(y)}{M_2(y)}\mathrm{d}y = \frac{M_1(x)}{N_1(x)}\mathrm{d}x$，然后就可以分别对$y$和$x$积分求解.

例 8-5 求微分方程$\frac{\mathrm{d}y}{\mathrm{d}x} = xy$的通解.

解 当$y \neq 0$时，将含有y与x的变量分离，得

$$\frac{1}{y}\mathrm{d}y = x\mathrm{d}x$$

两边分别关于x和y积分，得

$$\ln|y| = \frac{1}{2}x^2 + C_1$$

其中C_1为任意常数. 从而

$$y = \pm \mathrm{e}^{\frac{1}{2}x^2 + C_1} = \pm \mathrm{e}^{C_1} \cdot \mathrm{e}^{\frac{1}{2}x^2}$$

这里，$\pm \mathrm{e}^{C_1}$仍为任意常数，可用另外一个任意常数C表示.

于是，方程的通解为

$$y = C\mathrm{e}^{\frac{1}{2}x^2}$$

例 8-6 求微分方程$y\mathrm{d}y + \mathrm{e}^{x-y^2}\mathrm{d}x = 0$的通解和满足$y|_{x=1} = 0$的特解.

解 将原方程分离变量后，化为

$$y\mathrm{e}^{y^2}\mathrm{d}y = -\mathrm{e}^x\mathrm{d}x$$

两边积分，得

$$\frac{1}{2}\mathrm{e}^{y^2} = -\mathrm{e}^x + C$$

其中C为任意常数. 它是由微分方程的隐函数表示的通解.

将初始条件$y|_{x=1} = 0$代入，得

$$C = \frac{1}{2} + \mathrm{e}$$

从而所求特解为

$$\frac{1}{2}\mathrm{e}^{y^2} + \mathrm{e}^x = \frac{1}{2} + \mathrm{e}$$

8.2.2 齐次方程

形如

$$\frac{\mathrm{d}y}{\mathrm{d}x} = f\left(\frac{y}{x}\right) \tag{8-3}$$

的微分方程称为**齐次方程**. 例如，方程

$$x\frac{\mathrm{d}y}{\mathrm{d}x} + y = 2\sqrt{xy}$$

可变形为

$$\frac{\mathrm{d}y}{\mathrm{d}x}=2\sqrt{\frac{y}{x}}-\frac{y}{x}$$

此方程为齐次方程.这种方程通过变量代换化为可分离变量的微分方程,即令 $u=\frac{y}{x}$(u 是关于 x 的函数),则 $y=xu$.将 $y=xu$ 两端对 x 求导,得

$$\frac{\mathrm{d}y}{\mathrm{d}x}=x\frac{\mathrm{d}u}{\mathrm{d}x}+u \qquad ①$$

将 $u=\frac{y}{x}$ 及式 ① 代入式(8-3),得

$$x\frac{\mathrm{d}u}{\mathrm{d}x}+u=f(u)$$

整理得

$$\frac{\mathrm{d}u}{\mathrm{d}x}=\frac{f(u)-u}{x}$$

这是可分离变量的微分方程.分离变量,得

$$\frac{\mathrm{d}u}{f(u)-u}=\frac{\mathrm{d}x}{x}$$

两端积分,得

$$\int\frac{\mathrm{d}u}{f(u)-u}=\int\frac{\mathrm{d}x}{x}+C$$

求出积分后,再用 $\frac{y}{x}$ 代换 u,便得到所给齐次微分方程的通解.

例 8-7 求解方程 $x\frac{\mathrm{d}y}{\mathrm{d}x}+y=2\sqrt{xy}$.

解 可将原方程化为

$$\frac{\mathrm{d}y}{\mathrm{d}x}=2\sqrt{\frac{y}{x}}-\frac{y}{x} \qquad ②$$

令 $u=\frac{y}{x}$,则

$$\frac{\mathrm{d}y}{\mathrm{d}x}=u+x\frac{\mathrm{d}u}{\mathrm{d}x}$$

代入式 ②,得

$$u+x\frac{\mathrm{d}u}{\mathrm{d}x}=2\sqrt{u}-u$$

分离变量,得

$$\frac{\mathrm{d}u}{2(u-\sqrt{u})}=-\frac{\mathrm{d}x}{x}$$

两端分别关于 u 和 x 积分,得

$$\int\frac{1}{2\sqrt{u}(\sqrt{u}-1)}\mathrm{d}u=-\int\frac{\mathrm{d}x}{x}$$

从而 $\ln(\sqrt{u}-1)+\ln x=\ln C$,即

$$x(\sqrt{u}-1)=C$$

将 $u=\frac{y}{x}$ 代回,得

$$\sqrt{xy}-x=C$$

此即为原方程的通解.

例 8-8 试求微分方程 $xy\frac{\mathrm{d}y}{\mathrm{d}x}=x^2+y^2$ 满足条件 $y(\mathrm{e})=2\mathrm{e}$ 的特解.

解 原方程可写成

$$\frac{\mathrm{d}y}{\mathrm{d}x}=\frac{x}{y}+\frac{y}{x} \quad ③$$

令 $u=\frac{y}{x}$,则

$$\frac{\mathrm{d}y}{\mathrm{d}x}=u+x\frac{\mathrm{d}u}{\mathrm{d}x}$$

代入式 ③,得

$$x\frac{\mathrm{d}u}{\mathrm{d}x}=\frac{1}{u}$$

分离变量,得

$$u\mathrm{d}u=\frac{1}{x}\mathrm{d}x$$

两边积分,得

$$\frac{1}{2}u^2=\ln|x|+C$$

将 $u=\frac{y}{x}$ 代回,整理得原方程的通解为

$$y^2=2x^2(\ln|x|+C)$$

将初始条件 $y(\mathrm{e})=2\mathrm{e}$ 代入,得 $C=1$. 于是,所求特解为

$$y^2=2x^2(\ln|x|+1)$$

思考 齐次方程与可分离变量的微分方程之间有什么关系?

8.2.3 一阶线性微分方程

形如

$$y'+p(x)y=Q(x) \quad (8\text{-}4)$$

的方程称为**一阶线性微分方程**,其中 $p(x)$ 和 $Q(x)$ 是已知连续函数,$Q(x)$ 称为自由项.

注意 所谓线性是指其中对未知函数 y 和 y' 都是一次的,且不含 y 与 y' 的乘积.

当 $Q(x)\equiv 0$ 时,有

$$y'+p(x)y=0 \quad (8\text{-}5)$$

此时,方程(8-5) 称为**一阶齐次线性微分方程**. 若 $Q(x)$ 不恒等于零,则方程(8-4) 称为**一阶非齐次线性微分方程**.

对于方程(8-5),可分离变量得

$$\frac{1}{y}\mathrm{d}y=-p(x)\mathrm{d}x$$

解得

$$\ln|y|=-\int p(x)\mathrm{d}x+C_1$$

因此

$$y=\pm\mathrm{e}^{C_1}\cdot\mathrm{e}^{-\int p(x)\mathrm{d}x}$$

于是方程(8-5)的通解为

$$y = Ce^{-\int p(x)\mathrm{d}x} \tag{8-6}$$

其中 $C=\pm e^{C_1}$ 为任意常数.

容易验证,不论C取什么常数,式(8-6)只能是齐次线性微分方程(8-5)的解,而并不是方程(8-4)的解.如果希望方程(8-4)有形如式(8-6)的解,那么其中的C自然不会是常数而应该是一个函数.如果能将这个函数确定下来,那么非齐次线性微分方程(8-4)的求解问题也就解决了.这种通过把齐次方程通解中的任意常数C变为待定函数$C(x)$,然后求出非齐次方程通解的方法,称为**常数变易法**.

将

$$y = C(x)e^{-\int p(x)\mathrm{d}x} \tag{8-7}$$

代入方程(8-4),得

$$C'(x)e^{-\int p(x)\mathrm{d}x} - C(x)p(x)e^{-\int p(x)\mathrm{d}x} + p(x)C(x)e^{-\int p(x)\mathrm{d}x} = Q(x)$$

从而

$$C'(x)e^{-\int p(x)\mathrm{d}x} = Q(x)$$

求得

$$C(x) = \int e^{\int p(x)\mathrm{d}x}Q(x)\mathrm{d}x + C$$

将所得$C(x)$代回式(8-7),可得到非齐次线性微分方程(8-4)的通解公式为

$$y = e^{-\int p(x)\mathrm{d}x}\left(\int e^{\int p(x)\mathrm{d}x}Q(x)\mathrm{d}x + C\right) \tag{8-8}$$

注意 求解非齐次微分方程时,既可以用常数变易法求解,也可以直接用式(8-8)求解.

例 8-9 求解方程$\frac{\mathrm{d}y}{\mathrm{d}x} - y\cot x = x\sin x$.

解法 1 常数变易法.首先对齐次线性方程

$$\frac{\mathrm{d}y}{\mathrm{d}x} - y\cot x = 0$$

分离变量,得

$$\frac{\mathrm{d}y}{y} = \cot x\mathrm{d}x$$

两端积分,得

$$\ln|y| = \ln|\sin x| + C_1$$

因此,齐次方程的通解为

$$y = C\sin x (C=\pm e^{C_1})$$

先将上式中的C变为$C(x)$,再把$y=C(x)\sin x$代入原方程,得

$$C'(x)\sin x + C(x)\cos x - C(x)\sin x\cot x = x\sin x$$

即

$$C'(x) = x$$

因此

$$C(x) = \frac{1}{2}x^2 + C$$

于是原方程的通解为

$$y = C(x)\sin x = \left(\frac{1}{2}x^2 + C\right)\sin x$$

解法 2 公式法. 由于

$$p(x)=-\cot x, Q(x)=x\sin x$$

由式(8-8)得原方程的通解为

$$y=e^{-\int p(x)dx}\left[\int e^{\int p(x)dx}Q(x)dx+C_1\right]=e^{\int \cot x dx}\left(\int e^{-\int \cot x dx}x\sin x dx+C_1\right)$$

$$=e^{\ln|\sin x|}\left(\int e^{-\ln|\sin x|}x\sin x dx+C_1\right)=|\sin x|\left(\pm\int x dx+C_1\right)$$

$$=\left(\frac{1}{2}x^2+C\right)\sin x$$

例 8-10 求方程$\frac{dy}{dx}=\frac{y}{x+y^3}$的通解.

解 原方程虽然不是关于 $y,\frac{dy}{dx}$ 的线性方程,但可以改写为

$$\frac{dx}{dy}-\frac{1}{y}\cdot x=y^2$$

这就变成了关于 $x,\frac{dx}{dy}$ 的一阶线性微分方程.

利用式(8-8)求解,则原方程的通解为

$$x=e^{\int\frac{1}{y}dy}\left(\int e^{-\int\frac{1}{y}dy}y^2dy+C\right)=Cy+\frac{1}{2}y^3$$

现将一阶微分方程的几种类型和解法归纳如表 8-1 所示.

表 8-1

类型		方程	解法
可分离变量		$\frac{dy}{dx}=f(x)g(y)$	分离变量,两边积分
齐次方程		$\frac{dy}{dx}=f\left(\frac{y}{x}\right)$	变量代换,化为可分离变量的微分方程
一阶线性	齐次	$\frac{dy}{dx}+p(x)y=0$	分离变量,两边积分或用公式 $y=Ce^{-\int p(x)dx}$
	非齐次	$\frac{dy}{dx}+p(x)y=Q(x)$	常数变易法或用公式 $y=e^{-\int p(x)dx}\left(\int e^{\int p(x)dx}Q(x)dx+C\right)$

思考 已知 $y=x^4$ 是方程 $xy'-2y=2x^4$ 的一个特解,而 $y=x^2$ 是对应齐次方程 $xy'-2y=0$ 的一个特解,那么 $y=x^4+Cx^2$ 是 $xy'-2y=2x^4$ 的通解吗?

习题 8.2

1. 求下列微分方程的通解.

(1) $xy'+2y=0$;

(2) $x^2dy=ydx$;

(3) $\frac{dy}{dx}=\frac{y}{x}+\sec\frac{y}{x}$;

(4) $y'-2y=1$;

(5) $y'+y=e^{-x}$;

(6) $y'-\frac{2}{x+1}y=(x+1)^3$.

2. 求下列微分方程满足所给初始条件的特解.

(1) $\frac{dy}{dx}=e^{2x-y}, y|_{x=0}=0$;

(2) $\frac{1}{\cos x}dy-y^2dx=0, y|_{x=1}=-1$;

(3) $y' = 3x - 2y, y|_{x=0} = 0$;　　　　(4) $y' = e^{-\sin x} - y\cos x, y|_{x=0} = 0$.

3. 求微分方程 $dx + xy\,dx = y^2 dx + y\,dy$ 的通解.

4. 求微分方程 $x(\ln x - \ln y)dy - y\,dx = 0$ 的通解.

5. 求微分方程 $\frac{dy}{dx} - \frac{2y}{x+1} = (x+1)^{\frac{5}{2}}$ 的通解.

§8.3　可降阶的高阶微分方程

微课：可降阶的二阶微分方程

二阶及二阶以上的微分方程统称为高阶微分方程. 对于高阶微分方程，一般来说是不易求解的. 但对于某些特殊的微分方程，可以将其转化为阶数较低的微分方程来求解. 本节介绍三种易降阶的微分方程.

8.3.1　$y^{(n)} = f(x)$ 型微分方程

这类方程的右端仅含有自变量 x，求解方法是逐次积分. 因此，只要连续积分 n 次便可得到通解，即

$$y^{(n-1)} = \int f(x)dx + C_1$$

$$y^{(n-2)} = \int\left[\int f(x)dx + C_1\right]dx + C_2$$

$$\cdots$$

其通解中含有 n 个任意常数.

例 8-11　求微分方程 $y''' = 2e^{2x} + \sin x$ 的通解.

解　$y'' = \int(2e^{2x} + \sin x)dx = e^{2x} - \cos x + C_1$,

$$y' = \int(e^{2x} - \cos x + C_1)dx = \frac{1}{2}e^{2x} - \sin x + C_1 x + C_2,$$

$$y = \int\left(\frac{1}{2}e^{2x} - \sin x + C_1 x + C_2\right)dx = \frac{1}{4}e^{2x} + \cos x + Cx^2 + C_2 x + C_3\left(C = \frac{C_1}{2}\right).$$

故原方程的通解为

$$y = \frac{1}{4}e^{2x} + \cos x + Cx^2 + C_2 x + C_3$$

8.3.2　$y'' = f(x, y')$ 型微分方程

这类方程的特点是不显含未知函数 y. 求解时只需令 $y' = p(x)$，则 $y'' = p'(x)$. 代入原方程，使其降为以 $p(x)$ 为未知函数的一阶微分方程 $p' = f(x, p)$. 求出该一阶微分方程的通解. 两端积分，即可得到原方程的通解.

例 8-12　求微分方程 $(1+x^2)y'' + 2xy' = 1$ 的通解.

解　所求方程属于 $y'' = f(x, y')$ 型. 令 $y' = p(x)$，则 $y'' = p'(x)$. 代入原方程，有

$$(1+x^2)p' + 2xp = 1$$

这是一阶非齐次线性微分方程，代入式(8-8)，得它的通解为

$$p = e^{-\int\frac{2x}{1+x^2}dx}\left(\int\frac{1}{1+x^2}e^{\int\frac{2x}{1+x^2}dx}dx + C_1\right) = \frac{1}{1+x^2}(x + C_1)$$

即

$$y' = \frac{1}{1+x^2}(x+C_1)$$

两端积分，得原方程的通解为

$$y = \frac{1}{2}\ln(1+x^2) + C_1 \arctan x + C_2$$

例 8-13 求方程 $2xy'y'' = 1 + y'^2$ 满足初始条件 $y(1) = 1, y'(1) = 0$ 的特解.

解 所求方程属于 $y'' = f(x, y')$ 型. 令 $y' = p(x)$，则 $y'' = p'(x)$. 代入原方程，有

$$2xpp' = 1 + p^2$$

这是一个可分离变量的微分方程. 分离变量，两端积分，得

$$\ln(1+p^2) = \ln x + \ln C_1$$

即

$$p^2 = C_1 x - 1$$

所以

$$y' = p = \pm\sqrt{C_1 x - 1}$$

由初始条件 $y'(1) = 0$，得 $C_1 = 1$. 因此，$y' = \pm\sqrt{x-1}$，两端积分，得

$$y = \pm\int\sqrt{x-1}\,\mathrm{d}x = \pm\frac{2}{3}(x-1)^{\frac{3}{2}} + C_2$$

将初始条件 $y(1) = 1$ 代入上式，得 $C_2 = 1$. 因此，所求方程的特解为

$$y = \pm\frac{2}{3}(x-1)^{\frac{3}{2}} + 1$$

8.3.3 $y'' = f(y, y')$ 型微分方程

方程 $y'' = f(y, y')$ 的特点是不显含自变量 x. 解这类方程时把 y 暂时看作自变量，可令 $y' = p(y)$，则

$$y'' = \frac{\mathrm{d}p}{\mathrm{d}x} = \frac{\mathrm{d}p}{\mathrm{d}y}\cdot\frac{\mathrm{d}y}{\mathrm{d}x} = p(y)\frac{\mathrm{d}p}{\mathrm{d}y}$$

将 y' 和 y'' 代入原方程，则原方程化为

$$p\frac{\mathrm{d}p}{\mathrm{d}y} = f(y, p)$$

这是一个关于变量 y 和 p 的一阶微分方程. 利用前面的方法可求出它的通解为 $p = \varphi(y, C_1)$，即 $y' = \varphi(y, C_1)$. 分离变量后两端积分，得原方程的通解为 $\int\frac{\mathrm{d}y}{\varphi(y, C_1)} = x + C_2$.

例 8-14 求方程 $2yy'' - y'^2 = 1$ 的通解.

解 所求方程属于 $y'' = f(y, y')$ 型. 令 $y' = p(y)$，则 $y'' = p(y)\frac{\mathrm{d}p}{\mathrm{d}y}$. 代入原方程，得

$$2yp\frac{\mathrm{d}p}{\mathrm{d}y} - p^2 = 1$$

分离变量，两端积分，得

$$\ln(1+p^2) = \ln y + \ln C_1$$

即

$$y' = p = \pm\sqrt{C_1 y - 1}$$

分离变量，两端积分，得

$$\pm\frac{2}{C_1}\sqrt{C_1 y - 1} = x + C_2$$

化简，得原方程的通解为

$$y=\frac{1}{C_1}\left[\frac{C_1^2}{4}(x+C_2)^2+1\right]$$

习题 8.3

1. 求下列可降阶的高阶微分方程的通解或特解.

(1) $y'''=x+1$；

(2) $(1+x)y''+y'=\ln(1+x)$；

(3) $y''=(y')^{\frac{1}{2}}$；

(4) $y'''=e^{ax}, y|_{x=1}=y'|_{x=1}=y''|_{x=1}=0$；

(5) $xy''=-2y', y|_{x=1}=0, y'|_{x=1}=1$；

(6) $y''-y'^2=0, y|_{x=0}=0, y'|_{x=0}=-1$.

2. 设 $y=f(x)$ 在点 x 处的二阶导数为 $y''=x$，且曲线 $y=f(x)$ 过点 $M(0,1)$，在该点处与直线 $y=2x+1$ 相切，求曲线 $y=f(x)$ 的表达式.

3. 试求 $y''=x$ 的经过点 $M(0,1)$ 且在此点与直线 $y=\frac{x}{2}+1$ 相切的积分曲线.

4. 求微分方程 $y''-\frac{3}{2}y^2$ 满足初始条件 $y|_{x=0}=1, y'|_{x=0}=-1$ 的特解.

5. 求微分方程 $y''=e^{2x}-\cos x$ 的通解.

6. 求微分方程 $y''=1+y'^2$ 的通解.

7. 求微分方程 $y''=\frac{2y-1}{y^2+1}y'^2$ 的通解.

§8.4　二阶常系数线性微分方程

上节我们介绍了可降阶的几类二阶微分方程的解法. 下面我们介绍一类特殊类型的二阶微分方程的通用解法.

形如

$$y''+py'+qy=f(x)\quad (p,q\text{ 为常数})\tag{8-9}$$

的微分方程称为二阶常系数线性微分方程. 当 $f(x)\equiv 0$ 时，称方程

$$y''+py'+qy=0\tag{8-10}$$

为**二阶常系数齐次线性微分方程**. 若 $f(x)\neq 0$，则称方程(8-9)为**二阶常系数非齐次线性微分方程**.

8.4.1　二阶常系数齐次线性微分方程的解法

为了给出二阶常系数齐次线性微分方程解的形式，必须首先研究其通解的结构.

1. 二阶常系数齐次线性微分方程通解的结构

定理 8.1　若 y_1 和 y_2 是方程(8-10)的两个解，则其**线性组合**

$$y=C_1y_1+C_2y_2$$

仍是方程(8-10)的解，其中 C_1, C_2 为任意常数.

证明　只要将 y 代入方程(8-10)中即可容易证得.

此定理说明了方程(8-10)的任意两个解的线性组合仍为方程(8-10)的解，即二阶常系数齐次线性微分方程的解具有叠加性. 现有 y_1, y_2 分别是方程(8-10)的两个不同的解，能否说明解 $y=C_1y_1+C_2y_2$ 是

方程(8-10)的通解呢?

答案是否定的. 例如 $y_1=e^x, y_2=e^{x+1}$ 都是方程 $y''+y'-2y=0$ 的解,但是

$$C_1y_1+C_2y_2=(C_1+C_2e)e^x$$

显然不是方程(8-10)的通解,因为它实际上只含有一个独立的任意常数.

那么什么情况下 $y=C_1y_1+C_2y_2$ 才是方程(8-10)的通解呢?为了解决这个问题,下面给出函数线性相关和线性无关的定义.

对于两个都不恒等于零的函数 y_1 与 y_2,如果 $\frac{y_2}{y_1}\equiv$ 常数,则称 y_1 与 y_2 是线性相关的;如果 $\frac{y_2}{y_1}\neq$ 常数,则称 y_1 与 y_2 是线性无关的.

例如,函数 $y_1=\sin 2x$ 和 $y_2=2\sin 2x$. 因为 $\frac{y_2}{y_1}=2$,所以 $y_1=\sin 2x$ 和 $y_2=2\sin 2x$ 是线性相关的. 又如,函数 $y_1=\sin 2x$ 与 $y_2=\cos 2x$. 因为当 $x\neq\frac{n\pi}{2}(n\in\mathbf{Z})$ 时,$\frac{y_2}{y_1}=\cot 2x\neq$ 常数,所以函数 $y_1=\sin 2x$ 与 $y_2=\cos 2x$ 是线性无关的.

于是,有下面的结论.

定理 8.2 若 y_1, y_2 是方程(8-10)的两个**线性无关**的解,则

$$y=C_1y_1+C_2y_2$$

就是方程 (8-10)的**通解**,其中 C_1, C_2 为任意常数.

例如,$y_1=e^x, y_2=e^{-2x}$ 都是方程 $y''+y'-2y=0$ 的解,且 $\frac{y_1}{y_2}=e^{3x}$ 不等于常数. 因此,方程 $y''+y'-2y=0$ 的通解为 $y=C_1e^x+C_2e^{-2x}$.

2. 二阶常系数齐次线性微分方程解的形式

根据上面的讨论,我们需要寻求方程 $y''+py'+qy=0$ 的两个线性无关的解. 指数函数 e^{rx} 的一阶、二阶导数仍为 e^{rx} 的常数倍.

因此,假设方程的解为 $y=e^{rx}$,代入方程(8-10),得$(e^{rx})''+p(e^{rx})'+q(e^{rx})=0$,即

$$e^{rx}(r^2+pr+q)=0$$

从而得到

$$r^2+pr+q=0 \tag{8-11}$$

于是,只要待定常数 r 满足特征方程(8-11),则函数 $y=e^{rx}$ 就满足方程(8-10),从而 $y=e^{rx}$ 就是方程(8-10)的解.

我们称一元二次方程式 $r^2+pr+q=0$ 为二阶常系数齐次线性微分方程 $y''+py'+qy=0$ 的**特征方程**. 特征方程的根称为方程(8-10) 的**特征根**.

由于特征方程(8-11)是一元二次方程,它的根有三种不同的情形. 特征根不同,微分方程的通解也就不同.

(1) 当 $\Delta=p^2-4q>0$ 时,则特征方程(8-11)有两个不同的实根 r_1, r_2,则方程有两个特解 $y_1=e^{r_1x}$, $y_2=e^{r_2x}$,且 $\frac{y_1}{y_2}=e^{(r_1-r_2)x}\neq$ 常数. 因此 y_1, y_2 是方程(8-10)的两个线性无关的特解. 于是方程(8-10)的通解为

$$y=C_1e^{r_1x}+C_2e^{r_2x}$$

例 8-15 求方程 $y''-y'-2y=0$ 的通解.

解 对应的特征方程为

$$r^2-r-2=0$$

此方程有两个特征根 $r_1=-1, r_2=2$. 于是方程的通解为

$$y = C_1 e^{-x} + C_2 e^{2x}$$

例 8-16 求方程 $4y'' - 3y' - y = 0$ 满足初始条件 $y|_{x=0} = 0, y'|_{x=0} = 5$ 的特解.

解 对应的特征方程为

$$4r^2 - 3r - 1 = 0$$

此方程有两个特征根 $r_1 = 1, r_2 = -\frac{1}{4}$. 于是方程的通解为

$$y = C_1 e^x + C_2 e^{-\frac{1}{4}x}$$

将初始条件 $y|_{x=0} = 0, y'|_{x=0} = 5$ 代入通解,得

$$\begin{cases} C_1 + C_2 = 0 \\ C_1 - \frac{1}{4}C_2 = 5 \end{cases}$$

解得

$$C_1 = 4, C_2 = -4$$

因此,得到方程的特解为 $y = 4e^x - 4e^{-\frac{1}{4}x}$.

(2) 若 $\Delta = p^2 - 4q = 0$,则特征方程(8-11)有两个相同的实根 $r_1 = r_2 = -\frac{p}{2}$. 此时,只能得到原微分方程的一个特解 $y_1 = e^{r_1 x}$.

为了求得方程的另外一个与 y_1 线性无关的特解,设 $y_2 = u(x)e^{r_1 x}$,则

$$y_2' = r_1 u e^{r_1 x} + u' e^{r_1 x} = (r_1 u + u')e^{r_1 x}$$

$$y_2'' = (u'' + 2r_1 u' + r_1^2 u)e^{r_1 x}$$

将 y_2, y_2', y_2'' 分别代入方程(8-10),可得

$$e^{r_1 x}[(u'' + 2r_1 u' + r_1^2 u) + p(r_1 u + u') + qu] = 0$$

因此

$$u'' + (2r_1 + p)u' + (r_1^2 + pr_1 + q)u = 0$$

由于 r_1 是特征方程的根,且 $r_1 = -\frac{p}{2}$,可得

$$r_1^2 + pr_1 + q = 0, 2r_1 + p = 0$$

因此

$$u'' = 0$$

易得

$$u = C_1 x + C_2$$

其中 C_1, C_2 为任意常数. 我们取 $C_1 = 1, C_2 = 0$,则 $y_2 = u(x)e^{r_1 x} = xe^{r_1 x}$,且 y_2 与 y_1 线性无关. 因此,原方程的通解为

$$y = C_1 e^{r_1 x} + C_2 x e^{r_1 x} \tag{8-12}$$

例 8-17 求方程 $y'' - 2y' + y = 0$ 的通解.

解 特征方程为

$$r^2 - 2r + 1 = 0$$

此方程有两个相同的特征根 $r_1 = r_2 = 1$. 由式(8-12)可知,所求方程的通解为

$$y = C_1 e^x + C_2 x e^x$$

其中 C_1, C_2 为任意常数.

(3) 若 $\Delta = p^2 - 4q < 0$,则特征方程有两个复根

$$r_{1,2} = \frac{-p \pm \sqrt{4q - p^2}\,\mathrm{i}}{2} = \alpha \pm \mathrm{i}\beta \tag{8-13}$$

可以证明，$y_1 = e^{(\alpha+i\beta)x}$ 和 $y_2 = e^{(\alpha-i\beta)x}$ 是方程(8-10)的两个线性无关的解. 但是形式上比较复杂. 由欧拉公式①得

$$y_1 = e^{(\alpha+i\beta)x} = e^{\alpha x} \cdot e^{i\beta x} = e^{\alpha x}(\cos \beta x + i\sin \beta x)$$
$$y_2 = e^{(\alpha-i\beta)x} = e^{\alpha x} \cdot e^{-i\beta x} = e^{\alpha x}(\cos \beta x - i\sin \beta x)$$

根据定理 8.1，关于 y_1, y_2 的线性组合仍为原方程的解，则

$$\bar{y}_1 = \frac{1}{2}(y_1 + y_2) = e^{\alpha x}\cos \beta x$$

$$\bar{y}_2 = \frac{1}{2i}(y_1 - y_2) = e^{\alpha x}\sin \beta x$$

仍为原方程的两个特解，且 $\frac{\bar{y}_1}{\bar{y}_2} = \cot \beta x \neq$ 常数，从而 $\bar{y}_1$ 与 $\bar{y}_2$ 线性无关. 于是，原方程的通解为

$$y = C_1 e^{\alpha x}\cos \beta x + C_2 e^{\alpha x}\sin \beta x \tag{8-14}$$

其中 α, β 分别是特征根式(8-13) 的实部和虚部.

例 8-18 求方程 $y'' + 4y = 0$ 的通解.

解 对应的特征方程为

$$r^2 + 4 = 0$$

此方程有两个复根

$$r_{1,2} = \pm 2i$$

则

$$\alpha = 0, \beta = 2$$

由式(8-14)得原方程的通解为

$$y = C_1\cos 2x + C_2\sin 2x$$

例 8-19 求方程 $y'' + 2y' + 5y = 0$ 的通解.

解 对应的特征方程为

$$r^2 + 2r + 5 = 0$$

此方程有两个复根

$$r_{1,2} = -1 \pm 2i$$

则

$$\alpha = -1, \beta = 2$$

由式(8-14)得原方程的通解为

$$y = e^{-x}(C_1\cos 2x + C_2\sin 2x)$$

归纳以上讨论，得到求二阶常系数齐次线性微分方程 $y'' + py' + qy = 0$ 的通解的步骤如下.

(1) 写出微分方程的特征方程 $r^2 + pr + q = 0$.

(2) 求出特征方程的根 r_1 和 r_2.

(3) 根据 r_1, r_2 的三种不同情况，按表 8-2 写出微分方程的通解.

表 8-2

特征根 r_1, r_2	微分方程 $y'' + py' + qy = 0$ 的通解
两个不同的实根 $r_1 \neq r_2$	$y = C_1 e^{r_1 x} + C_2 e^{r_2 x}$
两个相同的实根 $r_1 = r_2 = r$	$y = (C_1 + C_2 x)e^{rx}$
一对共轭的复根 $r_1 = \alpha + i\beta, r_2 = \alpha - i\beta$	$y = e^{\alpha x}(C_1\cos \beta x + C_2\sin \beta x)$

① 欧拉公式：$e^{ix} = \cos x + i\sin x$.

思考 已知二阶齐次线性微分方程 $y''+p_1(x)y'+p_2(x)y=0$ 的一个非零特解 $y_1(x)$，问能否求出该方程的通解？

8.4.2 二阶常系数非齐次线性微分方程的解法

现在我们研究二阶常系数非齐次线性微分方程

$$y''+py'+qy=f(x)$$

的解法，其中 p,q 为常数.

在讨论一阶线性微分方程时，我们已经知道一阶非齐次线性微分方程的通解是由两部分组成的：一部分是非齐次方程本身的一个特解；另一部分是它所对应的齐次方程的通解. 实际上，不仅一阶非齐次线性微分方程的通解具有这样的结构，二阶常系数非齐次线性微分方程的通解也有相同的结构.

定理 8.3 设 $y^*(x)$ 是方程(8-9)的一个特解，$Y(x)$ 为方程(8-9)对应的齐次方程

$$y''+py'+qy=0$$

的通解，则

$$y=Y(x)+y^*(x)$$

即为非齐次线性微分方程(8-9)的通解.

这个定理说明了方程(8-9)的通解是由它的一个特解和对应的齐次方程的通解构成的.

显然，特解 y^* 与方程中 $f(x)$ 的具体情况有关. 在实际问题中，经常遇到 $f(x)$ 为多项式、指数函数或三角函数的情况. 对于这些类型的函数，其特点是求导以后仍具有同种类型的函数形式. 因此，可以用待定系数法来求 y^*. 我们主要考虑 $f(x)$ 具有下面两种类型的函数形式时，方程(8-9)的求解问题.

1. $f(x)=p_n(x)e^{\alpha x}$ 型

$f(x)=p_n(x)e^{\alpha x}$，α 为常数，$p_n(x)$ 是关于 x 的 n 次多项式. 由于多项式与指数函数乘积的各阶导数仍为多项式与指数函数的乘积. 因此，我们可以推测方程(8-9)的特解形式为

$$y^*=Q(x)e^{\alpha x}$$

其中 $Q(x)$ 为待定的多项式. 若 $Q(x)$ 可以求出，则方程(8-9)的特解问题也就解决了.

$$y^{*\prime}=(Q'+\alpha Q)e^{\alpha x}$$
$$y^{*\prime\prime}=(Q''+2\alpha Q'+\alpha^2 Q)e^{\alpha x}$$

将 $y^*,y^{*\prime},y^{*\prime\prime}$ 代入方程(8-9)，整理可得

$$Q''+(2\alpha+p)Q'+(\alpha^2+p\alpha+q)Q=p_n(x) \tag{8-15}$$

(1) 当 $\alpha^2+p\alpha+q\neq 0$，即 α 不是特征方程 $r^2+pr+q=0$ 的根时，假设 $Q(x)$ 和 $p_n(x)$ 的次数相同. 因此，设 $Q(x)=Q_n(x)$，其中 $Q_n(x)$ 为次数同为 n 的待定多项式. 将 $Q_n(x)$ 代入方程(8-15)，比较等式两端同次幂的系数，可以确定 $Q_n(x)$ 的各项系数，从而得到所求特解 $y^*=Q_n(x)e^{\alpha x}$.

(2) 当 $\alpha^2+p\alpha+q=0$，但 α 仅是两个不同特征根之一时. 由于 $\alpha\neq-\frac{p}{2}$，故 $2\alpha+p\neq 0$. 方程(8-15)简化为 $Q''+(2\alpha+p)Q'=p_n(x)$. 此时 $Q(x)$ 的次数比 $p_n(x)$ 高一次. 因此，设 $Q(x)=xQ_n(x)$，用同样的方法可以确定其各项系数.

(3) 当 $\alpha^2+p\alpha+q=0$ 且 $2\alpha+p=0$ 时，说明 $\alpha=-\frac{p}{2}$ 是双重特征根. 此时方程(8-15)变为

$$Q''=p_n(x)$$

这表明 $Q(x)$ 的次数比 $p_n(x)$ 高二次.

综合(1)，(2)，(3)可知，方程 $y''+py'+qy=Q_n(x)e^{\alpha x}$ 的特解形式为

$$y^* = x^k Q_n(x) e^{\alpha x}$$

其中,$Q_n(x)$ 为与 $p_n(x)$ 次数相同的待定多项式. 而 x 的指数 k 满足

$$k = \begin{cases} 0, & 当 x 不是特征根时 \\ 1, & 当 x 为单特征根时 \\ 2, & 当 x 为双重特征根时 \end{cases}$$

例 8-20 求微分方程 $y'' + 2y' + y = xe^x$ 的通解.

解 齐次微分方程 $y'' + 2y' + y = 0$ 的特征方程为

$$r^2 + 2r + 1 = 0$$

其特征根为 $r_1 = r_2 = -1$,且 $\alpha = 1 \neq -1$,则齐次微分方程的通解为

$$y = C_1 e^{-x} + C_2 x e^{-x}$$

由于 $\alpha \neq -1$,因此,可设原方程的特解形式为

$$y^* = (Ax + B)e^x$$
$$y^{*\prime} = (Ax + A + B)e^x$$
$$y^{*\prime\prime} = (Ax + 2A + B)e^x$$

代入原方程,可得

$$(4Ax + 4A + 4B)e^x = xe^x$$

约去 e^x,得

$$4Ax + 4A + 4B = x$$

从而

$$\begin{cases} 4A = 1 \\ 4A + 4B = 0 \end{cases}$$

解得

$$A = \frac{1}{4}, B = -\frac{1}{4}$$

于是原方程的特解为

$$y^* = \left(\frac{1}{4}x - \frac{1}{4}\right)e^x$$

因此,原方程的通解为

$$y = Y + y^* = C_1 e^{-x} + C_2 x e^{-x} + \frac{1}{4}(x - 1)e^x$$

例 8-21 求方程 $y'' - 2y' - 3y = e^{3x}$ 的一个特解.

解 对应的特征方程为

$$r^2 - 2r - 3 = 0$$

其特征根为 $r_1 = -1, r_2 = 3$,而 $\alpha = 3 = r_2$ 为特征根之一,因此可设方程的特解形式为

$$y^* = Axe^{3x}$$

从而

$$y^{*\prime} = (A + 3Ax)e^{3x}, y^{*\prime\prime} = (6A + 9Ax)e^{3x}$$

将 $y^*, y^{*\prime}, y^{*\prime\prime}$ 代入原方程,得 $4A = 1$,于是

$$A = \frac{1}{4}$$

故特解为

$$y^* = \frac{1}{4}xe^{3x}$$

例 8-22 求方程 $y'' - 2y' + y = e^x$ 的通解.

解 由对应的特征方程

$$r^2-2r+1=0$$

可解得特征根为 $r_1=r_2=1$，故

$$\alpha=1=r_1=r_2$$

因此对应的齐次微分方程的通解为

$$Y=C_1\mathrm{e}^x+C_2x\mathrm{e}^x$$

由于 $\alpha=1$ 为双重特征根，可设原方程的特解形式为

$$y^*=Ax^2\mathrm{e}^x$$

因此

$$y^{*\prime}=(2Ax+Ax^2)\mathrm{e}^x$$
$$y^{*\prime\prime}=(Ax^2+4Ax+2A)\mathrm{e}^x$$

代入原方程，得 $2A=1$，于是 $A=\dfrac{1}{2}$，即

$$y^*=\frac{1}{2}x^2\mathrm{e}^x$$

于是原方程的通解为

$$y=Y+y^*=C_1\mathrm{e}^x+C_2x\mathrm{e}^x+\frac{1}{2}x^2\mathrm{e}^x$$

2. $f(x)=M\cos\beta x+N\sin\beta x$ 型

$f(x)=M\cos\beta x+N\sin\beta x$，其中 M,N,β 均为常数. 当 $\beta>0$，M,N 不同时为零时，可设方程(8-9)的特解形式为

$$y^*=x^k(A\cos\beta x+B\sin\beta x)$$

其中

$$k=\begin{cases}0, & \text{当}\pm\mathrm{i}\beta\text{不是特征根时}\\ 1, & \text{当}\pm\mathrm{i}\beta\text{是特征根时}\end{cases}$$

例 8-23 求方程 $y''+y'=\cos x$ 的一个特解.

解 对应的特征方程为 $r^2+r=0$. 其特征根为 $r_1=0$，$r_2=-1$，而 $\beta=1$，故 $\pm\beta\mathrm{i}=\pm\mathrm{i}$ 不是特征根. 因此，可设方程的特解形式为

$$y^*=A\cos x+B\sin x$$

而

$$y^{*\prime}=B\cos x-A\sin x,$$
$$y^{*\prime\prime}=-B\sin x-A\cos x$$

代入原方程，可得

$$(B-A)\cos x-(A+B)\sin x=\cos x$$

从而

$$B-A=1,A+B=0$$

解得

$$A=-\frac{1}{2},B=\frac{1}{2}$$

于是原方程的特解为

$$y^*=\frac{1}{2}(\sin x-\cos x)$$

现将解二阶常系数非齐次线性微分方程 $y''+py'+qy=f(x)$ 的步骤归纳如下.

(1) 求 $y''+py'+qy=0$ 的通解 Y.

(2) 求 $y''+py'+qy=f(x)$ 的特解 y^*. y^* 的形式如表 8-3 所示.

表 8-3

$f(x)$ 的形式	特解 y^* 的形式
$f(x)=P_n(x)e^{\lambda x}$	$y^*=x^kQ_n(x)e^{\lambda x}$ 当 λ 不是特征根时，$k=0$ 当 λ 是特征根，但不是重根时，$k=1$ 当 λ 是特征根，且为重根时，$k=2$
$f(x)=M\cos\beta x+N\sin\beta x$	$y^*=x^k(A\cos\beta x+B\sin\beta x)$ 当 $\alpha\pm i\beta$ 不是特征根时，$k=0$ 当 $\alpha\pm i\beta$ 是特征根时，$k=1$

思考 已知二阶线性微分方程 $y''+py'+qy=f(x)$ 的两个解 $y_1(x)$ 和 $y_2(x)$，能否写出该方程的通解？

习题 8.4

1. 求下列齐次微分方程的通解.

(1) $y''+y'-6y=0$；

(2) $y''+2y'+y=0$；

(3) $y''+2y'+5y=0$.

2. 求下列微分方程的特解.

(1) $y''-4y'+3y=0, y|_{x=0}=2, y'|_{x=0}=5$；

(2) $y''+y'-2y=0, y|_{x=0}=1, y'|_{x=0}=2$；

(3) $y''-6y'+9y=0, y|_{x=0}=0, y'|_{x=0}=2$；

(4) $y''+y'+\frac{1}{4}y=0, y|_{x=0}=2, y'|_{x=0}=1$.

3. 求下列非齐次微分方程的通解.

(1) $2y''+y'-y=x^2+1$；

(2) $y''+3y'+2y=3xe^{-x}$；

(3) $y''-2y'+5y=\sin 2x$.

4. 求下列微分方程的特解.

(1) $y''+4y=8x, y|_{x=0}=1, y'|_{x=0}=2$；

(2) $y''-5y'+6y=2e^x, y|_{x=0}=0, y'|_{x=0}=1$.

5. 在表 8-4 中填写微分方程所对应的特解形式.

表 8-4

微分方程	特解 y^* 的形式
$y''-4y=2x+1$	
$y''+5y'+4y=3-2x$	
$y''-8y'+16y=e^{4x}$	
$y''+9y=\cos 3x$	
$y''-2y'+5x=e^x\sin 2x$	

6. 已知特征方程的根为下面的形式，试写出相应的二阶齐次微分方程.

(1) $r_1=2, r_1=-1$；

(2) $r_1 = r_2 = 2$;

(3) $r_1 = -1 + \mathrm{i}, r_2 = -1 - \mathrm{i}$.

7. 求微分方程 $y'' - 2y' - 3y = 0$ 的通解.

8. 求微分方程 $y'' - 2y' + 3y = 3x + 1$ 的一个特解.

§8.5　应用示例——新产品推广模型问题

8.5.1　问题提出

在分析新产品的推广时，我们可以通过建立数学模型来描述产品销量随时间的变化. 一个常见的模型是采用微分方程来描述销量 $x(t)$ 随时间 t 的变化. 假设某种新产品在 t 时刻的销量为 $x(t)$，并且由于产品性能良好，每一个产品都是宣传品，因此产品的销售具有自我推广的特性.

8.5.2　解答过程

假设在 t 时刻产品的销量为 $x(t)$，市场容量为 N，则销量增长率 $\frac{\mathrm{d}x}{\mathrm{d}t}$ 与 $x(t)$ 和尚未购买此产品的潜在顾客数量 $N - x(t)$ 成正比. 可以建立如下模型：

$$\frac{\mathrm{d}x}{\mathrm{d}t} = kx(N - x)$$

其中，k 为综合比例系数，且 $k > 0$. 这个方程符合 Logistic 方程的形式：$\frac{\mathrm{d}P}{\mathrm{d}t} = rP\left(1 - \frac{P}{K}\right)$.

通过求解上述微分方程可以得到 $P(t) = \frac{KP_0 \mathrm{e}^{rt}}{K + P_0(\mathrm{e}^{rt} - 1)}$，其中 P_0 为初始值，K 为终值，r 是曲线变化快慢系数，故可知其通解为

$$x(t) = \frac{N}{1 + c\mathrm{e}^{-kNt}}, \frac{\mathrm{d}x}{\mathrm{d}t} = \frac{cN^2 k \mathrm{e}^{-kNt}}{(1 + c\mathrm{e}^{-kNt})^2}, \frac{\mathrm{d}^2 x}{\mathrm{d}t^2} = \frac{ck^2 N^3 \mathrm{e}^{-kNt}(c\mathrm{e}^{-kNt} - 1)}{(1 + c\mathrm{e}^{-kNt})^3}$$

当 $x(t) < N$ 时，$\frac{\mathrm{d}x}{\mathrm{d}t} > 0$，产品销量单调增加；当 $x(t) = \frac{N}{2}$ 时，$\frac{\mathrm{d}^2 x}{\mathrm{d}t^2} = 0$，此时产品销量增长达到最大；当 $x(t) > \frac{N}{2}$ 时，$\frac{\mathrm{d}^2 x}{\mathrm{d}t^2} < 0$，销量增长速度减缓；当 $x(t) < \frac{N}{2}$ 时，$\frac{\mathrm{d}^2 x}{\mathrm{d}t^2} > 0$，销量迅速增加. 这意味着当销量达到最大需求量 N 的一半时，产品最畅销；当销量不足一半时，销量迅速增加；当销量超过一半时，销量增速逐渐减小.

研究表明，许多产品的销售曲线与 Logistic 曲线相吻合。根据这一模型，提出以下产品推广策略：新产品刚推广时，宜采用小批量生产，加强广告宣传；在产品用户达到 20% 和 80% 之间时，应进行大批量生产；当产品用户超过 80% 时，可能需要调整策略.

§8.6　数学实验八：使用 MATLAB 求常微分方程的通解

8.6.1　实验任务

利用数学软件 MATLAB 求常微分方程的通解.

8.6.2 实验过程

1. 相关命令

MATLAB 中求常微分方程的通解的命令说明如表 8-5 所示.

表 8-5

命　令	说　明
dsolve('方程 1,方程 2,…','条件 1,条件 2,…','x')	(1) 对给定的常微分方程(组),求其解析解. (2) 在描述微分方程时,用 D2y 这样的记号表示 y'',用 Dy(1) = 2 这类记号表示 $y'\|_{x=1}=2$ 这样的初始条件

2. 操作实例

操作实例 8-1　求常微分方程 $y'+y\cos x=\mathrm{e}^{-\sin x}$ 的通解.

解　运行 MATLAB,在命令窗口中输入:

```
>> syms x y
>> dsolve('Dy + y * cos(x) = exp(- sin(x))','x')
```

按 Enter 键,得到如下计算结果:

```
ans =
C1 * exp(- sin(x)) + x * exp(- sin(x))
```

即 $y'+y\cos x=\mathrm{e}^{-\sin x}$ 的通解为 $C_1\mathrm{e}^{-\sin x}+x\mathrm{e}^{-\sin x}$.

操作实例 8-2　求解微分方程 $\frac{\mathrm{d}y}{\mathrm{d}x}+2xy=x\mathrm{e}^{-x^2}$,并加以验证.

解　在命令窗口中输入:

```
>> syms x y
>> y = dsolve('Dy + 2 * x * y = x * exp(- x^2)','x')        % 求微分方程的解
```

按 Enter 键,得到如下计算结果:

```
y =
C1 * exp(- x^2) + (x^2 * exp(- x^2))/2
```

下面我们来验证得到的结果是不是准确,继续在命令窗口中输入:

```
>> diff(y,x) + 2 * x * y - x * exp(- x^2)        % 将所求得的解代入微分方程
```

按 Enter 键,得到如下计算结果:

```
ans =
2 * x * (C1 * exp(- x^2) + (x^2 * exp(- x^2))/2) - x^3 * exp(- x^2) - 2 * C1 * x * exp(- x^2)
```

可以发现,得到的是一个比较烦琐的结果.如果前面我们求得的解是微分方程的解,那么这里得到的这个验证结果应该为 0.我们使用 simplify 命令对其进行简化,在命令窗口中输入:

```
>> simplify(diff(y,x) + 2 * x * y - x * exp(- x^2))
```

按 Enter 键,得到如下计算结果:

```
ans =
0
```

即说明所得结果正确,微分方程 $\frac{\mathrm{d}y}{\mathrm{d}x}+2xy=x\mathrm{e}^{-x^2}$ 的通解为 $C_1\mathrm{e}^{-x^2}+\frac{1}{2}x^2\mathrm{e}^{-x^2}$.

8.6.3 实验作业

求下列微分方程的通解.

(1) $y'=2^{x+y}$;　　　　(2) $y'+y=\mathrm{e}^{-x}$.

复习题 8

1. 选择题.

(1) 下列微分方程中，可分离变量的方程是(　　).

A. $\frac{dy}{dx}=xy+x$　　B. $\frac{dy}{dx}=e^{xy}\sin x$

C. $\frac{dy}{dx}=xy+x^2$　　D. $\frac{dy}{dx}=y^2+x^2$

(2) $y_1=e^{3x}$, $y_2=xe^{3x}$，则它们满足的微分方程是(　　).

A. $y''-6y'+9y=0$　　B. $y''+6y'=0$

C. $y''-9y=0$　　D. $y''+6y'+9y=0$

(3) 微分方程 $y''+2y'+y=e^x$ 不是(　　).

A. 齐次的　　B. 线性的　　C. 常系数的　　D. 二阶的

(4) 微分方程 $y''+y=0$ 的通解是(　　).

A. $y=a\sin x$　　B. $y=b\cos x$

C. $y=\sin x+b\cos x$　　D. $y=a\sin x+b\cos x$

(5) 微分方程 $y''-4y'+5y=0$ 的通解是(　　).

A. $y=e^x(C_1\cos 2x+C_2\sin 2x)$　　B. $y=e^{2x}(C_1\cos x+C_2\sin x)$

C. $y=e^{-x}(C_1\cos 2x+C_2\sin 2x)$　　D. $y=e^{-2x}(C_1\cos x+C_2\sin x)$

(6) 微分方程 $y''-2y'+y=x^2e^{3x}$ 的特解的形式为 $y^*=$(　　).

A. $x(ax+b)e^{3x}$　　B. $(ax^2+bx+c)e^{3x}$

C. $x(ax^2+bx+c)e^{3x}$　　D. ax^2+bx+c

2. 填空题.

(1) 微分方程 $y''-(y')^2=xy-1$ 的通解中有________个互相独立的任意常数.

(2) 若 $r_1,r_2(r_1\neq r_2)$ 是微分方程 $y''+py'+qy=0$ 的特征方程两个相等的实根，则微分方程的通解为________________.

(3) 若 y_1 和 y_2 都是二阶常系数齐次线性微分方程 $y''+py'+qy=0$ 的解，且 y_1 与 y_2 线性无关，则该微分方程的通解是________________.

(4) 若二阶常系数齐次线性微分方程的特征根为 $r_{1,2}=-2\pm 3i$，则该微分方程是____________.

(5) 微分方程 $y''=e^x$ 的通解是________.

(6) 微分方程 $y''+y'-2y=0$ 的通解是________.

(7) 微分方程 $y'+2xy=2xe^{-x^2}$ 的通解是________.

3. 求下列各微分方程的通解或给定初始条件下的特解.

(1) $(1+y)dx-(1-x)dy=0$;　　(2) $y\ln x dx+x\ln y dy=0$;

(3) $y'=\frac{y}{y-x}$;　　(4) $y'+y=e^{-x}$;

(5) $y''=\frac{1}{1+x^2}$;　　(6) $y'''=2x+\sin x$;

(7) $y''-6y'-13y=14$;　　(8) $y''+2y'-3y=e^{2x}$;

(9) $\frac{dx}{y}+\frac{dy}{x}=0, y|_{x=3}=4$;　　(10) $y''+4y=x, y|_{x=0}=4, y'|_{x=0}=0$.

4. 方程 $y''+4y=\sin x$ 的一条积分曲线过点 $(0,1)$，并在这一点与直线 $y=1$ 相切，求该曲线的方程.

第 9 章

无穷级数

阅读与欣赏

泰　勒

泰勒是英国数学家，1685 年 8 月 18 日出生于埃德蒙顿，1731 年 12 月 29 日卒于伦敦. 泰勒出生在一个富裕的家庭，家里经常有音乐家、艺术家来往，使他自幼就受到了良好的音乐和艺术熏陶. 1705 年，他进入剑桥大学圣约翰学院学习，1709 年毕业并获得法学学士学位，随后移居伦敦. 由于他在英国《皇家学会会报》上发表了一系列高水平的论文而崭露头角. 27 岁时，他当选为英国皇家学会会员，1714 年获得法学博士学位，并在 1714—1718 年担任皇家学会秘书，这也是他科研成果最为丰硕的时期. 为解决牛顿与莱布尼茨关于微积分发明权之争的问题，他被任命为仲裁委员会委员.

泰勒以微分学中将函数展开成幂级数的定理著称于世. 该定理大致可以描述为：函数在一个点邻域内的值可以用函数在该点的值及各阶导数值组成的幂级数表示出来. 泰勒于 1715 年出版了《增量法及其逆》，在本书中"他力图搞清微积分的思想，但把自己局限于代数函数与代数微分方程". 这本书发展了牛顿的方法，并奠定了有限差分法的基础. 在这本书中载有现在微积分教程中以他的姓氏命名的单元函数的幂级数展开公式，这个公式是他通过对格雷戈里 - 牛顿插值公式求极限而得到的. 用现在的标准衡量，证明有失严格，和他同时代人一样，他没有认识到处理无穷级数时，必须先考虑其收敛性. 对此，德国著名数学家克莱因(Klein)曾评注道，"无先例的大胆地通过极限""泰勒实际上是用无穷小(微分)进行运算，同莱布尼茨一样认为其中没有什么问题. 有意思的是，一个 20 多岁的年轻人，在牛顿的眼皮底下，却离开了他的极限方法."

泰勒定理的重要性最初并未引起人们的注意，直到 1755 年欧拉把泰勒定理用于他的微分学时，人们才认识到其价值. 稍后，拉格朗日用带余项的级数作为其函数理论的基础，进一步确认了泰勒级数的重要地位. 他把这一定理刻画为微积分的基本定理. 泰勒定理的严格证明是在定理诞生一个世纪之后，由柯西给出的. "泰勒级数"这个名词大概是由瑞士数学家吕利埃(L'Huilier)在 1786 年首先使用的，特别是在"1880 年，维尔斯特拉斯又把泰勒级数引进为一个基本概念，用现代术语来讲，泰勒级数是解析函数芽". 泰勒也以函数的泰勒展开式而闻名于后世.

泰勒对数学发展的贡献，本质上远超过以他的姓氏命名的级数. 他涉及和创造了许多重要的数学概念，但由于未能进一步发展，这些概念未能获得更高声誉. 此外，泰勒的写作风格过于简洁，令人费解. 这也是他的许多创见未能获得更高声誉的一个原因.

§9.1 常数项级数的概念和性质

无穷级数是“高等数学”课程的重要内容之一，它在函数的研究及近似计算等方面都有非常广泛的应用.

9.1.1 常数项级数的概念

人们在认识事物的数量特性时，通常经历一个由近似到精确的过程. 在这个过程中，会遇到从有限个数量相加到无穷多个数量相加的问题.

例如，中国古代经典著作《庄子·天下篇》中提出过如下命题：“一尺之棰，日取其半，万世不竭.”如果用数学方式来表示此命题，可以写作

$$1=\frac{1}{2}+\frac{1}{4}+\frac{1}{8}+\cdots+\frac{1}{2^n}+\cdots$$

此式说明常数 1 可以用

$$\frac{1}{2}+\frac{1}{4}+\frac{1}{8}+\cdots+\frac{1}{2^n}+\cdots$$

来表示，即无穷多项的连加.

又如，计算圆的面积. 若已求得正六边形的面积为 a_1，则正十二边形的面积为 a_1+a_2. 依此类推，可得正 3×2^n 边形的面积为 $a_1+a_2+\cdots+a_n$. 则圆的面积为 $A\approx a_1+a_2+\cdots+a_n$.

如果内接正多边形的边数无限增多，即 n 无限增大，那么和 $a_1+a_2+\cdots+a_n$ 的极限就是所要求的圆面积 A. 这时和式中的项数无限增多，于是出现了无穷多个数量依次相加的数学式子.

由上面两个例子，引入级数的概念.

定义 9.1 如果给定一个数列

$$u_1,u_2,\cdots,u_n,\cdots$$

则由该数列构成的表达式

$$\sum_{n=1}^{\infty}u_n=u_1+u_2+\cdots+u_n+\cdots$$

叫作常数项无穷级数，简称**常数项级数**. 其中第 n 项 u_n 叫作级数的**一般项**(或**通项**).

上述级数的定义只是形式上的定义，无穷多个项依次相加，其和是否存在?下面给出无穷级数和的概念.

定义 9.2 设级数 $\sum\limits_{n=1}^{\infty}u_n=u_1+u_2+\cdots+u_n+\cdots$ 的前 n 项和为

$$S_n=u_1+u_2+\cdots+u_n=\sum_{i=1}^{n}u_i$$

称 S_n 为级数的**部分和**.

当 n 无限增大时，如果级数 $\sum\limits_{n=1}^{\infty}u_n$ 的部分和数列 $\{S_n\}$ 有极限 S，即

$$\lim_{n\to\infty}S_n=S$$

则称无穷级数 $\sum\limits_{n=1}^{\infty}u_n$ 收敛于 S. 这时极限 S 叫作级数 $\sum\limits_{n=1}^{\infty}u_n$ 的和，并写成

$$S = u_1 + u_2 + \cdots + u_n + \cdots$$

如果$\{S_n\}$没有极限，则称无穷级数$\sum\limits_{n=1}^{\infty} u_n$发散，即常数项级数收敛（发散）的充要条件是极限$\lim\limits_{n\to\infty} S_n$存在（不存在）.

当级数收敛时，其部分和S_n是级数和S的近似值，称它们之间的差值

$$r_n = S - S_n = u_{n+1} + u_{n+2} + \cdots = \sum_{i=1}^{\infty} u_{n+i}$$

为级数$\sum\limits_{n=1}^{\infty} u_n$的余项. 用近似值$S_n$代替和$S$所产生的误差是余项$r_n$的绝对值，即误差为$|r_n|$.

显然，$\lim\limits_{n\to\infty} r_n = 0$.

例 9-1 讨论等比级数（几何级数）

$$\sum_{n=0}^{\infty} aq^n = a + aq + aq^2 + \cdots + aq^n + \cdots (a \neq 0)$$

的敛散性.

解 当$|q| \neq 1$时，等比级数的部分和为

$$S_n = a + aq + aq^2 + \cdots + aq^{n-1} = \frac{a - aq^n}{1-q} = \frac{a}{1-q} - \frac{aq^n}{1-q}$$

(1) 当$|q| < 1$时，$\lim\limits_{n\to\infty} q^n = 0$. 于是$\lim\limits_{n\to\infty} S_n = \dfrac{a}{1-q}$，所以，等比级数收敛，其和为

$$\sum_{n=0}^{\infty} aq^n = \frac{a}{1-q}$$

(2) 当$|q| > 1$时，$\lim\limits_{n\to\infty} q^n = \infty$. 所以$\lim\limits_{n\to\infty} S_n = \infty$. 因此，等比级数发散，没有和.

(3) 当$q = 1$时，级数的部分和为$S_n = na$. 显然$\lim\limits_{n\to\infty} S_n = \infty$，因此，级数发散.

(4) 当$q = -1$时，级数的部分和为$S_n = \begin{cases} 0, & n\text{ 为偶数} \\ a(a \neq 0), & n\text{ 为奇数} \end{cases}$. 由于部分和在奇偶之间不断变化，数列没有极限，所以级数发散.

综合上述结果，当$|q| < 1$时，等比级数收敛，其和为$\dfrac{a}{1-q}$；当$|q| \geqslant 1$时，等比级数发散.

例 9-2 证明无穷级数$\dfrac{1}{1\times 3} + \dfrac{1}{3\times 5} + \cdots + \dfrac{1}{(2n-1)(2n+1)} + \cdots$是收敛的，并求出该级数的和.

解 因为

$$u_n = \frac{1}{(2n-1)(2n+1)} = \frac{1}{2}\left(\frac{1}{2n-1} - \frac{1}{2n+1}\right)$$

所以

$$\begin{aligned} S_n &= \frac{1}{1\times 3} + \frac{1}{3\times 5} + \cdots + \frac{1}{(2n-1)(2n+1)} \\ &= \frac{1}{2}\left(1 - \frac{1}{3}\right) + \frac{1}{2}\left(\frac{1}{3} - \frac{1}{5}\right) + \cdots + \frac{1}{2}\left(\frac{1}{2n-1} - \frac{1}{2n+1}\right) = \frac{1}{2}\left(1 - \frac{1}{2n+1}\right) \end{aligned}$$

从而

$$\lim_{n\to\infty} S_n = \lim_{n\to\infty} \frac{1}{2}\left(1 - \frac{1}{2n+1}\right) = \frac{1}{2}$$

所以这个级数收敛，它的和为$\dfrac{1}{2}$.

思考　级数的和都存在吗？如果不是，那么在什么情况下，级数的和才存在？

9.1.2　收敛级数的基本性质

根据无穷级数收敛、发散以及和的概念，可以得出收敛级数的几个基本性质.

性质 9.1　如果级数 $\sum_{n=1}^{\infty} u_n$ 收敛于 S，则 $\sum_{n=1}^{\infty} ku_n$ 亦收敛且其和为 kS.

由性质 9.1 可知：级数的每一项同乘以一个不为零的常数，它的敛散性不会改变 .

性质 9.2　设两个收敛级数 $\sum_{n=1}^{\infty} u_n = S$，$\sum_{n=1}^{\infty} v_n = \sigma$，则级数 $\sum_{n=1}^{\infty}(u_n \pm v_n)$ 也收敛，其和为 $S \pm \sigma$.

性质 9.2 说明了两个收敛级数的和或差仍为收敛级数，即

$$\sum_{n=1}^{\infty}(u_n \pm v_n) = \sum_{n=1}^{\infty} u_n \pm \sum_{n=1}^{\infty} v_n$$

例 9-3　判定级数 $\sum_{n=1}^{\infty}\left(\frac{1}{2^n}+\frac{2}{3^n}\right)$ 的敛散性.

解　由例 9-1 知，等比级数 $\sum_{n=1}^{\infty}\frac{1}{2^n}$ 和 $\sum_{n=1}^{\infty}\frac{1}{3^n}$ 均收敛. 又由性质 9.1 知，级数 $\sum_{n=1}^{\infty}\frac{2}{3^n}$ 也收敛. 再由性质 9.2 知，级数 $\sum_{n=1}^{\infty}\left(\frac{1}{2^n}+\frac{2}{3^n}\right)$ 收敛.

例 9-4　已知级数 $\sum_{n=1}^{\infty} u_n$ 收敛，证明级数 $\sum_{n=1}^{\infty}(u_n+n^2)$ 是发散的.

证明　用反证法. 假设级数 $\sum_{n=1}^{\infty}(u_n+n^2)$ 是收敛的. 由性质 9.2 可知，级数

$$\sum_{n=1}^{\infty}[(u_n+n^2)-u_n] = \sum_{n=1}^{\infty} n^2$$

是收敛的. 而根据级数收敛的定义可知，级数 $\sum_{n=1}^{\infty} n^2$ 是发散的，得出矛盾，于是假设不成立. 故级数 $\sum_{n=1}^{\infty}(u_n+n^2)$ 是发散的.

性质 9.3　在级数中删除、增加或改变前面的有限项，不会改变其敛散性.

证明　只需证明“在级数前面部分去掉或加上有限项，不会改变级数的收敛性”，因为其他情形都可以看作在级数的前面部分先去掉有限项，然后再加上有限项的结果.

设将级数 $\sum_{n=1}^{\infty} u_n$ 的前 k 项去掉，则得级数

$$u_{k+1}+u_{k+2}+\cdots+u_{k+n}+\cdots$$

其部分和为

$$\sigma_n = u_{k+1}+u_{k+2}+\cdots+u_{k+n} = S_{n+k}-S_k$$

则

$$\lim_{n\to\infty}\sigma_n = \lim_{n\to\infty}S_{n+k}-\lim_{n\to\infty}S_k = S-S_k$$

因为 S_k 是常数，所以当 $n\to\infty$ 时，σ_n 与 S_{k+n} 同时具有极限.

性质 9.4　收敛级数任意加括号后所成的级数仍然收敛于原来的和.

证明　设级数 $\sum_{n=1}^{\infty} u_n$ 前 n 项的部分和为 S_n，任意加括号后所成的级数为

$$(u_1+u_2)+(u_3+u_4+u_5)+\cdots$$

其部分和为 σ_m：

$$\sigma_1=S_2, \sigma_2=S_5-S_2, \sigma_3=S_9-S_5, \cdots$$

则

$$\lim_{m\to\infty}\sigma_m=\lim_{n\to\infty}S_n=S$$

即加括号后所成的级数收敛，且其和不变.

推论 9.1 如果加括号后所成的级数发散，则原级数也发散.

推论 9.1 为性质 9.4 的逆否命题，所以一定成立.

注意 收敛级数去括号后所成的级数不一定收敛．例如，级数(1－1)＋(1－1)＋⋯ 收敛，但级数 1－1＋1－1＋⋯ 发散.

性质 9.5（级数收敛的必要条件） 如果级数 $\sum_{n=1}^{\infty}u_n$ 收敛，当 n 无限增大时，它的一般项 u_n 趋于0，即 $\lim_{n\to\infty}u_n=0$.

证明 因为 $S=\sum_{n=1}^{\infty}u_n$，而 $u_n=S_n-S_{n-1}$，所以

$$\lim_{n\to\infty}u_n=\lim_{n\to\infty}S_n-\lim_{n\to\infty}S_{n-1}=S-S=0$$

注意 (1) 如果级数的一般项不趋于零，则级数必定发散，即

$$\lim_{n\to\infty}u_n\neq 0 \Rightarrow \text{级数发散}$$

例如，级数

$$\frac{1}{2}-\frac{2}{3}+\frac{3}{4}-\cdots+(-1)^{n-1}\frac{n}{n+1}+\cdots$$

的一般项为

$$u_n=(-1)^{n-1}\frac{n}{n+1}$$

当 $n\to\infty$ 时，u_n 不趋于零. 因此，该级数是发散的.

(2) 性质 9.5 是必要非充分条件. 例如，对于调和级数

$$1+\frac{1}{2}+\frac{1}{3}+\cdots+\frac{1}{n}+\cdots$$

有 $\lim_{n\to\infty}u_n=0$，但级数是否收敛？事实上，

$$S_{2n}-S_n=\frac{1}{n+1}+\frac{1}{n+2}+\cdots+\frac{1}{2n}>\frac{n}{2n}=\frac{1}{2}$$

这意味着 $S_{2n}-S_n>\frac{1}{2}$. 假设调和级数收敛，设其和为 S. 于是

$$\lim_{n\to\infty}(S_{2n}-S_n)=S-S=0$$

然而这与之前得出的 $S_{2n}-S_n>\frac{1}{2}$ 矛盾. 所以，调和级数发散.

例 9-5 判断下列级数的敛散性.

(1) $\sum_{n=1}^{\infty}\frac{n-1}{n}$； (2) $\sum_{n=1}^{\infty}\cos\frac{\pi}{n}$.

解 (1) 因为 $\lim_{n\to\infty}\frac{n-1}{n}=1\neq 0$，由性质 9.5 知，该级数发散.

(2) 因为 $\lim_{n\to\infty}\cos\frac{\pi}{n}=\cos 0=1\neq 0$，由性质 9.5 知，该级数发散.

思考　如果级数 $\sum_{n=1}^{\infty} u_n$ 收敛，但级数 $\sum_{n=1}^{\infty} v_n$ 发散，那么级数 $\sum_{n=1}^{\infty}(u_n \pm v_n)$ 一定发散吗？为什么？

习题 9.1

1. 选择题.

(1) 下列命题正确的是(　　).

A. 若级数 $\sum_{n=1}^{\infty} u_n$ 收敛，$\sum_{n=1}^{\infty} v_n$ 发散，则级数 $\sum_{n=1}^{\infty}(u_n + v_n)$ 可能收敛

B. 若级数 $\sum_{n=1}^{\infty}(u_n + v_n)$ 收敛，则级数 $\sum_{n=1}^{\infty} u_n$ 和 $\sum_{n=1}^{\infty} v_n$ 可能都发散

C. 若级数 $\sum_{n=1}^{\infty} u_n$ 发散，$\sum_{n=1}^{\infty} v_n$ 发散，则级数 $\sum_{n=1}^{\infty}(u_n + v_n)$ 必发散

D. 若级数 $\sum_{n=1}^{\infty}(u_n + v_n)$ 发散，则级数 $\sum_{n=1}^{\infty} u_n$ 和 $\sum_{n=1}^{\infty} v_n$ 可能都收敛

(2) 下列命题正确的是(　　).

A. 若级数 $\sum_{n=1}^{\infty} u_n$ 发散，则 $\lim_{n\to\infty} u_n \neq 0$

B. 若 $\lim_{n\to\infty} u_n \neq 0$，则级数 $\sum_{n=1}^{\infty} u_n$ 发散

C. 若级数 $\sum_{n=1}^{\infty} u_n$ 发散，则 $\lim_{n\to\infty} u_n = \infty$

D. 若 $\lim_{n\to\infty} u_n = 0$，则级数 $\sum_{n=1}^{\infty} u_n$ 收敛

2. 判断下列级数的敛散性.

(1) $\sum_{n=1}^{\infty} \frac{1}{(2n-1)(2n+1)}$；　　(2) $\sum_{n=1}^{\infty} [\ln(n+1) - \ln n]$；

(3) $\sum_{n=1}^{\infty} \left(\frac{1}{2^n} + \frac{1}{5^n}\right)$；　　(4) $\sum_{n=1}^{\infty} \frac{2n^2+1}{n^2+n}$.

3. 判断下列级数的敛散性.

(1) $1+2+\cdots+100+1+\frac{1}{2}+\frac{1}{2^2}+\cdots+\frac{1}{2^n}+\cdots$；

(2) $-\frac{2}{3}+\frac{2^2}{3^2}-\frac{2^3}{3^3}+\frac{2^4}{3^4}+\cdots$.

4. 判别级数 $\sum_{n=1}^{\infty} \frac{1}{\sqrt{n+1}+\sqrt{n}}$ 的敛散性.

§ 9.2　常数项级数的类型及其敛散性

9.2.1　正项级数

正项级数是常数项级数中比较简单，但又很重要的一种类型.

定义 9.3 如果级数$\sum\limits_{n=1}^{\infty} u_n$中的每一项都是非负数,即$u_n \geqslant 0(n=1,2,\cdots)$,则称此级数为**正项级数**.

例如,以下级数均为正项级数.

$$\sum_{n=1}^{\infty} \frac{1}{n+1},\sum_{n=1}^{\infty} \frac{1}{n(n+1)},\sum_{n=1}^{\infty} \frac{1}{2^{n+1}},\sum_{n=1}^{\infty} \left(\frac{\pi}{n}\right)^n$$

对于正项级数$\sum\limits_{n=1}^{\infty} u_n$,因为$u_n \geqslant 0$,所以$S_{n+1}=S_n+u_{n+1} \geqslant S_n$. 这说明正项级数的部分和数列$\{S_n\}$是单调增加的,故可得正项级数的收敛原理.

定理 9.1 正项级数$\sum\limits_{n=1}^{\infty} u_n$收敛的充要条件是部分和数列$\{S_n\}$有界.

例 9-6 判断正项级数$\sum\limits_{n=1}^{\infty} \dfrac{\sin\dfrac{\pi}{2n}}{2^n}$的敛散性.

解 由于该级数为正项级数,且部分和为

$$S_n=\frac{\sin\frac{\pi}{2}}{2}+\frac{\sin\frac{\pi}{4}}{4}+\frac{\sin\frac{\pi}{6}}{8}+\cdots+\frac{\sin\frac{\pi}{2n}}{2^n}<\frac{1}{2}+\frac{1}{4}+\frac{1}{8}+\cdots+\frac{1}{2^n}$$

$$=\frac{\frac{1}{2}\left(1-\frac{1}{2^n}\right)}{1-\frac{1}{2}}<1$$

即部分和数列$\{S_n\}$有界,因此正项级数$\sum\limits_{n=1}^{\infty} \dfrac{\sin\dfrac{\pi}{2n}}{2^n}$收敛.

9.2.2 正项级数的审敛法

由定理 9.1 可知,如果正项级数$\sum\limits_{n=1}^{\infty} u_n$发散,则它的部分和数列$\{S_n\}$是无界的. 由此可以得到判别正项级数收敛性的一种方法.

定理 9.2(比较审敛法) 设$\sum\limits_{n=1}^{\infty} u_n$和$\sum\limits_{n=1}^{\infty} v_n$均为正项级数.

(1) 若$\sum\limits_{n=1}^{\infty} v_n$收敛,且$u_n \leqslant v_n$,则$\sum\limits_{n=1}^{\infty} u_n$收敛;

(2) 若$\sum\limits_{n=1}^{\infty} u_n$发散,且$v_n \geqslant u_n$,则$\sum\limits_{n=1}^{\infty} v_n$发散.

推论 9.2 设$\sum\limits_{n=1}^{\infty} u_n$和$\sum\limits_{n=1}^{\infty} v_n$均为正项级数. 如果级数$\sum\limits_{n=1}^{\infty} v_n$收敛,且存在自然数$N$,使当$n \geqslant N$时,有$u_n \leqslant kv_n(k>0)$成立,则级数$\sum\limits_{n=1}^{\infty} u_n$收敛;如果级数$\sum\limits_{n=1}^{\infty} v_n$发散,且当$n \geqslant N$时,有$u_n \geqslant kv_n(k>0)$成立,则级数$\sum\limits_{n=1}^{\infty} u_n$发散.

例 9-7 讨论p-级数$1+\dfrac{1}{2^p}+\dfrac{1}{3^p}+\dfrac{1}{4^p}+\cdots+\dfrac{1}{n^p}+\cdots\ (p>0)$的敛散性. p-级数的图形如图 9-1 所示.

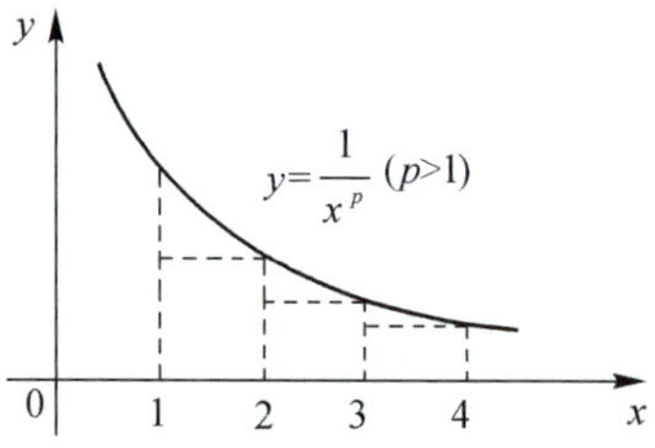

图 9-1

解 当 $p\leqslant 1$ 时，因为 $\frac{1}{n^p}\geqslant\frac{1}{n}$，而调和级数 $\sum_{n=1}^{\infty}\frac{1}{n}$ 发散，根据比较审敛法，可知 p - 级数发散.

设 $p>1$，由图 9-1 知，当 $n-1\leqslant x\leqslant n$ 时，

$$\frac{1}{n^p}\leqslant\int_{n-1}^{n}\frac{\mathrm{d}x}{x^p}$$

$$S_n=1+\frac{1}{2^p}+\frac{1}{3^p}+\cdots+\frac{1}{n^p}\leqslant 1+\int_{1}^{2}\frac{\mathrm{d}x}{x^p}+\cdots+\int_{n-1}^{n}\frac{\mathrm{d}x}{x^p}=1+\int_{1}^{n}\frac{\mathrm{d}x}{x^p}$$

$$=1+\frac{1}{p-1}\left(1-\frac{1}{n^{p-1}}\right)<1+\frac{1}{p-1}$$

即 $\{S_n\}$ 有界，故 p - 级数收敛.

综合上述结果，得到下面结论：当 $p>1$ 时，p - 级数收敛；当 $p\leqslant 1$ 时，p - 级数发散.

例 9-8 判定级数 $\sum_{n=1}^{\infty}\frac{1}{\sqrt{1+n^3}}$ 的敛散性.

解 因为 $\sqrt{1+n^3}>\sqrt{n^3}=n^{\frac{3}{2}}$，所以

$$u_n=\frac{1}{\sqrt{1+n^3}}<\frac{1}{n^{\frac{3}{2}}}=v_n$$

由 p - 级数可知 $\sum_{n=1}^{\infty}\frac{1}{n^{\frac{3}{2}}}$ 收敛. 根据定理 9.2 可知，级数 $\sum_{n=1}^{\infty}\frac{1}{\sqrt{1+n^3}}$ 收敛.

比较审敛法是一种基本方法，虽然有用，但应用起来却有许多不便，因为它需要建立定理所要求的不等式，而这种不等式常常不易建立. 为此，介绍一种在应用上更为方便的极限形式的比较审敛法.

定理 9.3(比较审敛法的极限形式) 设 $\sum_{n=1}^{\infty}u_n$ 与 $\sum_{n=1}^{\infty}v_n$ 都是正项级数，如果 $\lim_{n\to\infty}\frac{u_n}{v_n}=l$，则有：

(1) 当 $0<l<+\infty$ 时，$\sum_{n=1}^{\infty}u_n$ 和 $\sum_{n=1}^{\infty}v_n$ 有相同的敛散性；

(2) 当 $l=0$ 时，若 $\sum_{n=1}^{\infty}v_n$ 收敛，则 $\sum_{n=1}^{\infty}u_n$ 收敛；

(3) 当 $l=+\infty$ 时，若 $\sum_{n=1}^{\infty}v_n$ 发散，则 $\sum_{n=1}^{\infty}u_n$ 发散.

例 9-9 判断级数 $\sum_{n=1}^{\infty}\ln\left(1+\frac{1}{n^2}\right)$ 的敛散性.

解 因为 $\lim_{n\to\infty}n^2\ln\left(1+\frac{1}{n^2}\right)=\lim_{n\to\infty}n^2\cdot\frac{1}{n^2}=1$，而级数 $\sum_{n=1}^{\infty}\frac{1}{n^2}$ 收敛，所以根据定理 9.3 知 $\sum_{n=1}^{\infty}\ln\left(1+\frac{1}{n^2}\right)$ 收敛.

例 9-10 判断级数 $\sum_{n=1}^{\infty}\frac{3^n}{5^n-3^n}$ 的敛散性.

解 因为 $\lim_{n\to\infty}\dfrac{\frac{3^n}{5^n-3^n}}{\left(\frac{3}{5}\right)^n}=1$，而 $\sum_{n=1}^{\infty}\left(\frac{3}{5}\right)^n$ 是收敛的等比级数，所以由定理 9.3 可知 $\sum_{n=1}^{\infty}\frac{3^n}{5^n-3^n}$ 收敛.

将所给正项级数与 p - 级数做比较，可以得到较方便、实用的比值审敛法.

定理 9.4(比值审敛法，达朗贝尔判别法) 设 $\sum_{n=1}^{\infty}u_n$ 是正项级数，如果 $\lim_{n\to\infty}\frac{u_{n+1}}{u_n}=\rho$，则有

(1) 当 $\rho<1$ 时,级数收敛;

(2) 当 $\rho>1$(或 $\lim\limits_{n\to\infty}\frac{u_{n+1}}{u_n}=\infty$) 时,级数发散;

(3) 当 $\rho=1$ 时,不能用此判别法判定级数的敛散性.

比值审敛法的优点是不必找参考级数,直接从级数本身的构成,利用通项即可判定级数的敛散性.

注意 (1) 当 $\rho=1$ 时,比值审敛法失效.例如,级数 $\sum\limits_{n=1}^{\infty}\frac{1}{n}$ 发散,级数 $\sum\limits_{n=1}^{\infty}\frac{1}{n^2}$ 收敛.

(2) 此判别法是充分非必要条件.例如:

$$u_n=\frac{2+(-1)^n}{2^n}\leqslant\frac{3}{2^n}=v_n$$

故级数 $\sum\limits_{n=1}^{\infty}u_n=\sum\limits_{n=1}^{\infty}\frac{2+(-1)^n}{2^n}$ 收敛.但

$$\frac{u_{n+1}}{u_n}=\frac{2+(-1)^{n+1}}{2[2+(-1)^n]}=a_n$$

$$\lim_{n\to\infty}a_{2n}=\frac{1}{6}$$

$$\lim_{n\to\infty}a_{2n+1}=\frac{3}{2}$$

所以 $\lim\limits_{n\to\infty}\frac{u_{n+1}}{u_n}=\lim\limits_{n\to\infty}a_n$ 不存在.

例 9-11 判定下列级数的敛散性.

(1) $\sum\limits_{n=1}^{\infty}\frac{1}{n!}$; (2) $\sum\limits_{n=1}^{\infty}\frac{n!}{10^n}$; (3) $\sum\limits_{n=1}^{\infty}\frac{1}{2n(2n-1)}$.

解 (1) $\frac{u_{n+1}}{u_n}=\frac{\frac{1}{(n+1)!}}{\frac{1}{n!}}=\frac{1}{n+1}\to 0(n\to\infty)$,故级数 $\sum\limits_{n=1}^{\infty}\frac{1}{n!}$ 收敛.

(2) $\frac{u_{n+1}}{u_n}=\frac{(n+1)!}{10^{n+1}}\cdot\frac{10^n}{n!}=\frac{n+1}{10}\to\infty(n\to\infty)$,故级数 $\sum\limits_{n=1}^{\infty}\frac{n!}{10^n}$ 发散.

(3) $\lim\limits_{n\to\infty}\frac{u_{n+1}}{u_n}=\lim\limits_{n\to\infty}\frac{(2n-1)\times 2n}{(2n+1)(2n+2)}=1$,比值审敛法失效,改用比较审敛法.因为 $\frac{1}{2n(2n-1)}<\frac{1}{n^2}$,而级数 $\sum\limits_{n=1}^{\infty}\frac{1}{n^2}$ 收敛,故级数 $\sum\limits_{n=1}^{\infty}\frac{1}{2n(2n-1)}$ 收敛.

定理 9.5(根值审敛法,柯西判别法) 设 $\sum\limits_{n=1}^{\infty}u_n$ 是正项级数,如果 $\lim\limits_{n\to\infty}\sqrt[n]{u_n}=\rho$,则有:

(1) 当 $\rho<1$ 时,级数收敛;

(2) 当 $\rho>1$(或 $\lim\limits_{n\to\infty}\sqrt[n]{u_n}=+\infty$) 时,级数发散;

(3) 当 $\rho=1$ 时,不能用此判别法判定其敛散性.

例 9-12 判定正项级数 $\sum\limits_{n=1}^{\infty}\left(\frac{5}{n}\right)^n$ 的敛散性.

解 令 $u_n=\left(\frac{5}{n}\right)^n$,则

$$\lim_{n\to\infty}\sqrt[n]{u_n}=\lim_{n\to\infty}\sqrt[n]{\left(\frac{5}{n}\right)^n}=\lim_{n\to\infty}\frac{5}{n}=0<1$$

由定理 9.5 知,该级数收敛.

9.2.3 交错级数

常数项级数$\sum_{n=1}^{\infty}(-1)^n u_n$或$\sum_{n=1}^{\infty}(-1)^{n-1}u_n(u_n \geqslant 0, n=1,2,\cdots)$称为**交错级数**. 交错级数的特点是正负项交替出现.

定理 9.6(莱布尼茨审敛法) 如果交错级数$\sum_{n=1}^{\infty}(-1)^{n-1}u_n(u_n \geqslant 0, n=1,2,\cdots)$满足条件:

(1) 数列$\{u_n\}$单调减少;

(2) $\lim\limits_{n\to\infty} u_n = 0$.

则交错级数$\sum_{n=1}^{\infty}(-1)^{n-1}u_n$收敛,且其和$S \leqslant u_1$,其余项$r_n$的绝对值$|r_n| \leqslant u_{n+1}$.

证明 考察交错级数$\sum_{n=1}^{\infty}(-1)^{n-1}u_n(u_n \geqslant 0, n=1,2,\cdots)$的部分和数列$\{S_n\}$的收敛性. 先证前$2n$项和$S_{2n}$的极限存在. 为此,把$S_{2n}$写成以下两种形式:

$$S_{2n} = (u_1 - u_2) + (u_3 - u_4) + \cdots + (u_{2n-1} - u_{2n})$$

及

$$S_{2n} = u_1 - (u_2 - u_3) - (u_4 - u_5) - \cdots - (u_{2n-2} - u_{2n-1}) - u_{2n}$$

由条件(1)可知,所有括号中的差都是非负的;由第一种形式可知,数列$\{S_{2n}\}$是单调增加的;由第二种形式可知,数列$\{S_{2n}\}$是有界的($S_{2n} \leqslant u_1$). 于是,根据单调有界数列必收敛,可知$\lim\limits_{n\to\infty}S_{2n}$存在.

设$\lim\limits_{n\to\infty}S_{2n} = S$,再证前$2n+1$项和$S_{2n+1}$的极限也是$S$. 由条件(2)可知,$\lim\limits_{n\to\infty}u_{2n+1} = 0$. 因此,

$$\lim_{n\to\infty}S_{2n+1} = \lim_{n\to\infty}(S_{2n} + u_{2n+1}) = \lim_{n\to\infty}S_{2n} = S$$

所以,$\lim\limits_{n\to\infty}S_n$存在,即交错级数$\sum_{n=1}^{\infty}(-1)^{n-1}u_n$收敛,且其和$S \leqslant u_1$.

最后,由于$|r_n| = u_{n+1} - u_{n+2} + \cdots$也是一个交错级数,且满足收敛的两个条件,故其和小于级数的第一项,即$|r_n| \leqslant u_{n+1}$.

注意 莱布尼茨审敛法是判定交错级数收敛的充分而非必要条件,即交错级数收敛的两个条件(1)和(2)不一定都成立.

例 9-13 判定交错级数$\sum_{n=1}^{\infty}(-1)^{n-1}\frac{1}{n}$的收敛性.

解 由于$u_n = \frac{1}{n}, u_{n+1} = \frac{1}{n+1}$且满足下列条件:

$$\lim_{n\to\infty}u_n = \lim_{n\to\infty}\frac{1}{n} = 0$$

$$u_n = \frac{1}{n} > \frac{1}{n+1} = u_{n+1}$$

所以,数列$\{u_n\}$单调减少. 因此,由定理 9.6 可知,该交错级数收敛,其和小于 1.

例 9-14 判定交错级数$\sum_{n=1}^{\infty}(-1)^{n+1}\frac{n}{10^n}$的敛散性.

解 由于$u_n = \frac{n}{10^n}, u_{n+1} = \frac{n+1}{10^{n+1}}$且满足

$$\lim_{n\to\infty}u_n = \lim_{n\to\infty}\frac{n}{10^n} = \lim_{n\to\infty}\frac{1}{10^n \ln 10} = 0$$

由于 $f(x)=\frac{x}{10^x}$ 的导数 $f'(x)=\frac{1-x\ln 10}{10^x}<0$ 时，$x>1$. 所以，当 $n\geqslant 1$ 时，数列 $\{u_n\}$ 单调减少. 故由莱布尼茨审敛法可知，$\sum\limits_{n=1}^{\infty}(-1)^{n+1}\frac{n}{10^n}$ 收敛.

9.2.4 绝对收敛与条件收敛

定义 9.4 对任意项级数 $\sum\limits_{n=1}^{\infty}u_n$，若 $\sum\limits_{n=1}^{\infty}|u_n|$ 收敛，则称级数 $\sum\limits_{n=1}^{\infty}u_n$ 为**绝对收敛**；若 $\sum\limits_{n=1}^{\infty}|u_n|$ 发散，而 $\sum\limits_{n=1}^{\infty}u_n$ 收敛，则称级数 $\sum\limits_{n=1}^{\infty}u_n$ 为**条件收敛**.

例如，级数 $\sum\limits_{n=1}^{\infty}(-1)^{n-1}\frac{1}{n^2}$ 为绝对收敛，而级数 $\sum\limits_{n=1}^{\infty}(-1)^{n-1}\frac{1}{n}$ 为条件收敛.

级数绝对收敛与级数收敛有以下重要关系.

定理 9.7 若级数 $\sum\limits_{n=1}^{\infty}u_n$ 绝对收敛，则级数 $\sum\limits_{n=1}^{\infty}u_n$ 必定收敛.

证明 令 $v_n=\frac{1}{2}(u_n+|u_n|)(n=1,2,\cdots)$，显然 $v_n\geqslant 0$，且 $v_n\leqslant |u_n|$，所以 $\sum\limits_{n=1}^{\infty}v_n$ 收敛. 又有

$$\sum_{n=1}^{\infty}u_n=\sum_{n=1}^{\infty}(2v_n-|u_n|)$$

故 $\sum\limits_{n=1}^{\infty}u_n$ 收敛.

由定理 9.7 可知，对于一般的级数 $\sum\limits_{n=1}^{\infty}u_n$，如果用正项级数的审敛法判定级数 $\sum\limits_{n=1}^{\infty}|u_n|$ 收敛，则此级数收敛. 这就使得很大一部分级数的收敛性判定问题转化为正项级数的收敛性判定问题.

例 9-15 判断级数 $\sum\limits_{n=1}^{\infty}\frac{\sin n}{n^2}$ 的敛散性.

解 由于 $\left|\frac{\sin n}{n^2}\right|\leqslant\frac{1}{n^2}$，而 $\sum\limits_{n=1}^{\infty}\frac{1}{n^2}$ 收敛，所以 $\sum\limits_{n=1}^{\infty}\left|\frac{\sin n}{n^2}\right|$ 收敛，故该级数绝对收敛，又由定理 9.7 可知，级数 $\sum\limits_{n=1}^{\infty}\frac{\sin n}{n^2}$ 收敛.

例 9-16 判别级数 $\sum\limits_{n=1}^{\infty}(-1)^{n+1}\frac{1}{3\times 2^n}$ 是否收敛. 如果是收敛的，判别是绝对收敛还是条件收敛.

解
$$\lim_{n\to\infty}\sqrt[n]{|u_n|}=\lim_{n\to\infty}\frac{1}{2\sqrt[n]{3}}=\frac{1}{2}$$

由根值审敛法可知该级数绝对收敛，再由定理 9.7 可知，该级数收敛.

例 9-17 判别级数 $\sum\limits_{n=1}^{\infty}(-1)^n\frac{\ln(n+2)}{n+2}$ 是否收敛. 若收敛，判别是绝对收敛还是条件收敛.

解 由于 $(-1)^n\frac{\ln(n+2)}{n+2}>\frac{\ln 2}{n+2}$，所以由比较审敛法可知，级数 $\sum\limits_{n=1}^{\infty}(-1)^n\frac{\ln(n+2)}{n+2}$ 发散. $\lim\limits_{n\to\infty}\frac{\ln(n+2)}{n+2}=\lim\limits_{n\to\infty}\frac{1}{n+2}=0$. 当 $n\geqslant 1$ 时，因为

$$f'(x)=\left[\frac{\ln(x+2)}{x+2}\right]'=\frac{1-\ln(x+2)}{(x+2)^2}<0$$

所以根据定理9.6,由于$u_n=\frac{\ln(n+2)}{n+2}\to 0$且单调减少,所以$\sum\limits_{n=1}^{\infty}(-1)^n\frac{\ln(n+2)}{n+2}$是条件收敛的.

习题 9.2

1. 用比较审敛法或它的极限形式判定下列极限的敛散性.

(1) $\sum\limits_{n=1}^{\infty}\sqrt{\frac{n}{n^2+1}}$; (2) $\sum\limits_{n=1}^{\infty}\frac{1}{2n-1}$;

(3) $\sum\limits_{n=1}^{\infty}\frac{1}{n^{1+\frac{1}{n}}}$; (4) $\sum\limits_{n=1}^{\infty}\frac{1}{1+2^n}$.

2. 用比值审敛法判定下列级数的敛散性.

(1) $\sum\limits_{n=1}^{\infty}\frac{n}{2^n}$; (2) $\sum\limits_{n=1}^{\infty}\frac{3^n}{n^2}$;

(3) $\sum\limits_{n=1}^{\infty}n^2\sin\frac{\pi}{2^n}$; (4) $\sum\limits_{n=1}^{\infty}\frac{n^n}{n!}$.

3. 判定下列级数的敛散性.

(1) $\sum\limits_{n=1}^{\infty}(-1)^n\frac{1}{2n-1}$; (2) $\sum\limits_{n=1}^{\infty}(-1)^n\frac{2n-1}{2n+3}$.

4. 判定下列级数的敛散性. 若级数收敛,是绝对收敛还是条件收敛.

(1) $\sum\limits_{n=1}^{\infty}(-1)^n\cdot\frac{1}{\sqrt{n}}$; (2) $\sum\limits_{n=1}^{\infty}\frac{\cos n\alpha}{n^2}$.

5. 讨论级数$\frac{1}{1\times 2}+\frac{1}{2\times 3}+\frac{1}{3\times 4}+\frac{1}{4\times 5}+\cdots$的敛散性.

§9.3 幂 级 数

前面我们讨论了常数项级数的敛散性,其级数的每一项都是实数. 下面我们讨论每一项都是函数的级数中最基本的一类 —— 幂级数.

9.3.1 函数项级数的概念

定义 9.5 设有定义在区间 I 上的函数列$\{u_n(x)\}$,则和式

$$\sum_{n=1}^{\infty}u_n(x)=u_1(x)+u_2(x)+\cdots+u_n(x)+\cdots \tag{9-1}$$

称为定义在区间 I 上的**函数项无穷级数**,简称**函数项级数**. $u_n(x)$ 为该级数的**一般项**或**通项**.

对于区间 I 上的任意 x_0,将 x_0 代入式(9-1),则函数项级数 $\sum\limits_{n=1}^{\infty}u_n(x)$ 成为一个常数项级数 $\sum\limits_{n=1}^{\infty}u_n(x_0)$. 如果该常数项级数收敛,则称 x_0 为函数项级数 $\sum\limits_{n=1}^{\infty}u_n(x)$ 的**收敛点**;如果该常数项级数发散,则称 x_0 为函数项级数 $\sum\limits_{n=1}^{\infty}u_n(x)$ 的**发散点**. 一个函数项级数收敛点(或发散点)的全体叫作该级数的**收敛域**(或**发散域**).

设函数项级数(9-1)的收敛域为D,则对于任意的$x\in D$,函数项级数(9-1)都收敛,其和显然与x有关,记作$S(x)$,称为函数项级数(9-1)的**和函数**,即

$$S(x)=u_1(x)+u_2(x)+\cdots+u_n(x)+\cdots,x\in D$$

例如,级数$\sum\limits_{n=0}^{\infty}x^n=1+x+x^2+\cdots+x^n+\cdots$的收敛域为$(-1,1)$,和函数为$\frac{1}{1-x}$,即

$$\frac{1}{1-x}=\sum_{n=0}^{\infty}x^n,x\in(-1,1)$$

将函数项级数的前n项和记作$S_n(x)$,则在收敛域上,有

$$\lim_{n\to\infty}S_n(x)=S(x)$$

9.3.2 幂级数及其收敛性

1. 幂级数的概念

定义 9.6 幂级数是各项都为幂函数的函数项级数.一般我们把形如

$$\sum_{n=0}^{\infty}a_nx^n=a_0+a_1x+a_2x^2+\cdots+a_nx^n+\cdots \tag{9-2}$$

的函数项级数称为关于x的幂级数,其中$a_0,a_1,a_2,\cdots,a_n,\cdots$称为幂级数(9-2)的系数.把形如

$$\sum_{n=0}^{\infty}a_n(x-x_0)^n=a_0+a_1(x-x_0)+a_2(x-x_0)^2+\cdots+a_n(x-x_0)^n+\cdots \tag{9-3}$$

的函数项级数称为关于$x-x_0$的幂级数,其中$a_0,a_1,a_2,\cdots,a_n,\cdots$称为幂级数(9-3)的系数.

如果做变换$t=x-x_0$,则幂级数(9-3)就变为幂级数(9-2).下面只讨论**关于x的幂级数**.

2. 幂级数的收敛半径与收敛域

对于幂级数(9-2),很显然在点$x=0$处总是收敛的.除此之外,它还在哪些点处收敛?我们有下面的重要定理.

定理 9.8[阿贝尔(Abel)定理] 若幂级数$\sum\limits_{n=0}^{\infty}a_nx^n$在点$x=x_0(x_0\neq 0)$处收敛,则它在$(-|x_0|,|x_0|)$内收敛且绝对收敛;反之,若幂级数$\sum\limits_{n=0}^{\infty}a_nx^n$在点$x=x_0$处发散,则它在$[-|x_0|,|x_0|]$外发散.

推论 9.3 若幂级数$\sum\limits_{n=0}^{\infty}a_nx^n$既有非零的收敛点,又有发散点,则必存在正数$R$,使得

(1) 当$|x|<R$时,幂级数$\sum\limits_{n=0}^{\infty}a_nx^n$绝对收敛;

(2) 当$|x|>R$时,幂级数$\sum\limits_{n=0}^{\infty}a_nx^n$发散;

(3) 当$|x|=R$时,幂级数$\sum\limits_{n=0}^{\infty}a_nx^n$可能收敛,也可能发散.

上述推论中的正数R称为幂级数$\sum\limits_{n=0}^{\infty}a_nx^n$的**收敛半径**.由于幂级数(9-2)在区间$(-R,R)$内一定绝对收敛,所以我们把$(-R,R)$称为幂级数$\sum\limits_{n=0}^{\infty}a_nx^n$的**收敛区间**.

由于幂级数(9-2)在其收敛半径边界点$x=\pm R$处可能收敛也可能发散,所以需要把$x=\pm R$代入幂级数(9-2),将其化为常数项级数来讨论.一旦确定了边界点$x=\pm R$处的敛散性,则幂级数(9-2)的收敛域即为$(-R,R)$,$[-R,R)$,$(-R,R]$,$[-R,R]$四个区间之一.

如果幂级数(9-2)仅在点 $x=0$ 处收敛,则规定收敛半径 $R=0$,此时收敛区间退缩为一点,即原点;若对一切实数 x,幂级数(9-2)都收敛,则规定收敛半径 $R=+\infty$,此时收敛区间为 $(-\infty,+\infty)$.

3. 幂级数的收敛半径的求法

定理 9.9 对于幂级数 $\sum\limits_{n=0}^{\infty}a_nx^n$,如果有 $\lim\limits_{n\to\infty}\left|\dfrac{a_{n+1}}{a_n}\right|=\rho$,则它的收敛半径为

$$R=\begin{cases}+\infty, & \rho=0\\ \dfrac{1}{\rho}, & \rho\neq 0\\ 0, & \rho=+\infty\end{cases}$$

例 9-18 求下列幂级数的收敛半径.

(1) $\sum\limits_{n=1}^{\infty}\dfrac{(-1)^n}{3^n+1}x^n$; (2) $\sum\limits_{n=0}^{\infty}\dfrac{x^n}{n!}$; (3) $\sum\limits_{n=1}^{\infty}\dfrac{(-1)^{n+1}}{n}x^n$.

解 (1) 因为 $\rho=\lim\limits_{n\to\infty}\left|\dfrac{a_{n+1}}{a_n}\right|=\lim\limits_{n\to\infty}\left|\dfrac{\frac{(-1)^{n+1}}{3^{n+1}+1}}{\frac{(-1)^n}{3^n+1}}\right|=\lim\limits_{n\to\infty}\dfrac{3^n+1}{3^{n+1}+1}=\dfrac{1}{3}$,所以收敛半径为 $R=\dfrac{1}{\rho}=3$.

(2) 因为 $\rho=\lim\limits_{n\to\infty}\left|\dfrac{a_{n+1}}{a_n}\right|=\lim\limits_{n\to\infty}\left|\dfrac{\frac{1}{(n+1)!}}{\frac{1}{n!}}\right|=\lim\limits_{n\to\infty}\dfrac{1}{n+1}=0$,所以收敛半径为 $R=+\infty$.

(3) 因为 $\rho=\lim\limits_{n\to\infty}\left|\dfrac{a_{n+1}}{a_n}\right|=\lim\limits_{n\to\infty}\left|\dfrac{\frac{(-1)^{n+2}}{n+1}}{\frac{(-1)^{n+1}}{n}}\right|=\lim\limits_{n\to\infty}\dfrac{n}{n+1}=1$,所以收敛半径为 $R=\dfrac{1}{\rho}=1$.

例 9-19 求下列幂级数的收敛域.

(1) $\sum\limits_{n=0}^{\infty}\dfrac{x^{2n}}{2^n}$; (2) $\sum\limits_{n=1}^{\infty}\dfrac{(x-2)^n}{n^2}$.

解 (1) 由于所给级数缺少奇数次幂,故该级数的收敛半径不能用定理 9.9 的计算公式求得,可直接利用比值审敛法.因为

$$\lim_{n\to\infty}\frac{\left|\frac{x^{2(n+1)}}{2^{n+1}}\right|}{\left|\frac{x^{2n}}{2^n}\right|}=\frac{1}{2}|x^2|=\frac{1}{2}|x|^2$$

所以,当 $\dfrac{1}{2}|x|^2<1$,即 $|x|<\sqrt{2}$ 时,级数 $\sum\limits_{n=0}^{\infty}\dfrac{x^{2n}}{2^n}$ 绝对收敛;当 $\dfrac{1}{2}|x|^2>1$,即 $|x|>\sqrt{2}$ 时,级数 $\sum\limits_{n=0}^{\infty}\dfrac{x^{2n}}{2^n}$ 发散.故收敛半径 $R=\sqrt{2}$.当 $x=-\sqrt{2}$ 时,原级数为 $\sum\limits_{n=0}^{\infty}1$,发散;当 $x=\sqrt{2}$ 时,原级数变为 $\sum\limits_{n=0}^{\infty}1$,发散.故级数 $\sum\limits_{n=0}^{\infty}\dfrac{x^{2n}}{2^n}$ 的收敛域为 $(-\sqrt{2},\sqrt{2})$.

(2) 令 $t=x-2$,则所给级数变成 $\sum\limits_{n=1}^{\infty}\dfrac{t^n}{n^2}$.因为

$$\rho=\lim_{n\to\infty}\left|\frac{a_{n+1}}{a_n}\right|=\lim_{n\to\infty}\left|\frac{\frac{1}{(n+1)^2}}{\frac{1}{n^2}}\right|=\lim_{n\to\infty}\frac{n^2}{(n+1)^2}=1$$

所以级数$\sum\limits_{n=1}^{\infty}\frac{t^n}{n^2}$的收敛半径为$R=1$，即在区间$(-1,1)$内，级数$\sum\limits_{n=1}^{\infty}\frac{t^n}{n^2}$绝对收敛；在点$t=1$处，级数$\sum\limits_{n=1}^{\infty}\frac{t^n}{n^2}$成为$p$-级数，收敛；在点$t=-1$处，级数$\sum\limits_{n=1}^{\infty}\frac{t^n}{n^2}$成为交错级数$\sum\limits_{n=1}^{\infty}(-1)^n\frac{1}{n^2}$，收敛.

因此，幂级数$\sum\limits_{n=1}^{\infty}\frac{t^n}{n^2}$的收敛域为$(-1,1)$，从而级数$\sum\limits_{n=1}^{\infty}\frac{(x-2)^n}{n^2}$的收敛域为$(1,3)$(因$-1<t<1$，即$-1<x-2<1$，故$1<x<3$).

9.3.3 幂级数的性质

性质 9.6 如果幂级数$\sum\limits_{n=0}^{\infty}a_nx^n$和$\sum\limits_{n=0}^{\infty}b_nx^n$的收敛半径分别为$R_1$和$R_2$，$R=\min\{R_1,R_2\}$，则在$(-R,R)$内，幂级数$\sum\limits_{n=0}^{\infty}(a_n\pm b_n)x^n$收敛，且有

$$\sum_{n=0}^{\infty}(a_n\pm b_n)x^n=\sum_{n=0}^{\infty}a_nx^n\pm\sum_{n=0}^{\infty}b_nx^n$$

性质 9.7 设幂级数$\sum\limits_{n=0}^{\infty}a_nx^n$的收敛半径为$R(R>0)$，则和函数$S(x)$具有下列性质：

(1)$S(x)$在$(-R,R)$内连续；

(2)$S(x)$在$(-R,R)$内可导，且$S'(x)=\left(\sum\limits_{n=0}^{\infty}a_nx^n\right)'=\sum\limits_{n=1}^{\infty}na_nx^{n-1}$，即幂级数在收敛区间内可以逐项求导；

(3)$S(x)$在$(-R,R)$内可积，且

$$\int_0^x S(x)\mathrm{d}x=\int_0^x\left(\sum_{n=0}^{\infty}a_nx^n\right)\mathrm{d}x=\sum_{n=0}^{\infty}\left(\int_0^x a_nx^n\mathrm{d}x\right)=\sum_{n=0}^{\infty}\frac{a_n}{n+1}x^{n+1}$$

即幂级数在收敛区间内可以逐项积分.

例 9-20 求幂级数$\sum\limits_{n=0}^{\infty}(-1)^nx^n$，$\sum\limits_{n=0}^{\infty}x^{2n}$的和函数.

解 当$|x|<1$时，级数$\sum\limits_{n=0}^{\infty}x^n=1+x+x^2+\cdots+x^n+\cdots$是公比为$x$的收敛等比级数，故有

$$\sum_{n=0}^{\infty}x^n=\frac{1}{1-x},x\in(-1,1)$$

用$-x$代换级数中的x，可得

$$\sum_{n=0}^{\infty}(-1)^nx^n=\frac{1}{1+x},x\in(-1,1)$$

将上面的两个级数相加，得

$$\sum_{n=0}^{\infty}2x^{2n}=\frac{2}{1-x^2},x\in(-1,1)$$

即

$$\sum_{n=0}^{\infty}x^{2n}=\frac{1}{1-x^2},x\in(-1,1)$$

例 9-21 求幂级数$\sum\limits_{n=0}^{\infty}\frac{1}{n+1}x^{n+1}$，$\sum\limits_{n=0}^{\infty}(-1)^n\frac{1}{2n+1}x^{2n+1}$的和函数.

解 将级数$\sum\limits_{n=0}^{\infty}x^n=\frac{1}{1-x}$，$x\in(-1,1)$两端积分，得

$$\sum_{n=0}^{\infty}\frac{1}{n+1}x^{n+1}=-\ln(1-x)=\ln\frac{1}{1-x},x\in(-1,1)$$

令 $S(x)=\sum_{n=0}^{\infty}(-1)^n\frac{1}{2n+1}x^{2n+1}$，两端求导，得

$$S'(x)=\sum_{n=0}^{\infty}(-1)^n x^{2n}=\sum_{n=0}^{\infty}(-x^2)^n=\frac{1}{1+x^2},x\in(-1,1)$$

两端积分，得

$$S(x)=\arctan x,x\in(-1,1)$$

即

$$\sum_{n=0}^{\infty}(-1)^n\frac{1}{2n+1}x^{2n+1}=\arctan x,x\in(-1,1)$$

注意 $\sum_{n=0}^{\infty}(-x^2)^n=\frac{1}{1+x^2}$ 相当于将 $\sum_{n=0}^{\infty}(-1)x^n=\frac{1}{1+x}$ 中的 x 代换成 x^2.

例 9-22 求幂级数 $\sum_{n=0}^{\infty}\frac{x^n}{n!}$ 的和函数.

解 由例 9-18 可知此级数的收敛区间为 $(-\infty,+\infty)$. 令其和函数为 $y=f(x)$，即 $y=\sum_{n=0}^{\infty}\frac{x^n}{n!}$，则有

$$y'=\sum_{n=0}^{\infty}\frac{x^{n-1}}{(n-1)!}=\sum_{n=0}^{\infty}\frac{x^n}{n!}=y$$

解此微分方程得 $y=Ce^x$.

再注意到 $f(0)=1$，即得 $C=1$. 所以，和函数为 $y=e^x$，即

$$e^x=1+x+\frac{x^2}{2!}+\cdots+\frac{x^n}{n!}+\cdots,x\in(-\infty,+\infty)$$

习题 9.3

1. 求下列幂级数的收敛半径和收敛域.

(1) $\sum_{n=1}^{\infty}\frac{x^n}{n}$； (2) $\sum_{n=1}^{\infty}(-1)^n\cdot\frac{x^n}{n^2}$； (3) $\sum_{n=1}^{\infty}\frac{3^n x^n}{n!}$； (4) $\sum_{n=1}^{\infty}n!x^n$.

2. 求下列幂级数的和函数.

(1) $\sum_{n=1}^{\infty}(n+1)x^n$； (2) $\sum_{n=1}^{\infty}\frac{x^n}{n}$.

3. 求幂级数 $\sum_{n=1}^{\infty}\frac{x^n}{n\cdot 3^n}$ 的收敛半径和收敛域.

4. 求幂级数 $\sum_{n=1}^{\infty}nx^{n-1}$ 的和函数.

§9.4 函数的幂级数展开

前面我们讨论了幂级数的收敛性及其性质，但在应用中，还需要考虑把一个已知函数展开成幂级数的问题.

9.4.1 泰勒级数

1. 泰勒公式

在许多应用中,我们经常遇到这样的问题:给定函数 $f(x)$,要考虑它是否能在某个区间内“展开成幂级数”.也就是说,是否能找到这样的一个幂级数,它在某区间内收敛,且其和恰好就是给定的函数 $f(x)$.如果能找到这样的幂级数,就说函数 $f(x)$ 在该区间内能展开成幂级数,即

$$f(x)=\sum_{n=0}^{\infty}a_n(x-x_0)^n$$

根据要解决的问题,提出下列问题.

(1) 如果能展开,a_n 是什么?

(2) 展开式是否唯一?

(3) 在什么条件下才能展开成幂级数?

对于问题(1)(2),有下面的定理.

定理 9.10 如果函数 $f(x)$ 在某个邻域内具有任意阶导数,且在某个邻域内能**展开成** $(x-x_0)$ **的幂级数**,即

$$f(x)=\sum_{n=0}^{\infty}a_n(x-x_0)^n$$

则其系数为

$$a_n=\frac{1}{n!}f^{(n)}(x_0)(n=0,1,2,\cdots)$$

且展开式是**唯一**的.

证明 因为 $\sum\limits_{n=0}^{\infty}a_n(x-x_0)^n$ 在某个邻域内收敛于 $f(x)$,即

$$f(x)=a_0+a_1(x-x_0)+a_2(x-x_0)^2+\cdots+a_n(x-x_0)^n+\cdots$$

逐项求导,得

$$f'(x)=a_1+2a_2(x-x_0)+\cdots+na_n(x-x_0)^{n-1}+\cdots$$

$$f''(x)=2!a_2+3\cdot 2a_3(x-x_0)+\cdots+n(n-1)a_n(x-x_0)^{n-2}+\cdots$$

$$\cdots$$

$$f^{(n)}(x)=n!a_n+(n+1)n\cdots 3\cdot 2a_{n+1}(x-x_0)+\cdots$$

$$\cdots$$

令 $x=x_0$,则

$$a_n=\frac{1}{n!}f^{(n)}(x_0)(n=0,1,2,\cdots)$$

称之为泰勒系数.

泰勒系数是唯一的,所以 $f(x)$ 的展开式是唯一的.

为了解决上面的问题(3),先介绍泰勒公式.

定理 9.11 如果函数 $f(x)$ 在点 x_0 的附近具有 $n+1$ 阶导数,则在 x 与 x_0 之间存在一点 ξ,使得

$$f(x)=f(x_0)+f'(x_0)(x-x_0)+\frac{1}{2!}f''(x_0)(x-x_0)^2+\frac{1}{3!}f'''(x_0)(x-x_0)^3+\cdots+\frac{1}{n!}f^{(n)}(x_0)(x-x_0)^n+\frac{1}{(n+1)!}f^{(n+1)}(\xi)(x-x_0)^{n+1} \tag{9-4}$$

成立.

式(9-4)称为**函数 $f(x)$ 在点 x_0 处的 n 阶泰勒公式**,简称 **n 阶泰勒公式**.

式(9-4)中的前 $n+1$ 项

$$f(x_0)+f'(x_0)(x-x_0)+\frac{1}{2!}f''(x_0)(x-x_0)^2+\cdots+\frac{1}{n!}f^{(n)}(x_0)(x-x_0)^n$$

称为函数 $f(x)$ 在点 x_0 处的泰勒多项式,它是$(x-x_0)$的 n 次多项式.

式(9-4)中的最后一项 $\frac{1}{(n+1)!}f^{n+1}(\xi)(x-x_0)^{n+1}$ 称为**函数 $f(x)$ 的泰勒余项**,记作 $R_n(x)$,即

$$R_n(x)=\frac{1}{(n+1)!}f^{n+1}(\xi)(x-x_0)^{n+1}$$

其中 ξ 在 x 与 x_0 之间. 当用 n 次泰勒多项式代替 $f(x)$ 时,其误差就是泰勒余项的绝对值,即 $|R_n(x)|$.

当 $x_0=0$ 时,则有**麦克劳林公式**

$$f(x)=f(0)+f'(0)x+\frac{1}{2!}f''(0)x^2+\frac{1}{3!}f'''(0)x^3+\cdots+\frac{1}{n!}f^{(n)}(0)x^n+R_n(x)$$

其中 $R_n(x)=\frac{1}{(n+1)!}f^{(n+1)}(\xi)x^{n+1}$,$\xi$ 在 0 与 x 之间.

2. 泰勒级数

定义 9.7 如果函数 $f(x)$ 在点 x_0 的附近具有任意阶导数,则幂级数

$$\sum_{n=0}^{\infty}\frac{f^{(n)}(x_0)}{n!}(x-x_0)^n$$

称为 $f(x)$ 在点 x_0 处的**泰勒级数**,记为

$$f(x)=\sum_{n=0}^{\infty}\frac{f^{(n)}(x_0)}{n!}(x-x_0)^n \tag{9-5}$$

当 $x_0=0$ 时,幂级数

$$\sum_{n=0}^{\infty}\frac{f^{(n)}(0)}{n!}x^n$$

称为 $f(x)$ 在点 $x_0=0$ 处的**麦克劳林级数**(简称**麦氏级数**).

思考 具有任意阶导数的函数,是否都可以展开成泰勒级数?

例如,$f(x)=\begin{cases}e^{-\frac{1}{x^2}}, & x\neq 0\\ 0, & x=0\end{cases}$ 在点 $x=0$ 处任意可导,且 $f^{(n)}(0)=0(n=0,1,2,\cdots)$,所以 $f(x)$ 的麦氏级数为 $\sum_{n=0}^{\infty}0\cdot x^n$. 该级数在$(-\infty,+\infty)$内的和函数 $S(x)\equiv 0$. 可见,除 $S=0$ 外,$f(x)$ 的麦氏级数处处不收敛于 $f(x)$,即并不是具有任意阶导数的函数,都可以展开成泰勒级数.

那么在什么条件下,函数 $f(x)$ 可以展开成它的泰勒级数呢?我们给出下面的定理.

定理 9.12 设函数 $f(x)$ 在点 x_0 的附近具有各阶导数,则 $f(x)$ 在该邻域内能展开成泰勒级数的**充要条件**是 $f(x)$ 的泰勒级数公式中的余项 $R_n(x)$ 当 $n\to\infty$ 时的极限为零,即

$$\lim_{n\to\infty}R_n(x)=0$$

证明 (1) 必要性. 设 $f(x)$ 能展开成泰勒级数. 由

$$f(x)=\sum_{i=0}^{n}\frac{f^{(i)}(x_0)}{i!}(x-x_0)^i+R_n(x)$$

其中

$$R_n(x)=f(x)-S_n(x)$$

因为

$$\lim_{n\to\infty}S_n(x)=f(x)$$

所以

$$\lim_{n\to\infty}R_n(x)=\lim_{n\to\infty}[f(x)-S_n(x)]=0$$

(2) 充分性. 由于

$$R_n(x)=f(x)-S_n(x)$$

所以

$$\lim_{n\to\infty}[f(x)-S_n(x)]=\lim_{n\to\infty}R_n(x)=0$$

即

$$\lim_{n\to\infty}S_n(x)=f(x)$$

故泰勒级数收敛于 $f(x)$.

思考 $f(x)$ 的泰勒级数 $\sum\limits_{n=0}^{\infty}\frac{f^{(n)}(x_0)}{n!}(x-x_0)^n$ 在收敛区间内一定收敛吗?如果它收敛,一定收敛到 $f(x)$ 吗?

9.4.2 函数展开为幂级数的方法

1. 直接展开法

利用麦克劳林公式将函数 $f(x)$ 展开成幂级数的方法,称为**直接展开法**.

例 9-23 将函数 $f(x)=e^x$ 展开成 x 的幂级数.

解 先求出 $f(x)=e^x$ 的各阶导数,再将 $x=0$ 代入各阶导数,得

$$f(0)=f'(0)=f''(0)=\cdots=f^{(n)}(0)=1$$

再将它们分别代入式(9-5),得

$$1+x+\frac{1}{2!}x^2+\cdots+\frac{1}{n!}x^n+\cdots \tag{9-5}$$

显然这个幂级数的收敛区间为$(-\infty,+\infty)$.

至于级数式(9-5)是否以 $f(x)=e^x$ 为和函数,即它是否收敛于 $f(x)=e^x$,还要考察函数 $f(x)=e^x$ 的麦克劳林公式中的余项.

因为

$$R_n(x)=\frac{e^{\theta x}}{(n+1)!}x^{n+1}\ (0<\theta<1)$$

且 $\theta x\leqslant|\theta x|<|x|$,所以 $e^{\theta x}<e^{|x|}$. 因此,有

$$|R_n(x)|=\frac{e^{\theta x}}{(n+1)!}|x|^{n+1}<\frac{e^{|x|}}{(n+1)!}|x|^{n+1}$$

注意到,对任一确定的 x 值,$e^{|x|}$ 是一个确定的常数,而级数式(9-5)是绝对收敛的. 因此,当 $n\to\infty$ 时,$\frac{e^{|x|}}{(n+1)!}\to 0$. 所以,当 $n\to\infty$ 时,$\frac{e^{|x|}}{(n+1)!}|x|^{n+1}\to 0$. 由此可知

$$\lim_{n\to\infty}R_n(x)=0$$

这表明级数式(9-5)确实收敛于 $f(x)=e^x$,故有

$$e^x=1+x+\frac{1}{2!}x^2+\cdots+\frac{1}{n!}x^n+\cdots,x\in(-\infty,+\infty)$$

例 9-24 将函数 $f(x)=\sin x$ 展开成 x 的幂级数.

解 由 $f^{(n)}(x)=\sin\left(x+\frac{n\pi}{2}\right)(n=1,2,\cdots)$ 可知

$$f(0)=0,f'(0)=1,f''(0)=0,f'''(0)=-1,\cdots,$$
$$f^{(2n)}(0)=0,f^{(2n+1)}(0)=(-1)^n$$

于是,可以得到幂级数

$$x-\frac{1}{3!}x^3+\frac{1}{5!}x^5-\cdots+(-1)^n\frac{x^{2n+1}}{(2n+1)!}+\cdots,x\in(-\infty,+\infty)$$

因为所给函数的麦克劳林公式中的余项为

$$R_n(x)=\frac{\sin\left(\theta x+\frac{n+1}{2}\pi\right)}{(n+1)!}x^{n+1}$$

所以,可以推知

$$|R_n(x)|=\frac{\left|\sin\left(\theta x+\frac{n+1}{2}\pi\right)\right|}{(n+1)!}|x|^{n+1}\leqslant\frac{|x|^{n+1}}{(n+1)!}\to 0(n\to\infty)$$

因此,得到 $f(x)=\sin x$ 的幂级数展开式为

$$\sin x=x-\frac{1}{3!}x^3+\frac{1}{5!}x^5-\cdots+(-1)^n\frac{x^{2n+1}}{(2n+1)!}+\cdots,x\in(-\infty,+\infty)$$

运用直接展开法将函数展开成幂级数的运算过于麻烦,因此人们常常采用**间接展开法**.

2. 间接展开法

从已知函数的展开式出发,利用幂级数的运算规则求得函数展开式的方法,称为**间接展开法**.

例 9-25 求函数 $f(x)=\cos x$ 的幂级数展开式.

解 因为 $(\sin x)'=\cos x$,所以可对

$$\sin x=x-\frac{1}{3!}x^3+\frac{1}{5!}x^5-\cdots+(-1)^n\frac{x^{2n+1}}{(2n+1)!}+\cdots,x\in(-\infty,+\infty)$$

逐项求导,得

$$\cos x=1-\frac{1}{2!}x^2+\frac{1}{4!}x^4-\cdots+(-1)^n\frac{x^{2n}}{(2n)!}+\cdots,x\in(-\infty,+\infty)$$

例 9-26 将函数 $f(x)=\ln(1+x)$ 展开成 x 的幂级数.

解 因为 $\ln(1+x)=\int_0^x\frac{1}{1+x}\mathrm{d}x$,所以将

$$\frac{1}{1+x}=1-x+x^2-\cdots+(-1)^nx^n+\cdots,x\in(-1,1)$$

两边同时积分,得

$$\ln(1+x)=x-\frac{1}{2}x^2+\frac{1}{3}x^3-\cdots+(-1)^n\frac{x^{n+1}}{n+1}+\cdots$$

又因为幂级数逐项积分后收敛半径不变,所以上式右端级数的收敛半径仍为 $R=1$. 当 $x=-1$ 时,该级数发散;当 $x=1$ 时,该级数收敛. 于是,该级数的收敛域为 $(-1,1]$.

例 9-27 将函数 $f(x)=\frac{1}{x}$ 展开成 $(x-1)$ 的幂级数.

解 令 $x-1=t$,则 $x=t+1$,将其代入函数,有 $f(x)=\frac{1}{1+t}$. 先将函数 $\frac{1}{1+t}$ 展开成 t 的幂级数,得

$$\frac{1}{1+t}=1-t+t^2-\cdots+(-1)^nt^n+\cdots,t\in(-1,1)$$

再将上式中的 t 换成 $x-1$，得

$$\frac{1}{x}=1-(x-1)+(x-1)^2-\cdots+(-1)^n(x-1)^n+\cdots,x\in(0,2)$$

例 9-28 将函数 $f(x)=\dfrac{1}{x^2-3x+2}$ 展开成 x 的幂级数.

解 因为

$$f(x)=\frac{1}{x^2-3x+2}=\frac{1}{(1-x)(2-x)}=\frac{1}{1-x}-\frac{1}{2-x}$$

且

$$\begin{aligned}\frac{1}{2-x}&=\frac{1}{2}\cdot\frac{1}{1-\frac{x}{2}}\\&=\frac{1}{2}\left[1+\frac{x}{2}+\left(\frac{x}{2}\right)^2+\cdots+\left(\frac{x}{2}\right)^n+\cdots\right],x\in(-2,2)\end{aligned}$$

所以

$$\begin{aligned}f(x)&=\frac{1}{1-x}-\frac{1}{2-x}\\&=(1+x+x^2+\cdots+x^n+\cdots)-\frac{1}{2}\left[1+\frac{x}{2}+\left(\frac{x}{2}\right)^2+\cdots+\left(\frac{x}{2}\right)^n+\cdots\right]\\&=\frac{1}{2}+\frac{2^2-1}{2^2}x+\frac{2^3-1}{2^3}x^2+\cdots+\frac{2^{n+1}-1}{2^{n+1}}x^n+\cdots\end{aligned}$$

习题 9.4

1. 将下列函数展开成 x 的幂级数，并求其收敛区间.

(1) $f(x)=\sin^2 x$；　　(2) $f(x)=a^x$.

2. 将函数 $f(x)=\dfrac{1}{2-x}$ 展开成 $(x-1)$ 的幂级数.

3. 将函数 $f(x)=\dfrac{1}{x^2+3x+2}$ 展开成 $(x+3)$ 的幂级数.

4. 将函数 $f(x)=\dfrac{1}{x^2+4x+3}$ 展开成 $(x-1)$ 的幂级数.

§9.5 应用示例——投资费用问题

9.5.1 问题提出

设初期投资为 p，年利率为 r，每 t 年重复一次投资，这样第一次更新费用的现值为 pe^{-rt}，第二次更新费用的现值为 pe^{-2rt}，以此类推，投资费用 D 为下列等比数列之和.

$$\begin{aligned}D&=p+pe^{-rt}+pe^{-2rt}+\cdots+pe^{-nrt}+\cdots\\&=\frac{p}{1-e^{-rt}}=\frac{pe^{rt}}{e^{rt}-1}\end{aligned}$$

某市要建造一座桥梁，建造钢桥的费用为380 000元，每10年需要油漆一次，每次费用为40 000元，钢桥的期望寿命为40年；建造木桥的费用为200 000元，每2年需要油漆一次，每次费用为20 000元，木桥的期望寿命为15年. 若年利率为10%，问建造哪一种桥比较经济?

9.5.2 解答过程

根据题意，桥的费用包括两部分：建桥费用和油漆费用.

对建造钢桥，有 $p = 380\ 000, r = 0.1, t = 40, rt = 0.1 \times 40 = 4$，所以，建桥费用为

$$D_1 = p + pe^{-4} + pe^{-2\times4} + \cdots + pe^{-n\times4} + \cdots$$
$$= \frac{p}{1-e^{-4}} = \frac{pe^4}{e^4-1}$$

其中，$e^4 \approx 54.598$，故

$$D_1 = \frac{380\ 000 \times 54.598}{54.598-1} \approx 387\ 089.8(元)$$

油漆费用为

$$D_2 = \frac{40\ 000 \times e^{0.1\times10}}{e^{0.1\times10}-1} \approx \frac{40\ 000\times 2.718}{2.718-1} \approx 63\ 282.9(元)$$

故建造钢桥总费用的现值为

$$D = D_1 + D_2 = 450\ 372.7(元)$$

类似地，建造木桥的费用为

$$D_3 = \frac{200\ 000 \times e^{0.1\times15}}{e^{0.1\times15}-1} \approx \frac{200\ 000\times 4.482}{4.482-1} \approx 257\ 438.3(元)$$

油漆木桥的费用为

$$D_4 = \frac{20\ 000 \times e^{0.1\times2}}{e^{0.1\times2}-1} \approx \frac{20\ 000\times 1.221}{1.221-1} \approx 110\ 497.7(元)$$

故建造木桥总费用的现值为

$$D = D_3 + D_4 = 367\ 936(元)$$

由此可知，建造木桥比较经济.

在这个投资分析中，没有考虑建桥费用变动和技术改进等因素对投资额的影响. 长时间间隔内，实际问题远比数学模型复杂，所有数学模型都只是实际问题简化的版本，忽略了很多因素. 尽管如此，数学模型为经济问题提供了一个可以定量分析和比较的工具，作为决策的参考依据，其重要性受到越来越多的重视.

§9.6 数学实验九：利用 MATLAB 求级数之和

9.6.1 实验任务

利用数学软件 MATLAB 求级数之和.

9.6.2 实验过程

1. 相关命令

MATLAB 中求级数之和的命令说明如表 9-1 所示.

表 9-1

命　　令	说　　明
symsum(f,k,k1,k2)	用于求级数的和，其中 f 表示一个函数的通项，是一个符号表达式；k 是级数自变量，k 省略时使用系统的默认变量，如果给出的变量中只含有一个变量，则在函数调用时可以省略；$k1$ 和 $k2$ 是求和的开始项和结束项

2. 操作实例

操作实例 9-1　求级数 $f=\sum_{n=1}^{\infty}\frac{1}{n^2}$ 的和.

解　运行 MATLAB，在命令窗口中输入：

```
>> syms n
>> f = 1/n^2;
>> symsum(f,n,1,2)
```

按 Enter 键，得到如下计算结果：

```
ans =
5/4
```

即 $f=\sum_{n=1}^{\infty}\frac{1}{n^2}$ 当 $n=2$ 时的和为$\frac{5}{4}$.

继续将范围拓展到无穷大，输入：

```
>> symsum(f,n,1,inf)
```

按 Enter 键，得到如下计算结果：

```
ans =
pi^2/6
```

即 $f=\sum_{n=1}^{\infty}\frac{1}{n^2}$ 的值为$\frac{1}{6}\pi^2$.

操作实例 9-2　求级数 $f=\frac{1}{1\times4}+\frac{1}{4\times7}+\frac{1}{7\times10}+\cdots+\frac{1}{(3n-2)(3n+1)}+\cdots$ 的和.

解　运行 MATLAB，在命令窗口中输入：

```
>> syms n
>> f = 1/((3*n - 2)*(3*n + 1));
>> s = symsum(f,n,1,inf)
```

按 Enter 键，得到如下计算结果：

```
s =
1/3
```

即 $f=\frac{1}{1\times4}+\frac{1}{4\times7}+\frac{1}{7\times10}+\cdots+\frac{1}{(3n-2)(3n+1)}+\cdots$ 的和为$\frac{1}{3}$.

9.6.3　实验作业

求下列级数之和.

(1) $f=1+\frac{1}{2}+\frac{1}{4}+\frac{1}{8}+\cdots+\frac{1}{2^n}+\cdots$；

(2) $f=\frac{1}{1\times3}+\frac{1}{3\times5}+\cdots+\frac{1}{(2n-1)(2n+1)}+\cdots$.

复习题 9

1. 选择题.

(1) 设级数 $\sum_{n=1}^{\infty}(u_{2n-1}+u_{2n})$ 是收敛的，则(　　).

A. $\lim_{n\to\infty}u_n=0$

B. 级数 $\sum_{n=1}^{\infty}u_n$ 必收敛

C. 级数 $\sum_{n=1}^{\infty}u_n$ 发散

D. 级数 $\sum_{n=1}^{\infty}u_n$ 未必收敛

(2) $\lim_{n\to\infty}u_n\neq 0$ 是级数 $\sum_{n=1}^{\infty}u_n$ 发散的(　　).

A. 充分条件

B. 必要条件

C. 充要条件

D. 既非充分也非必要条件

(3) 级数 $\sum_{n=1}^{\infty}(-1)^n\dfrac{n+a}{n^2}$(　　).

A. 收敛

B. 发散

C. 绝对收敛

D. 收敛性与 a 的值有关

(4) 幂级数 $\sum_{n=1}^{\infty}\dfrac{x^n}{n+1}$ 的收敛域为(　　).

A. $(-1,1]$

B. $(-1,1)$

C. $[-1,1)$

D. $[-1,1]$

2. 填空题.

(1) 对级数 $\sum_{n=1}^{\infty}u_n$，$\lim_{n\to\infty}u_n=0$ 是它收敛的________条件，不是它收敛的________条件.

(2) 部分和数列 $\{S_n\}$ 有界是正项级数 $\sum_{n=1}^{\infty}u_n$ 收敛的________条件.

(3) 若级数 $\sum_{n=1}^{\infty}u_n$ 绝对收敛，则级数 $\sum_{n=1}^{\infty}|u_n|$ 必定________；若级数 $\sum_{n=1}^{\infty}u_n$ 条件收敛，则级数 $\sum_{n=1}^{\infty}|u_n|$ 必定________.

3. 判别下列级数的收敛性.

(1) $\sum_{n=1}^{\infty}(\sqrt{n+2}-2\sqrt{n+1}+\sqrt{n})$；

(2) $\sum_{n=1}^{\infty}(\sqrt{n+1}-\sqrt{n})$；

(3) $\sum_{n=1}^{\infty}\dfrac{\sin^2 3n}{2^n}$；

(4) $\sum_{n=1}^{\infty}\dfrac{n+1}{n(n+2)}$.

4. 讨论下列级数是绝对收敛还是条件收敛.

(1) $1-\dfrac{1}{\sqrt{2}}+\dfrac{1}{\sqrt{3}}-\dfrac{1}{\sqrt{4}}+\cdots$；

(2) $-\dfrac{1}{3^2}+\dfrac{1}{5^2}-\dfrac{1}{7^2}+\cdots$.

5. 判别下列幂级数的收敛性.

(1) $x^2+x^4+x^8+\cdots+x^{2^n}+\cdots$；

(2) $\sum_{n=1}^{\infty}\dfrac{2^n+3^n}{n}x^n$；

(3) $\sum_{n=1}^{\infty}\dfrac{\ln(1+n)}{n+1}x^n$；

(4) $\sum_{n=1}^{\infty}n(x+1)^n$.

6. 求下列幂级数的和函数.

(1) $\sum_{n=1}^{\infty}\frac{n(n+1)}{2}x^{n-1}$；

(2) $\sum_{n=1}^{\infty}\frac{x^n}{n(n+1)}$；

(3) $\sum_{n=1}^{\infty}n(x-1)^n$.

7. 将下列函数展开成幂级数并求收敛区间.

(1) $\sin\frac{x}{2}$；

(2) $\ln(a+x)$.

8. 试由$\frac{1}{\sqrt{1-x^2}}$的展开式，通过逐项积分求出 $\arcsin x$ 的展开式.

$$\arcsin x = x+\frac{1}{2}\cdot\frac{x^3}{3}+\frac{1\times 3}{2\times 4}\cdot\frac{x^5}{5}+\frac{1\times 3\times 5}{2\times 4\times 6}\cdot\frac{x^7}{7}+\cdots(|x|<1)$$

第10章

线性代数

阅读与欣赏

线性代数的起源与发展

线性代数的第一个问题是解线性方程组，而线性方程组理论的发展又促成了作为工具的矩阵与行列式理论的创立与发展. 以下概述这些主要概念的形成过程.

1. 行列式

行列式最早出现于线性方程组的求解，它是一种速记的表达式，由莱布尼茨和日本数学家关孝和分别发明. 1693年4月，莱布尼茨在写给洛必达的一封信中使用并给出了行列式及方程组的系数行列式为零的条件. 同时代的日本数学家关孝和在其著作《解伏题元法》中也提出了行列式的概念与算法. 1750年，瑞士数学家克莱姆(Cramer，1704—1752)在其著作《线性代数分析导引》中对行列式的定义和展开法则进行了完整、明确的阐述，并提出了解线性方程组的重要基本公式——克莱姆法则.

1764年，法国数学家贝祖(E. Bezout，1730—1783)系统化了行列式每一项符号的方法，并证明了系数行列式等于零是齐次线性方程组有非零解的条件. 法国数学家范德蒙(Vandermonde，1735—1796)给出了用二阶子式和它们的余子式来展开行列式的法则，是这门理论的奠基人. 1772年，拉普拉斯在论文《对积分和世界体系的探讨》中证明并推广了范德蒙提出的一些规则，发展了行列式的展开方法. 1815年，法国数学家柯西首次将行列式的元素排成方阵，采用双脚标记法；给出了行列式的乘法定理及相似行列式概念；引进了行列式特征方程的术语；改进并证明了拉普拉斯的行列式展开定理.

2. 线性方程组

线性方程组的解法早在中国古代的数学著作《九章算术·方程》中已有较为完整的论述，所述方法实质上相当于现代的高斯消元法. 在西方，线性方程组的研究是在17世纪后期由德国数学家莱布尼茨开创的. 他曾研究含有两个未知量三个方程的线性方程组. 18世纪上半叶，英国数学家麦克劳林研究了具有二、三、四个未知量的线性方程组，得到了现在被称为克莱姆法则的结果. 18世纪下半叶，法国数学家贝祖对线性方程组理论进行了一系列研究，证明了 n 元齐次线性方程组有非零解的条件是系数行列式等于零.

19世纪，英国数学家史密斯(H. Smith，1826—1883)和道吉森(C. L. Dodgson)继续研究线性方程组理论. 史密斯引进了方程组的增广矩阵和非增广矩阵的概念，道吉森证明了 n 个未知数 m 个方程的方程组相容的充要条件是系数矩阵与增广矩阵的秩相同. 20 世纪初期,教科书开始用矩阵术语组织材料,并在 20 世纪 40 年代认识到矩阵和向量空间的线性变换之间的关系,形成了现今的线性代数教学内容体系.

大量的科学技术问题最终往往归结为解线性方程组. 因此,在线性方程组的数值解法得到发展的同时,线性方程组解的结构等理论性工作也取得了令人满意的进展. 如今,线性方程组的数值解法在计算数学中占有重要地位.

§10.1 行 列 式

10.1.1 二阶和三阶行列式

1. 二阶行列式

在求解二元线性方程组

$$\begin{cases} a_{11}x_1 + a_{12}x_2 = b_1 \\ a_{21}x_1 + a_{22}x_2 = b_2 \end{cases} \tag{10-1}$$

时,将 x_1 和 x_2 的四个系数组成的算式 $a_{11}a_{22} - a_{12}a_{21}$ 简记成

$$\begin{vmatrix} a_{11} & a_{12} \\ a_{21} & a_{22} \end{vmatrix}$$

即有

$$\begin{vmatrix} a_{11} & a_{12} \\ a_{21} & a_{22} \end{vmatrix} = a_{11}a_{22} - a_{12}a_{21} \tag{10-2}$$

定义 10.1 形如记号 $\begin{vmatrix} a_{11} & a_{12} \\ a_{21} & a_{22} \end{vmatrix}$ 称为一个二阶行列式,$a_{11}a_{22}-a_{12}a_{21}$ 称为二阶行列式的展开式. 于是得到 $\begin{vmatrix} a_{11} & a_{12} \\ a_{21} & a_{22} \end{vmatrix} = a_{11}a_{22} - a_{12}a_{21}$.

对于线性方程组(10-1),若分别记

$$D = \begin{vmatrix} a_{11} & a_{12} \\ a_{21} & a_{22} \end{vmatrix} = a_{11}a_{22} - a_{12}a_{21} \tag{10-3}$$

$$D_1 = \begin{vmatrix} b_1 & a_{12} \\ b_2 & a_{22} \end{vmatrix} = b_1a_{22} - b_2a_{12}, D_2 = \begin{vmatrix} a_{11} & b_1 \\ a_{21} & b_2 \end{vmatrix} = b_2a_{11} - b_1a_{21}$$

其中,式(10-3)中等号右边的式子称为二阶行列式 D 的展开式. 当 $D \neq 0$ 时,易验证线性方程组(10-1)的解为

$$\begin{cases} x_1 = \dfrac{D_1}{D} = \dfrac{a_{22}b_1 - a_{12}b_2}{a_{11}a_{22} - a_{12}a_{21}} \\ x_2 = \dfrac{D_2}{D} = \dfrac{a_{11}b_2 - a_{21}b_1}{a_{11}a_{22} - a_{12}a_{21}} \end{cases} \tag{10-4}$$

由此可见,二阶行列式是对二元一次方程组中未知量 x_1, x_2 的系数和常数项这些元素之间的一种规定所得到的一个数值.

2. 三阶行列式

类似地,对于三元一次方程组

$$\begin{cases} a_{11}x_1 + a_{12}x_2 + a_{13}x_3 = b_1 \\ a_{21}x_1 + a_{22}x_2 + a_{23}x_3 = b_2 \\ a_{31}x_1 + a_{32}x_2 + a_{33}x_3 = b_3 \end{cases} \tag{10-5}$$

定义 10.2 形如记号 $\begin{vmatrix} a_{11} & a_{12} & a_{13} \\ a_{21} & a_{22} & a_{23} \\ a_{31} & a_{32} & a_{33} \end{vmatrix}$ 称为一个三阶行列式.

三阶行列式的展开式规定为:

$$\begin{aligned} D &= \begin{vmatrix} a_{11} & a_{12} & a_{13} \\ a_{21} & a_{22} & a_{23} \\ a_{31} & a_{32} & a_{33} \end{vmatrix} \\ &= (-1)^{1+1}a_{11}\begin{vmatrix} a_{22} & a_{23} \\ a_{32} & a_{33} \end{vmatrix} + (-1)^{1+2}a_{12}\begin{vmatrix} a_{21} & a_{23} \\ a_{31} & a_{33} \end{vmatrix} + (-1)^{1+3}a_{13}\begin{vmatrix} a_{21} & a_{22} \\ a_{31} & a_{32} \end{vmatrix} \\ &= a_{11}(a_{22}a_{33} - a_{23}a_{32}) - a_{12}(a_{21}a_{33} - a_{23}a_{31}) + a_{13}(a_{21}a_{32} - a_{22}a_{31}) \\ &= a_{11}a_{22}a_{33} + a_{12}a_{23}a_{31} + a_{13}a_{21}a_{32} - a_{13}a_{22}a_{31} - a_{11}a_{23}a_{32} - a_{12}a_{21}a_{33} \end{aligned}$$

三阶行列式也是一个数值,它可以通过转化为二阶行列式的计算而得到.

三阶行列式可以用来解三元一次方程组.若分别记三阶行列式

$$D = \begin{vmatrix} a_{11} & a_{12} & a_{13} \\ a_{21} & a_{22} & a_{23} \\ a_{31} & a_{32} & a_{33} \end{vmatrix}, D_1 = \begin{vmatrix} b_1 & a_{12} & a_{13} \\ b_2 & a_{22} & a_{23} \\ b_3 & a_{32} & a_{33} \end{vmatrix}$$

$$D_2 = \begin{vmatrix} a_{11} & b_1 & a_{13} \\ a_{21} & b_2 & a_{23} \\ a_{31} & b_3 & a_{33} \end{vmatrix}, D_3 = \begin{vmatrix} a_{11} & a_{12} & b_1 \\ a_{21} & a_{22} & b_2 \\ a_{31} & a_{32} & b_3 \end{vmatrix}$$

如果方程组(10-5)中的系数行列式 $D \neq 0$,那么方程组有唯一解,其解可以简洁地表示为

$$x_1 = \frac{D_1}{D}, x_2 = \frac{D_2}{D}, x_3 = \frac{D_3}{D} \tag{10-6}$$

10.1.2 n 阶行列式

1. n 阶行列式的概念

我们已经定义了二阶和三阶行列式,又将三阶行列式转化为二阶行列式来计算.一般地,可用递归法来定义 n 阶行列式.

定义 10.3 将 n^2 个数排列成 n 行 n 列,并在左、右两边各加一竖线的记号,即

$$D_n = \begin{vmatrix} a_{11} & a_{12} & \cdots & a_{1n} \\ a_{21} & a_{22} & \cdots & a_{2n} \\ \vdots & \vdots & & \vdots \\ a_{n1} & a_{n2} & \cdots & a_{nn} \end{vmatrix}$$

称为 n 阶行列式.它代表一个由确定的运算关系得到的数.

当 $n = 2$ 时,

$$D_2 = \begin{vmatrix} a_{11} & a_{12} \\ a_{21} & a_{22} \end{vmatrix} = a_{11}a_{22} - a_{12}a_{21}$$

当 $n > 2$ 时,

$$D_n = a_{i1}A_{i1} + a_{i2}A_{i2} + \cdots + a_{in}A_{in} = \sum_{j=1}^{n} a_{ij}A_{ij}$$

其中，数 a_{ij} 称为第 i 行第 j 列的元素，$A_{ij}=(-1)^{i+j}M_{ij}$ 称为 a_{ij} 的**代数余子式**，M_{ij} 为由 D_n 划去第 i 行和第 j 列后余下的元素构成的 $n-1$ 阶行列式，称为 a_{ij} 的**余子式**.

$$M_{ij}=\begin{vmatrix} a_{11} & \cdots & a_{1,j-1} & a_{1,j+1} & \cdots & a_{1n} \\ \vdots & & \vdots & \vdots & & \vdots \\ a_{i-1,1} & \cdots & a_{i-1,j-1} & a_{i-1,j+1} & \cdots & a_{i-1,n} \\ a_{i+1,1} & \cdots & a_{i+1,j-1} & a_{i+1,j+1} & \cdots & a_{i+1,n} \\ \vdots & & \vdots & \vdots & & \vdots \\ a_{n1} & \cdots & a_{n,j-1} & a_{n,j+1} & \cdots & a_{nn} \end{vmatrix}$$

2. 特殊的 n 阶行列式

(1) 对角行列式：只在对角线上有非零元素的行列式.

$$D_n=\begin{vmatrix} \lambda_1 & 0 & \cdots & 0 & 0 \\ 0 & \lambda_2 & \cdots & 0 & 0 \\ \vdots & \vdots & & \vdots & \vdots \\ 0 & 0 & \cdots & \lambda_{n-1} & 0 \\ 0 & 0 & \cdots & 0 & \lambda_n \end{vmatrix}=\lambda_1\lambda_2\cdots\lambda_n \tag{10-7}$$

$$D_n=\begin{vmatrix} 0 & 0 & \cdots & 0 & \lambda_1 \\ 0 & 0 & \cdots & \lambda_2 & 0 \\ \vdots & \vdots & & \vdots & \vdots \\ 0 & \lambda_{n-1} & \cdots & 0 & 0 \\ \lambda_n & 0 & \cdots & 0 & 0 \end{vmatrix}=(-1)^{\frac{n(n-1)}{2}}\lambda_1\lambda_2\cdots\lambda_n \tag{10-8}$$

(2) 下(上) 三角行列式：主对角线以上(下) 的元素都为零的行列式.

$$D_n=\begin{vmatrix} a_{11} & 0 & \cdots & 0 \\ a_{21} & a_{22} & \cdots & 0 \\ \vdots & \vdots & & \vdots \\ a_{n1} & a_{n2} & \cdots & a_{nn} \end{vmatrix}=\begin{vmatrix} a_{11} & a_{12} & \cdots & a_{1n} \\ 0 & a_{22} & \cdots & a_{2n} \\ \vdots & \vdots & & \vdots \\ 0 & 0 & \cdots & a_{nn} \end{vmatrix}=a_{11}a_{22}\cdots a_{nn} \tag{10-9}$$

10.1.3 行列式的性质

定义 10.4 将行列式 D 的行与列互换后得到的行列式，称为 D 的**转置行列式**，记作 D^{T}. 若

$$D=\begin{vmatrix} a_{11} & a_{12} & \cdots & a_{1n} \\ a_{21} & a_{22} & \cdots & a_{2n} \\ \vdots & \vdots & & \vdots \\ a_{n1} & a_{n2} & \cdots & a_{nn} \end{vmatrix}$$

则

$$D^{\mathrm{T}}=\begin{vmatrix} a_{11} & a_{21} & \cdots & a_{n1} \\ a_{12} & a_{22} & \cdots & a_{n2} \\ \vdots & \vdots & & \vdots \\ a_{1n} & a_{2n} & \cdots & a_{nn} \end{vmatrix}$$

性质 10.1 行列式与它的转置行列式相等.

这个性质说明了行列式中行、列地位的对称性，凡是行列式对行成立的性质对列也成立.

性质 10.2 互换行列式的任意两行(或列)，则行列式变号.

推论 10.1 若行列式的两行(或列) 的元素对应相等，则该行列式的值为零.

性质 10.3 行列式的某行(或列)元素都乘以数 k 等于用 k 乘以行列式.

推论 10.2 行列式某一行(或列)中所有元素的公因子可以提到行列式符号的外面.

推论 10.3 如果行列式的某一行(或列)的元素全为零,则行列式等于零.

推论 10.4 若行列式的某两行(或列)元素对应成比例,则行列式的值为零.

性质 10.4 如果行列式中某一行(或列)的所有元素都是两数之和,则这个行列式等于两个行列式的和,而这两个行列式除了这一行(或列),其余的元素与原来行列式的对应元素相同,即

$$\begin{vmatrix} a_{11} & a_{12} & \cdots & a_{1n} \\ \vdots & \vdots & & \vdots \\ b_{k1}+c_{k1} & b_{k2}+c_{k2} & \cdots & b_{kn}+c_{kn} \\ \vdots & \vdots & & \vdots \\ a_{n1} & a_{n2} & \cdots & a_{nn} \end{vmatrix} = \begin{vmatrix} a_{11} & a_{12} & \cdots & a_{1n} \\ \vdots & \vdots & & \vdots \\ b_{k1} & b_{k2} & \cdots & b_{kn} \\ \vdots & \vdots & & \vdots \\ a_{n1} & a_{n2} & \cdots & a_{nn} \end{vmatrix} + \begin{vmatrix} a_{11} & a_{12} & \cdots & a_{1n} \\ \vdots & \vdots & & \vdots \\ c_{k1} & c_{k2} & \cdots & c_{kn} \\ \vdots & \vdots & & \vdots \\ a_{n1} & a_{n2} & \cdots & a_{nn} \end{vmatrix}$$

性质 10.5 将行列式的某一行(或列)的各元素都乘以同一常数后,再加到另一行(或列)的对应元素上,则行列式的值不变.

性质 10.6 n 阶行列式中任意一行(或列)的元素与另一行(或列)的相应元素的代数余子式的乘积之和等于零.

性质 10.7 n 阶行列式等于任意一行(或列)所有元素与其对应的代数余子式的乘积之和.

这说明行列式可以按任一行(或列)展开,这一性质称为行列式按行(或列)展开法则.

10.1.4 行列式的计算

(1) 对二阶、三阶行列式按定义展开,直接计算.

例 10-1 计算三阶行列式 $D=\begin{vmatrix} 3 & 1 & -5 \\ 1 & -2 & 4 \\ -2 & 2 & 7 \end{vmatrix}$.

解 $D=3\begin{vmatrix} -2 & 4 \\ 2 & 7 \end{vmatrix}-\begin{vmatrix} 1 & 4 \\ -2 & 7 \end{vmatrix}-5\begin{vmatrix} 1 & -2 \\ -2 & 2 \end{vmatrix}=-66-15+10=-71.$

(2) 对特殊的行列式,如上(下)三角行列式,其值为主对角线元素的乘积.

(3) 按照性质 10.6,将 n 阶行列式按某一行(或列)的展开式展开,把行列式转化为低一阶的行列式,如此继续下去,直至降到三阶或二阶行列式,然后直接计算.

(4) 将行列式转化成三角行列式或其他易计算的行列式,然后再计算,这是计算行列式的常用的基本方法.

为使计算过程清楚,我们引入一些记号,用 r_i 表示第 i 行,c_j 表示第 j 列.

(1) 交换 i,j 两行(或两列):$r_i \leftrightarrow r_j (c_i \leftrightarrow c_j)$.

(2) 以数 k 乘以第 i 行(或列):$kr_i (kc_i)$.

(3) 从第 i 行(或列)提出公因子 k:$r_i \div k (c_i \div k)$.

(4) 以数 k 乘以第 j 行(或列)再加到第 i 行(或列)上:$r_i + kr_j (c_i + kc_j)$.

例 10-2 计算行列式 $D=\begin{vmatrix} -2 & 1 & 3 & 1 \\ 1 & 0 & -1 & 2 \\ 1 & 3 & 4 & -2 \\ 0 & 1 & 0 & -1 \end{vmatrix}$.

解 注意到行列式的第四行有两个零元素,在按第四行展开之前可化简行列式,即将第四列的元素与第二列的元素相加,然后再按第四行的元素展开,即

$$D=\begin{vmatrix}-2&1&3&1\\1&0&-1&2\\1&3&4&-2\\0&1&0&-1\end{vmatrix}=\begin{vmatrix}-2&1&3&2\\1&0&-1&2\\1&3&4&1\\0&1&0&0\end{vmatrix}=(-1)^{4+2}\begin{vmatrix}-2&3&2\\1&-1&2\\1&4&1\end{vmatrix}$$

对得到的三阶行列式，将第一行加第三行乘 2 的积，第二行加第三行乘 -1 的积，然后再按第一列展开，可得二阶行列式，就可以计算出 D 的值，即

$$D=\begin{vmatrix}-2&3&2\\1&-1&2\\1&4&1\end{vmatrix}=\begin{vmatrix}0&11&4\\0&-5&1\\1&4&1\end{vmatrix}=(-1)^{3+1}\begin{vmatrix}11&4\\-5&1\end{vmatrix}=31$$

例 10-3 计算行列式 $D=\begin{vmatrix}0&-1&-1&2\\1&-1&0&2\\-1&2&-1&0\\2&1&1&0\end{vmatrix}$.

解 $$D\xlongequal{r_1\leftrightarrow r_2}\begin{vmatrix}1&-1&0&2\\0&-1&-1&2\\-1&2&-1&0\\2&1&1&0\end{vmatrix}\xlongequal[r_4+(-2)r_1]{r_3+r_1}\begin{vmatrix}1&-1&0&2\\0&-1&-1&2\\0&1&-1&2\\0&3&1&-4\end{vmatrix}$$

$$\xlongequal[r_4+3r_2]{r_3+r_2}\begin{vmatrix}1&-1&0&2\\0&-1&-1&2\\0&0&-2&4\\0&0&-2&2\end{vmatrix}\xlongequal{r_4+(-1)r_3}\begin{vmatrix}1&-1&0&2\\0&-1&-1&2\\0&0&-2&4\\0&0&0&-2\end{vmatrix}$$

$$=(-1)\times1\times(-1)\times(-2)\times(-2)$$

$$=4.$$

10.1.5 克莱姆法则

定理 10.1(克莱姆法则) 若含有 n 个未知数 n 个方程的非齐次线性方程组

$$\begin{cases}a_{11}x_1+a_{12}x_2+\cdots+a_{1n}x_n=b_1\\a_{21}x_1+a_{22}x_2+\cdots+a_{2n}x_n=b_2\\\qquad\vdots\\a_{n1}x_1+a_{n2}x_2+\cdots+a_{nn}x_n=b_n\end{cases}$$

的系数行列式 $D=\begin{vmatrix}a_{11}&a_{12}&\cdots&a_{1n}\\a_{21}&a_{22}&\cdots&a_{2n}\\\vdots&\vdots&&\vdots\\a_{n1}&a_{n2}&\cdots&a_{nn}\end{vmatrix}\neq0$，则方程组有唯一的解

$$x_1=\frac{D_1}{D},x_2=\frac{D_2}{D},\cdots,x_n=\frac{D_n}{D}$$

其中 $D_j(j=1,2,\cdots,n)$ 是将系数行列式 D 中的第 j 列元素对应换成方程组的常数项 $b_1,b_2,\cdots,b_n$ 得到的行列式.

注意 用克莱姆法则解线性方程组必须具备以下两个前提条件.

(1) 方程个数与未知数个数相等.

(2) 系数行列式 D 不等于零.

例 10-4 求解线性方程组$\begin{cases}2x_1+x_2-5x_3+x_4=8\\x_1-3x_2-6x_4=9\\2x_2-x_3+2x_4=-5\\x_1+4x_2-7x_3+6x_4=0\end{cases}$.

解 该方程组的系数行列式 $D=\begin{vmatrix}2&1&-5&1\\1&-3&0&-6\\0&2&-1&2\\1&4&-7&6\end{vmatrix}=27\neq 0.$

由克莱姆法则,该方程组有唯一解,同时

$$D_1=\begin{vmatrix}8&1&-5&1\\9&-3&0&-6\\-5&2&-1&2\\0&4&-7&6\end{vmatrix}=81,D_2=\begin{vmatrix}2&8&-5&1\\1&9&0&-6\\0&-5&-1&2\\1&0&-7&6\end{vmatrix}=-108$$

$$D_3=\begin{vmatrix}2&1&8&1\\1&-3&9&-6\\0&2&-5&2\\1&4&0&6\end{vmatrix}=-27,D_4=\begin{vmatrix}2&1&-5&8\\1&-3&0&9\\0&2&-1&-5\\1&4&-7&0\end{vmatrix}=27$$

所以,原方程组的解为

$$x_1=\frac{D_1}{D}=3,x_2=\frac{D_2}{D}=-4,x_3=\frac{D_3}{D}=-1,x_4=\frac{D_4}{D}=1$$

定理 10.2 如果齐次线性方程组

$$\begin{cases}a_{11}x_1+a_{12}x_2+\cdots+a_{1n}x_n=0\\a_{21}x_1+a_{22}x_2+\cdots+a_{2n}x_n=0\\\quad\vdots\\a_{n1}x_1+a_{n2}x_2+\cdots+a_{nn}x_n=0\end{cases}\tag{10-10}$$

的系数行列式

$$D=\begin{vmatrix}a_{11}&a_{12}&\cdots&a_{1n}\\a_{21}&a_{22}&\cdots&a_{2n}\\\vdots&\vdots&&\vdots\\a_{n1}&a_{n2}&\cdots&a_{nn}\end{vmatrix}\neq 0$$

那么线性方程组(10-10)只有零解.

定理 10.3 如果非齐次线性方程组无解或有多个解,则其系数行列式 D 为零.

推论 10.5 如果齐次线性方程组(10-10) 有非零解,则其系数行列式 D 为零.

习题 10.1

1. 求下列二阶、三阶行列式的值.

(1) $\begin{vmatrix}\cos 55^\circ&\sin 55^\circ\\\sin 35^\circ&\cos 35^\circ\end{vmatrix}$;　(2) $\begin{vmatrix}3&4&-5\\11&6&-1\\2&3&6\end{vmatrix}$;　(3) $\begin{vmatrix}3&2&1\\4&4&4\\1&2&3\end{vmatrix}$.

2. 用行列式性质证明.

(1) $\begin{vmatrix} a_1+b_1 & b_1+c_1 & c_1+a_1 \\ a_2+b_2 & b_2+c_2 & c_2+a_2 \\ a_3+b_3 & b_3+c_3 & c_3+a_3 \end{vmatrix} = 2\begin{vmatrix} a_1 & b_1 & c_1 \\ a_2 & b_2 & c_2 \\ a_3 & b_3 & c_3 \end{vmatrix}$;

(2) $\begin{vmatrix} a^2 & ab & b^2 \\ 2a & a+b & 2b \\ 1 & 1 & 1 \end{vmatrix} = (a-b)^3$.

3. 计算下列行列式.

(1) $\begin{vmatrix} a-1 & -2 & 4 \\ -2 & a-2 & 2 \\ 4 & 2 & a-5 \end{vmatrix}$; (2) $\begin{vmatrix} 0 & 1 & 1 & 1 \\ 1 & 0 & 1 & 1 \\ 1 & 1 & 0 & 1 \\ 1 & 1 & 1 & 1 \end{vmatrix}$; (3) $\begin{vmatrix} 1 & 2 & 3 & 4 \\ 1 & 0 & 1 & 2 \\ 3 & -1 & -1 & 0 \\ 1 & 2 & 0 & -5 \end{vmatrix}$.

4. 用克莱姆法则解下列问题.

(1) 医院营养师为病人配制的一份菜肴由蔬菜、鱼和肉松组成. 这份菜肴需含 1 200 cal 热量、30 g 蛋白质和 300 mg 维生素 C. 已知三种食物每 100 g 中有关营养的含量如表 10-1 所示.

表 10-1

营养物质	含量		
	蔬菜	鱼	肉松
热量/cal	60	300	600
蛋白质/g	3	9	6
维生素 C/mg	90	60	30

试求所配菜肴中每种食物的数量.

(2) 设曲线 $y=a_0+a_1x+a_2x^2+a_3x^3$ 通过四点(1,3),(2,4),(3,3),(4,−3),求系数 a_0,a_1,a_2,a_3.

5. 计算行列式 $\begin{vmatrix} -2 & 2 & -4 & 0 \\ 1 & -3 & 2 & 0 \\ 0 & -4 & 11 & 3 \\ 0 & 0 & 4 & 2 \end{vmatrix}$.

6. 用克莱姆法则求解方程组 $\begin{cases} x_1+2x_2=1 \\ 2x_1+3x_2=-1 \end{cases}$.

§ 10.2 矩阵的概念及运算

10.2.1 矩阵的基本概念

为了引出矩阵的概念,我们先看下面两个例子.

例 10-5 线性方程组

$$\begin{cases} 2a-b+c-d=1 \\ 5a+6b+c-2d=2 \\ 2a+3b-c=-1 \end{cases}$$

是一个未知数的个数大于方程个数的线性方程组，它是否有解？如果有解，有多少组解？解答这些问题的关键在于清楚方程组中未知数的系数及常数项．若把这些系数和常数项按其在方程中的行列次序排成一张矩形数表

$$\begin{pmatrix} 2 & -1 & 1 & -1 & 1 \\ 5 & 6 & 1 & -2 & 2 \\ 2 & 3 & -1 & 0 & -1 \end{pmatrix}$$

则原方程组完全由该矩形数表确定．

例 10-6 设某企业有甲、乙、丙三种产品和一、二、三、四销售地区．考察期间，甲、乙、丙产品在一、二、三、四销售地区的累计销售量分别为 30，65，53，47；21，71，84，51；89，85，81，69．该企业的销售状况可以由以下数表完全确定：

$$\begin{pmatrix} 30 & 65 & 53 & 47 \\ 21 & 71 & 84 & 51 \\ 89 & 85 & 81 & 69 \end{pmatrix}$$

在数学上，这种矩形数表被称为矩阵．矩阵是一种用于表示和处理线性代数问题的工具，广泛应用于火车时刻表、网络通信、若干个点之间的单向通道等许多问题中．

定义 10.5 由 $m \times n$ 个数 a_{ij}（$i=1,2,\cdots,m$，$j=1,2,\cdots,n$）排成的 m 行 n 列的矩形数表（用方括号或圆括号表示），即

$$\boldsymbol{A} = \begin{pmatrix} a_{11} & a_{12} & \cdots & a_{1n} \\ a_{21} & a_{22} & \cdots & a_{2n} \\ \vdots & \vdots & & \vdots \\ a_{m1} & a_{m2} & \cdots & a_{mn} \end{pmatrix}$$

称为 ***m* 行 *n* 列矩阵**，简称 **$m \times n$ 矩阵**．其中，横排称**行**，纵排称**列**，构成矩阵的每一个数称为矩阵的**元素**，a_{ij} 是位于矩阵第 i 行第 j 列的**元素**．通常用粗体大写字母 $\boldsymbol{A},\boldsymbol{B},\cdots$ 表示矩阵，记作 $\boldsymbol{A}_{m\times n}$ 或 $\boldsymbol{A}=(a_{ij})_{m\times n}$，也可简记为 $\boldsymbol{A}$ 或 $\boldsymbol{A}=(a_{ij})$．

元素为实数的矩阵称为**实矩阵**，元素为复数的矩阵称为**复矩阵**．本书只讨论实矩阵．

当 $m=n$ 时，矩阵 $\boldsymbol{A}$ 称为 ***n* 阶方阵**，记作 $\boldsymbol{A}_n$ 或 $\boldsymbol{A}=(a_{ij})_n$，即

$$\boldsymbol{A}_n = \begin{pmatrix} a_{11} & a_{12} & \cdots & a_{1n} \\ a_{21} & a_{22} & \cdots & a_{2n} \\ \vdots & \vdots & & \vdots \\ a_{n1} & a_{n2} & \cdots & a_{nn} \end{pmatrix}$$

其中 $a_{11},a_{22},\cdots,a_{nn}$ 称为**主对角元**．

当 $m=1$ 时，矩阵只有一行，称为**行矩阵**，记作 $\boldsymbol{A}=(a_{11} \quad a_{12} \quad \cdots \quad a_{1n})$．

当 $n=1$ 时，矩阵只有一列，称为**列矩阵**，记作 $\boldsymbol{A}=\begin{pmatrix} a_{11} \\ a_{21} \\ \vdots \\ a_{m1} \end{pmatrix}$．

当矩阵的所有元素都是零时，称为**零矩阵**，记作 $\boldsymbol{O}$．

在方阵中，如果主对角线以下（上）的元素都为零，则称为上（下）三角矩阵．

如果一个方阵中除主对角元以外的元素都为零，则称这个方阵为对角方阵（或对角矩阵）．

如果对角方阵中的主对角元都为 1，则称这个方阵为单位矩阵，记为 $\boldsymbol{E}$ 或 $\boldsymbol{E}_n$，即

$$E_n=\begin{pmatrix}1 & 0 & \cdots & 0\\ 0 & 1 & \cdots & 0\\ \vdots & \vdots & & \vdots\\ 0 & 0 & \cdots & 1\end{pmatrix}$$

若两个矩阵的行数相等，列数也相等，则称这两个矩阵为**同型矩阵**.

定义 10.6 若矩阵 $\boldsymbol{A}=(a_{ij})_{m\times n}$ 与 $\boldsymbol{B}=(b_{ij})_{s\times t}$ 满足以下条件：

(1) $m=s,n=t$；

(2) $a_{ij}=b_{ij}(i=1,2,\cdots,m;j=1,2,\cdots,n)$.

则称**矩阵 $\boldsymbol{A}$ 与矩阵 $\boldsymbol{B}$ 相等**，记作 $\boldsymbol{A}=\boldsymbol{B}$.

注意 矩阵和行列式是完全不同的两个概念. 行列式包含一种特定的运算，是一个由方阵所对应的数值或代数式，通常用两竖线表示. 矩阵是一个由数值或代数式排列成的矩形数表，行数和列数可以不相等，矩阵通常用圆括号或方括号表示.

10.2.2 矩阵的运算

1. 矩阵的加法

定义 10.7 将两个 $m\times n$ 矩阵 $\boldsymbol{A}=(a_{ij})_{m\times n}$ 和 $\boldsymbol{B}=(b_{ij})_{m\times n}$ 的对应元素相加，得到矩阵

$$\boldsymbol{C}=\begin{pmatrix}a_{11}+b_{11} & a_{12}+b_{12} & \cdots & a_{1n}+b_{1n}\\ a_{21}+b_{21} & a_{22}+b_{22} & \cdots & a_{2n}+b_{2n}\\ \vdots & \vdots & & \vdots\\ a_{m1}+b_{m1} & a_{m2}+b_{m2} & \cdots & a_{mn}+b_{mn}\end{pmatrix}=(a_{ij}+b_{ij})_{m\times n}$$

则称矩阵 $\boldsymbol{C}$ 为**矩阵 $\boldsymbol{A}$ 与 $\boldsymbol{B}$ 的和**，记为 $\boldsymbol{C}=\boldsymbol{A}+\boldsymbol{B}$. 求矩阵和的运算称为**矩阵的加法**.

注意 只有两个同型矩阵才能进行矩阵的加法运算.

定义 10.8 将矩阵 $\boldsymbol{A}=(a_{ij})_{m\times n}$ 的所有元素都改变符号，得到的矩阵称为矩阵 $\boldsymbol{A}$ 的**负矩阵**，记作 $-\boldsymbol{A}$，即 $-\boldsymbol{A}=-(a_{ij})_{m\times n}=(-a_{ij})_{m\times n}$.

由此可定义矩阵的减法为

$$\boldsymbol{A}-\boldsymbol{B}=\boldsymbol{A}+(-\boldsymbol{B})$$

即若 $\boldsymbol{A}=(a_{ij})_{m\times n},\boldsymbol{B}=(b_{ij})_{m\times n}$，则

$$\boldsymbol{A}-\boldsymbol{B}=\boldsymbol{A}+(-\boldsymbol{B})=(a_{ij})_{m\times n}+(-b_{ij})_{m\times n}=(a_{ij}-b_{ij})_{m\times n}$$

矩阵的加法满足下列运算律.

(1) 交换律：$\boldsymbol{A}+\boldsymbol{B}=\boldsymbol{B}+\boldsymbol{A}$.

(2) 结合律：$(\boldsymbol{A}+\boldsymbol{B})+\boldsymbol{C}=\boldsymbol{A}+(\boldsymbol{B}+\boldsymbol{C})$.

(3) $\boldsymbol{A}+\boldsymbol{O}=\boldsymbol{A}$.

(4) $\boldsymbol{A}+(-\boldsymbol{A})=\boldsymbol{O}$.

其中 $\boldsymbol{A},\boldsymbol{B},\boldsymbol{C}$ 均为 $m\times n$ 矩阵；$\boldsymbol{O}$ 为 $m\times n$ 的零矩阵.

2. 数与矩阵的乘法

定义 10.9 设 k 是一个常数，$\boldsymbol{A}=(a_{ij})_{m\times n}$，用数 k 乘矩阵 $\boldsymbol{A}$ 的所有元素得到的矩阵

$$\begin{pmatrix}ka_{11} & ka_{12} & \cdots & ka_{1n}\\ ka_{21} & ka_{22} & \cdots & ka_{2n}\\ \vdots & \vdots & & \vdots\\ ka_{m1} & ka_{m2} & \cdots & ka_{mn}\end{pmatrix}=(ka_{ij})_{m\times n}$$

称为**数 k 与矩阵 $\boldsymbol{A}$ 的乘积**，记作 $k\boldsymbol{A}$ 或 $\boldsymbol{A}k$. 求数与矩阵乘积的运算叫作**矩阵的数量乘法**.

注意 当数 k 乘一个矩阵 $\boldsymbol{A}$ 时，要用 k 去乘矩阵 $\boldsymbol{A}$ 的每一个元素，这与行列式的性质不同.

容易验证，矩阵的数量乘法满足下列运算律.

(1) 分配律：$k(\boldsymbol{A}+\boldsymbol{B}) = k\boldsymbol{A}+k\boldsymbol{B}$.

(2) 分配律：$(k+l)\boldsymbol{A} = k\boldsymbol{A}+l\boldsymbol{A}$.

(3) 结合律：$(kl)\boldsymbol{A} = k(l\boldsymbol{A})$.

其中，l,k 为常数；$\boldsymbol{A},\boldsymbol{B}$ 为 $m\times n$ 矩阵.

例 10-7 已知 $\boldsymbol{A}=\begin{pmatrix}3&-1&2&0\\1&5&7&9\\2&4&6&8\end{pmatrix}$，$\boldsymbol{B}=\begin{pmatrix}7&5&-2&4\\5&1&9&7\\3&2&-1&6\end{pmatrix}$，且 $\boldsymbol{A}+2\boldsymbol{X}=\boldsymbol{B}$，求 $\boldsymbol{X}$.

解 $\boldsymbol{X}=\dfrac{1}{2}(\boldsymbol{B}-\boldsymbol{A})=\dfrac{1}{2}\begin{pmatrix}4&6&-4&4\\4&-4&2&-2\\1&-2&-7&-2\end{pmatrix}=\begin{pmatrix}2&3&-2&2\\2&-2&1&-1\\\dfrac{1}{2}&-1&-\dfrac{7}{2}&-1\end{pmatrix}$.

3. 矩阵的乘法

微课：矩阵的乘法

例 10-8 某地区有4个工厂Ⅰ、Ⅱ、Ⅲ、Ⅳ，生产甲、乙、丙三种产品. 矩阵 $\boldsymbol{A}$ 表示各工厂生产各种产品的数量，矩阵 $\boldsymbol{B}$ 表示各种产品的单位价格(元) 和单位利润(元)，矩阵 $\boldsymbol{C}$ 表示各工厂的总收入(元) 和总利润(元).

$$\boldsymbol{A}=\begin{pmatrix}a_{11}&a_{12}&a_{13}\\a_{21}&a_{22}&a_{23}\\a_{31}&a_{32}&a_{33}\\a_{41}&a_{42}&a_{43}\end{pmatrix}\begin{matrix}\text{Ⅰ}\\\text{Ⅱ}\\\text{Ⅲ}\\\text{Ⅳ}\end{matrix},\quad \boldsymbol{B}=\begin{pmatrix}b_{11}&b_{12}\\b_{21}&b_{22}\\b_{31}&b_{32}\end{pmatrix}\begin{matrix}\text{甲}\\\text{乙}\\\text{丙}\end{matrix},\quad \boldsymbol{C}=\begin{pmatrix}c_{11}&c_{12}\\c_{21}&c_{22}\\c_{31}&c_{32}\\c_{41}&c_{42}\end{pmatrix}\begin{matrix}\text{Ⅰ}\\\text{Ⅱ}\\\text{Ⅲ}\\\text{Ⅳ}\end{matrix}$$

甲　乙　丙　　　单位价格　单位利润　　　总收入　总利润

其中，$a_{ik}(i=1,2,3,4;k=1,2,3)$ 为第 i 个工厂生产第 k 种产品的数量；$b_{k1},b_{k2}(k=1,2,3)$ 分别为第 k 种产品的单位价格和单位利润；$c_{i1},c_{i2}(i=1,2,3,4)$ 分别为第 i 个工厂生产三种产品的总收入和总利润.

矩阵 $\boldsymbol{A},\boldsymbol{B},\boldsymbol{C}$ 的元素之间有下列关系：

$$\begin{pmatrix}a_{11}b_{11}+a_{12}b_{21}+a_{13}b_{31}&a_{11}b_{12}+a_{12}b_{22}+a_{13}b_{32}\\a_{21}b_{11}+a_{22}b_{21}+a_{23}b_{31}&a_{21}b_{12}+a_{22}b_{22}+a_{23}b_{32}\\a_{31}b_{11}+a_{32}b_{21}+a_{33}b_{31}&a_{31}b_{12}+a_{32}b_{22}+a_{33}b_{32}\\a_{41}b_{11}+a_{42}b_{21}+a_{43}b_{31}&a_{41}b_{12}+a_{42}b_{22}+a_{43}b_{32}\end{pmatrix}=\begin{pmatrix}c_{11}&c_{12}\\c_{21}&c_{22}\\c_{31}&c_{32}\\c_{41}&c_{42}\end{pmatrix}$$

其中 $c_{ij}=a_{i1}b_{1j}+a_{i2}b_{2j}+a_{i3}b_{3j}(i=1,2,3,4;j=1,2)$，即矩阵 $\boldsymbol{C}$ 中第 i 行第 j 列的元素等于矩阵 $\boldsymbol{A}$ 中第 i 行元素与矩阵 $\boldsymbol{B}$ 中第 j 列对应元素的乘积之和. 这就是矩阵的乘法.

定义 10.10 设 $\boldsymbol{A}=(a_{ij})_{m\times s}$，$\boldsymbol{B}=(b_{ij})_{s\times n}$，则矩阵 $\boldsymbol{C}=(c_{ij})_{m\times n}$ 称为矩阵 $\boldsymbol{A}$ 左乘矩阵 $\boldsymbol{B}$ 的**乘积**，其中 $c_{ij}=a_{i1}b_{1j}+a_{i2}b_{2j}+\cdots+a_{is}b_{sj}=\sum\limits_{k=1}^{s}a_{ik}b_{kj}(i=1,2,\cdots,m;j=1,2,\cdots,n)$，记作

$$\boldsymbol{C}=\boldsymbol{AB}=(c_{ij})_{m\times n}$$

该定义说明，只有当第一个矩阵 $\boldsymbol{A}$(左矩阵) 的列数等于第二个矩阵 $\boldsymbol{B}$(右矩阵) 的行数时，乘积 $\boldsymbol{AB}$ 才有意义；$\boldsymbol{A}$ 与 $\boldsymbol{B}$ 的乘积 $\boldsymbol{C}$ 中第 i 行第 j 列的元素等于矩阵 $\boldsymbol{A}$ 中第 i 行元素与矩阵 $\boldsymbol{B}$ 中第 j 列对应元素的乘积之和；并且矩阵 $\boldsymbol{C}$ 的行数等于矩阵 $\boldsymbol{A}$ 的行数，矩阵 $\boldsymbol{C}$ 的列数等于矩阵 $\boldsymbol{B}$ 的列数.

例 10-9 设 $\boldsymbol{A}=\begin{pmatrix}3&0&4\\-1&5&2\end{pmatrix}$，$\boldsymbol{B}=\begin{pmatrix}1&0\\0&-1\\1&1\end{pmatrix}$，求 $\boldsymbol{AB}$ 与 $\boldsymbol{BA}$.

解 $AB=\begin{pmatrix}3\times1+0\times0+4\times1 & 3\times0+0\times(-1)+4\times1\\ -1\times1+5\times0+2\times1 & -1\times0+5\times(-1)+2\times1\end{pmatrix}=\begin{pmatrix}7 & 4\\ 1 & -3\end{pmatrix}$，

$$BA=\begin{bmatrix}1\times3+0\times(-1) & 1\times0+0\times5 & 1\times4+0\times2\\ 0\times3+(-1)\times(-1) & 0\times0+(-1)\times5 & 0\times4+(-1)\times2\\ 1\times3+1\times(-1) & 1\times0+1\times5 & 1\times4+1\times2\end{bmatrix}=\begin{bmatrix}3 & 0 & 4\\ 1 & -5 & -2\\ 2 & 5 & 6\end{bmatrix}.$$

例 10-10 设 $A=(x_1\quad x_2\quad\cdots\quad x_n)$，$B=\begin{bmatrix}y_1\\ y_2\\ \vdots\\ y_n\end{bmatrix}$，求 AB 与 BA.

解 $AB=(x_1\quad x_2\quad\cdots\quad x_n)\begin{bmatrix}y_1\\ y_2\\ \vdots\\ y_n\end{bmatrix}=(x_1y_1+x_2y_2+\cdots+x_ny_n)$，

$$BA=\begin{bmatrix}y_1\\ y_2\\ \vdots\\ y_n\end{bmatrix}(x_1\quad x_2\quad\cdots\quad x_n)=\begin{bmatrix}y_1x_1 & y_1x_2 & \cdots & y_1x_n\\ y_2x_1 & y_2x_2 & \cdots & y_2x_n\\ \vdots & \vdots & & \vdots\\ y_nx_1 & y_nx_2 & \cdots & y_nx_n\end{bmatrix}.$$

在线性方程组

$$\begin{cases}a_{11}x_1+a_{12}x_2+\cdots+a_{1n}x_n=b_1\\ a_{21}x_1+a_{22}x_2+\cdots+a_{2n}x_n=b_2\\ \qquad\vdots\\ a_{m1}x_1+a_{m2}x_2+\cdots+a_{mn}x_n=b_m\end{cases}$$

中，若令 $A=\begin{bmatrix}a_{11} & a_{12} & \cdots & a_{1n}\\ a_{21} & a_{22} & \cdots & a_{2n}\\ \vdots & \vdots & & \vdots\\ a_{m1} & a_{m2} & \cdots & a_{mn}\end{bmatrix}$，$X=\begin{bmatrix}x_1\\ x_2\\ \vdots\\ x_n\end{bmatrix}$，$B=\begin{bmatrix}b_1\\ b_2\\ \vdots\\ b_m\end{bmatrix}$，则上述方程组可表示成矩阵形式

$$AX=B$$

其中，矩阵 A 称为方程组的系数矩阵.

(1) 对于矩阵的乘法还应指出以下几点。

① 矩阵的乘法不满足交换律，即 $AB\neq BA$. 所以矩阵相乘时，一定要分清是 A 左乘 B 还是 A 右乘 B. 如例 10-9 和例 10-10.

② 矩阵乘法不满足消去律，即 $AC=BC$ 且 $C\neq O$，但 A 不一定等于 B.

例如，当 $A=\begin{pmatrix}-4 & 1\\ 5 & 8\end{pmatrix}$，$B=\begin{pmatrix}2 & 1\\ 3 & 8\end{pmatrix}$，$C=\begin{pmatrix}0 & 0\\ 2 & 3\end{pmatrix}$ 时，$AC=\begin{pmatrix}2 & 3\\ 16 & 24\end{pmatrix}=BC$ 且 $C\neq O$，但 $A\neq B$.

③ 由 $AB=O$ 并不能推出 $A=O$ 或 $B=O$. 也就是说，两个非零矩阵的乘积可能是零矩阵.

例如，$A=\begin{pmatrix}1 & 0\\ 1 & 0\end{pmatrix}\neq O$，$B=\begin{pmatrix}0 & 0\\ 0 & 1\end{pmatrix}\neq O$，但 $AB=\begin{pmatrix}0 & 0\\ 0 & 0\end{pmatrix}$.

(2) 容易验证，矩阵乘法满足下列运算律.

① 结合律：$(AB)C=A(BC)$.

② 分配律：$C(A+B)=CA+CB$，$(A+B)C=AC+BC$.

③ 数乘结合律：$k(AB)=(kA)B=A(kB)$（k 为常数）.

④ $EA=A$，$BE=B$.

4. 矩阵的转置

定义 10.11 把矩阵 $\boldsymbol{A}$ 的行与列依次互换得到的新矩阵称为矩阵 $\boldsymbol{A}$ 的**转置矩阵**，记作 $\boldsymbol{A}'$ 或 $\boldsymbol{A}^{\mathrm{T}}$，即

若 $\boldsymbol{A}=\begin{pmatrix} a_{11} & a_{12} & \cdots & a_{1n} \\ a_{21} & a_{22} & \cdots & a_{2n} \\ \vdots & \vdots & & \vdots \\ a_{m1} & a_{m2} & \cdots & a_{mn} \end{pmatrix}_{m\times n}$，则 $\boldsymbol{A}'=\begin{pmatrix} a_{11} & a_{21} & \cdots & a_{m1} \\ a_{12} & a_{22} & \cdots & a_{m2} \\ \vdots & \vdots & & \vdots \\ a_{1n} & a_{2n} & \cdots & a_{mn} \end{pmatrix}_{n\times m}$.

矩阵的转置运算满足下列运算律.

(1) $(\boldsymbol{A}')'=\boldsymbol{A}$.

(2) $(\boldsymbol{A}+\boldsymbol{B})'=\boldsymbol{A}'+\boldsymbol{B}'$.

(3) $(k\boldsymbol{A})'=k\boldsymbol{A}'$（$k$ 为常数）.

(4) $(\boldsymbol{AB})'=\boldsymbol{B}'\boldsymbol{A}'$.

前三条运算律是明显的，这里仅证第(4)条运算律.

证明 设 $\boldsymbol{A}=(a_{ij})_{m\times s}$，$\boldsymbol{B}=(b_{ij})_{s\times n}$，记 $\boldsymbol{AB}=\boldsymbol{C}=(c_{ij})_{m\times n}$，其中 $c_{ij}=\sum\limits_{k=1}^{s}a_{ik}b_{kj}$. 考虑乘积 $(\boldsymbol{AB})'$，其中 $\boldsymbol{B}'-(b_{ji})_{n\times s}$，则 $(\boldsymbol{AB})'=\boldsymbol{D}=(d_{ij})_{m\times n}$，其中 $d_{ij}=\sum\limits_{k=1}^{s}a_{ik}b_{ki}$. 可以观察到：$c_{ji}=\sum\limits_{k=1}^{s}a_{jk}b_{ki}$ 是 $\boldsymbol{AB}$ 的第 j 行第 i 列元素；$d_{ij}=\sum\limits_{k=1}^{s}b_{ki}a_{jk}$ 是 $\boldsymbol{B}'\boldsymbol{A}'$ 的第 i 行第 j 列元素. 因此，$d_{ij}=c_{ji}$ $(i=1,2,\cdots,n;j=1,2,\cdots,m)$ 成立，这表明 $\boldsymbol{B}'\boldsymbol{A}'=(\boldsymbol{AB})'$.

例 10-11 已知 $\boldsymbol{A}=\begin{pmatrix} 2 & 0 & -1 \\ 1 & 3 & 2 \end{pmatrix}$，$\boldsymbol{B}=\begin{pmatrix} 1 & 7 & -1 \\ 4 & 2 & 3 \\ 2 & 0 & 1 \end{pmatrix}$，求 $(\boldsymbol{AB})'$.

解法 1 因为 $\boldsymbol{AB}=\begin{pmatrix} 2 & 0 & -1 \\ 1 & 3 & 2 \end{pmatrix}\begin{pmatrix} 1 & 7 & -1 \\ 4 & 2 & 3 \\ 2 & 0 & 1 \end{pmatrix}=\begin{pmatrix} 0 & 14 & -3 \\ 17 & 13 & 10 \end{pmatrix}$，所以

$$(\boldsymbol{AB})'=\begin{pmatrix} 0 & 17 \\ 14 & 13 \\ -3 & 10 \end{pmatrix}$$

解法 2 $(\boldsymbol{AB})'=\boldsymbol{B}'\boldsymbol{A}'=\begin{pmatrix} 1 & 4 & 2 \\ 7 & 2 & 0 \\ -1 & 3 & 1 \end{pmatrix}\begin{pmatrix} 2 & 1 \\ 0 & 3 \\ -1 & 2 \end{pmatrix}=\begin{pmatrix} 0 & 17 \\ 14 & 13 \\ -3 & 10 \end{pmatrix}$.

5. 方阵的幂

定义 10.12 设 $\boldsymbol{A}$ 为 n 阶方阵，规定 $\boldsymbol{A}^0=\boldsymbol{E}$，$\boldsymbol{A}^k=\overbrace{\boldsymbol{AA}\cdots\boldsymbol{A}}^{k个}$（$k$ 为正整数）. $\boldsymbol{A}^k$ 称为 $\boldsymbol{A}$ 的 k 次幂.

方阵的幂满足下列运算律（m,n 为正整数）.

(1) $\boldsymbol{A}^m\boldsymbol{A}^n=\boldsymbol{A}^{m+n}$.

(2) $(\boldsymbol{A}^m)^n=\boldsymbol{A}^{mn}$.

例如，已知 $\boldsymbol{A}=\begin{pmatrix} 1 & 1 \\ 1 & 0 \end{pmatrix}$，则 $\boldsymbol{A}^2=\begin{pmatrix} 1 & 1 \\ 1 & 0 \end{pmatrix}\begin{pmatrix} 1 & 1 \\ 1 & 0 \end{pmatrix}=\begin{pmatrix} 2 & 1 \\ 1 & 1 \end{pmatrix}$.

注意 由于矩阵的乘法不满足交换律，所以 $(\boldsymbol{AB})^m$ 与 $\boldsymbol{A}^m\boldsymbol{B}^m$ 一般不相等.

6. 方阵的行列式

定义 10.13 由 n 阶方阵 $\boldsymbol{A}$ 的元素构成的 n 阶行列式（各元素的位置不变），称为方阵 $\boldsymbol{A}$ 的行列式，

记作 $|\boldsymbol{A}|$.

行列式的运算规则如下.

(1) $|\boldsymbol{A}^{\mathrm{T}}| = |\boldsymbol{A}|$.

(2) $|k\boldsymbol{A}| = k^n|\boldsymbol{A}|$.

(3) $|\boldsymbol{AB}| = |\boldsymbol{A}|\cdot|\boldsymbol{B}|$($\boldsymbol{A},\boldsymbol{B}$ 为两个 n 阶方阵).

例 10-12 设 $\boldsymbol{A}=\begin{pmatrix}1&2\\3&3\end{pmatrix}$,$\boldsymbol{B}=\begin{pmatrix}1&2\\-1&3\end{pmatrix}$,求 $|\boldsymbol{AB}|$.

解法 1 因为 $\boldsymbol{AB}=\begin{pmatrix}1&2\\3&3\end{pmatrix}\begin{pmatrix}1&2\\-1&3\end{pmatrix}=\begin{pmatrix}-1&8\\0&15\end{pmatrix}$,所以 $|\boldsymbol{AB}|=\begin{vmatrix}-1&8\\0&15\end{vmatrix}=-15$.

解法 2 $|\boldsymbol{AB}|=|\boldsymbol{A}|\cdot|\boldsymbol{B}|=\begin{vmatrix}1&2\\3&3\end{vmatrix}\begin{vmatrix}1&2\\-1&3\end{vmatrix}=(-3)\times 5=-15$.

习题 10.2

1. 设 $\boldsymbol{A}=\begin{pmatrix}1&2&1&2\\2&1&2&1\\1&2&3&4\end{pmatrix}$,$\boldsymbol{B}=\begin{pmatrix}4&3&2&1\\-2&1&-2&1\\0&-1&0&-1\end{pmatrix}$,计算:

(1) $3\boldsymbol{A}-\boldsymbol{B}$;(2) $2\boldsymbol{A}+3\boldsymbol{B}$;(3) 若 $\boldsymbol{X}$ 满足 $\boldsymbol{A}+\boldsymbol{X}=\boldsymbol{B}$,求 $\boldsymbol{X}$.

2. 计算下列各式.

(1) $\begin{pmatrix}4&3&2\\1&-2&3\\5&7&0\end{pmatrix}\begin{pmatrix}7\\2\\1\end{pmatrix}$;

(2) $\begin{pmatrix}1&2&3\\2&4&6\\3&6&9\end{pmatrix}\begin{pmatrix}-1&-2&-4\\-1&-2&-4\\1&2&4\end{pmatrix}$;

(3) $(1\quad 2\quad 3)\begin{pmatrix}3\\2\\1\end{pmatrix}$;

(4) $\begin{pmatrix}3\\2\\1\end{pmatrix}(1\quad 2\quad 3)$;

(5) $\begin{pmatrix}1&2&3\\-2&1&2\end{pmatrix}\begin{pmatrix}1&2&0\\0&1&1\\3&0&-1\end{pmatrix}$.

3. 设 $\boldsymbol{A}=\begin{pmatrix}1&1&1\\1&1&-1\\1&-1&1\end{pmatrix}$,$\boldsymbol{B}=\begin{pmatrix}1&2&3\\-1&-2&4\\0&5&1\end{pmatrix}$,求 $3\boldsymbol{AB}-2\boldsymbol{A}$ 及 $\boldsymbol{A}^{\mathrm{T}}\boldsymbol{B}$.

4. 某商店一周内售出商品甲、乙、丙的数量如表 10-2 所示.

表 10-2

商品	日销售量/件							单价/元
	星期日	星期一	星期二	星期三	星期四	星期五	星期六	
甲	11	9	3	0	10	7	2	4
乙	12	7	5	8	11	9	0	3
丙	10	6	4	5	6	10	3	2

试用矩阵计算和表示每天的销售额.

5. 设矩阵 $\boldsymbol{A}=\begin{pmatrix}1&-3\\1&2\end{pmatrix}$,$\boldsymbol{B}=\begin{pmatrix}2&0\\3&-1\end{pmatrix}$,求 $(\boldsymbol{A}+\boldsymbol{B})(\boldsymbol{A}-\boldsymbol{B})$.

§ 10.3 矩阵的初等行变换与矩阵的秩

10.3.1 矩阵的初等行变换

矩阵的初等变换是线性代数的基本运算，熟练掌握矩阵的初等变换对于解决许多线性代数问题至关重要. 线性代数中一些重要的运算，如求可逆方阵的逆矩阵、求矩阵的秩、求线性方程组的解等，都可以利用矩阵的初等变换来求解.

微课：矩阵的初等变换

1. 矩阵初等变换的概念

定义 10.14 对矩阵的行(列)施行下列三种变换，称为矩阵的**初等行(列)变换**.

(1) 交换矩阵的第 i,j 两行(列)，记作 $r_i \leftrightarrow r_j(c_i \leftrightarrow c_j)$；

(2) 用数 $k(k \neq 0)$ 乘矩阵的第 i 行(列)，记作 $kr_i(kc_i)$；

(3) 用数 k 乘矩阵的第 j 行(列) 加到第 i 行(列) 上，记作 $r_i + kr_j(c_i + kc_j)$.

矩阵的初等行变换与初等列变换统称为**矩阵的初等变换**.

为便于讨论，下面引入矩阵行等价的概念.

定义 10.15 若矩阵 $\boldsymbol{A}$ 经过有限次初等行变换化为矩阵 $\boldsymbol{B}$，则称矩阵 $\boldsymbol{A}$ **等价**于矩阵 $\boldsymbol{B}$，记作 $\boldsymbol{A} \to \boldsymbol{B}$.

显然，等价矩阵是同型矩阵. 等价是矩阵间的一种关系，易证等价关系具有以下性质.

(1) 自反律：对任意矩阵 $\boldsymbol{A}$，有 $\boldsymbol{A} \to \boldsymbol{A}$.

(2) 对称律：若 $\boldsymbol{A} \to \boldsymbol{B}$，则 $\boldsymbol{B} \to \boldsymbol{A}$.

(3) 传递律：若 $\boldsymbol{A} \to \boldsymbol{B}$，$\boldsymbol{B} \to \boldsymbol{C}$，则 $\boldsymbol{A} \to \boldsymbol{C}$.

因此，通过一系列初等行变换，就可以把矩阵化为需要的等价形式. 下面介绍两种常见的矩阵行等价形式.

定义 10.16 若一个矩阵中每个非零行的首元素(第一个非零元素) 出现在上一行非零首元素右边，同时没有一个非零行出现在零行之下，则称这个矩阵为**行阶梯形矩阵**.

例如，矩阵

$$\begin{pmatrix} 1 & 5 & 2 & 3 \\ 0 & 2 & -1 & 0 \\ 0 & 0 & 0 & 3 \end{pmatrix}, \begin{pmatrix} 0 & 3 & -2 & 4 & 1 \\ 0 & 0 & 0 & 2 & 3 \\ 0 & 0 & 0 & 0 & 0 \end{pmatrix}$$

是行阶梯形矩阵.

定义 10.17 每一个非零行的非零首元素为 1，且包含非零首元素的列中其他元素均为零的行阶梯形矩阵，称为**最简行阶梯形矩阵**.

例如，矩阵 $\begin{pmatrix} 0 & 1 & -3 & 0 & 2 \\ 0 & 0 & 0 & 1 & 3 \\ 0 & 0 & 0 & 0 & 0 \end{pmatrix}$ 是最简行阶梯形矩阵.

例 10-13 用初等行变换把矩阵 $\boldsymbol{A} = \begin{pmatrix} 0 & 0 & 1 & 2 & -1 \\ 1 & 3 & -2 & 2 & -1 \\ 2 & 6 & -4 & 5 & 7 \\ -1 & -3 & 4 & 0 & -19 \end{pmatrix}$ 化为行阶梯形矩阵和最简行阶梯形矩阵.

解 $\boldsymbol{A} \xrightarrow{r_1 \leftrightarrow r_2} \begin{pmatrix} 1 & 3 & -2 & 2 & -1 \\ 0 & 0 & 1 & 2 & -1 \\ 2 & 6 & -4 & 5 & 7 \\ -1 & -3 & 4 & 0 & -19 \end{pmatrix} \xrightarrow[r_4+r_1]{r_3-2r_1} \begin{pmatrix} 1 & 3 & -2 & 2 & -1 \\ 0 & 0 & 1 & 2 & -1 \\ 0 & 0 & 0 & 1 & 9 \\ 0 & 0 & 2 & 2 & -20 \end{pmatrix}$

$$\xrightarrow[r_4-2r_2]{r_1+2r_2} \begin{pmatrix} 1 & 3 & 0 & 6 & -3 \\ 0 & 0 & 1 & 2 & -1 \\ 0 & 0 & 0 & 1 & 9 \\ 0 & 0 & 0 & -2 & -18 \end{pmatrix} \xrightarrow{r_4+2r_3} \boldsymbol{A}_1 = \begin{pmatrix} 1 & 3 & 0 & 6 & -3 \\ 0 & 0 & 1 & 2 & -1 \\ 0 & 0 & 0 & 1 & 9 \\ 0 & 0 & 0 & 0 & 0 \end{pmatrix}$$

$$\xrightarrow[r_2-2r_3]{r_1-6r_3} \boldsymbol{B} = \begin{pmatrix} 1 & 3 & 0 & 0 & -57 \\ 0 & 0 & 1 & 0 & -19 \\ 0 & 0 & 0 & 1 & 9 \\ 0 & 0 & 0 & 0 & 0 \end{pmatrix}.$$

其中 $\boldsymbol{A}_1$ 是行阶梯形矩阵,$\boldsymbol{B}$ 是最简行阶梯形矩阵.

定理 10.4 任何非零矩阵 $\boldsymbol{A}=(a_{ij})_{m\times n}$ 都可以通过若干次初等行变换化为行阶梯形矩阵.

2. 初等矩阵

定义 10.18 单位矩阵 $\boldsymbol{E}$ 经过一次初等变换得到的矩阵,称为**初等矩阵**(或**初等方阵**).

由定义可知,与各类初等变换相对应的初等矩阵有以下三类.

(1) 交换 $\boldsymbol{E}$ 中的第 i,j 两行(列) 得到的矩阵称为**初等换法矩阵**,记为 $\boldsymbol{E}(i,j)$,即

$$\boldsymbol{E}(i,j)=\begin{pmatrix} 1 &&&&&&&&& \\ & \ddots &&&&&&&& \\ && 0 & \cdots & \cdots & \cdots & 1 &&& \\ &&& 1 &&&&&& \\ &&&& 1 &&&&& \\ &&&&& \ddots &&&& \\ && 1 & \cdots & \cdots & \cdots & 0 &&& \\ &&&&&&& 1 && \\ &&&&&&&& \ddots & \\ &&&&&&&&& 1 \end{pmatrix} \begin{matrix} \\ \\ i\text{行} \\ \\ \\ \\ j\text{行} \\ \\ \\ \\ \end{matrix}$$

i 列　　　　j 列

(2) 用数 $k(k\neq 0)$ 乘 $\boldsymbol{E}$ 的第 i 行(列) 得到的矩阵称为**初等倍法矩阵**,记作 $\boldsymbol{E}[i(k)]$,即

$$\boldsymbol{E}[i(k)]=\begin{pmatrix} 1 &&&&&& \\ & \ddots &&&&& \\ && 1 &&&& \\ &&& k &&& \\ &&&& 1 && \\ &&&&& \ddots & \\ &&&&&& 1 \end{pmatrix} \begin{matrix} \\ \\ \\ i\text{行} \\ \\ \\ \\ \end{matrix}$$

i 列

(3) 用数 k 乘 $\boldsymbol{E}$ 的第 j 行加到第 i 行(或用数 k 乘 $\boldsymbol{E}$ 的第 i 列加到第 j 列) 上得到的矩阵称为**初等消法矩阵**,记作 $\boldsymbol{E}[i,j(k)]$,即

$$E[i,j(k)]=\begin{pmatrix}1&&&&&&\\&\ddots&&&&&\\&&1&\cdots&k&&\\&&&\ddots&\vdots&&\\&&&&1&&\\&&&&&\ddots&\\&&&&&&1\end{pmatrix}\begin{matrix}\\\\i\text{ 行}\\\\j\text{ 行}\\\\\\\end{matrix}$$

i 列　　j 列

显然，$|\boldsymbol{E}(i,j)|=-1$，$|\boldsymbol{E}[i(k)]|=k$，$|\boldsymbol{E}[i,j(k)]|=1$. 所以，初等矩阵都是可逆矩阵，且有

$$\boldsymbol{E}(i,j)^{-1}=\boldsymbol{E}(i,j),\boldsymbol{E}[i(k)]^{-1}=\boldsymbol{E}\left[i\left(\frac{1}{k}\right)\right],\boldsymbol{E}[i,j(k)]^{-1}=\boldsymbol{E}[i,j(-k)]$$

初等矩阵的作用表现在下面的定理中.

定理 10.5　对一个 $m\times n$ 矩阵 $\boldsymbol{A}$ 做一次初等行(列) 变换，相当于在 $\boldsymbol{A}$ 的左(右) 边乘一个相应的 $m(n)$ 阶初等矩阵，即若 $\boldsymbol{A}=(a_{ij})_{m\times n}$，则

(1) 交换 $\boldsymbol{A}$ 的第 i,j 两行相当于 $\boldsymbol{E}_m(i,j)\boldsymbol{A}$，交换 $\boldsymbol{A}$ 的第 i,j 两列相当于 $\boldsymbol{A}\boldsymbol{E}_n(i,j)$；

(2) 用数 k 乘 $\boldsymbol{A}$ 的第 i 行相当于 $\boldsymbol{E}_m[i(k)]\boldsymbol{A}$，用数 k 乘 $\boldsymbol{A}$ 的第 i 列相当于 $\boldsymbol{A}\boldsymbol{E}_n[i(k)]$；

(3) 用数 k 乘 $\boldsymbol{A}$ 的第 j 行加到第 i 行上相当于 $\boldsymbol{E}_m[i,j(k)]\boldsymbol{A}$，用数 k 乘 $\boldsymbol{A}$ 的第 i 列加到第 j 列上相当于 $\boldsymbol{A}\boldsymbol{E}_n[i,j(k)]$.

3. 用初等变换求逆矩阵

定义 10.19　设 $\boldsymbol{A}$ 为 n 阶方阵，如果存在一个 n 阶方阵 $\boldsymbol{C}$，使得 $\boldsymbol{C}\boldsymbol{A}=\boldsymbol{A}\boldsymbol{C}=\boldsymbol{E}$，则称矩阵 $\boldsymbol{A}$ 是可逆矩阵，矩阵 $\boldsymbol{C}$ 为矩阵 $\boldsymbol{A}$ 的逆矩阵，记为 $\boldsymbol{A}^{-1}$，即 $\boldsymbol{C}=\boldsymbol{A}^{-1}$.

逆矩阵具有以下性质.

(1) 若 $\boldsymbol{A}^{-1}$ 存在，则 $\boldsymbol{A}^{-1}$ 必唯一.

(2) 若 $\boldsymbol{A}^{-1}$ 存在，则 $(\boldsymbol{A}^{-1})^{-1}=\boldsymbol{A}$.

(3) 若 $\boldsymbol{A}^{-1}$ 存在，则 $(\boldsymbol{A}^{\mathrm{T}})^{-1}=(\boldsymbol{A}^{-1})^{\mathrm{T}}$.

(4) 若同阶方阵 $\boldsymbol{A},\boldsymbol{B}$ 都可逆，则 $\boldsymbol{A}\boldsymbol{B}$ 也可逆，且 $(\boldsymbol{A}\boldsymbol{B})^{-1}=\boldsymbol{B}^{-1}\boldsymbol{A}^{-1}$.

(5) 若矩阵 $\boldsymbol{A}$ 是可逆的，则 $\boldsymbol{A}$ 的逆矩阵是唯一的.

定义 10.20　设 $\boldsymbol{A}=(a_{ij})_{n\times n}$ 为 n 阶矩阵($n\geqslant 2$)，记 A_{ij} 为 $|A|$ 中元素 a_{ij} 的代数余子式($i,j=1,2,\cdots,n$)，则称矩阵 $\begin{pmatrix}A_{11}&A_{21}&\cdots&A_{n1}\\A_{12}&A_{22}&\cdots&A_{n2}\\\vdots&\vdots&&\vdots\\A_{1n}&A_{2n}&\cdots&A_{nn}\end{pmatrix}$ 为矩阵 $\boldsymbol{A}$ 的伴随矩阵，记作 $\boldsymbol{A}^*$.

定理 10.6　n 阶矩阵 $\boldsymbol{A}$ 可逆的充要条件是其行列式 $|\boldsymbol{A}|\neq 0$，且当 $\boldsymbol{A}$ 可逆时，有 $\boldsymbol{A}^{-1}=\dfrac{1}{|\boldsymbol{A}|}\cdot\boldsymbol{A}^*$.

定理 10.7　若 n 阶方阵 $\boldsymbol{A}$ 可逆，则 $\boldsymbol{A}$ 经过有限次初等行变换可以化为 n 阶单位矩阵.

由定理 10.7 可知，这些初等行变换可以表示为初等方阵 $\boldsymbol{P}_1,\boldsymbol{P}_2,\cdots,\boldsymbol{P}_s$，使得

$$\boldsymbol{P}_s\boldsymbol{P}_{s-1}\cdots\boldsymbol{P}_2\boldsymbol{P}_1\boldsymbol{A}=\boldsymbol{E}\tag{10-11}$$

式(10-11)两端右乘 $\boldsymbol{A}^{-1}$，得

$$\boldsymbol{P}_s\boldsymbol{P}_{s-1}\cdots\boldsymbol{P}_2\boldsymbol{P}_1\boldsymbol{E}=\boldsymbol{A}^{-1}\tag{10-12}$$

式(10-12) 表明，如果对单位矩阵 $\boldsymbol{E}$ 施行与 $\boldsymbol{A}$ 相同的初等行变换，就可以得到 $\boldsymbol{A}$ 的逆矩阵 $\boldsymbol{A}^{-1}$. 将式(10-11) 和 式(10-12)合并表示为

$$\boldsymbol{P}_s\boldsymbol{P}_{s-1}\cdots\boldsymbol{P}_2\boldsymbol{P}_1(\boldsymbol{A}\mid\boldsymbol{E})=(\boldsymbol{E}\mid\boldsymbol{A}^{-1})$$

即

$$(\boldsymbol{A} \mid \boldsymbol{E}) \xrightarrow{\text{初等行变换}} (\boldsymbol{E} \mid \boldsymbol{A}^{-1})$$

例 10-14 设 $\boldsymbol{A} = \begin{pmatrix} 0 & 1 & 2 \\ 1 & 1 & 4 \\ 2 & -1 & 0 \end{pmatrix}$,求 $\boldsymbol{A}^{-1}$.

解 $(\boldsymbol{A} \mid \boldsymbol{E}) = \left(\begin{array}{ccc|ccc} 0 & 1 & 2 & 1 & 0 & 0 \\ 1 & 1 & 4 & 0 & 1 & 0 \\ 2 & -1 & 0 & 0 & 0 & 1 \end{array}\right) \xrightarrow{r_1 \leftrightarrow r_2} \left(\begin{array}{ccc|ccc} 1 & 1 & 4 & 0 & 1 & 0 \\ 0 & 1 & 2 & 1 & 0 & 0 \\ 2 & -1 & 0 & 0 & 0 & 1 \end{array}\right)$

$$\xrightarrow{r_3 - 2r_1} \left(\begin{array}{ccc|ccc} 1 & 1 & 4 & 0 & 1 & 0 \\ 0 & 1 & 2 & 1 & 0 & 0 \\ 0 & -3 & -8 & 0 & -2 & 1 \end{array}\right) \xrightarrow{r_3 + 3r_2} \left(\begin{array}{ccc|ccc} 1 & 1 & 4 & 0 & 1 & 0 \\ 0 & 1 & 2 & 1 & 0 & 0 \\ 0 & 0 & -2 & 3 & -2 & 1 \end{array}\right)$$

$$\xrightarrow{r_1 - r_2} \left(\begin{array}{ccc|ccc} 1 & 0 & 2 & -1 & 1 & 0 \\ 0 & 1 & 2 & 1 & 0 & 0 \\ 0 & 0 & -2 & 3 & -2 & 1 \end{array}\right) \xrightarrow[r_2 + r_3]{r_1 + r_3} \left(\begin{array}{ccc|ccc} 1 & 0 & 0 & 2 & -1 & 1 \\ 0 & 1 & 0 & 4 & -2 & 1 \\ 0 & 0 & -2 & 3 & -2 & 1 \end{array}\right)$$

$$\xrightarrow{-\frac{1}{2}r_3} \left(\begin{array}{ccc|ccc} 1 & 0 & 0 & 2 & -1 & 1 \\ 0 & 1 & 0 & 4 & -2 & 1 \\ 0 & 0 & 1 & -\frac{3}{2} & 1 & -\frac{1}{2} \end{array}\right),$$

故 $\boldsymbol{A}^{-1} = \begin{pmatrix} 2 & -1 & 1 \\ 4 & -2 & 1 \\ -\frac{3}{2} & 1 & -\frac{1}{2} \end{pmatrix}$.

4. 用逆矩阵求解矩阵方程

有了逆矩阵的概念,我们就可以讨论矩阵方程的求解问题.

(1) 对于矩阵方程 $\boldsymbol{AX} = \boldsymbol{B}$,若 $\boldsymbol{A}$ 可逆,则用 $\boldsymbol{A}^{-1}$ 左乘 $\boldsymbol{AX} = \boldsymbol{B}$ 两端,得 $\boldsymbol{X} = \boldsymbol{A}^{-1}\boldsymbol{B}$.

(2) 对于矩阵方程 $\boldsymbol{XA} = \boldsymbol{B}$,若 $\boldsymbol{A}$ 可逆,则用 $\boldsymbol{A}^{-1}$ 右乘 $\boldsymbol{XA} = \boldsymbol{B}$ 两端,得 $\boldsymbol{X} = \boldsymbol{BA}^{-1}$.

(3) 对于矩阵方程 $\boldsymbol{AXB} = \boldsymbol{C}$,若 $\boldsymbol{A}$,$\boldsymbol{B}$ 均可逆,则用 $\boldsymbol{A}^{-1}$ 左乘 $\boldsymbol{AXB} = \boldsymbol{C}$ 两端,用 $\boldsymbol{B}^{-1}$ 右乘 $\boldsymbol{AXB} = \boldsymbol{C}$ 两端得 $\boldsymbol{X} = \boldsymbol{A}^{-1}\boldsymbol{CB}^{-1}$.

例 10-15 解矩阵方程 $\boldsymbol{X}\begin{pmatrix} 2 & 1 \\ 4 & 3 \end{pmatrix} = \begin{pmatrix} 2 & 2 \\ 0 & -3 \\ 2 & -1 \end{pmatrix}$.

解 利用初等变换,可得 $\begin{pmatrix} 2 & 1 \\ 4 & 3 \end{pmatrix}^{-1} = \frac{1}{2}\begin{pmatrix} 3 & -1 \\ -4 & 2 \end{pmatrix}$. 于是

$$\boldsymbol{X} = \begin{pmatrix} 2 & 2 \\ 0 & -3 \\ 2 & -1 \end{pmatrix}\begin{pmatrix} 2 & 1 \\ 4 & 3 \end{pmatrix}^{-1} = \frac{1}{2}\begin{pmatrix} 2 & 2 \\ 0 & -3 \\ 2 & -1 \end{pmatrix}\begin{pmatrix} 3 & -1 \\ -4 & 2 \end{pmatrix} = \begin{pmatrix} -1 & 1 \\ 6 & -3 \\ 5 & -2 \end{pmatrix}$$

10.3.2 矩阵的秩

矩阵的秩是反映矩阵内在的重要特征之一,在线性代数中起着十分重要的作用.

1. 矩阵的秩的概念

定义 10.21 在矩阵 $\boldsymbol{A} = (a_{ij})_{m \times n}$ 中任取 k 行 k 列$[1 \leqslant k \leqslant \min\{m,n\}]$,由这些行和列相交处的元素按原来的相应位置组成的 k 阶行列式,称为矩阵 $\boldsymbol{A}$ 的一个 k **阶子式**.

显然，$m \times n$ 矩阵的 k 阶子式共有 $C_m^k C_n^k$ 个.

定义 10.22 在矩阵 $\boldsymbol{A} = (a_{ij})_{m\times n}$ 中，一切非零子式的最高阶数称为矩阵 $\boldsymbol{A}$ 的**秩**. 若矩阵 $\boldsymbol{A}$ 中至少有一个 r 阶子式不等于零，且所有 $r+1$ 阶子式(若有的话) 都等于零，则称 r 为矩阵 $\boldsymbol{A}$ 的秩，记作

$$r(\boldsymbol{A}) = r$$

规定：**零矩阵的秩是零**.

由定义 10.22 可知，$r(\boldsymbol{A}) \leqslant \min\{m,n\}$. 当 $r(\boldsymbol{A}) = \min\{m,n\}$ 时，称 $\boldsymbol{A}$ 为**满秩矩阵**；当 $r(\boldsymbol{A}) < \min\{m,n\}$ 时，称 $\boldsymbol{A}$ 为**降秩矩阵**.

定理 10.8 $\boldsymbol{A}$ 为满秩方阵 $\Leftrightarrow |\boldsymbol{A}| \neq 0$.

推论 10.6 $\boldsymbol{A}$ 可逆 $\Leftrightarrow \boldsymbol{A}$ 为满秩方阵.

例 10-16 求矩阵 $\boldsymbol{A} = \begin{pmatrix} 2 & 1 & -1 & -1 \\ 0 & 2 & -1 & 0 \\ 2 & 3 & -2 & -1 \end{pmatrix}$ 的秩.

解 $\boldsymbol{A}$ 的三阶子式共有 $C_3^3 C_4^3 = 4$ 个，即

$$\begin{vmatrix} 2 & 1 & -1 \\ 0 & 2 & -1 \\ 2 & 3 & -2 \end{vmatrix} = 0, \begin{vmatrix} 2 & 1 & -1 \\ 0 & 2 & 0 \\ 2 & 3 & -1 \end{vmatrix} = 0, \begin{vmatrix} 2 & -1 & -1 \\ 0 & -1 & 0 \\ 2 & -2 & -1 \end{vmatrix} = 0, \begin{vmatrix} 1 & -1 & -1 \\ 2 & -1 & 0 \\ 3 & -2 & -1 \end{vmatrix} = 0$$

由于二阶子式 $\begin{vmatrix} 2 & 1 \\ 0 & 2 \end{vmatrix} = 4 \neq 0$，所以 $r(\boldsymbol{A}) = 2$.

例 10-17 求行阶梯形矩阵 $\boldsymbol{A} = \begin{pmatrix} 1 & 3 & -2 & 4 & 5 \\ 0 & 2 & 1 & 5 & 8 \\ 0 & 0 & 0 & 2 & 3 \\ 0 & 0 & 0 & 0 & 0 \\ 0 & 0 & 0 & 0 & 0 \end{pmatrix}$ 的秩.

解 按每个非零首元素取 1,2,4 列，且只考虑前三行，得 $\boldsymbol{A}$ 的三阶子式为

$$\begin{vmatrix} 1 & 3 & 4 \\ 0 & 2 & 5 \\ 0 & 0 & 2 \end{vmatrix} = 4 \neq 0$$

而 $\boldsymbol{A}$ 中所有的四阶子式必为 0，所以 $r(\boldsymbol{A}) = 3$.

一般地，行阶梯形矩阵的非零子式的最高阶数都等于其非零行的个数. 这意味着行阶梯形矩阵的秩等于其非零行的数量.

2. 用初等变换求矩阵的秩

一般来说，行数与列数较高的矩阵利用定义求秩是很麻烦的. 但对于行阶梯形矩阵，它的秩等于其非零行的数量. 因此，自然想到用初等变换把矩阵化为行阶梯形矩阵，但是等价矩阵的秩是否相等呢？下面的定理给出了肯定的回答.

定理 10.9 初等变换不会改变矩阵的秩.

由定理 10.8 可知，求矩阵的秩时，只要用初等变换把矩阵化为行阶梯形矩阵(或最简行阶梯形矩阵)，则非零行的数量(或非零首元素 1 的个数) 就是矩阵的秩.

例 10-18 求矩阵 $\boldsymbol{A} = \begin{pmatrix} 0 & 2 & -4 \\ -1 & -4 & 5 \\ 3 & 1 & 7 \\ 0 & 5 & -10 \\ 2 & 3 & 0 \end{pmatrix}$ 的秩.

解 对 $\boldsymbol{A}$ 施行初等行变换，得到

$$\boldsymbol{A}\xrightarrow[r_5+2r_2]{r_3+3r_2}\begin{pmatrix}0&2&-4\\-1&-4&5\\0&-11&22\\0&5&-10\\0&-5&10\end{pmatrix}\xrightarrow[\frac{1}{5}r_5]{\frac{1}{2}r_1,\ \frac{1}{11}r_3,\ \frac{1}{5}r_4}\begin{pmatrix}0&1&-2\\-1&-4&5\\0&-1&2\\0&1&-2\\0&-1&2\end{pmatrix}\xrightarrow[r_5+r_1]{r_3+r_1,\ r_4-r_1}\begin{pmatrix}0&1&-2\\-1&-4&5\\0&0&0\\0&0&0\\0&0&0\end{pmatrix}$$

此时已能观察出有两行非零元素，所以 $r(\boldsymbol{A})=2$.

若要继续化成阶梯形矩阵，则只需

$$\begin{pmatrix}0&1&-2\\-1&-4&5\\0&0&0\\0&0&0\\0&0&0\end{pmatrix}\xrightarrow{r_1\leftrightarrow r_2}\begin{pmatrix}-1&-4&5\\0&1&-2\\0&0&0\\0&0&0\\0&0&0\end{pmatrix}$$

再要化成最简行阶梯形矩阵，有

$$\begin{pmatrix}-1&-4&5\\0&1&-2\\0&0&0\\0&0&0\\0&0&0\end{pmatrix}\xrightarrow{(-1)r_1}\begin{pmatrix}1&4&-5\\0&1&-2\\0&0&0\\0&0&0\\0&0&0\end{pmatrix}\xrightarrow{r_1-4r_2}\begin{pmatrix}1&0&3\\0&1&-2\\0&0&0\\0&0&0\\0&0&0\end{pmatrix}$$

观察行阶梯形矩阵和最简行阶梯形矩阵，皆有 $r(\boldsymbol{A})=2$.

再利用初等列变换还可把 $\boldsymbol{A}$ 最终简化成标准形，即

$$\begin{pmatrix}1&0&3\\0&1&-2\\0&0&0\\0&0&0\\0&0&0\end{pmatrix}\xrightarrow{c_3-3c_1}\begin{pmatrix}1&0&0\\0&1&-2\\0&0&0\\0&0&0\\0&0&0\end{pmatrix}\xrightarrow{c_3+2c_2}\begin{pmatrix}1&0&0\\0&1&0\\0&0&0\\0&0&0\\0&0&0\end{pmatrix}$$

此标准形的左上角是一个二阶单位矩阵，显然有 $r(\boldsymbol{A})=2$.

一般地，矩阵 $\boldsymbol{A}=(a_{ij})_{m\times n}$ 均可经过初等变换化为最简形式：

$$\boldsymbol{I}=\begin{pmatrix}1&0&\cdots&0&\cdots&0\\0&1&\cdots&0&\cdots&0\\\vdots&\vdots&&\vdots&&\vdots\\0&0&\cdots&1&\cdots&0\\0&0&\cdots&0&\cdots&0\\\vdots&\vdots&&\vdots&&\vdots\\0&0&\cdots&0&\cdots&0\end{pmatrix}$$

$\boldsymbol{I}$ 称为 $\boldsymbol{A}$ 的**标准形**，其特点是 $\boldsymbol{I}$ 的左上角是一个 r 阶单位矩阵，其他元素都是零. 显然 $r(\boldsymbol{A})=r$.当 $r=\min\{m,n\}$ 时，$\boldsymbol{A}$ 满秩；当 $r<\min\{m,n\}$ 时，$\boldsymbol{A}$ 降秩. 特别地，n 阶可逆方阵的标准形就是 n 阶单位矩阵.

习题 10.3

1. 指出下列哪些矩阵是行阶梯形矩阵，哪些是最简行阶梯形矩阵.

(1)$\boldsymbol{A}=\begin{pmatrix}1&0&0\\0&1&0\\0&0&1\end{pmatrix}$；　　(2)$\boldsymbol{A}=\begin{pmatrix}1&3&3&4\\0&1&2&-5\\0&0&2&-8\end{pmatrix}$；

(3) $\boldsymbol{A}=\begin{pmatrix}2&4&3&1\\0&0&-2&1\\0&0&0&0\end{pmatrix}$；　　(4) $\boldsymbol{A}=\begin{pmatrix}1&0&0&-2\\0&1&0&-5\\0&0&1&-3\end{pmatrix}$；

(5) $\boldsymbol{A}=\begin{pmatrix}1&0&3\\0&1&2\\0&0&1\\0&0&0\end{pmatrix}$.

2. 求下列各矩阵的秩.

(1) $\begin{pmatrix}1&1&1\\3&2&1\\0&1&2\end{pmatrix}$；　　(2) $\begin{pmatrix}2&-1&3&-1&-3\\-1&3&2&-3&1\\0&5&7&-8&-1\end{pmatrix}$；

(3) $\begin{pmatrix}1&-2&3&-4&4\\0&1&-1&1&3\\1&3&0&1&1\\0&-7&3&1&-3\end{pmatrix}$.

3. 已知矩阵 $\boldsymbol{A}=\begin{pmatrix}3&2&9&6\\-1&-3&4&-17\\1&4&-7&3\\-1&-4&7&-3\end{pmatrix}$，对其施行初等行变换，求：

(1) 行阶梯形矩阵；

(2) 最简行阶梯形矩阵.

4. 设 $\boldsymbol{A}=\begin{pmatrix}1&2&3\\2&2&1\\3&4&3\end{pmatrix}$，求 $\boldsymbol{A}^{-1}$.

5. 设矩阵 $\boldsymbol{A}=\begin{pmatrix}1&-5&6&-2\\2&-1&3&-2\\-1&-4&3&0\end{pmatrix}$，试计算 $\boldsymbol{A}$ 的全部三阶子式，并求 $r(\boldsymbol{A})$.

6. 将矩阵 $\boldsymbol{A}=\begin{pmatrix}2&1&2&3\\4&1&3&5\\2&0&1&2\end{pmatrix}$ 化为标准形.

7. 求下列矩阵方程中的未知矩阵.

(1) $\begin{pmatrix}2&5\\1&3\end{pmatrix}\boldsymbol{X}=\begin{pmatrix}4&-6\\2&1\end{pmatrix}$；　　(2) $\boldsymbol{X}\begin{pmatrix}2&1&-1\\2&1&0\\1&-1&1\end{pmatrix}=\begin{pmatrix}1&-1&3\\4&3&2\\1&-2&5\end{pmatrix}$.

8. 设 $\boldsymbol{A}=\frac{1}{2}\begin{pmatrix}0&0&2\\1&3&0\\2&5&0\end{pmatrix}$，求 $\boldsymbol{A}^{-1}$.

9. 利用初等变换将矩阵 $\boldsymbol{A}=\begin{pmatrix}0&0&0&1\\1&0&2&1\\3&2&4&0\end{pmatrix}$ 化为行阶梯形矩阵，进而化为最简行阶梯形矩阵.

§10.4 线性方程组的解法

10.4.1 齐次线性方程组的解法

1. 齐次线性方程组有非零解的条件

我们将具有 m 个方程 n 个未知数的齐次线性方程组

$$\begin{cases} a_{11}x_1 + a_{12}x_2 + \cdots + a_{1n}x_n = 0 \\ a_{21}x_1 + a_{22}x_2 + \cdots + a_{2n}x_n = 0 \\ \quad\vdots \\ a_{m1}x_1 + a_{m2}x_2 + \cdots + a_{mn}x_n = 0 \end{cases} \tag{10-13}$$

写成矩阵形式

$$\boldsymbol{AX} = \boldsymbol{0} \tag{10-14}$$

其中

$$\boldsymbol{A} = \begin{pmatrix} a_{11} & a_{12} & \cdots & a_{1n} \\ a_{21} & a_{22} & \cdots & a_{2n} \\ \vdots & \vdots & & \vdots \\ a_{m1} & a_{m2} & \cdots & a_{mn} \end{pmatrix}, \boldsymbol{X} = \begin{pmatrix} x_1 \\ x_2 \\ \vdots \\ x_n \end{pmatrix}, \boldsymbol{0} = \begin{pmatrix} 0 \\ 0 \\ \vdots \\ 0 \end{pmatrix}$$

这里 $\boldsymbol{A}$ 称为线性方程组(10-13)的系数矩阵. 如果将矩阵 $\boldsymbol{A}$ 按列分块写成

$$\boldsymbol{A} = (\boldsymbol{\beta}_1, \boldsymbol{\beta}_2, \cdots, \boldsymbol{\beta}_n)$$

其中 $\boldsymbol{\beta}_i = (a_{1i}, a_{2i}, \cdots, a_{mi})^{\mathrm{T}}, i = 1, 2, \cdots, n$,那么线性方程组(10-13)可以改写成向量形式

$$\boldsymbol{\beta}_1 x_1 + \boldsymbol{\beta}_2 x_2 + \cdots + \boldsymbol{\beta}_n x_n = \boldsymbol{0} \tag{10-15}$$

一个含有 n 个未知数的线性方程组的解是 n 维向量,因此我们将线性方程组的解称为**解向量**. 为了表述一致,通常也将方程组的解写成列向量形式. 具体地,一个 n 维向量 $\boldsymbol{\alpha} = (c_1, c_2, \cdots, c_n)^{\mathrm{T}}$ 是齐次线性方程组 $\boldsymbol{AX} = \boldsymbol{0}$ 的解,当且仅当 $\boldsymbol{\alpha}$ 满足

$$\boldsymbol{A\alpha} = \boldsymbol{A}\begin{pmatrix} c_1 \\ c_2 \\ \vdots \\ c_n \end{pmatrix} = \begin{pmatrix} 0 \\ 0 \\ \vdots \\ 0 \end{pmatrix} = \boldsymbol{0} \text{ 或者 } (\boldsymbol{\beta}_1, \boldsymbol{\beta}_2, \cdots, \boldsymbol{\beta}_n)\begin{pmatrix} c_1 \\ c_2 \\ \vdots \\ c_n \end{pmatrix} = \boldsymbol{0}$$

由向量线性相关性的定义,我们有如下结论.

定理 10.10 齐次线性方程组 $\boldsymbol{AX} = \boldsymbol{0}$ 有非零解的充要条件是方程组系数矩阵 $\boldsymbol{A}$ 的列向量组 $\boldsymbol{\beta}_1, \boldsymbol{\beta}_2, \cdots, \boldsymbol{\beta}_n$ 是线性相关的.

推论 10.7 齐次线性方程组 $\boldsymbol{AX} = \boldsymbol{0}$ 只有零解的充要条件是方程组系数矩阵的列向量组 $\boldsymbol{\beta}_1, \boldsymbol{\beta}_2, \cdots, \boldsymbol{\beta}_n$ 是线性无关的.

定理 10.11(齐次线性方程组有非零解的判别定理) 齐次线性方程组 $\boldsymbol{AX} = \boldsymbol{0}$ 有非零解的充要条件是其系数矩阵 $\boldsymbol{A}$ 的秩 $r(\boldsymbol{A}) < n$.

推论 10.8 如果齐次线性方程组 $\boldsymbol{AX} = \boldsymbol{0}$ 中的方程个数 m 小于未知数个数 n,那么方程组必有非零解.

由于对于一个 n 阶方阵 $\boldsymbol{A}$, $|\boldsymbol{A}| \neq 0$ 成立的条件是当且仅当 $r(\boldsymbol{A}) = n$,故有下面的推论.

推论 10.9 如果齐次线性方程组 $\boldsymbol{AX} = \boldsymbol{0}$ 中的方程个数 m 等于未知数个数 n,即系数矩阵 $\boldsymbol{A}$ 是一

个方阵，那么方程组 $\boldsymbol{AX}=\boldsymbol{0}$ 有非零解的充要条件是 $|\boldsymbol{A}|=0$.

定理 10.12 对齐次线性方程组(10-13)，有以下结论：

(1) 若 $r(\boldsymbol{A})=n$(未知数个数)，则方程组有唯一解；

(2) 若 $r(\boldsymbol{A})\neq n$，则方程组有非零解；

(3) 若方程个数小于未知数个数，即 $m<n$，则方程组有非零解.

上面的结论及求矩阵的秩的方法说明：判断一个形如 $\boldsymbol{AX}=\boldsymbol{0}$ 的齐次线性方程组是否有非零解，比较方程个数 m 和未知数个数 n：如果 $m<n$，则方程组一定有非零解；如果 $m\geqslant n$，将方程组的系数矩阵 $\boldsymbol{A}$ 化为行阶梯形矩阵 $\boldsymbol{B}$. 观察 $\boldsymbol{B}$ 的非零行个数 r(这个数即矩阵 $\boldsymbol{A}$ 的秩)，如果 $r<n$，则方程组有非零解；如果 $r=n$，则方程组只有零解.

例 10-19 讨论下列方程组的情况.

(1) $\begin{cases}x_1+2x_2+3x_3=0\\2x_1+5x_2+3x_3=0\\x_1+5x_2+8x_3=0\end{cases}$；　(2) $\begin{cases}x_1+x_2+x_3=0\\x_1-2x_2+3x_3=0\\3x_1+5x_3=0\end{cases}$.

解 (1) $\boldsymbol{A}=\begin{pmatrix}1&2&3\\2&5&3\\1&5&8\end{pmatrix}\to\begin{pmatrix}1&2&3\\0&1&-3\\0&0&14\end{pmatrix}$. 因为 $r(\boldsymbol{A})=3$，所以方程组有唯一解.

(2) $\boldsymbol{A}=\begin{pmatrix}1&1&1\\1&-2&3\\3&0&5\end{pmatrix}\to\begin{pmatrix}1&1&1\\0&-3&2\\0&0&0\end{pmatrix}$. 因为 $r(\boldsymbol{A})=2<3$，所以方程组有非零解.

2. 齐次线性方程组的基础解系

对于一个齐次线性方程组 $\boldsymbol{AX}=\boldsymbol{0}$，如果它有非零解，那么它的解空间是一个线性空间，可以用有限多个基向量的线性组合来表示所有的解。

为了更好地表述齐次线性方程组解的结构，我们先讨论解的性质，并给出基础解系的概念.

定理 10.13 设 $\boldsymbol{\alpha}_1,\boldsymbol{\alpha}_2$ 是齐次线性方程组 $\boldsymbol{AX}=\boldsymbol{0}$ 的两个解，k_1,k_2 是两个任意常数，则

$$k_1\boldsymbol{\alpha}_1+k_2\boldsymbol{\alpha}_2$$

也是方程组 $\boldsymbol{AX}=\boldsymbol{0}$ 的解.

显然，定理10.13的结论对多个解的情形也成立，即如果 $\boldsymbol{\alpha}_1,\boldsymbol{\alpha}_2,\cdots,\boldsymbol{\alpha}_s$ 为齐次线性方程组 $\boldsymbol{AX}=\boldsymbol{0}$ 的解，$k_1,k_2,\cdots,k_s$ 是任意常数，则

$$k_1\boldsymbol{\alpha}_1+k_2\boldsymbol{\alpha}_2+\cdots+k_s\boldsymbol{\alpha}_s$$

也是方程组 $\boldsymbol{AX}=\boldsymbol{0}$ 的解，即齐次线性方程组解的线性组合还是方程组的解.

如果将齐次线性方程组 $\boldsymbol{AX}=\boldsymbol{0}$ 的解集合记为 $\boldsymbol{S}$，即

$$\boldsymbol{S}=\{\boldsymbol{\alpha}=(c_1,c_2,\cdots,c_n)^{\mathrm{T}}\mid \boldsymbol{A\alpha}=\boldsymbol{0}\}$$

那么，定理10.13就可以表述为：对于任意的 $\boldsymbol{\alpha}_1,\boldsymbol{\alpha}_2\in S$，$k_1,k_2$ 是两个任意常数，有 $k_1\boldsymbol{\alpha}_1+k_2\boldsymbol{\alpha}_2\in\boldsymbol{S}$. 容易验证，按照 n 维向量的乘法和数量乘法，$\boldsymbol{S}$ 构成一个线性空间. 因此，通常也把齐次线性方程组 $\boldsymbol{AX}=\boldsymbol{0}$ 的解集合称为**解空间**.

根据定理10.13，如果找到方程组 $\boldsymbol{AX}=\boldsymbol{0}$ 的若干个解向量，则可以利用这些解向量的线性组合得到方程组 $\boldsymbol{AX}=\boldsymbol{0}$ 的无穷多个解. 那么是否可以找到方程组 $\boldsymbol{AX}=\boldsymbol{0}$ 的有限多个解向量，且这些向量的线性组合穷尽 $\boldsymbol{AX}=\boldsymbol{0}$ 的所有解呢?我们首先给出如下定义.

定义 10.23 设 $\boldsymbol{\alpha},\boldsymbol{\beta}_1,\boldsymbol{\beta}_2,\cdots,\boldsymbol{\beta}_s$ 是一组 n 维向量，如果存在数 $k_1,k_2,\cdots,k_s$，使得

$$\boldsymbol{\alpha}=k_1\boldsymbol{\beta}_1+k_2\boldsymbol{\beta}_2+\cdots+k_s\boldsymbol{\beta}_s$$

则称 $\boldsymbol{\alpha}$ 可以由向量组 $\boldsymbol{\beta}_1,\boldsymbol{\beta}_2,\cdots,\boldsymbol{\beta}_s$ 线性表示.

定义 10.24 设 $\boldsymbol{\alpha}_1,\boldsymbol{\alpha}_2,\cdots,\boldsymbol{\alpha}_s$ 为一组 n 维向量，如果存在不全为零的数 $k_1,k_2,\cdots,k_s$，使得 $k_1\boldsymbol{\alpha}_1+$

$k_2\boldsymbol{\alpha}_2+\cdots+k_s\boldsymbol{\alpha}_s=0$,则称向量组 $\boldsymbol{\alpha}_1,\boldsymbol{\alpha}_2,\cdots,\boldsymbol{\alpha}_s$ 线性相关;否则,称向量组 $\boldsymbol{\alpha}_1,\boldsymbol{\alpha}_2,\cdots,\boldsymbol{\alpha}_s$ 线性无关.

定义 10.25 设 $\boldsymbol{\alpha}_1,\boldsymbol{\alpha}_2,\cdots,\boldsymbol{\alpha}_t$ 是齐次线性方程组 $\boldsymbol{AX}=\boldsymbol{0}$ 的解向量,如果满足以下两个条件:

(1) $\boldsymbol{\alpha}_1,\boldsymbol{\alpha}_2,\cdots,\boldsymbol{\alpha}_t$ 是线性无关的;

(2) $\boldsymbol{AX}=\boldsymbol{0}$ 的任意一个解向量 $\boldsymbol{\beta}$ 均可由 $\boldsymbol{\alpha}_1,\boldsymbol{\alpha}_2,\cdots,\boldsymbol{\alpha}_t$ 线性表出.

则称 $\boldsymbol{\alpha}_1,\boldsymbol{\alpha}_2,\cdots,\boldsymbol{\alpha}_t$ 为方程组 $\boldsymbol{AX}=\boldsymbol{0}$ 的一个**基础解系**.

如果 $\boldsymbol{\alpha}_1,\boldsymbol{\alpha}_2,\cdots,\boldsymbol{\alpha}_t$ 是齐次线性方程组 $\boldsymbol{AX}=\boldsymbol{0}$ 的基础解系,那么方程组 $\boldsymbol{AX}=\boldsymbol{0}$ 的解集合即为

$$\boldsymbol{S}=\{k_1\boldsymbol{\alpha}_1+k_2\boldsymbol{\alpha}_2+\cdots+k_t\boldsymbol{\alpha}_t \mid k_1,k_2,\cdots,k_t\text{ 是任意常数}\}$$

定义 10.25 中的条件(2) 保证了这个集合穷尽了方程组 $\boldsymbol{AX}=\boldsymbol{0}$ 的所有解,条件(1) 保证了基础解系中没有多余的向量,即没有一个向量可以由其他向量线性表出.

定理 10.14 设 $\boldsymbol{\alpha}_1,\boldsymbol{\alpha}_2,\cdots,\boldsymbol{\alpha}_t$ 和 $\boldsymbol{\beta}_1,\boldsymbol{\beta}_2,\cdots,\boldsymbol{\beta}_t$ 是齐次线性方程组 $\boldsymbol{AX}=\boldsymbol{0}$ 的两个基础解系,则由这两组基础解系分别确定的解集合

$$\boldsymbol{S}=\{k_1\boldsymbol{\alpha}_1+k_2\boldsymbol{\alpha}_2+\cdots+k_t\boldsymbol{\alpha}_t \mid k_1,k_2,\cdots,k_t\text{ 是任意常数}\}$$

和

$$\boldsymbol{T}=\{l_1\boldsymbol{\beta}_1+l_2\boldsymbol{\beta}_2+\cdots+l_t\boldsymbol{\beta}_t \mid l_1,l_2,\cdots,l_t\text{ 是任意常数}\}$$

是相等的,即 $\boldsymbol{S}=\boldsymbol{T}$.

证明 由于 $\boldsymbol{\beta}_1,\boldsymbol{\beta}_2,\cdots,\boldsymbol{\beta}_t$ 为方程组 $\boldsymbol{AX}=\boldsymbol{0}$ 的解,因此每个 $\boldsymbol{\beta}_i(i=1,2,\cdots,t)$ 均可由 $\boldsymbol{\alpha}_1,\boldsymbol{\alpha}_2,\cdots,\boldsymbol{\alpha}_t$ 线性表出.于是 T 的任意元素 $l_1\boldsymbol{\beta}_1+l_2\boldsymbol{\beta}_2+\cdots+l_t\boldsymbol{\beta}_t$ 也可由 $\boldsymbol{\alpha}_1,\boldsymbol{\alpha}_2,\cdots,\boldsymbol{\alpha}_t$ 线性表出,即

$$l_1\boldsymbol{\beta}_1+l_2\boldsymbol{\beta}_2+\cdots+l_t\boldsymbol{\beta}_t\in\boldsymbol{S}$$

从而 $\boldsymbol{S}\supseteq\boldsymbol{T}$.同样可以证明 $\boldsymbol{S}\subseteq\boldsymbol{T}$.因此,$\boldsymbol{S}=\boldsymbol{T}$.

这样,求解一个齐次线性方程组 $\boldsymbol{AX}=\boldsymbol{0}$,就简化为寻找这个方程组的一个基础解系.下面将说明:有非零解的齐次线性方程组 $\boldsymbol{AX}=\boldsymbol{0}$ 均存在基础解系,并给出基础解系的求法.

定理 10.15 如果 $\boldsymbol{A}$ 是一个 $m\times n$ 矩阵,并且齐次线性方程组 $\boldsymbol{AX}=\boldsymbol{0}$ 有非零解,那么方程组存在基础解系,且基础解系包含 $n-r$ 个解向量,其中 r 是矩阵 $\boldsymbol{A}$ 的秩.

证明 由于矩阵 $\boldsymbol{A}$ 的秩 $r(\boldsymbol{A})=r<n$,故可以利用矩阵的初等行变换将 $\boldsymbol{A}$ 化成最简行阶梯形矩阵 $\boldsymbol{C}$,使得 $\boldsymbol{C}$ 的非零行个数为 r.适当调整未知数的位置,不妨设 $\boldsymbol{C}$ 的左上角是一个 r 阶的单位矩阵,即

$$\boldsymbol{A}\to\cdots\to\boldsymbol{C}=\begin{pmatrix}1&0&\cdots&0&c_{1,r+1}&\cdots&c_{1n}\\0&1&\cdots&0&c_{2,r+1}&\cdots&c_{2n}\\\vdots&\vdots&&\vdots&\vdots&&\vdots\\0&0&\cdots&1&c_{r,r+1}&\cdots&c_{rn}\\0&0&\cdots&0&0&\cdots&0\\\vdots&\vdots&&\vdots&\vdots&&\vdots\\0&0&\cdots&0&0&\cdots&0\end{pmatrix}$$

并且方程组 $\boldsymbol{AX}=\boldsymbol{0}$ 和 $\boldsymbol{CX}=\boldsymbol{0}$ 是同解的.

将 $\boldsymbol{CX}=\boldsymbol{0}$ 具体写出来,并将 $x_{r+1},x_{r+2},\cdots,x_n$(称为**自由未知量**) 对应的项移到等号右边,得到

$$\begin{cases}x_1=-c_{1,r+1}x_{r+1}-c_{1,r+2}x_{r+2}-\cdots-c_{1n}x_n\\x_2=-c_{2,r+1}x_{r+1}-c_{2,r+2}x_{r+2}-\cdots-c_{2n}x_n\\\qquad\vdots\\x_r=-c_{r,r+1}x_{r+1}-c_{r,r+2}x_{r+2}-\cdots-c_{rn}x_n\end{cases}\tag{10-16}$$

因为 $r<n$,所以自由未知量存在,则任意给定自由未知量 $x_{r+1},x_{r+2},\cdots,x_n$ 的一组值 $k_{r+1},k_{r+2},\cdots,k_n$,代入式(10-16) 得到 $x_1,x_2,\cdots,x_r$ 的一组值 $k_1,k_2,\cdots,k_r$,其中

$$k_i=-c_{i,r+1}k_{r+1}-c_{i,r+2}k_{r+2}-\cdots-c_{in}k_n,i=1,2,\cdots,r$$

从而得到 $\boldsymbol{CX}=\boldsymbol{0}$(也是 $\boldsymbol{AX}=\boldsymbol{0}$) 的一组解 $k_1,k_2,\cdots,k_r,k_{r+1},k_{r+2},\cdots,k_n$.并且这组解是由 $x_{r+1},x_{r+2},\cdots,x_n$ 的

值 $k_{r+1},k_{r+2},\cdots,k_n$ 唯一确定的. 事实上,若两组解的自由未知量的值相同,则这两组解必然相同. 下面,让自由未知量分别取 $n-r$ 维单位向量 $\boldsymbol{\varepsilon}_1,\boldsymbol{\varepsilon}_2,\cdots,\boldsymbol{\varepsilon}_{n-r}$,即令

$$\begin{pmatrix} x_{r+1} \\ x_{r+2} \\ \vdots \\ x_n \end{pmatrix} = \begin{pmatrix} 1 \\ 0 \\ \vdots \\ 0 \end{pmatrix}, \begin{pmatrix} 0 \\ 1 \\ \vdots \\ 0 \end{pmatrix}, \cdots, \begin{pmatrix} 0 \\ 0 \\ \vdots \\ 1 \end{pmatrix} \tag{10-17}$$

代入式(10-16)得到 $n-r$ 个解向量,不妨设为

$$\boldsymbol{\eta}_1 = \begin{pmatrix} b_{11} \\ b_{21} \\ \vdots \\ b_{r1} \\ 1 \\ 0 \\ \vdots \\ 0 \end{pmatrix}, \boldsymbol{\eta}_2 = \begin{pmatrix} b_{12} \\ b_{22} \\ \vdots \\ b_{r2} \\ 0 \\ 1 \\ \vdots \\ 0 \end{pmatrix}, \cdots, \boldsymbol{\eta}_{n-r} = \begin{pmatrix} b_{1,n-r} \\ b_{2,n-r} \\ \vdots \\ b_{r,n-r} \\ 0 \\ 0 \\ \vdots \\ 1 \end{pmatrix} \tag{10-18}$$

下面证明式(10-18)的 $n-r$ 个解向量就是 $\boldsymbol{AX}=\boldsymbol{0}$ 的一个基础解系.

首先证明 $\boldsymbol{\eta}_1,\boldsymbol{\eta}_2,\cdots,\boldsymbol{\eta}_{n-r}$ 是线性无关的. 由于 $\boldsymbol{\varepsilon}_1,\boldsymbol{\varepsilon}_2,\cdots,\boldsymbol{\varepsilon}_{n-r}$ 是 $n-r$ 维单位向量,所以其线性无关. $\boldsymbol{\eta}_1,\boldsymbol{\eta}_2,\cdots,\boldsymbol{\eta}_{n-r}$ 是在 $\boldsymbol{\varepsilon}_1,\boldsymbol{\varepsilon}_2,\cdots,\boldsymbol{\varepsilon}_{n-r}$ 上添加 r 个分量得到的,因此也是线性无关的.

其次证明方程组 $\boldsymbol{AX}=\boldsymbol{0}$ 的任意一个解向量 $\boldsymbol{\xi}$ 都可以由 $\boldsymbol{\eta}_1,\boldsymbol{\eta}_2,\cdots,\boldsymbol{\eta}_{n-r}$ 线性表出. 设 $\boldsymbol{\xi}=(k_1,\cdots,k_r,k_{r+1},k_{r+2},\cdots,k_n)^{\mathrm{T}}$ 为 $\boldsymbol{AX}=\boldsymbol{0}$ 的任意一组解. 由于 $\boldsymbol{\eta}_1,\boldsymbol{\eta}_2,\cdots,\boldsymbol{\eta}_{n-r}$ 均为 $\boldsymbol{AX}=\boldsymbol{0}$ 的解,所以它们的线性组合 $k_{r+1}\boldsymbol{\eta}_1+k_{r+2}\boldsymbol{\eta}_2+\cdots+k_n\boldsymbol{\eta}_{n-r}$ 也是 $\boldsymbol{AX}=\boldsymbol{0}$ 的解. 但 $\boldsymbol{\xi}$ 与 $k_{r+1}\boldsymbol{\eta}_1+k_{r+2}\boldsymbol{\eta}_2+\cdots+k_n\boldsymbol{\eta}_{n-r}$ 的后 $n-r$ 个分量完全相同,由前面的讨论可知,这两个解也是完全相同的,即

$$\boldsymbol{\xi}=k_{r+1}\boldsymbol{\eta}_1+k_{r+2}\boldsymbol{\eta}_2+\cdots+k_n\boldsymbol{\eta}_{n-r}$$

这就说明方程组 $\boldsymbol{AX}=\boldsymbol{0}$ 的任意一个解向量 $\boldsymbol{\xi}$ 都可以由 $\boldsymbol{\eta}_1,\boldsymbol{\eta}_2,\cdots,\boldsymbol{\eta}_{n-r}$ 线性表出. 因此,$\boldsymbol{\eta}_1,\boldsymbol{\eta}_2,\cdots,\boldsymbol{\eta}_{n-r}$ 是方程组 $\boldsymbol{AX}=\boldsymbol{0}$ 的一个基础解系.

提示 当 $r(\boldsymbol{A})=r<n$ 时,方程组 $\boldsymbol{AX}=\boldsymbol{0}$ 的解集合 $\boldsymbol{S}$ 的秩 $r(\boldsymbol{S})$ 为 $n-r$. 而 $\boldsymbol{S}$ 作为线性空间(解空间)存在一个含有 $n-r$ 个向量的基,从而这个空间是 $n-r$ 维的.

定理的证明也给我们提供了一个求方程组 $\boldsymbol{AX}=\boldsymbol{0}$ 基础解系的方法. 但是从定理的证明中看到,$n-r$ 个自由未知量也可以取另外的 $n-r$ 组数. 只要这 $n-r$ 组数作为 $n-r$ 维向量是线性无关的,就可以得到 $n-r$ 个线性无关的解,并且可以证明(这里不加证明)这组向量也构成了方程组 $\boldsymbol{AX}=\boldsymbol{0}$ 的基础解系.

通过上面的讨论,对于求一个具体的齐次线性方程组 $\boldsymbol{AX}=\boldsymbol{0}$ 的解集合,给出了具体的求解步骤.

(1) 对 $\boldsymbol{AX}=\boldsymbol{0}$ 的系数矩阵 $\boldsymbol{A}$ 进行初等行变换,将其化成行阶梯形矩阵. 通过观察非零行的个数,确定 $\boldsymbol{A}$ 的秩 $r(\boldsymbol{A})=r$. 从而,判断 $\boldsymbol{AX}=\boldsymbol{0}$ 是否有非零解:若 $r=n$,则 $\boldsymbol{AX}=\boldsymbol{0}$ 没有非零解,其解集合只含有一个零解;若 $r<n$,则 $\boldsymbol{AX}=\boldsymbol{0}$ 存在非零解.

(2) 在 $\boldsymbol{AX}=\boldsymbol{0}$ 存在非零解时,再利用初等行变换,将 $\boldsymbol{A}$ 化成一个最简行阶梯形矩阵 $\boldsymbol{C}$,其对应的方程组 $\boldsymbol{CX}=\boldsymbol{0}$ 与 $\boldsymbol{AX}=\boldsymbol{0}$ 同解. 故只需对 $\boldsymbol{CX}=\boldsymbol{0}$ 求解.

(3) 先确定 $\boldsymbol{CX}=\boldsymbol{0}$ 的自由未知量,不妨设为 $x_{r+1},\cdots,x_n$,并对这组未知量分别取 $n-r$ 维单位向量 $\boldsymbol{\varepsilon}_1,\boldsymbol{\varepsilon}_2,\cdots,\boldsymbol{\varepsilon}_{n-r}$,得到 $\boldsymbol{CX}=\boldsymbol{0}$ 的 $n-r$ 个解 $\boldsymbol{\eta}_1,\boldsymbol{\eta}_2,\cdots,\boldsymbol{\eta}_{n-r}$,即为 $\boldsymbol{AX}=\boldsymbol{0}$ 的一个基础解系.

(4) 表达出 $\boldsymbol{AX}=\boldsymbol{0}$ 的解集合为

$$\boldsymbol{S}=\{k_1\boldsymbol{\eta}_1+k_2\boldsymbol{\eta}_2+\cdots+k_{n-r}\boldsymbol{\eta}_{n-r} \mid k_1,k_2,\cdots,k_{n-r} \text{ 是任意常数}\}$$

例 10-20 求解齐次线性方程组

$$\begin{cases} x_1+x_2+2x_3+x_4+x_5=0 \\ -x_1+x_2-2x_3+3x_4-3x_5=0 \\ 2x_1+3x_2+4x_3+x_4+x_5=0 \\ 2x_2+4x_4-2x_5=0 \end{cases}$$

解 由于方程的个数小于未知数的个数,故此方程组必然存在非零解.对方程组的系数矩阵 $\boldsymbol{A}$ 施行初等行变换,将其化成最简行阶梯形矩阵.

$$\boldsymbol{A}=\begin{pmatrix} 1 & 1 & 2 & 1 & 1 \\ -1 & 1 & -2 & 3 & -3 \\ 2 & 3 & 4 & 1 & 1 \\ 0 & 2 & 0 & 4 & -2 \end{pmatrix} \to \cdots \to \begin{pmatrix} 1 & 0 & 2 & 0 & 2 \\ 0 & 1 & 0 & 0 & -1 \\ 0 & 0 & 0 & 1 & 0 \\ 0 & 0 & 0 & 0 & 0 \end{pmatrix}=\boldsymbol{C}$$

矩阵 $\boldsymbol{C}$ 所对应的方程组

$$\begin{cases} x_1+2x_3+2x_5=0 \\ x_2-x_5=0 \\ x_4=0 \end{cases}$$

与原方程组同解.将 x_3,x_5 选作自由未知量,并分别取 $(x_3,x_5)^{\mathrm{T}}$ 为 $(1,0)^{\mathrm{T}}$,$(0,1)^{\mathrm{T}}$,得到原方程组的一个基础解系

$$\boldsymbol{\eta}_1=\begin{pmatrix} -2 \\ 0 \\ 1 \\ 0 \\ 0 \end{pmatrix}, \boldsymbol{\eta}_2=\begin{pmatrix} -2 \\ 1 \\ 0 \\ 0 \\ 1 \end{pmatrix}$$

因此,原方程组的解集合为

$$\boldsymbol{S}=\{k_1\boldsymbol{\eta}_1+k_2\boldsymbol{\eta}_2 \mid k_1,k_2 \text{ 是任意常数}\}$$

或者说,原方程组的一般解为

$$\boldsymbol{X}=\begin{pmatrix} x_1 \\ x_2 \\ x_3 \\ x_4 \\ x_5 \end{pmatrix}=k_1\begin{pmatrix} -2 \\ 0 \\ 1 \\ 0 \\ 0 \end{pmatrix}+k_2\begin{pmatrix} -2 \\ 1 \\ 0 \\ 0 \\ 1 \end{pmatrix}$$

其中 k_1,k_2 是任意常数.

例 10-21 设 $\boldsymbol{A}$ 是一个 $m\times n$ 矩阵,$\boldsymbol{B}$ 是一个 $n\times p$ 矩阵.证明:当 $\boldsymbol{AB}=\boldsymbol{O}$ 时,有

$$r(\boldsymbol{A})+r(\boldsymbol{B})\leqslant n$$

证明 将矩阵 $\boldsymbol{B}$ 按列分块为

$$\boldsymbol{B}=(\boldsymbol{\beta}_1,\boldsymbol{\beta}_2,\cdots,\boldsymbol{\beta}_p)$$

其中 $\boldsymbol{\beta}_i$ 是 $\boldsymbol{B}$ 的第 i 列.由 $\boldsymbol{AB}=\boldsymbol{O}$ 可知,对于任意的 $i(i=1,2,\cdots,p)$,有 $\boldsymbol{A\beta}_i=\boldsymbol{0}$,即 $\boldsymbol{\beta}_i$ 是齐次线性方程组 $\boldsymbol{AX}=\boldsymbol{0}$ 的解.因此,$\boldsymbol{\beta}_i\in\boldsymbol{S}$,其中 $\boldsymbol{S}$ 为方程组 $\boldsymbol{AX}=\boldsymbol{0}$ 的解集合,从而

$$\{\boldsymbol{\beta}_1,\boldsymbol{\beta}_2,\cdots,\boldsymbol{\beta}_p\}\subseteq\boldsymbol{S}$$

故矩阵 $\boldsymbol{B}$ 的列秩 $r(\boldsymbol{B})=r(\boldsymbol{\beta}_1,\boldsymbol{\beta}_2,\cdots,\boldsymbol{\beta}_p)\leqslant r(\boldsymbol{S})$,其中 $r(\boldsymbol{S})$ 为向量集 $\boldsymbol{S}$ 的秩.又因为方程组 $\boldsymbol{AX}=\boldsymbol{0}$ 的解集合 $\boldsymbol{S}$ 是一个 n 维空间中的子空间,其维数为 $n-r(\boldsymbol{A})$,即 $r(\boldsymbol{S})=n-r(\boldsymbol{A})$.因此,矩阵 $\boldsymbol{B}$ 的列秩 $r(\boldsymbol{B})\leqslant n-r(\boldsymbol{A})$.综上所述,有 $r(\boldsymbol{B})\leqslant n-r(\boldsymbol{A})$.从而,$r(\boldsymbol{A})+r(\boldsymbol{B})\leqslant n$.因此,当 $\boldsymbol{AB}=\boldsymbol{O}$ 时,有 $r(\boldsymbol{A})+r(\boldsymbol{B})\leqslant n$.

例 10-22 已知线性方程组

$$\begin{cases} a_{11}x_1 + a_{12}x_2 + \cdots + a_{1,2n}x_{2n} = 0 \\ a_{21}x_1 + a_{22}x_2 + \cdots + a_{2,2n}x_{2n} = 0 \\ \qquad\vdots \\ a_{n1}x_1 + a_{n2}x_2 + \cdots + a_{n,2n}x_{2n} = 0 \end{cases} \tag{①}$$

的一个基础解系为

$$\boldsymbol{\eta}_1 = \begin{pmatrix} b_{11} \\ b_{12} \\ \vdots \\ b_{1,2n} \end{pmatrix}, \boldsymbol{\eta}_2 = \begin{pmatrix} b_{21} \\ b_{22} \\ \vdots \\ b_{2,2n} \end{pmatrix}, \cdots, \boldsymbol{\eta}_n = \begin{pmatrix} b_{n1} \\ b_{n2} \\ \vdots \\ b_{n,2n} \end{pmatrix}$$

试求线性方程组

$$\begin{cases} b_{11}y_1 + b_{12}y_2 + \cdots + b_{1,2n}y_{2n} = 0 \\ b_{21}y_1 + b_{22}y_2 + \cdots + b_{2,2n}y_{2n} = 0 \\ \qquad\vdots \\ b_{n1}y_1 + b_{n2}y_2 + \cdots + b_{n,2n}y_{2n} = 0 \end{cases} \tag{②}$$

的一个基础解系.

解 将方程组 ① 记为 $\boldsymbol{AX} = \mathbf{0}$,方程组 ② 记为 $\boldsymbol{BY} = \mathbf{0}$. 显然 $\boldsymbol{B}^{\mathrm{T}} = (\boldsymbol{\eta}_1, \boldsymbol{\eta}_2, \cdots, \boldsymbol{\eta}_n)$. 由于 $\boldsymbol{AX} = \mathbf{0}$ 的基础解系含有 n 个向量,根据定理 10.15,矩阵 $\boldsymbol{A}$ 的秩为 $r(\boldsymbol{A}) = 2n - n = n$. 又因为

$$\boldsymbol{A\eta}_i = \mathbf{0}, i = 1, 2, \cdots, n$$

所以 $\boldsymbol{AB}^{\mathrm{T}} = \boldsymbol{O}$. 对这个式子两边分别求转置,有 $\boldsymbol{BA}^{\mathrm{T}} = \boldsymbol{O}$. 于是 $\boldsymbol{A}^{\mathrm{T}}$ 的每个列向量就是 $\boldsymbol{A}$ 的每个行向量的转置,均为 $\boldsymbol{BY} = \mathbf{0}$ 的解. 又因为 $r(\boldsymbol{A}) = n$,且 $\boldsymbol{A}$ 的行数也是 n,所以 $\boldsymbol{A}$ 的行向量组是线性无关的. 因此,$\boldsymbol{A}^{\mathrm{T}}$ 的列向量组是方程组 $\boldsymbol{BY} = \mathbf{0}$ 的一组含有 n 个向量的无关的解.

同样,由 $\boldsymbol{\eta}_1, \boldsymbol{\eta}_2, \cdots, \boldsymbol{\eta}_n$ 是线性无关的,可知 $r(\boldsymbol{B}) = \mathrm{r}(\boldsymbol{B}^{\mathrm{T}}) = n$. 再根据定理 10.15,方程组 $\boldsymbol{BY} = \mathbf{0}$ 的基础解系含有 n 个向量,即 $\boldsymbol{BY} = \mathbf{0}$ 的解集合的秩为 n. 因此,$\boldsymbol{A}^{\mathrm{T}}$ 的列向量组是方程组 $\boldsymbol{BY} = \mathbf{0}$ 解集合的一个极大无关组,从而是一个基础解系. 于是

$$\boldsymbol{\xi}_1 = \begin{pmatrix} a_{11} \\ a_{12} \\ \vdots \\ a_{1,2n} \end{pmatrix}, \boldsymbol{\xi}_2 = \begin{pmatrix} a_{21} \\ a_{22} \\ \vdots \\ a_{2,2n} \end{pmatrix}, \cdots, \boldsymbol{\xi}_n = \begin{pmatrix} a_{n1} \\ a_{n2} \\ \vdots \\ a_{n,2n} \end{pmatrix}$$

就是方程组 ② 的一个基础解系.

思考 设 $\boldsymbol{A}$ 是一个 $m \times n$ 矩阵. 如果 $r(\boldsymbol{A}) = r < n$,那么是否线性方程组 $\boldsymbol{AX} = \mathbf{0}$ 的任意 $n - r$ 个线性无关的解都可构成一个基础解系?

10.4.2 非齐次线性方程组的解法

将非齐次线性方程组

$$\begin{cases} a_{11}x_1 + a_{12}x_2 + \cdots + a_{1n}x_n = b_1 \\ a_{21}x_1 + a_{22}x_2 + \cdots + a_{2n}x_n = b_2 \\ \qquad\vdots \\ a_{m1}x_1 + a_{m2}x_2 + \cdots + a_{mn}x_n = b_m \end{cases} \tag{10-19}$$

写成矩阵形式,即为

$$\boldsymbol{AX} = \boldsymbol{\beta} \tag{10-20}$$

其中

$$\boldsymbol{A}=\begin{pmatrix} a_{11} & a_{12} & \cdots & a_{1n} \\ a_{21} & a_{22} & \cdots & a_{2n} \\ \vdots & \vdots & & \vdots \\ a_{m1} & a_{m2} & \cdots & a_{mn} \end{pmatrix},\boldsymbol{X}=\begin{pmatrix} x_1 \\ x_2 \\ \vdots \\ x_n \end{pmatrix},\boldsymbol{\beta}=\begin{pmatrix} b_1 \\ b_2 \\ \vdots \\ b_m \end{pmatrix}$$

如果将方程组(10-19)的系数矩阵 $\boldsymbol{A}$ 按列进行分块

$$\boldsymbol{A}=(\boldsymbol{\beta}_1,\boldsymbol{\beta}_2,\cdots,\boldsymbol{\beta}_n)$$

其中 $\boldsymbol{\beta}_i=(a_{1i},a_{2i},\cdots,a_{mi})^{\mathrm{T}},i=1,2,\cdots,n$,那么线性方程组(10-19)可以改写成向量形式

$$\boldsymbol{\beta}_1 x_1+\boldsymbol{\beta}_2 x_2+\cdots+\boldsymbol{\beta}_n x_n=\boldsymbol{\beta} \tag{10-21}$$

把方程组(10-19)的增广矩阵记为 $\overline{\boldsymbol{A}}$,即

$$\overline{\boldsymbol{A}}=\left(\begin{array}{cccc:c} a_{11} & a_{12} & \cdots & a_{1n} & b_1 \\ a_{21} & a_{22} & \cdots & a_{2n} & b_2 \\ \vdots & \vdots & & \vdots & \vdots \\ a_{m1} & a_{m2} & \cdots & a_{mn} & b_m \end{array}\right)$$

1. 非齐次线性方程组有解的条件

定理 10.16(非齐次线性方程组有解的判别定理) 非齐次线性方程组 $\boldsymbol{AX}=\boldsymbol{\beta}$ 有解的充要条件是它的系数矩阵 $\boldsymbol{A}$ 的秩与增广矩阵 $\overline{\boldsymbol{A}}$ 的秩相等,即 $r(\boldsymbol{A})=r(\overline{\boldsymbol{A}})$,且

(1) 当 $r(\boldsymbol{A})=r(\overline{\boldsymbol{A}})=n$ 时,方程组存在唯一解;

(2) 当 $r(\boldsymbol{A})=r(\overline{\boldsymbol{A}})<n$ 时,方程组存在无穷多组解.

由于对于一个 n 阶方阵 $\boldsymbol{A}$,$|\boldsymbol{A}|\neq 0$ 成立的条件是当且仅当 $r(\boldsymbol{A})=n$,则有下面的推论.

推论 10.10 如果非齐次线性方程组 $\boldsymbol{AX}=\boldsymbol{\beta}$ 中的方程个数 m 等于未知数个数 n,即系数矩阵 $\boldsymbol{A}$ 是一个方阵,那么当 $|\boldsymbol{A}|\neq 0$ 时,方程组 $\boldsymbol{AX}=\boldsymbol{\beta}$ 存在唯一解.

证明 因为 $0\leqslant r(\overline{\boldsymbol{A}})\leqslant n$,且 $n=r(\boldsymbol{A})\leqslant r(\overline{\boldsymbol{A}})$,故 $r(\boldsymbol{A})=r(\overline{\boldsymbol{A}})=n$.

推论即为克莱姆法则给出的结论.

因此,一个给定的非齐次线性方程组 $\boldsymbol{AX}=\boldsymbol{\beta}$ 解的情况的判别步骤如下:先对方程组的增广矩阵 $\overline{\boldsymbol{A}}$ 进行初等行变换,将 $\overline{\boldsymbol{A}}$ 化成行阶梯形矩阵 $\boldsymbol{C}$. 然后观察 $\boldsymbol{C}$ 的非零行个数(这个数即为矩阵 $\overline{\boldsymbol{A}}$ 的秩)是否等于 $\boldsymbol{C}$ 除去最后一列剩下的矩阵的非零行个数(这个数即为矩阵 $\boldsymbol{A}$ 的秩). 若这两个数不相等,则方程组无解;若这两个数相等(不妨设为 r),则方程组有解,且当 $r=n$ 时,方程组存在唯一一组解;当 $r<n$ 时,方程组存在无穷多组解.

2. 非齐次线性方程组解的结构

当一个非齐次线性方程组 $\boldsymbol{AX}=\boldsymbol{\beta}$ 存在无穷多组解时,我们如何表示其解集合呢?这些解之间又存在什么关系呢?这里,将借助与方程组 $\boldsymbol{AX}=\boldsymbol{\beta}$ 对应的一个齐次线性方程组讨论 $\boldsymbol{AX}=\boldsymbol{\beta}$ 解的结构问题.

定义 10.26 设 $\boldsymbol{AX}=\boldsymbol{\beta}$ 是形如式(10-19)的一个非齐次线性方程组. 将 $\boldsymbol{AX}=\boldsymbol{\beta}$ 的常数项中的每个常数都换成 0,就得到一个与之对应的齐次线性方程组 $\boldsymbol{AX}=\boldsymbol{0}$,称其为方程组 $\boldsymbol{AX}=\boldsymbol{\beta}$ 的**导出组**.

方程组 $\boldsymbol{AX}=\boldsymbol{\beta}$ 的解与其导出组 $\boldsymbol{AX}=\boldsymbol{0}$ 的解之间存在着密切的关系.

定理 10.17 设 $\boldsymbol{\xi}$ 是方程组 $\boldsymbol{AX}=\boldsymbol{\beta}$ 的一个解,$\boldsymbol{\eta}$ 是 $\boldsymbol{AX}=\boldsymbol{\beta}$ 的导出组 $\boldsymbol{AX}=\boldsymbol{0}$ 的一个解. 则 $\boldsymbol{\xi}+\boldsymbol{\eta}$ 也是方程组 $\boldsymbol{AX}=\boldsymbol{\beta}$ 的一个解.

定理 10.18 设 $\boldsymbol{\xi}_1$ 和 $\boldsymbol{\xi}_2$ 是方程组 $\boldsymbol{AX}=\boldsymbol{\beta}$ 的两个解. 则 $\boldsymbol{\xi}_1-\boldsymbol{\xi}_2$ 是 $\boldsymbol{AX}=\boldsymbol{\beta}$ 的导出组 $\boldsymbol{AX}=\boldsymbol{0}$ 的一个解.

由定理 10.17 和定理 10.18 能够得到非齐次线性方程组解的结构定理.

定理 10.19 设矩阵 $\boldsymbol{A}$ 是一个 $m\times n$ 矩阵. 如果非齐次线性方程组 $\boldsymbol{AX}=\boldsymbol{\beta}$ 有解. 令 $\boldsymbol{\xi}_0$ 是 $\boldsymbol{AX}=\boldsymbol{\beta}$ 的某一个解(通常称为**特解**).

(1) 当 $r(\boldsymbol{A})=r(\bar{\boldsymbol{A}})=n$ 时,$\boldsymbol{\xi}_0$ 是 $\boldsymbol{AX}=\boldsymbol{\beta}$ 的唯一解.

(2) 当 $r(\boldsymbol{A})=r(\bar{\boldsymbol{A}})<n$ 时,方程组 $\boldsymbol{AX}=\boldsymbol{\beta}$ 的导出组 $\boldsymbol{AX}=\boldsymbol{0}$ 存在无穷多个解,则方程组 $\boldsymbol{AX}=\boldsymbol{\beta}$ 的解集合为

$$\boldsymbol{S}=\{\boldsymbol{\xi}_0+k_1\boldsymbol{\eta}_1+k_2\boldsymbol{\eta}_2+\cdots+k_s\boldsymbol{\eta}_s \mid k_1,k_2,\cdots,k_s\text{ 是任意常数}\}$$

其中 $\boldsymbol{\eta}_1,\boldsymbol{\eta}_2,\cdots,\boldsymbol{\eta}_s$ 是 $\boldsymbol{AX}=\boldsymbol{0}$ 的一个基础解系.

证明 (1) 由非齐次线性方程组解的判别定理知,当 $r(\boldsymbol{A})=r(\bar{\boldsymbol{A}})=n$ 时,方程组 $\boldsymbol{AX}=\boldsymbol{\beta}$ 存在唯一一个解,而 $\boldsymbol{\xi}_0$ 已经是 $\boldsymbol{AX}=\boldsymbol{\beta}$ 的一个解,因此 $\boldsymbol{\xi}_0$ 是 $\boldsymbol{AX}=\boldsymbol{\beta}$ 的唯一解.

(2) 当 $r(\boldsymbol{A})=r(\bar{\boldsymbol{A}})<n$ 时,由齐次线性方程组解的判别定理知,方程组 $\boldsymbol{AX}=\boldsymbol{0}$ 存在无穷多个解,并且存在基础解系. 不妨设 $\boldsymbol{\eta}_1,\boldsymbol{\eta}_2,\cdots,\boldsymbol{\eta}_s$ 是 $\boldsymbol{AX}=\boldsymbol{0}$ 的一个基础解系. 由齐次线性方程组解的结构知,对于任意一组数 $k_1,k_2,\cdots,k_s$,$k_1\boldsymbol{\eta}_1+k_2\boldsymbol{\eta}_2+\cdots+k_s\boldsymbol{\eta}_s$ 是方程组 $\boldsymbol{AX}=\boldsymbol{0}$ 的一个解. 再根据定理 10.17,$\boldsymbol{\xi}_0+k_1\boldsymbol{\eta}_1+k_2\boldsymbol{\eta}_2+\cdots+k_s\boldsymbol{\eta}_s$ 也是方程组 $\boldsymbol{AX}=\boldsymbol{\beta}$ 的一个解.

如果 $\boldsymbol{\xi}$ 是方程组 $\boldsymbol{AX}=\boldsymbol{\beta}$ 的任意一个解,且 $\boldsymbol{\xi}_0$ 也是 $\boldsymbol{AX}=\boldsymbol{\beta}$ 的一个解,那么由定理 10.18 可知,$\boldsymbol{\xi}-\boldsymbol{\xi}_0$ 是 $\boldsymbol{AX}=\boldsymbol{\beta}$ 的导出组 $\boldsymbol{AX}=\boldsymbol{0}$ 的一个解. 根据齐次线性方程组基础解系的定义,$\boldsymbol{\xi}-\boldsymbol{\xi}_0$ 可以写成 $\boldsymbol{\eta}_1,\boldsymbol{\eta}_2,\cdots,\boldsymbol{\eta}_s$ 的线性组合形式,即存在 s 个数 $l_1,l_2,\cdots,l_s$,使得

$$\boldsymbol{\xi}-\boldsymbol{\xi}_0=l_1\boldsymbol{\eta}_1+l_2\boldsymbol{\eta}_2+\cdots+l_s\boldsymbol{\eta}_s$$

因此 $\boldsymbol{\xi}=\boldsymbol{\xi}_0+l_1\boldsymbol{\eta}_1+l_2\boldsymbol{\eta}_2+\cdots+l_s\boldsymbol{\eta}_s$. 于是 $\boldsymbol{\xi}\in\boldsymbol{S}$.

这就说明 $\boldsymbol{S}$ 是方程组 $\boldsymbol{AX}=\boldsymbol{\beta}$ 的解集合.

提示 定理 10.19 说明,求解一个非齐次线性方程组 $\boldsymbol{AX}=\boldsymbol{\beta}$ 的解集合,只需求出 $\boldsymbol{AX}=\boldsymbol{\beta}$ 的一个特解和其导出组 $\boldsymbol{AX}=\boldsymbol{0}$ 的一个基础解系.

根据上面的定理,对于一个给定的非齐次线性方程组 $\boldsymbol{AX}=\boldsymbol{\beta}$,无论其存在唯一解,还是存在无穷多个解,我们都只需先寻求 $\boldsymbol{AX}=\boldsymbol{\beta}$ 的一个特解.

当方程组 $\boldsymbol{AX}=\boldsymbol{\beta}$ 存在唯一解,即 $r(\boldsymbol{A})=r(\bar{\boldsymbol{A}})=n$ 时,对 $\boldsymbol{AX}=\boldsymbol{\beta}$ 的增广矩阵 $\bar{\boldsymbol{A}}$ 施行初等行变换,将其化成行阶梯形矩阵,其对应的方程组形如

$$\begin{cases} c_{11}x_1+c_{12}x_2+\cdots+c_{1n}x_n=d_1\\ \qquad\quad c_{22}x_2+\cdots+c_{2n}x_n=d_2\\ \qquad\qquad\qquad\vdots\\ \qquad\qquad\qquad\quad c_{nn}x_n=d_n\end{cases}$$

由最后一个方程开始,逐次代入前一个方程,求解出 $x_n,x_{n-1},\cdots,x_1$. 这样就求出了方程组 $\boldsymbol{AX}=\boldsymbol{\beta}$ 的唯一一组解. 也可以对增广矩阵 $\bar{\boldsymbol{A}}$ 施行初等行变换,将其化成最简行阶梯形矩阵,得到与之对应的方程组进行求解.

当方程组 $\boldsymbol{AX}=\boldsymbol{\beta}$ 存在无穷多解,即 $r(\boldsymbol{A})=r(\bar{\boldsymbol{A}})=r<n$ 时,对 $\boldsymbol{AX}=\boldsymbol{\beta}$ 的增广矩阵 $\bar{\boldsymbol{A}}$ 施行初等行变换,将其化成行阶梯形矩阵,其对应的方程组形如

$$\begin{cases} c_{11}x_1+c_{12}x_2+\cdots+c_{1r}x_r=d_1-c_{1,r+1}x_{r+1}-\cdots-c_{1n}x_n\\ \qquad\quad c_{22}x_2+\cdots+c_{2r}x_r=d_2-c_{2,r+1}x_{r+1}-\cdots-c_{2n}x_n\\ \qquad\qquad\qquad\vdots\\ \qquad\qquad\qquad\quad c_{rr}x_r=d_r-c_{r,r+1}x_{r+1}-\cdots-c_{rn}x_n\end{cases}$$

此时,令自由未知量 $x_{r+1},\cdots,x_n$ 全等于零,得到一个新的方程组

$$\begin{cases} c_{11}x_1 + c_{12}x_2 + \cdots + c_{1r}x_r = d_1 \\ \quad\quad c_{22}x_2 + \cdots + c_{2r}x_r = d_2 \\ \quad\quad\quad \cdots \\ \quad\quad\quad\quad c_{rr}x_r = d_r \end{cases}$$

这是一个有唯一解的方程组，按照上面的方法可以求得 $x_1, x_2, \cdots, x_r$ 唯一的一组值 $c_1, c_2, \cdots, c_r$，从而得到 $\boldsymbol{AX} = \boldsymbol{\beta}$ 的一个解 $(c_1, c_2, \cdots, c_r, 0, \cdots, 0)^{\mathrm{T}}$.

这就给出了求方程组 $\boldsymbol{AX} = \boldsymbol{\beta}$ 的一个特解的方法.

例 10-23 求解线性方程组

$$\begin{cases} x_1 + x_2 + 2x_3 + 4x_4 = 6 \\ x_1 + 2x_2 + 3x_3 + 5x_4 = 8 \\ x_1 + 3x_2 + 4x_3 + 6x_4 = 10 \\ x_1 + 4x_2 + 5x_3 + 7x_4 = 12 \end{cases}$$

解 对方程组的增广矩阵 $\bar{\mathbf{A}}$ 施行初等行变换，将其化成行阶梯形矩阵，有

$$\bar{\mathbf{A}} = \left(\begin{array}{cccc:c} 1 & 1 & 2 & 4 & 6 \\ 1 & 2 & 3 & 5 & 8 \\ 1 & 3 & 4 & 6 & 10 \\ 1 & 4 & 5 & 7 & 12 \end{array}\right) \to \cdots \to \left(\begin{array}{cccc:c} 1 & 1 & 2 & 4 & 6 \\ 0 & 1 & 1 & 1 & 2 \\ 0 & 0 & 0 & 0 & 0 \\ 0 & 0 & 0 & 0 & 0 \end{array}\right) = \boldsymbol{C}$$

得到 $r(\bar{\mathbf{A}}) = 2, r(\mathbf{A}) = 2$. 因为

$$r(\mathbf{A}) = r(\bar{\mathbf{A}}) = 2 < 4$$

所以原方程组存在无穷多个解.

与矩阵 $\boldsymbol{C}$ 对应的方程组为

$$\begin{cases} x_1 + x_2 + 2x_3 + 4x_4 = 6 \\ x_2 + x_3 + x_4 = 2 \end{cases}$$

将 x_3, x_4 取作自由未知量，移项得到

$$\begin{cases} x_1 + x_2 = 6 - 2x_3 - 4x_4 \\ x_2 = 2 - x_3 - x_4 \end{cases}$$

取 $(x_3, x_4)^{\mathrm{T}} = (0,0)^{\mathrm{T}}$，代入方程，得到原方程组的一个特解为 $\boldsymbol{\xi}_0 = (4,2,0,0)^{\mathrm{T}}$.

而原方程的导出组的系数矩阵经过初等变换化成行阶梯形矩阵，对应的齐次方程组为

$$\begin{cases} x_1 + x_2 = -2x_3 - 4x_4 \\ x_2 = -x_3 - x_4 \end{cases}$$

分别取 $(x_3, x_4)^{\mathrm{T}} = (1,0)^{\mathrm{T}}(0,1)^{\mathrm{T}}$，得到原方程的导出组的一个基础解系为

$$\boldsymbol{\eta}_1 = \begin{pmatrix} -1 \\ -1 \\ 1 \\ 0 \end{pmatrix}, \boldsymbol{\eta}_2 = \begin{pmatrix} -3 \\ -1 \\ 0 \\ 1 \end{pmatrix}$$

因此，原方程组的解集合为

$$\boldsymbol{S} = \{\boldsymbol{\xi}_0 + k_1\boldsymbol{\eta}_1 + k_2\boldsymbol{\eta}_2 \mid k_1, k_2 \text{ 是任意常数}\}$$

例 10-24 讨论 a 取何值时，方程组

$$\begin{cases} ax_1 + x_2 + x_3 = a - 3 \\ x_1 + ax_2 + x_3 = -2 \\ x_1 + x_2 + ax_3 = -2 \end{cases}$$

有解，并在方程组有解时求解.

解 对原方程组的增广矩阵施行初等行变换，有

$$\bar{\boldsymbol{A}}=\left(\begin{array}{ccc:c}a&1&1&a-3\\1&a&1&-2\\1&1&a&-2\end{array}\right)\xrightarrow{r_1\leftrightarrow r_3}\left(\begin{array}{ccc:c}1&1&a&-2\\1&a&1&-2\\a&1&1&a-3\end{array}\right)$$

$$\xrightarrow[(-a)r_1+r_3]{(-1)r_1+r_2}\left(\begin{array}{ccc:c}1&1&a&-2\\0&a-1&1-a&0\\0&1-a&1-a^2&3a-3\end{array}\right)$$

$$\xrightarrow{r_2+r_3}\left(\begin{array}{ccc:c}1&1&a&-2\\0&a-1&1-a&0\\0&0&2-a-a^2&3a-3\end{array}\right)$$

当 $a\neq 1$ 且 $a\neq -2$ 时，原方程组的系数矩阵的秩 $r(\boldsymbol{A})$ 和增广矩阵的秩 $r(\bar{\boldsymbol{A}})$ 相等，都为 3. 因此，方程组存在唯一解，解为

$$\boldsymbol{\xi}=\left(-2+\frac{3(a+1)}{a+2},-\frac{3}{a+2},-\frac{3}{a+2}\right)^{\mathrm{T}}$$

当 $a=1$ 时，$r(\boldsymbol{A})=r(\bar{\boldsymbol{A}})=1<3$，方程组存在无穷多个解. 最后一个行阶梯形矩阵所对应的方程组为

$$x_1+x_2+x_3=-2$$

取 x_2,x_3 为自由未知量，方程组变成

$$x_1=-2-x_2-x_3$$

取 $(x_2,x_3)^{\mathrm{T}}=(0,0)^{\mathrm{T}}$，代入上面的方程，得到原方程组的一个特解为 $\boldsymbol{\xi}_0=(-2,0,0)^{\mathrm{T}}$.

而方程组的导出组经过初等行变换，对应的方程组为

$$x_1=-x_2-x_3$$

分别取 $(x_2,x_3)^{\mathrm{T}}=(1,0)^{\mathrm{T}}$ 和 $(0,1)^{\mathrm{T}}$，得到原方程的导出组的一个基础解系为

$$\boldsymbol{\eta}_1=\begin{pmatrix}-1\\1\\0\end{pmatrix},\boldsymbol{\eta}_2=\begin{pmatrix}-1\\0\\1\end{pmatrix}$$

因此，原方程的解集合为

$$\boldsymbol{S}=\{\boldsymbol{\xi}_0+k_1\boldsymbol{\eta}_1+k_2\boldsymbol{\eta}_2\mid k_1,k_2\text{ 是任意常数}\}$$

当 $a=-2$ 时，$r(\boldsymbol{A})=2$，但 $r(\bar{\boldsymbol{A}})=3$. 因此，原方程组无解.

例 10-25 证明：如果非齐次线性方程组

$$\begin{cases}a_{11}x_1+a_{12}x_2+\cdots+a_{1n}x_n=b_1\\a_{21}x_1+a_{22}x_2+\cdots+a_{2n}x_n=b_2\\\qquad\vdots\\a_{n1}x_1+a_{n2}x_2+\cdots+a_{nn}x_n=b_n\end{cases}$$

的系数矩阵 $\boldsymbol{A}$ 的秩等于矩阵

$$\boldsymbol{B}=\begin{pmatrix}a_{11}&a_{12}&\cdots&a_{1n}&b_1\\a_{21}&a_{22}&\cdots&a_{2n}&b_2\\\vdots&\vdots&&\vdots&\vdots\\a_{n1}&a_{n2}&\cdots&a_{nn}&b_n\\b_1&b_2&\cdots&b_n&0\end{pmatrix}$$

的秩，那么这个方程组有解.

证明 令 $\boldsymbol{\beta}=(b_1,b_2,\cdots,b_n)^{\mathrm{T}}$，由矩阵秩的性质，有

$$r(\bar{\boldsymbol{A}})=r(\boldsymbol{A},\boldsymbol{\beta})\geqslant r(\boldsymbol{A})=r(\boldsymbol{B})\geqslant r(\boldsymbol{A},\boldsymbol{\beta})=r(\bar{\boldsymbol{A}})$$

因为 $r(\bar{\boldsymbol{A}})=r(\boldsymbol{A})$，所以方程组有解.

思考 在向量的加法和数量乘法下，非齐次线性方程组 $\boldsymbol{AX}=\boldsymbol{\beta}$ 的解集合 $\boldsymbol{S}$ 是否可以构成一个线性空间？

习题 10.4

1. 判断下列线性方程组是否有解. 若有解，求其所有解.

(1) $\begin{cases}2x_1-x_2+3x_3=3\\3x_1+x_2-5x_3=0\\4x_1-x_2+x_3=3\\x_1+3x_2-13x_3=-6\end{cases}$；　(2) $\begin{cases}x_1-x_2+x_3-x_4=0\\2x_1-x_2+3x_3-2x_4=-1\\3x_1-2x_2-x_3+2x_4=4\end{cases}$；

(3) $\begin{cases}x_1-2x_2+3x_3-4x_4=4\\x_2-x_3+x_4=-3\\x_1+3x_2-3x_4=1\\-7x_2+3x_3+x_4=-1\end{cases}$；　(4) $\begin{cases}x_1-2x_2-3x_3+x_4=1\\2x_1-4x_2-x_3-3x_4+5x_5=-3\\-x_1+2x_2+3x_3+x_4+2x_5=3\end{cases}$.

2. 求下列齐次线性方程组的所有解.

(1) $\begin{cases}x_1-x_2+x_3-x_4=0\\x_1-x_2-x_3+x_4=0\\x_1-x_2-2x_3+2x_4=0\end{cases}$；　(2) $\begin{cases}3x_1+4x_2+x_3+2x_4+3x_5=0\\5x_1+7x_2+x_3+3x_4+4x_5=0\\4x_1+5x_2+2x_3+x_4+5x_5=0\\7x_1+10x_2+x_3+6x_4+5x_5=0\end{cases}$.

3. 求 p,q 为何值时，非齐次线性方程组 $\begin{cases}x_1+2x_2+x_3=4\\x_1+3x_2+2x_3=5\\2x_1+3x_2+px_3=q\end{cases}$：

(1) 无解；(2) 有唯一解；(3) 有无穷多组解，并求其所有解.

4. 解矩阵方程 $\boldsymbol{AX}=\boldsymbol{B}$，其中 $\boldsymbol{A}=\begin{pmatrix}1&0&1\\2&1&0\\-3&2&-5\end{pmatrix}$，$\boldsymbol{B}=\begin{pmatrix}1&-2&-1\\4&-5&2\\1&-4&-1\end{pmatrix}$.

5. 解矩阵方程 $\boldsymbol{AXB}=\boldsymbol{C}$，其中 $\boldsymbol{A}=\begin{pmatrix}1&0&1\\1&-1&2\\0&0&1\end{pmatrix}$，$\boldsymbol{B}=\begin{pmatrix}1&1\\0&1\end{pmatrix}$，$\boldsymbol{C}=\begin{pmatrix}1&1\\2&0\\0&2\end{pmatrix}$.

6. 判断 t 为何值时，方程组 $\begin{cases}-x_1-4x_2+x_3=1\\tx_2-3x_3=3\\x_1+3x_2+(t+1)x_3=0\end{cases}$ 无解、有唯一解、有无穷多解？

7. 判断方程组 $\begin{cases}x_1-2x_2+3x_3-x_4-x_5=2\\x_1+x_2-x_3+x_4-2x_5=1\\2x_1-x_2+x_3-2x_5=2\\2x_1+2x_2-5x_3+2x_4-x_5=1\end{cases}$ 是否有解.

§10.5 应用示例——商品市场占有率问题

10.5.1 问题提出

有两家公司 R 和 S，它们经营同类产品并相互竞争. 每年，R 公司保有 1/4 的顾客，而 3/4 的顾客转向 S 公司；S 公司保有 2/3 的顾客，而 1/3 的顾客转向 R 公司. 起初，R 公司占有 3/5 的市场份额，而 S 公司占有 2/5 的市场份额.

分析两年后、五年后和十年后的市场份额变化情况，并探讨是否存在一种初始市场分配数据使市场份额保持稳定不变.

10.5.2 解答过程

根据两家公司每年顾客转移的数据资料，形成以下转移矩阵

$$\boldsymbol{A}=\begin{pmatrix}\frac{1}{4} & \frac{1}{3}\\ \frac{3}{4} & \frac{2}{3}\end{pmatrix}$$

根据市场的初始分配数据，可得如下向量

$$\boldsymbol{X}_0=\begin{pmatrix}\frac{3}{5}\\ \frac{2}{5}\end{pmatrix}$$

所以，一年后的市场分配为

$$\boldsymbol{X}_1=\boldsymbol{A}\boldsymbol{X}_0=\begin{pmatrix}\frac{1}{4} & \frac{1}{3}\\ \frac{3}{4} & \frac{2}{3}\end{pmatrix}\begin{pmatrix}\frac{3}{5}\\ \frac{2}{5}\end{pmatrix}$$

两年后的市场分配为

$$\boldsymbol{X}_2=\boldsymbol{A}\boldsymbol{X}_1=\boldsymbol{A}^2\boldsymbol{X}_0$$

以向量 $\boldsymbol{X}_n$ 记为 n 年后的市场份额，则

$$\boldsymbol{X}_n=\boldsymbol{A}\boldsymbol{X}_{n-1}=\boldsymbol{A}^nX_0\,(n=1,2,\cdots)$$

设数据 a 和 b 作为 R 公司和 S 公司的初始市场份额，则有

$$a+b=1$$

为了使以后每年的市场份额不变，根据顾客数量转移规律，有

$$\begin{pmatrix}\frac{1}{4} & \frac{1}{3}\\ \frac{3}{4} & \frac{2}{3}\end{pmatrix}\begin{pmatrix}a\\ b\end{pmatrix}=\begin{pmatrix}a\\ b\end{pmatrix}\tag{10-22}$$

这是一个齐次线性方程组问题. 如果方程组有解，则应该在非零解的集合中选取正数作为稳定的市场份额分配.

我们通过计算（可使用 MATLAB 软件计算），可以得到如表 10-3 所示的结果.

表 10-3

年　　数	*R* 公司的市场份额	*S* 公司的市场份额
两年后($n=2$)	30.97%	69.03%
五年后($n=5$)	30.77%	69.23%
十年后($n=10$)	30.77%	69.23%

结合 $a+b=1$,解齐次线性方程组可得

$$\begin{cases} a=\dfrac{4}{13}\approx 31\% \\ b=\dfrac{9}{13}\approx 69\% \end{cases}$$

结果与表 10-3 一致,即为使市场份额保持稳定不变的两家公司的初始份额.

§10.6 数学实验十:利用 MATLAB 完成矩阵的基本运算与解线性方程组

10.6.1 实验任务

(1) 利用数学软件 MATLAB 完成矩阵的基本运算.

(2) 利用数学软件 MATLAB 求线性方程组的解.

10.6.2 实验过程

1. 相关命令

MATLAB 中完成矩阵的基本运算与解线性方程组的命令说明如表 10-4 所示.

表 10-4

命　　令	说　　明
det(A)	求矩阵 **A** 对应的行列式的值
inv(A)	矩阵 **A** 的逆运算
rank(A)	求矩阵 **A** 的秩
Null(A,'r')	求线性方程组的基础解系

2. 操作实例

操作实例 10-1 求矩阵 $\boldsymbol{A}=\begin{pmatrix} 3 & 6 & 9 \\ 2 & 0 & 8 \\ 1 & 4 & 7 \end{pmatrix}$ 的行列式的值、逆矩阵与秩.

解 运行 MATLAB,在命令窗口中输入:

```
>> A = [3 6 9;2 0 8;1 4 7];
>> det(A)
```

按 Enter 键,得到如下计算结果:

```
ans =
- 60
```

接着输入：

```
>> inv(A)
```

按 Enter 键，得到如下计算结果：

```
ans =
   0.5333     0.1000    - 0.8000
   0.1000   - 0.2000      0.1000
 - 0.1333     0.1000      0.2000
```

继续输入：

```
>> rank(A)
```

按 Enter 键，得到如下计算结果：

```
ans =
3
```

操作实例 10-2 设矩阵 $\boldsymbol{A}=\begin{pmatrix}2 & 3\\ 1 & -2\\ 3 & 1\end{pmatrix}$，$\boldsymbol{B}=\begin{pmatrix}1 & -2 & -3\\ 2 & -1 & 0\end{pmatrix}$，求 $\boldsymbol{AB}$，$\boldsymbol{BA}$.

解 运行 MATLAB，在命令窗口中输入：

```
>> A = [2 3;1 - 2;3 1];
>> B = [1 - 2 - 3;2 - 1 0];
>> C = A * B
```

按 Enter 键，得到如下计算结果：

```
C =
      8     - 7     - 6
    - 3       0     - 3
      5     - 7     - 9
```

继续输入：

```
>> D = B * A
```

按 Enter 键，得到如下计算结果：

```
D =
    - 9     4
      3     8
```

操作实例 10-3 解线性方程组 $\begin{cases}2x_1-4x_2+5x_3+3x_4=7\\ 3x_1-6x_2+4x_3+2x_4=7\\ 4x_1-8x_2+17x_3+11x_4=21\end{cases}$.

解 运行 MATLAB，在命令窗口中输入：

```
>> format rat
>> clear
>> A = [1 - 4 5 3;3 - 6 4 2;4 - 8 17 11];
>> b = [7 7 21]';
>> Ab = [A b];
>> RA = rank(A)
```

按 Enter 键，得到如下计算结果：

```
RA =
3
```

继续输入：

```
>> RAb = rank(Ab)
```

按 Enter 键，得到如下计算结果：

```
RAb =
3
```

因为 $r(A)=r(Ab)<4$，即系数矩阵的秩等于增广矩阵的秩，因为小于未知数的个数，所以方程组有无穷多个解，继续输入：

```
>> X0 = A\b
```

按 Enter 键，得到如下计算结果：

```
X0 =
- 1/822241035294227
- 1/2
  1
  0
```

继续输入：

```
>> Y = null(A,'r')
```

按 Enter 键，得到如下计算结果：

```
Y =
  0
- 1/7
- 5/7
  1
```

继续输入：

```
>> syms k1 k2
>> X = X0 + k1 * Y(:,1) + k2 * Y(:,2)
```

按 Enter 键，得到如下计算结果：

```
X =
2 * k1 + (2 * k2)/7
          k1 - 1/2
    1 - (5 * k2)/7
                k2
```

即为方程组的全部解.

10.6.3 实验作业

1. 求下列矩阵的对应行列式的值、逆矩阵及秩.

(1) $\begin{pmatrix} 1 & 2 & 3 \\ -1 & 0 & 1 \\ 3 & 3 & 4 \end{pmatrix}$；　　(2) $\begin{pmatrix} 0 & 0 & 0 & 1 \\ 0 & 0 & 1 & 0 \\ 0 & 1 & 0 & 0 \\ 1 & 0 & 0 & 0 \end{pmatrix}$.

2. 求线性方程组 $\begin{cases} x_1+x_2+x_3+x_4=5 \\ x_1+2x_2-x_3+4x_4=2 \\ 2x_1-3x_2-x_3-5x_4=-2 \\ 3x_1+x_2+2x_3+11x_4=0 \end{cases}$ 的解.

复习题 10

1. 填空题.

(1) $\begin{vmatrix} 1 & -1 & 4 \\ 2 & 0 & 6 \\ 3 & 5 & 7 \end{vmatrix}$ 的代数余子式 $A_{23}=$ ________.

(2) $\begin{vmatrix} 1 & 1 & 1 & 1 \\ 1 & 1 & -1 & -1 \\ 1 & -1 & 1 & -1 \\ x & -1 & -1 & 1 \end{vmatrix}=0$ 的根是________.

(3) $(\boldsymbol{ABC})^{-1}=$ ________.

(4) 矩阵 $\boldsymbol{A}_{m\times n}$ 与 $\boldsymbol{B}_{r\times s}$ 满足________时，方可相乘，积 $\boldsymbol{AB}$ 是一个________矩阵.

(5) 互换 $m\times n$ 矩阵 $\boldsymbol{A}$ 的 i,j 两行，相当于用________阶的初等方阵 $\boldsymbol{E}(i,j)$ ________乘矩阵 $\boldsymbol{A}$.

2. 选择题.

(1) 设矩阵 $\boldsymbol{A}=\begin{pmatrix} 1 & 2 \\ 3 & 4 \end{pmatrix}$，则 $\boldsymbol{A}$ 的伴随矩阵 $\boldsymbol{A}^*$ 为(　　).

A. $\begin{pmatrix} 4 & -2 \\ -3 & 1 \end{pmatrix}$　　B. $\begin{pmatrix} 1 & -2 \\ -3 & 4 \end{pmatrix}$　　C. $\begin{pmatrix} 4 & 3 \\ 2 & 1 \end{pmatrix}$　　D. $\begin{pmatrix} 1 & 3 \\ 2 & 4 \end{pmatrix}$

(2) 若 $\boldsymbol{A},\boldsymbol{B}$ 为 n 阶方阵，则必有(　　).

A. $|\boldsymbol{A}+\boldsymbol{B}|=|\boldsymbol{A}|+|\boldsymbol{B}|$　　B. $\boldsymbol{AB}=\boldsymbol{BA}$

C. $|\boldsymbol{AB}|=|\boldsymbol{BA}|$　　D. $(\boldsymbol{A}+\boldsymbol{B})^{-1}=\boldsymbol{A}^{-1}+\boldsymbol{B}^{-1}$

(3) 已知 $f(x)=\begin{vmatrix} x & 1 & 2 \\ 2 & x & 1 \\ 1 & 2 & x \end{vmatrix}$，则 $f(x)=$(　　).

A. x^3+9　　B. x^3-6x^2+6x+9

C. x^3+6x^2+6x+9　　D. x^3-6x+9

(4) 设矩阵 $\boldsymbol{A}=a\begin{pmatrix} 1 & a & a \\ a & 1 & a \\ a & a & 1 \end{pmatrix}$ 的秩为 2，则常数 a 的值为(　　).

A. 1　　B. $-\dfrac{1}{2}$　　C. $\dfrac{1}{2}$　　D. 2

(5) 若 n 维向量组 $\boldsymbol{\alpha}_1,\boldsymbol{\alpha}_2,\cdots,\boldsymbol{\alpha}_m$ 线性相关($m<n$)，则该向量组的秩 r 满足(　　).

A. $r>m$　　B. $r>n$　　C. $r<m$　　D. $r<n$

3. 计算下列行列式的值.

(1) $\begin{vmatrix} 1 & 0 & -2 \\ 2 & 1 & 3 \\ -2 & 3 & 1 \end{vmatrix}$；(2) $\begin{vmatrix} a & b & c \\ a^2 & b^2 & c^2 \\ b+c & c+a & a+b \end{vmatrix}$；(3) $\begin{vmatrix} 3 & 1 & 4 & 1 \\ 3 & -1 & 2 & 1 \\ 1 & 2 & -3 & 2 \\ 5 & 0 & 6 & 2 \end{vmatrix}$；(4) $\begin{vmatrix} a & b & b & b \\ b & a & a & a \\ b & b & a & a \\ b & b & b & a \end{vmatrix}$.

4. 设 $F(x)=\begin{vmatrix} x & x^2 & x^3 \\ 1 & 2x & 3x^2 \\ 0 & 2 & 6x \end{vmatrix}$，求 $F'(x)$.

5. 用克莱姆法则解下列方程组.

(1) $\begin{cases} x+2y+4z=31 \\ 5x+y+2z=29 \\ 3x-y+z=10 \end{cases}$；　(2) $\begin{cases} 2a+3b+11c+5d=6 \\ a+b+5c+2d=2 \\ 2a+b+3c+4d=2 \\ a+b+3c+4d=2 \end{cases}$.

6. k 取什么值时，齐次线性方程组 $\begin{cases} (5-k)x+2y+2z=0 \\ 2x+(6-k)y=0 \\ 2x+(4-k)z=0 \end{cases}$ 有非零解.

7. 计算下列矩阵的乘积.

(1) $\begin{pmatrix} 1 \\ 2 \\ 3 \\ 4 \end{pmatrix}(-1\quad 2)$；　(2) $\begin{pmatrix} 1 & 2 & 3 \\ -2 & 1 & 2 \end{pmatrix}\begin{pmatrix} 1 & 2 & 0 \\ 0 & 1 & 1 \\ 3 & 0 & -1 \end{pmatrix}$；　(3) $\begin{pmatrix} 3 & 1 & 2 \\ 0 & 3 & 1 \end{pmatrix}\begin{pmatrix} 1 & 0 & 1 \\ 0 & 2 & -1 \\ -1 & 1 & 0 \end{pmatrix}\begin{pmatrix} 1 \\ -1 \\ 0 \end{pmatrix}$.

8. 求下列矩阵的逆矩阵.

(1) $\begin{pmatrix} 5 & 2 \\ 3 & 1 \end{pmatrix}$；　(2) $\begin{pmatrix} 1 & 2 & -3 \\ 0 & 1 & 2 \\ 0 & 0 & 1 \end{pmatrix}$；　(3) $\begin{pmatrix} 2 & 2 & 3 \\ 1 & -1 & 0 \\ -1 & 2 & 1 \end{pmatrix}$；　(4) $\begin{pmatrix} 2 & 3 & 0 & 0 \\ 4 & 5 & 0 & 0 \\ 0 & 0 & 4 & 1 \\ 0 & 0 & 6 & 2 \end{pmatrix}$.

9. 求下列矩阵的秩.

(1) $\begin{pmatrix} 3 & 1 & 0 & 2 \\ 1 & -1 & 2 & -1 \\ 1 & 3 & -4 & 4 \end{pmatrix}$；　(2) $\begin{pmatrix} 1 & 2 & 2 & 2 & 1 \\ 0 & 2 & 1 & 5 & -1 \\ 2 & 0 & 3 & -1 & 3 \\ 1 & 1 & 0 & 4 & -1 \end{pmatrix}$；　(3) $\begin{pmatrix} 1 & 1 & 1 & 0 & 5 \\ 2 & 1 & -1 & 1 & 1 \\ 1 & 2 & -1 & 1 & 2 \\ 0 & 1 & 2 & 3 & 3 \end{pmatrix}$.

10. 设 n 维向量组 $\boldsymbol{\alpha}_1,\boldsymbol{\alpha}_2,\cdots,\boldsymbol{\alpha}_s$ 线性无关，证明：向量组

$$\boldsymbol{\beta}_1=\boldsymbol{\alpha}_2+\boldsymbol{\alpha}_3+\cdots+\boldsymbol{\alpha}_s,\boldsymbol{\beta}_2=\boldsymbol{\alpha}_1+\boldsymbol{\alpha}_3+\cdots+\boldsymbol{\alpha}_s,\cdots,\boldsymbol{\beta}_s=\boldsymbol{\alpha}_1+\boldsymbol{\alpha}_2+\cdots+\boldsymbol{\alpha}_{s-1}$$

线性无关.

11. 判断向量组的线性相关性.

(1) $\boldsymbol{\alpha}_1=(1,2,3,4),\boldsymbol{\alpha}_2=(2,4,6,8),\boldsymbol{\alpha}_3=(-1,-5,7,11)$；

(2) $\boldsymbol{\alpha}_1=(1,0,0,5),\boldsymbol{\alpha}_2=(0,1,0,4),\boldsymbol{\alpha}_3=(0,0,1,7),\boldsymbol{\alpha}_4=(2,-3,4,12)$.

12. 求下列线性方程组的通解.

(1) $\begin{cases} 3x_1+4x_2+2x_3+2x_4-2x_5=2 \\ 2x_1+3x_2+x_3+x_4-3x_5=0 \\ 3x_1+5x_2+x_3+x_4-7x_5=-2 \end{cases}$；　(2) $\begin{cases} x_1+2x_2+3x_3-x_4=1 \\ 3x_1+2x_2+x_3-x_4=1 \\ 2x_1+3x_2+x_3+x_4=1 \\ 2x_1+2x_2+2x_3-x_4=1 \end{cases}$.

13. 问 a,b 为何值时，线性方程组

$$\begin{cases} x_1+x_2+x_3+x_4=0 \\ x_2+2x_3+2x_4=1 \\ -x_2+(a-3)x_3-2x_4=b \\ 3x_1+2x_2+x_3+ax_4=-1 \end{cases}$$

有唯一解、无解、无穷多组解？并求出其通解.

参 考 文 献

[1] 骈俊生，黄国建，蔡鸣晶. 高等数学：基础模块[M]. 北京：高等教育出版社，2023.
[2] 蒲冰远. 高等数学：工科类[M]. 北京：高等教育出版社，2023.
[3] 尹光. 新编高等数学[M]. 2 版. 北京：北京邮电大学出版社，2022.
[4] 刘强，孙阳，郭文英，等. 线性代数[M]. 2 版. 北京：中国人民大学出版社，2023.
[5] 麦宏元，陶国飞，梁鹏. 高职数学基础[M]. 北京：北京理工大学出版社，2023.